工业和信息化部“十二五”规划教材
“十二五”国家重点图书出版规划项目

智能控制技术

Intelligent Control Technology

● 梁景凯　曲延滨　编著

哈爾濱工業大學出版社
HARBIN INSTITUTE OF TECHNOLOGY PRESS

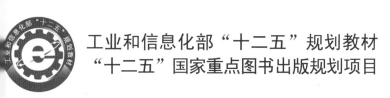

内容提要

本书系统介绍了智能控制的基本概念、理论和主要方法。全书共分7章,包括模糊控制、神经网络控制、专家控制和智能优化算法等方面的内容。

本书可作为高等院校电气工程及其自动化、自动化、计算机应用、电子工程等专业研究生和高年级本科生的教材,也可供自动化领域工程技术人员阅读和参考。

图书在版编目(CIP)数据

智能控制技术/梁景凯,曲延滨编著.—哈尔滨:哈尔滨工业大学出版社,2016.3(2018.11重印)

ISBN 978-7-5603-5731-7

Ⅰ.①智… Ⅱ.①梁…②曲… Ⅲ.①智能控制 Ⅳ.①TP273

中国版本图书馆CIP数据核字(2015)第287380号

策划编辑 王桂芝
责任编辑 李广鑫
出版发行 哈尔滨工业大学出版社
社　　址 哈尔滨市南岗区复华四道街10号　邮编150006
传　　真 0451-86414749
网　　址 http://hitpress.hit.edu.cn
印　　刷 黑龙江艺德印刷有限公司
开　　本 787mm×1092mm　1/16　印张17.5　字数421千字
版　　次 2016年3月第1版　2018年11月第2次印刷
书　　号 ISBN 978-7-5603-5731-7
定　　价 35.00元

前　言

智能控制是自动控制领域的前沿学科之一，其发展得益于许多学科，不仅包含人工智能、运筹学、自动控制的内容，而且还从计算机科学、生物学、心理学等学科汲取了丰富的营养。因此，智能控制是一门综合性很强的交叉学科，也是控制理论发展的第三阶段。智能控制的发展为解决复杂的非线性、不确定系统的控制问题开辟了新的途径。智能控制的应用研究十分活跃，并且取得了许多成果，智能控制技术呈现出的强大生命力已经引起了世界各国专家学者广泛的关注。

本书选材新颖，系统性强，突出理论，联系实际，叙述深入浅出。全书系统地论述了智能控制系统的概念、理论方法和实际应用，全书共分 7 章。第 1 章绪论，着重介绍智能控制的基本概念、基本特点、基本类型，智能控制的发展概况，智能控制系统研究的主要数学方法。第 2 章模糊控制的数学基础，对模糊控制的数学基础进行了介绍，详细地论述了模糊集合、模糊关系的概念及其与普通集合、普通关系之间的关系，并给出了如何从人类自然语言规则中提取其蕴涵的模糊关系的方法，介绍了如何根据模糊关系进行模糊推理。第 3 章模糊控制，介绍了模糊控制器的工作原理、基本思想和组成结构，而后对模糊控制器的设计内容和方法给出了详细的描述。第 4 章神经网络，系统地描述了神经网络的基本原理和特征，并详细给出了几种常用的神经网络模型的结构描述和学习算法。第 5 章神经网络控制，介绍了神经网络技术在自动控制中的应用。第 6 章专家控制，主要介绍基于知识的专家系统、专家控制的知识表示和推理方法、专家控制系统基本原理与方法。第 7 章智能优化算法，主要介绍了优化算法与控制系统，以及智能优化算法与智能控制系统之间的联系，还介绍了退火算法、遗传算法、粒子群算法以及蚁群算法的基本原理与具体实现步骤。

本书第 1 章由梁景凯教授编写，第 2、3 章由张虹老师撰写，第 4、5 章由张扬老师撰写，第 6 章由曲延滨教授撰写，第 7 章由张筱磊老师撰写，任婧、宋蕙慧、侯睿、陈玉敏等参与了本书的校对和图表整理工作。全书由梁景凯教授和曲延滨教授统稿。王明彦教授和张晓华教授对书稿进行了认真细致的审阅，并提出了宝贵的意见，对提高本书的编写质量给予了很大帮助，在此谨致衷心的感谢。本书在编写过程中参考了许多教材和资料，并在书后参考文献中列出，在此谨致衷心的谢意。

由于编者水平有限，智能控制的研究工作发展很快，不断有新的理论和方法产生，因此，疏漏和不当之处在所难免，殷切期望同行专家和广大读者批评指正。

编　者

2015 年 8 月于威海

前言

目　　录

第1章　绪　　论

科学技术的飞速发展和进步，对控制系统提出了新的更高要求，被控制对象也变得越来越复杂，传统的控制方法已经无法满足工程技术对自动化水平的要求。信息技术、计算技术的快速发展及其他相关学科的发展和相互渗透，推动了控制科学与工程研究的不断深入，控制系统向智能控制系统的发展已成为一种趋势。

本章主要从工程控制的角度出发，简要介绍智能控制及其系统的基本概念，智能控制系统的基本结构、基本功能、主要类型，以及智能控制的产生和发展。

1.1　智能控制的基本概念

1.1.1　智能与智能控制

1. 智能

智能是人们在认识与改造客观世界的活动中，由思维过程和脑力劳动所体现的能力，即能灵活、有效、创造性地进行信息获取、信息处理和信息利用的能力。

从人类的认知过程来看，智能是系统的一个特征，当集注（Focusing Attention，FA）、组合搜索（Combinatorial Search，CS）、归纳（Generalization，G）过程作用于系统输入，并产生系统输出时，就表现为智能。

从机器智能的角度来看，机器智能是把信息进行分析、组织，并把它转换成知识的过程。知识就是所得到的结构信息，它可用来使机器执行特定的任务，以消除该任务的不确定性或盲目性，达到最优或次优的结果。

2. 智能控制

从一般行为特征来看，智能控制是知识的“行为舵手”，它把知识和反馈结合起来，形成感知-交互式、以目标为导向的控制系统。系统可以进行规划、决策、联想，产生有效、有目的的行为，在不确定的环境中，达到既定的目标。

从机器智能的角度来看，智能控制是认知科学、多数学编程和控制技术的结合，它把施加于系统的各种算法和数学与语言方法融为一体。

智能控制的定义可以有多种不同的描述，从工程的角度看，有以下几种描述。

智能控制的定义一：智能控制是由智能机器自主地实现其目标的过程。而智能机器则定义为，在结构化或非结构化的、熟悉或陌生的环境中，自主地或与人交互地执行人类规定的任务的一种机器。

智能控制的定义二：K. J. 奥斯托罗姆则认为，把人类具有的直觉推理和试凑法等智能加以形式化或机器模拟，并用于控制系统的分析与设计中，使之在一定程度上实现控制系统的智能化，这就是智能控制。他还认为自调节控制、自适应控制就是智能控制的低级体现。

智能控制的定义三:智能控制是一类无需人的干预就能够自主地驱动智能机器实现其目标的自动控制,也是用计算机模拟人类智能的一个重要领域。

智能控制的定义四:智能控制实际只是研究与模拟人类智能活动及其控制与信息传递过程的规律,研制具有仿人智能的工程控制与信息处理系统的一个新兴分支学科。

以上虽然给出了智能控制系统的几种定义,但是并没有提出一个明确的界限,什么样的系统才算是智能控制系统。同时,即使是智能控制系统,其智能程度也有高有低。

1.1.2 智能控制系统的基本结构

智能控制系统典型结构如图1.1所示,图中"广义对象"包括通常意义下的控制对象和外部环境。例如对于智能机器人系统来说,机器人的手臂、被操作物体及所处环境统称为广义对象。"传感器"包括关节位置传感器、力传感器、视觉传感器、听觉传感器和触觉传感器等。"感知信息处理"将传感器得到的原始信息加以处理,例如视觉信息要经过复杂的处理才能获得有用的信息。"认知"主要用来接收和存储信息、知识、经验和数据,并对它进行分析、推理,做出行动的决策,送至"规划/控制"部分。"通信接口"除建立人机之间的联系外,还建立系统中各模块之间的联系,"规划/控制"是整个系统的核心,它根据给定的任务要求、反馈的信息以及经验知识进行自动搜索、推理决策、动作规划,最终产生具体的控制作用,经"执行器"作用于控制对象。

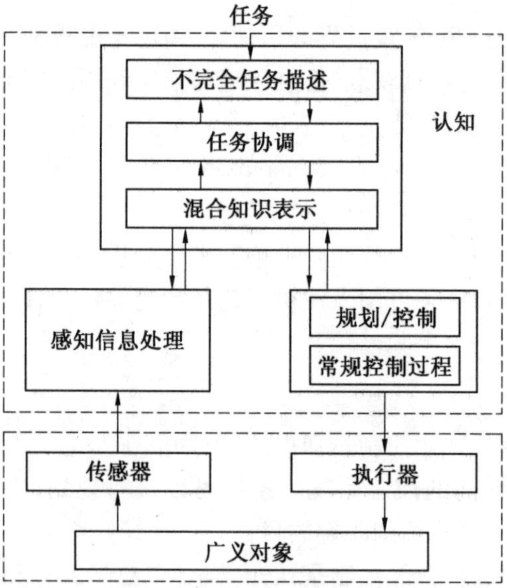

图1.1 智能控制系统典型结构

从智能控制系统的功能模块结构观点出发,美国普渡大学萨里迪斯(G. N. Saridis)提出了分层递阶结构的智能控制系统,如图1.2所示。分层递阶智能控制(Hierarchical Intelligent Control)主要由3个控制级组成,按智能控制的高低分为组织级(Organization Level)、协调级(Coordination Level)、执行级(Executive Level),并且这3级遵循"伴随智能递降精度递增"原则。执行级需要比较准确的模型,以实现具有一定精度要求的控制任务;协调级用来协调执行级的动作,它不需要精确的模型,但需要具备学习功能以便在现有的控制环境中改善性能,并能接收上一级的模糊指令和符号语言;组织级将操作员的自然语言翻译成机器语言，进行组织决策和执行任务，并直接干预低层的操作。对于执行级，识别的功能在于获得不确定参数值或监督系统参数的变化；对于协调级，识别的功能在于根据执行级送来的测量数据和组织级送来的指令产生合适的协调作用；对于组织级，识别的功能在于翻译定性的指令和其他输入。这种分层递阶的结构形式已成功地应用于机器人智能控制系统、交通协调的智能控制及管理中。

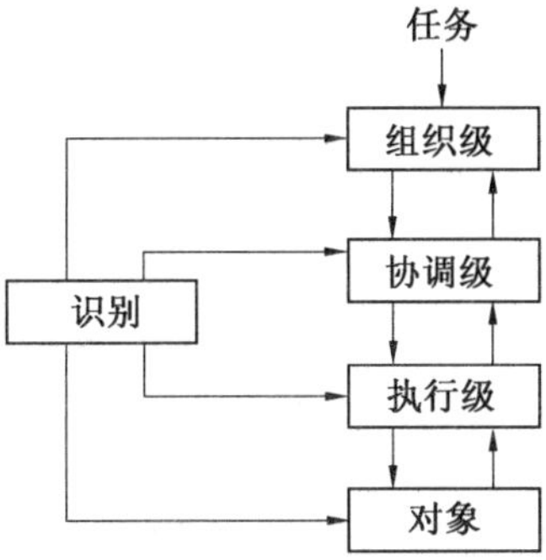

图 1.2　分层递阶结构的智能控制系统

1.1.3　智能控制的结构理论

智能控制系统具有多元跨学科结构。按照傅京孙(K. S. Fu)和萨里迪斯提出的观点，可以把智能控制看作是人工智能、自动控制和运筹学 3 个主要学科相结合的产物。如图 1.3 所示的结构，称为智能控制的三元结构。

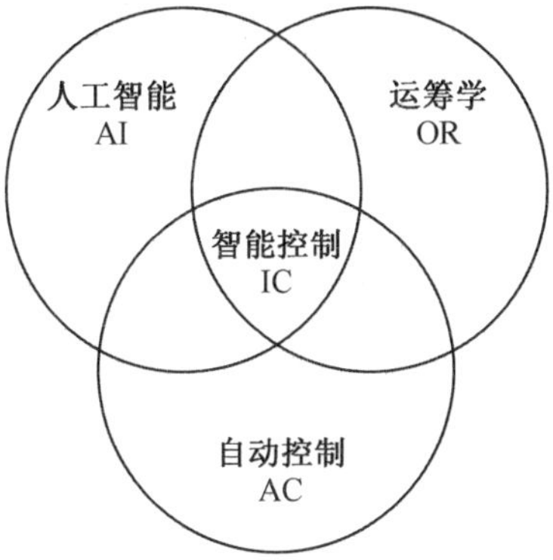

图 1.3　智能控制的三元结构

智能控制的三元结构可用交集形式表示，即

$$IC = AI \cap AC \cap OR \tag{1.1}$$

式中　IC——智能控制(Intelligent Control)；

OR——运筹学(Operation Research)；

AI——人工智能(Artificial Intelligence)；

AC——自动控制(Automatic Control)；

$\cap$——交集。

人工智能是一个知识处理系统，具有记忆、学习、信息处理、形式语言、启发式推理等功能；自动控制描述系统的动力学特性，是一种动态反馈；运筹学是一种定量优化方法，如线性规划、网络规划、调度、管理、优化决策和多目标优化方法等。智能控制就是应用人工智能的理论与技术和运筹学的优化方法，并将其同控制理论方法与技术相结合，在未知环境下仿效人的智能，实现对系统的控制；或者说智能控制是一类无需人的干预就能够独立地驱动智能机器实现其目标的自动控制。

近年来，随着智能控制的迅速发展，它不仅包括了自动控制、人工智能、运筹学的内容，而且还从计算机科学、生物学、心理学等学科中吸取丰富的营养，成为人工智能、控制论、系统论、仿生学、神经心理学、进化计算和计算机等众多学科高度综合与集成的一门新兴边缘交叉学科。因此，智能控制只能用多元或树形来概括其结构，图 1.4 所示就是智能控制结构的树形图。

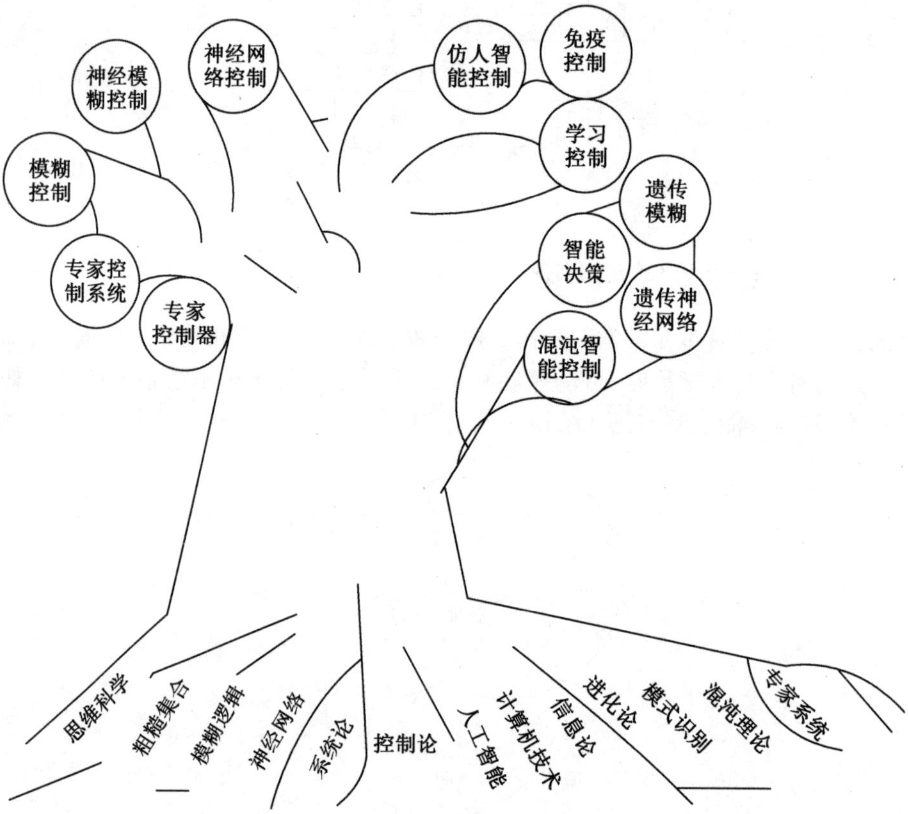

图 1.4 智能控制结构的树形图

1.1.4 智能控制的特点

智能控制具有以下特点：

(1) 智能控制系统具有较强的学习能力。系统能对未知环境提供的信息进行识别、记忆、学习、融合、分析、推理，并利用积累的知识和经验不断优化、改进和提高自身的控制能力。

(2) 智能控制系统具有较强的自适应能力。系统具有适应对象动力学特性变化、环境特性变化和运行条件变化的能力。

(3)智能控制系统具有足够的关于人的控制策略、被控对象及环境的有关知识以及运用这些知识的能力。

(4)智能控制系统具有判断决策能力。系统满足一般组织结构“智能递增,精度递减”的基本原理,具有高度可靠性。

(5)智能控制系统具有较强的容错能力。系统对各类故障具有自诊断、屏蔽和自恢复能力。

(6)智能控制系统具有较强的鲁棒性。系统性能对环境干扰和不确定性具有自诊断、屏蔽和自恢复能力。

(7)智能控制系统具有较强的组织功能。系统对于复杂任务和分散的传感器信息具有自组织和协调功能,使系统具有主动性和灵活性。

(8)智能控制系统的实时性好。系统具有较强的实时在线响应能力。

(9)智能控制系统的人机协作性能好。系统具有友好的人机界面,以保证人机通信、人机互助和人机协同工作。

(10)智能控制系统具有变结构和非线性的特点。其核心在高层控制,即组织级,能对复杂系统进行有效的全局控制,实现广义问题求解。

(11)智能控制器具有总体自寻优特性。

(12)智能控制系统应能满足多样性目标的高性能要求。

1.2　智能控制系统的类型

智能控制作为一门新兴学科和交叉学科,目前还未形成完整的理论体系。但智能控制系统的几个主要类型各有其较完整的体系,下面简要介绍模糊控制(Fuzzy Control,FC)、神经网络控制(Neural Nework Control,NNC)和专家控制(Expert Control,EC)。

1.2.1　模糊控制

1965年,美国加州大学的扎德(L. A. Zadeh)教授创立了模糊集合理论,为模糊控制奠定了基础。模糊控制就是在被控对象的模糊模型的基础上,运用模糊控制器近似推理手段,实现系统控制的一种方法。模糊模型是用模糊语言和规则描述的一个系统的动态特性及性能指标。

模糊控制的基本思想是把人类专家对特定的被控对象或过程的控制策略总结成一系列以“IF 条件 THEN 作用”形式表示的控制规则,通过模糊推理得到控制作用集,作用于被控对象或过程。模糊控制器的模糊算法包括:定义模糊子集,建立模糊控制规则;由基本论域转变为模糊集合论域;模糊关系矩阵运算;模糊推理合成,求出控制输出模糊子集;进行逆模糊判决,得到精确控制量。模糊控制系统的典型结构如图1.5所示。

1.2.2　神经网络控制

神经网络是指由大量与生物神经系统的神经细胞相类似的人工神经元互联而组成的网络,或由大量像生物神经元的处理单元并联互联而成。这种神经网络具有某些智能和仿人控制功能。

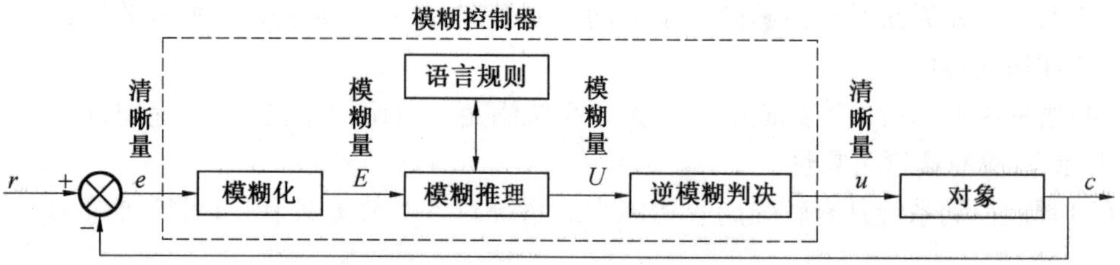

图 1.5　模糊控制系统的典型结构

学习算法是神经网络的主要特征,也是当前研究的主要课题。学习的概念来自生物模型,它是机体在复杂多变的环境中进行有效的自我调节。神经网络具备类似人类的学习功能。一个神经网络若想改变其输出值,但又不能改变它的转换函数,只能改变其输入,而改变输入的唯一方法只能修改加在输入端的加权系数。

神经网络具有几个突出的特点:可以充分逼近任意复杂的非线性关系;所有定量或定性的信息都分布存储于网络的各神经元的连接上,故有很强的鲁棒性和容错性;采用并行分布处理方法,使得快速进行大量运算成为可能;可用于自学习和自适应不确知或不确定的系统。

神经网络与控制相结合形成了智能控制领域的一个重要分支——神经网络控制。由于神经网络控制系统在许多方面呈现出人脑的智能特点,例如不依赖精确的数学模型、具有自学习能力、对环境的变化具有自适应性等,因此其应用越来越广泛。目前,神经网络已在多种控制结构中得到应用,如自校正控制、模型跟踪自适应控制、预测控制、内模控制等。

神经网络的学习过程是修改加权系数的过程,最终使其输出达到期望值,学习结束。常用的学习算法有 Hebb 学习算法、Widrow Hoff 学习算法、反向传播学习算法——BP 学习算法、Hopfield 反馈神经网络学习算法等。

神经网络是利用大量的神经元按一定的拓扑结构和学习调整的方法,它能表示出丰富的特性:并行计算、分布存储、可变结构、高度容错、非线性运算、自我组织、学习或自学习等,这些特性是人们长期追求和期望的系统特性。它在智能控制的参数、结构或环境的自适应、自组织、自学习等控制方面具有独特的能力,因此其应用越来越广泛。目前,神经网络已在多种控制结构中得到了应用,如自校正控制、模型参考自适应控制、预测控制、内模控制等。图 1.6 给出了神经网络控制系统的 3 种典型结构。

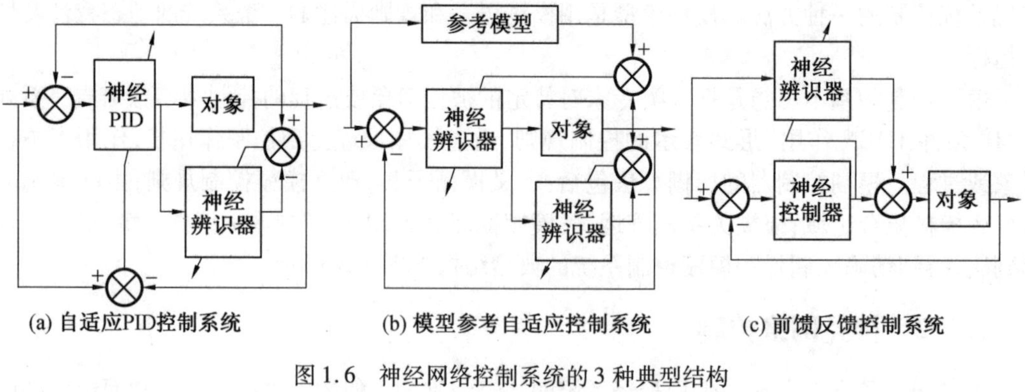

(a) 自适应PID控制系统　(b) 模型参考自适应控制系统　(c) 前馈反馈控制系统

图 1.6　神经网络控制系统的 3 种典型结构

1.2.3 专家控制

专家指的是那些对解决专门问题非常熟悉的人,他们的这种专门技术通常源于丰富的经验,以及处理问题的详细专业知识。专家系统主要指的是一个智能计算机程序系统,其内部含有大量的某个领域专家水平的知识与经验,能够利用人类专家的知识和解决问题的经验方法来处理该领域的高水平难题。它具有启发性、透明性、灵活性、符号操作、不确定性推理等特点。

应用专家系统的概念和技术,模拟人类专家的控制知识与经验而建造的控制系统,称为专家控制系统。专家控制系统的出现改变了传统的控制系统设计中单纯依靠数学模型的局面,使知识模型与数学模型相结合,知识信息处理技术与控制相结合,它是人工智能与控制理论方法和技术相结合的典型产物。根据专家系统的方法和原理设计的控制器称为基于知识的控制器。按照基于知识的控制器在整个智能控制系统中的作用,又可以分为直接专家控制系统和间接专家控制系统两种类型,如图 1.7 所示。

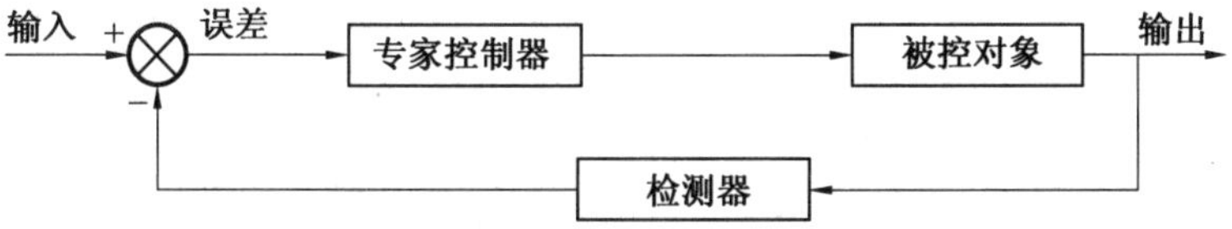

(a) 直接专家控制系统

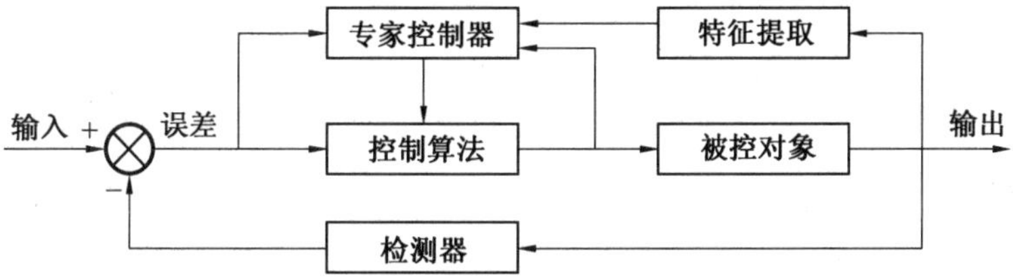

(b) 间接专家控制系统

图 1.7 专家控制系统的典型结构

1.3 智能控制的发展

自 1932 年奈魁斯特(H. Nyquist)的有关反馈放大器稳定性论文发表以来,控制理论的发展已走过了 70 多年的历程。一般认为,前 30 年是经典控制理论的发展和成熟阶段,后 30 年是现代控制理论的形成和发展阶段。随着研究的对象和系统越来越复杂,借助于数学模型描述和分析的传统控制理论已难以解决复杂系统的控制问题。智能控制是针对控制对象及其环境、目标和任务的不确定性和复杂性而产生和发展起来的。

自 20 世纪 60 年代起,计算机技术和人工智能技术迅速发展,为了提高控制系统的自学习能力,控制界学者开始将人工智能技术应用于控制系统。

1965 年,美籍华裔科学家傅京孙教授首先把人工智能的启发式推理规则用于学习控制系统;1966 年,Mendel 进一步在空间飞行器的学习控制系统中应用了人工智能技术,并提出了“人工智能控制”的概念;1967 年,Leondes 和 Mendel 首先正式使用“智能控制”一词。

20世纪70年代初，傅京孙、Glofiso和Saridis等学者从控制论角度总结了人工智能技术与自适应、自组织、自学习控制的关系，提出了智能控制就是人工智能技术与控制理论交叉的思想，并创立了人机交互式分层递阶智能控制的系统结构。

20世纪70年代中期，以模糊集合论为基础，智能控制在规则控制研究上取得了重要进展。1974年，伦敦大学Mamdani提出了基于模糊语言描述控制规则的模糊控制器，将模糊集和模糊语言逻辑用于工业过程控制，之后又成功地研制出自组织模糊控制器，使模糊控制器的智能化水平有了较大提高。模糊控制的形成和发展，以及与人工智能的相互渗透，对智能控制理论的形成起到了十分重要的推动作用。

神经网络控制是智能控制的重要分支。自从1943年McCulloch和Pitts提出形式神经元数学模型以来，神经网络研究的艰难历程也随之开始。20世纪50年代至80年代是神经网络研究的萧条期，但仍有不少学者致力于神经网络模型的研究。到了20世纪80年代，神经网络研究进入了发展期，1982年Hopfield提出了HNN模型，解决了回归网络的学习问题。1986年PDP小组的研究人员提出的多层前向传播神经网络的BP学习算法实现了有导师指导下的网络学习，从而为神经网络应用开辟了广阔前景。神经网络在许多方面模拟人脑的功能，并不依赖精确的数学模型，因而显示出强大的自学习和自适应功能。神经网络与控制技术有机结合，形成了一系列有效的控制方法。特别是神经网络技术与自适应控制技术、鲁棒控制技术相结合，以及与非线性系统控制理论相结合，形成对非线性系统的鲁棒自适应控制方法，引起了国内外控制界的广泛关注。

20世纪80年代，专家系统技术的逐渐成熟及计算机技术的迅速发展，使得智能控制和决策的研究也取得了较大进展。1986年，K. J. Astrom发表的著名论文《专家控制》中，将人工智能中的专家系统技术引入控制系统，组成了另一种类型的智能控制系统——专家控制。目前，专家控制方法已有许多成功应用的实例。

1985年8月，IEEE在美国纽约召开了第一届智能控制学术讨论会，随后成立了IEEE智能控制专业委员会；1987年1月，在美国举行第一次国际智能控制大会，标志着智能控制领域的形成。智能控制在国内也受到了广泛的重视，中国自动化学会于1993年8月在北京召开了第一届全球华人智能控制与智能自动化大会；1995年8月在天津召开了智能自动化专业委员会成立大会及首届中国智能自动化学术会议。

1.4　智能控制系统研究的主要数学方法

传统的控制理论主要采用微分方程、状态方程及各种数学变换作为研究工具，它们本质上是一种数值计算的方法。而人工智能主要采用符号处理、一阶谓词逻辑等作为研究工具。两者有着本质的区别。智能控制研究的数学工具则是上述两方面的交叉和结合，它主要有以下几种形式：

(1)符号推理与数值计算的结合。例如专家控制，它的上层是专家系统，采用人工智能中的符号推理方法。下层是传统的控制系统，采用数值计算方法。因此，整个智能控制系统的数学工具是这两种方法的结合。

(2)离散时间系统与连续时间系统分析的结合。

(3)介于两者之间的方法。神经网络通过许多简单关系来实现复杂的函数，它们的组合可实现复杂的分类和决策功能。神经网络本质上是一个非线性动力学系统,但它不依赖模型,因此可以看成是一种介于逻辑推理和数值计算之间的工具和方法。模糊控制是另一种介于两者之间的方法,它形式上利用规则进行逻辑推理,但其逻辑取值可在 0 与 1 之间连续变化,其处理的方法也是基于数值的而非符号的。神经网络和模糊集合论,在某些方面如逻辑关系,不依赖模型等类似于人工智能的方法;而在其他方面如连续取值和非线性动力学特性等则类似于通常的数值方法,即传统的控制理论数学工具;由于它们介于符号逻辑和数值计算两者之间,因而有可能成为今后智能控制研究的主要数学工具。

(4)优化理论。学习控制系统时常通过系统性能的评判来修改系统的结构和参数。利用优化理论来解决智能控制系统中的结构和参数设计是常用的方法,也是智能控制系统设计的精髓。

智能控制作为一门新兴学科,还没有形成一个统一、完整的理论体系。智能控制研究所面临的最迫切的问题是,对于一个给定的系统如何进行系统的分析和设计。专家预测,把复杂环境的严格数学方法研究同人工智能中的新兴学科分支“计算智能”的理论方法研究紧密地结合起来,有望导致新的智能控制体系结构的产生和发展;并预示,这种研究将在“自上而下”和“自下而上”两个方向工作的交汇处取得突破性进展,使智能控制系统的研究出现崭新的局面,而不是停留在监控级,用一个简单的基于规则的控制将基础级常规控制系统松散地耦合起来的水平。这里“自上而下”的含义是指由高层控制的思想、观点和理论入手向下层发展,在简化条件下建造仿真或实验系统来研究智能控制的基本概念和验证控制算法。“自下而上”的含义是指从建立“感知-行为”的直接映射入手向上层发展,同样是在简化条件下去研究各种新的分布式智能控制体系结构及其相应的控制算法。所以,智能控制理论要发展到如经典控制理论、现代控制理论那么完整还需要做相当多的艰苦工作。

本章小结

智能控制是自动控制发展的高级阶段,在自动化领域中占有重要位置。本章主要介绍了智能控制的基本定义、结构、类型、特点和发展历史,简单介绍了智能控制系统常见的 3 种类型:模糊控制系统、神经网络控制系统和专家控制系统,最后介绍了智能控制研究的主要数学方法。智能控制与传统控制的研究方法有本质的区别,学习智能控制对了解自动控制的新方法具有重要意义。

习题与思考题

1. 简述智能控制的概念。
2. 智能控制的研究对象具有哪些主要特征?
3. 智能控制由哪几部分组成? 各自的特点是什么?
4. 比较智能控制和传统控制的特点。

第 2 章　模糊控制的数学基础

在日常的生活和工作过程中，许多事物，包括我们的思维过程，都存在着一定的模糊性（Fuzzy），即事物之间的边界模糊，如某一新控制方法的适应性可以评价为“强、比较强、不那么有效、无效”，灾害性气候对农产品质量的影响程度为“较重、严重、很严重”，等等。这类具有模糊性的客观现象和概念很难用经典数学加以描述，因而限制了经典数学在这一领域的发展应用。

1965 年，美国自动控制专家查德（L. A. Zadeh）教授首次提出了“模糊集合”的概念，即用隶属函数来定量描述事物的模糊性，奠定了模糊数学的基础。1973 年，在研究模糊语言处理的基础上，提出了用模糊语言进行系统描述的方法，给出了模糊推理的理论基础，并为模糊控制的设计与实施提供了有效的手段。模糊数学的理论基础是模糊集合，要理解模糊逻辑与模糊控制系统，首先需要了解模糊集合的概念。

模糊集合论的提出虽然较晚，但目前在各个领域的应用十分广泛。实践证明，模糊数学在农业中主要用于病虫测报、种植区划、品种选育等方面，在图像识别、天气预报、地质地震、交通运输、医疗诊断、信息控制、人工智能等诸多领域的应用也已初见成效。从学科的发展趋势来看，具有极其强大的生命力和渗透力。

2.1　模糊集合及运算

集合一般是指具有某种属性的、确定的、彼此间可以区别的事物的全体，组成集合的事物称为集合的元素。若给定一个论域 U，U 中具有某种属性的元素组成的全体称为集合。

2.1.1　模糊集合

在经典集合论中，论域中任一个元素对论域中的某个集合而言，只有两种状态，属于或不属于。例如，“所有小于 10 的正整数”为一个清晰的概念，可用集合表示为

$$A=\{x \mid x<10, x \text{ 为正整数}, x \in \mathbf{R}\}$$

在现实生活中却存在大量的模糊事物和模糊概念。例如“温度有点高”“湿度有点大”等，这时很难划分出一个严格的界限，只能说 26 ℃属于“温度有点高”的程度，要比 25 ℃高。又如日常生活中常用到的语言变量“胖”“很胖”“高”“矮”“快”“慢”等，其边界都是不确定的、模糊的。模糊集合（Fuzzy Set）就是指具有某种模糊概念所描述的属性的对象的全体。由于概念本身不是清晰、界限分明的，因而对象对集合的隶属关系也不是明确、非此即彼的。

1. 定义

打破经典集合的绝对隶属关系，用相对的属于程度来表示隶属关系，提出模糊集合的概念，从而定义元素属于集合的程度，称为隶属度（Membership Grade）。

模糊集合的定义：论域 U 中的模糊子集 F 是指对任何 $u\in U$ 都有一个数 $\mu_F(u)\in[0,1]$ 与之对应，并且称 μ 属于模糊集合 F 的隶属程度，即指映射

$$\begin{aligned}\mu_F: U &\to [0,1]\\ u &\to \mu_F(u)\end{aligned} \tag{2.1}$$

映射 μ_F 又称为 F 的隶属函数。以下在不致误解的情况下，对模糊集合和它的隶属函数 $\mu_F(u)$ 将不加以区别，同时模糊集合也常简称为模糊集。

论域 U 的表示形式有两种：一种是以离散的形式给出，可以是有序的也可以是无序的，则对应的模糊集合以序偶的形式给出；另外一种是以连续区间的形式给出，则相应的模糊集合用隶属函数法描述。

【例 2.1】　若已知论域 $X=\{$上海 北京 天津 西安$\}$ 为城市的集合，则模糊集合 $C=$“偏爱的城市”可以表示为

$$C=\{(\text{上海},0.8),(\text{北京},0.9),(\text{天津},0.7),(\text{西安},0.6)\}$$

【例 2.2】　若已知论域 $X=\{0\ 1\ 2\ 3\ 4\ 5\ 6\ 7\ 8\ 9\ 10\}$，则具有模糊概念的词“几个”可用模糊集合表示为

$$\begin{aligned}A=\{&(1,0),(2,0.1),(3,0.4),(4,0.7),(5,1.0),(6,1.0),\\&(7,0.7),(8,0.4),(9,0.1),(10,0)\}\end{aligned}$$

【例 2.3】　设 $X=\mathbf{R}_+$ 为人类年龄的集合，模糊集合 $B=$“年龄在 50 岁左右”则表示为

$$B=\{x,\mu_B(x)\mid x\in X\}$$

式中

$$\mu_B(x)=\frac{1}{1+\left(\dfrac{x-50}{10}\right)^4}$$

2. 模糊集合的表示方法

由定义可知模糊集合是经典集合的推广，其隶属度函数值可取闭区间 $[0,1]$ 中的任意值。由此可以看出，模糊集合用以描述模糊性的概念，表达式中隶属度函数值是一个精确值，模糊集合只是一个带有隶属函数的集合，因而模糊集合本身是精确的。

模糊集合的表示方法有很多，其中常用的有 Zadeh 表示法、向量表示法、序偶表示法和解析表示法。

(1) Zadeh 表示法（也称集合表示法、单点表示法）。

若论域为有限集时，即 $U=\{u_1,u_2,\cdots,u_n\}$，常用论域中的元素 u_i 与其对应的隶属度 $\mu_F(u_i)$ 表示一个模糊集合 F，即

$$F=\sum_{u_i\in U}\mu_F(u_i)/u_i \tag{2.2}$$

式中 $\mu_F(u_i)/u_i$ 表示元素 u_i 与隶属度 $\mu_F(u_i)$ 之间隶属的关系，“/”不是除法运算；$\sum\limits_{u_i\in U}$ 表示模糊集合在论域 U 上的全体。在这一表示方法中，隶属度为零的项可以不写出。

例 2.1、例 2.2 中的模糊集合若用 Zadeh 表示法，可分别表示为

$$C=\frac{0.8}{\text{上海}}+\frac{0.9}{\text{北京}}+\frac{0.7}{\text{天津}}+\frac{0.6}{\text{西安}}$$

$$A=\frac{0.1}{2}+\frac{0.4}{3}+\frac{0.7}{4}+\frac{1.0}{5}+\frac{1.0}{6}+\frac{0.7}{7}+\frac{0.4}{8}+\frac{0.1}{9}$$

(2)向量表示法。

用论域 U 中的元素 u_i 对应的隶属度 $\mu_F(u_i)$ 构成的向量来表示一个模糊集合 F,即

$$F=[\mu_F(u_1)\quad \mu_F(u_2)\quad \cdots\quad \mu_F(u_n)] \tag{2.3}$$

在向量表示法中,隶属度 $\mu_F(u_i)$ 为零的项不可省略,而是以零代替。

例 2.1、例 2.2 的模糊集合用向量表示法可分别表示为

$$\boldsymbol{C}=[0.8\quad 0.9\quad 0.7\quad 0.6]$$

$$\boldsymbol{A}=[0\quad 0.1\quad 0.4\quad 0.7\quad 1.0\quad 1.0\quad 0.7\quad 0.4\quad 0.10]$$

(3)序偶表示法。

用论域 U 中的元素 u_i 与对应的隶属度 $\mu_F(u_i)$ 构成的序偶来表示一个模糊集合 F,即

$$F=\{(u_1,\mu_F(u_1)),(u_2,\mu_F(u_2)),\cdots,(u_n,\mu_F(u_n))\} \tag{2.4}$$

在序偶表示法中,隶属度 $\mu_F(u_i)$ 为零的项可省略。

(4)解析表示法(隶属函数法)。

若论域 U 为连续论域(如 $U=\mathbf{R}$)时,常用论域中的元素 u 与其对应的隶属度 $\mu_F(u)$ 的解析表达式来表示论域 U 中的一个模糊集合 F 为

$$F=\int_U \mu_F(u)/u \tag{2.5}$$

其中 $\int$ 不是积分符号,而是表示 U 上隶属度函数为 $\mu_F(u)$ 的所有点的集合。

【例 2.4】 设年龄论域 $U=[0,120]$,已知“老年人”“青年人”这两个模糊集合的隶属函数分别为

$$\mu_{老年人}(x)=\begin{cases}0 & 0\leqslant x\leqslant 50\\ \left(1+\left(\dfrac{x-50}{5}\right)^{-2}\right)^{-1} & 50<x\leqslant 120\end{cases}$$

$$\mu_{青年人}(x)=\begin{cases}0 & 0\leqslant x\leqslant 25\\ \left(1+\left(\dfrac{x-25}{5}\right)^{2}\right)^{-1} & 25<x\leqslant 120\end{cases}$$

试求模糊集合“老年人”“青年人”。

解 因给定论域为连续闭区间,则模糊集合“老年人”*Old*、“青年人”*Young* 可分别表示为

$$Old=\{(x,0)\mid 0\leqslant x\leqslant 50\}+\left\{\left(x,\left(1+\left(\frac{x-50}{5}\right)^{-2}\right)^{-1}\right)\middle|\, 50<x\leqslant 120\right\}$$

$$Young=\{(x,1)\mid 0\leqslant x\leqslant 25\}+\left\{\left(x,\left(1+\left(\frac{x-25}{5}\right)^{2}\right)^{-1}\right)\middle|\, 50<x\leqslant 120\right\}$$

或表示成

$$Old=\int_{0\leqslant x\leqslant 50}\frac{0}{x}+\int_{50<x\leqslant 120}\frac{\left(1+\left(\dfrac{x-50}{5}\right)^{-2}\right)^{-1}}{x}$$

$$Young=\int_{0\leqslant x\leqslant 25}\frac{1}{x}+\int_{25<x\leqslant 120}\frac{\left(1+\left(\dfrac{x-25}{5}\right)^{2}\right)^{-1}}{x}$$

“老年人”“青年人”的两个模糊集合的隶属函数曲线如图 2.1 所示。

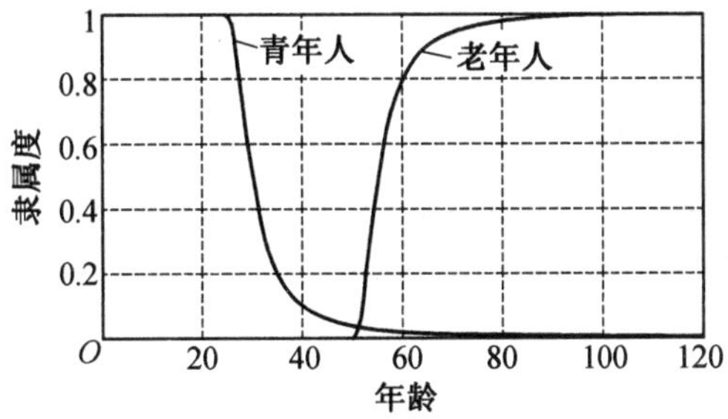

图 2.1 模糊集合“老年人”“青年人”的隶属函数曲线

从上面的分析可以看出,给定一个模糊集合必然有一个唯一的隶属函数与之对应,反之给定一个隶属函数,必然表示一个唯一的模糊集合。因此从这个角度讲,模糊集合和隶属函数是等价的。

3. 模糊集合

设 U 为论域,u 为论域中的元素,F 为论域 U 中的模糊集合,若 F 的隶属函数如图 2.2 所示,横轴为归一化论域,纵轴为隶属度,则对应模糊集合有如下定义。

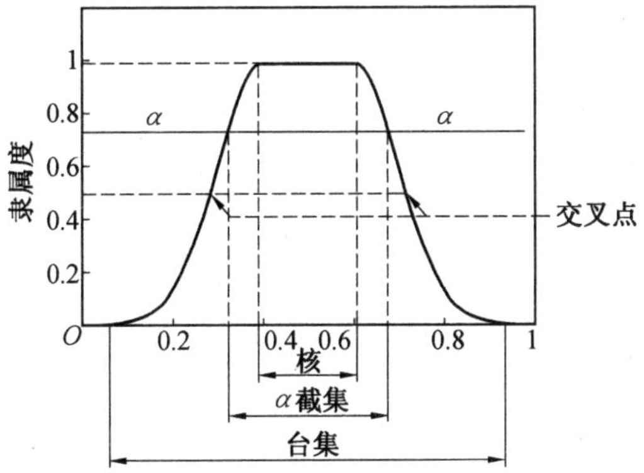

图 2.2 模糊集合的基本术语说明

(1)台集(Support Set)。

定义$F_s=\{u|\mu_F(u)>0\}$为模糊集合 F 的台集,也称支集,即论域中使$\mu_F(u)>0$ 的元素 u 的全体,如图 2.2 所示。台集为一经典集合,记作 supp F,即其隶属函数为

$$\mu_{F_s}=\begin{cases}0 & u\notin F\\1 & u\in F\end{cases} \tag{2.6}$$

显然模糊集合可仅由台集表示。如例 2.2 中“几个”的台集为 supp $A=\{2,3,4,5,6,7,8,9\}$。

(2)核(Kernel)。

定义 $F_c=\{u|\mu_F(u)=1\}$ 为集合 F 的核,即论域中使 $\mu_F(u)=1$ 的元素 u 的全体,记作 ker F,如图 2.2 所示。

(3)α 截集(α-cut Set)。

定义 $F_\alpha=\{u|\mu_F(u)\geqslant\alpha\}$ 为集合 F 的强 α 截集;定义 $F_\alpha=\{u|\mu_F(u)>\alpha\}$ 为集合 F 的弱 α 截集,显然 α 截集为经典集合,且存在 $F_s=F_\alpha|_{\alpha=0}$,如图 2.2 所示。

(4)交叉点(Crossover Point)。

定义 $u(F)=\{u|\mu_F(u)=0.5\}$,即使得 $\mu_F(u)=0.5$ 的点 u 称为模糊集合 F 的交叉点,也称分界点,如图 2.2 所示。

(5)单点模糊集合(Singleton Fuzzy Set)。

若论域 U 中满足 $\mu_F(x)=1$ 的元素只有一个,即台集合仅为一点,则称模糊集合 F 为单点模糊集合,如图 2.3 所示年龄示例。

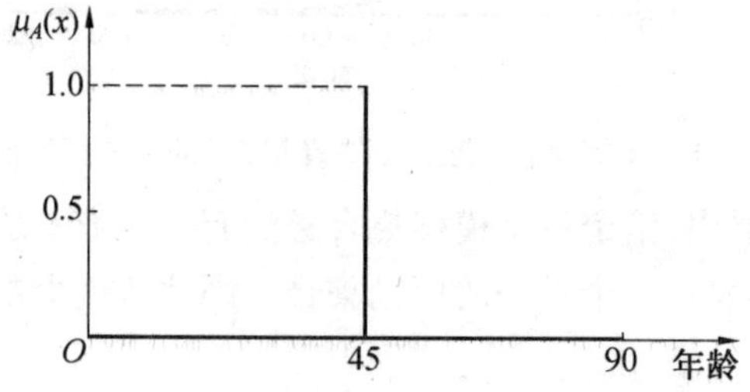

图 2.3　单点模糊集合示例

(6)正则模糊集合(Normal Fuzzy Set)。

若对模糊集合 F 存在 $\max\limits_{u\in U}\mu_F(u)=1$,则称模糊集合 F 为正则模糊集合,如图 2.2 所示的集合即为正则模糊集合。

(7)凸模糊集合(Convex Fuzzy Set)。

若在论域 U 的任意闭区间 $[u_1,u_2]$ 上,对于所有的实数 $u\in[u_1,u_2]$,满足 $\mu_F(u)\geqslant\min\{\mu_F(u_1),\mu_F(u_2)\}$,则称集合 F 为凸模糊集合,min 取小的含义。例如图 2.4 中的模糊集合 A 和模糊集合 B 均为凸模糊集合,而集合 C 为非凸模糊集合。

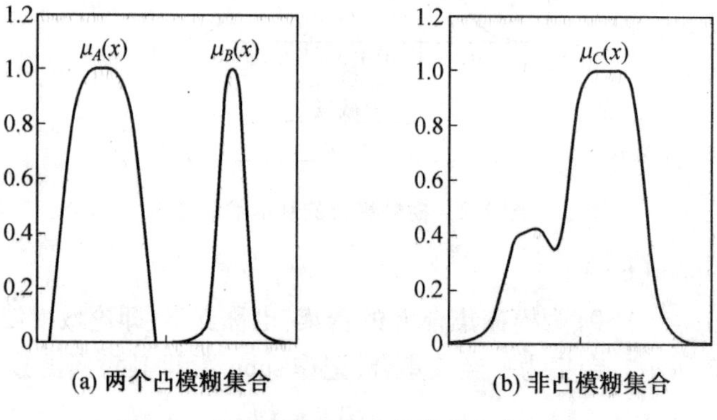

图 2.4　凸模糊集合和非凸模糊集合示例

2.1.2　模糊集合的运算

1. 模糊空集

若 F 为论域 U 上的模糊集合,若对所有的 $u\in U$,存在如下关系:

$$\mu_F(u)=0 \tag{2.7}$$

则 F 称模糊空集,记为 $F=\varnothing$。

2. 模糊集合的数乘

若 F 为论域 U 上的模糊集合,则由常数 α 和 F 可构造一个新的模糊集合 αF,满足

$$\alpha F(u)=\alpha \wedge F(u) \tag{2.8}$$

称为 α 和 F 的数乘,其中"$\wedge$"表示取小运算。

3. 模糊集合的代数和($A+B$)

若 A,B 分别为论域 U 上的模糊集合,对任意 $u\in U$,则模糊集合 A,B 的代数和 $A+B$ 表示为

$$\mu_{A+B}(u)=\mu_A(u)+\mu_B(u)-\mu_A(u)\mu_B(u) \tag{2.9}$$

4. 模糊集合的有界和($A\oplus B$)

若 A,B 分别为论域 U 上的模糊集合,对任意 $u\in U$,则模糊集合 A,B 的有界和 $A\oplus B$ 表示为

$$\mu_{A\oplus B}(u)=\min\{1,\mu_A(u)+\mu_B(u)\} \tag{2.10}$$

5. 模糊集合的代数积($A\cdot B$)

若 A,B 分别为论域 U 上的模糊集合,对任意 $u\in U$,则模糊集合 A,B 的代数积 $A\cdot B$ 表示为

$$\mu_{A\cdot B}(u)=\mu_A(u)\cdot\mu_B(u) \tag{2.11}$$

6. 模糊集合的有界积($A\odot B$)

若 A,B 分别为论域 U 上的模糊集合,对任意 $u\in U$,则模糊集合 A,B 的有界积 $A\odot B$ 表示为

$$\mu_{A\odot B}(u)=\max\{0,\mu_A(u)+\mu_B(u)-1\} \tag{2.12}$$

7. 模糊集合的有界差($A\ominus B$)

若 A,B 分别为论域 U 上的模糊集合,对任意 $u\in U$,则模糊集合 A,B 的有界差 $A\ominus B$ 表示为

$$\mu_{A\ominus B}(u)=\max\{0,\mu_A(x)-\mu_B(x)\} \tag{2.13}$$

8. 模糊集合的并集($A\cup B$)

若 A,B,C 分别为论域 U 上的模糊集合,对任意 $u\in U$,则模糊集合的并集 $A\cup B$ 表示为

$$\mu_C=\max(\mu_A(u),\mu_B(u))=\mu_A(u)\vee\mu_B(u) \tag{2.14}$$

称集合 C 是 A 和 B 的并集(Union),记为 $C=A\cup B$。其中符号"$\vee$"为取大运算符。

9. 模糊集合的交集($A\cap B$)

若 A,B,C 分别为论域 U 上的模糊集合,对任意 $u\in U$,则模糊集合的交集 $A\cap B$ 表示为

$$\mu_C=\min(\mu_A(u),\mu_B(u))=\mu_A(u)\wedge\mu_B(u) \tag{2.15}$$

称集合 C 是 A 和 B 的交集(Intersection),记为 $C=A\cap B$。其中符号"$\wedge$"为取小运算符。

10. 模糊集合的补集($\bar{A}$)

若 A,B 分别为论域 U 上的模糊集合,对任意 $u\in U$,则模糊集合的补集 $\bar{A}$ 表示为

$$\mu_B(u)=1-\mu_A(u) \tag{2.16}$$

则称集合 B 是 A 的补集(Complement),记为 $B=\bar{A}$。

例如经典逻辑(Classical Logic)中,集合 A 和 B 的二值逻辑运算交、并、补的关系如图 2.5(a)所示;若已知模糊集合 A 和模糊集合 B 的隶属函数,其模糊逻辑(Fuzzy Logic)运算

结果如图 2.5(b)所示。

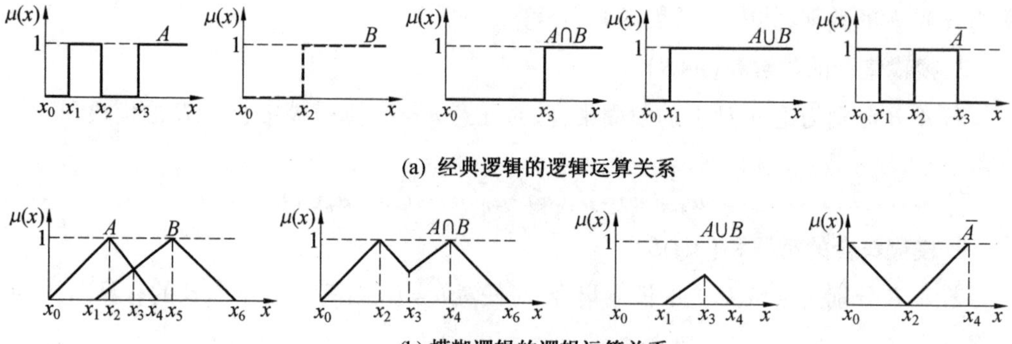

(a) 经典逻辑的逻辑运算关系

(b) 模糊逻辑的逻辑运算关系

图 2.5　逻辑运算关系示例

11. 模糊集合的直积($A\times B$)

若 A,B 分别为论域 X,Y 上的模糊集合,对任意 $x\in X$,$y\in Y$,则模糊集合的直积 $A\times B$ 定义为

$$\mu_C(x,y)=\min(\mu_A(x),\mu_B(y)) \tag{2.17}$$

或

$$\mu_C(x,y)=\mu_A(x)\mu_B(y) \tag{2.18}$$

则称模糊集合 C 是 A 和 B 在积空间 $X\times Y$ 上的直积(Drastic Product),记为 $C=A\times B$。

直积又称为笛卡儿积(Cartesian Product)或叉积(Cross Product)。两个模糊集合的直积概念可以推广到多个模糊集合。

【例 2.5】　若 A 和 B 为论域 $X=\{x_1,x_2,x_3,x_4,x_5\}$ 上的两个模糊集合,且已知

$$A=\frac{0.2}{x_1}+\frac{0.4}{x_2}+\frac{0.9}{x_3}+\frac{0.5}{x_4},B=\frac{0.1}{x_2}+\frac{0.7}{x_3}+\frac{1.0}{x_4}+\frac{0.3}{x_5}$$

试求 $A+B$,$A\oplus B$,$A\cdot B$。

解　根据定义可分别求得

$$A+B=\frac{0.1+0-0}{x_1}+\frac{0.4+0.1-0.04}{x_2}+\frac{0.9+0.7-0.63}{x_3}+\frac{0.5+1.0-0.5}{x_4}+\frac{0+0.3-0}{x_5}=$$

$$\frac{0.1}{x_1}+\frac{0.46}{x_2}+\frac{0.97}{x_3}+\frac{1.0}{x_4}+\frac{0.3}{x_5}$$

$$A\oplus B=\frac{(0.1+0)\wedge 1}{x_1}+\frac{(0.4+0.1)\wedge 1}{x_2}+\frac{(0.9+0.7)\wedge 1}{x_3}+\frac{(0.5+1)\wedge 1}{x_4}+\frac{(0+0.3)\wedge 1}{x_5}=$$

$$\frac{0.1}{x_1}+\frac{0.5}{x_2}+\frac{1}{x_3}+\frac{1}{x_4}+\frac{0.3}{x_5}$$

$$A\cdot B=\frac{0.1\times 0}{x_1}+\frac{0.4\times 0.1}{x_2}+\frac{0.9\times 0.7}{x_3}+\frac{0.5\times 1}{x_4}+\frac{0\times 0.3}{x_5}=\frac{0.04}{x_2}+\frac{0.63}{x_3}+\frac{0.5}{x_4}$$

【例 2.6】　若 A 和 B 为论域 $X=\{x_1,x_2,x_3,x_4\}$ 上的两个模糊集合,且已知

$$A=\frac{0.3}{x_1}+\frac{0.5}{x_2}+\frac{0.7}{x_3}+\frac{0.4}{x_4},B=\frac{0.5}{x_1}+\frac{1}{x_2}+\frac{0.8}{x_3}$$

试求 $\bar{A}$,$A\cup B$,$A\cap B$。

解　根据定义可分别求得

$$\bar{A}=\frac{1-0.3}{x_1}+\frac{1-0.5}{x_2}+\frac{1-0.7}{x_3}+\frac{1-0.4}{x_4}=\frac{0.7}{x_1}+\frac{0.5}{x_2}+\frac{0.3}{x_3}+\frac{0.6}{x_4}$$

$$A\cup B=\frac{0.3\vee 0.5}{x_1}+\frac{0.5\vee 1}{x_2}+\frac{0.7\vee 0.8}{x_3}+\frac{0.4\vee 0}{x_4}=\frac{0.5}{x_1}+\frac{1}{x_2}+\frac{0.8}{x_3}+\frac{0.4}{x_4}$$

$$A\cap B=\frac{0.3\wedge 0.5}{x_1}+\frac{0.5\wedge 1}{x_2}+\frac{0.7\wedge 0.8}{x_3}+\frac{0.4\wedge 0}{x_4}=\frac{0.3}{x_1}+\frac{0.5}{x_2}+\frac{0.7}{x_3}$$

【例 2.7】　若 A 和 B 为论域 $X=\{x_1,x_2,x_3,x_4\}$ 上的两个模糊集合，且已知

$$A=\frac{0.2}{x_2}+\frac{0.8}{x_3}+\frac{1}{x_4},B=\frac{0.6}{x_1}+\frac{1}{x_2}+\frac{0.6}{x_3}$$

试求 $A\odot B$，$A\ominus B$。

解　根据定义可分别求得

$$A\odot B=\frac{0\vee(0+0.6-1)}{x_1}+\frac{0\vee(0.2+1-1)}{x_2}+\frac{0\vee(0.8+0.6-1)}{x_3}+\frac{0\vee(1+0-1)}{x_4}=\frac{0.2}{x_2}+\frac{0.4}{x_3}$$

$$A\ominus B=\frac{0\vee(0-0.6)}{x_1}+\frac{0\vee(0.2-1)}{x_2}+\frac{0\vee(0.8-0.6)}{x_3}+\frac{0\vee(1-0)}{x_4}=\frac{0.2}{x_3}+\frac{1}{x_4}$$

2.1.3　模糊集合运算的性质

幂等律：$A\cap A=A$；$A\cup A=A$

交换律：$A\cap B=B\cap A$；$A\cup B=B\cup A$

结合律：$(A\cap B)\cap C=A\cap(B\cap C)$；$(A\cup B)\cup C=A\cup(B\cup C)$

分配律：$A\cup(B\cap C)=(A\cup B)\cap(A\cup C)$；$A\cap(B\cup C)=(A\cap B)\cup(A\cap C)$

吸收律：$A\cup(A\cap B)=A$；$A\cap(A\cup B)=A$

同一律：$A\cup E=E$；$A\cap E=A$；$A\cup\varnothing=A$；$A\cap\varnothing=\varnothing$

复原律：$\bar{\bar{A}}=A$

对偶律：$\overline{(A\cup B)}=\bar{A}\cap\bar{B}$；$\overline{(A\cap B)}=\bar{A}\cup\bar{B}$

模糊集合不满足经典集合论中的排中律、矛盾律，即 $A\cup\bar{A}\neq E$，$A\cap\bar{A}\neq\varnothing$。

2.1.4　隶属函数的建立

模糊集合是由隶属函数来描述的，模糊集合运算的实质就是隶属函数的运算。因此，用模糊理论的方法解决实际问题首先要确定模糊集合的隶属函数。

隶属函数是对模糊性客观事物的数学描述，其本质是客观的。然而，由于建立隶属函数时受人们的经验与认识的局限，对一个确定的模糊集合，建立的隶属函数不尽相同，因而隶属函数只是客观事物的一个近似描述。

建立隶属函数的方法有很多，不同场合采用不同的方法，没有固定模式。常用到的有模糊统计法、推理法、相对选择法和滤波函数法等。下面介绍按经验选取时常见的隶属函数，以及模糊统计法和推理法等计算方法。

1. 常见隶属函数

隶属函数是对模糊概念进行清晰化描述，因而正确地给出隶属函数是利用模糊集合理

论解决工程实际问题的基础。

由于模糊集合通常用于描述生活中的一些具有模糊性的概念、知识，因而对同一事物的理解因人而异，所以从本质上讲，隶属函数应该是客观的，但由于个体认知的差异，隶属函数又带有一定的主观性。通常是由某一领域的专家根据经验和统计数据确定。

若模糊集合的论域为实数域，即 $x\in\mathbf{R}$，在模糊集合论中也称隶属函数为模糊分布，常见的模糊分布有以下几种形式。

(1)中间型隶属函数。

①三角形隶属函数(Triangular Membership Function)。

$$\mu_A(x)=\begin{cases}0 & x\leqslant a\\ \dfrac{x-a}{b-a} & a<x\leqslant b\\ \dfrac{c-x}{c-b} & b<x\leqslant c\\ 0 & x>c\end{cases} \tag{2.19}$$

式中　a,b,c——特征参数，用以确定三角形的三个顶点，隶属函数曲线如图 2.6(a)所示。

②梯形隶属函数(Trapezoid Membership Function)。

$$\mu_A(x)=\begin{cases}0 & x\leqslant a\\ \dfrac{x-a}{b-a} & a<x\leqslant b\\ 1 & b<x\leqslant c\\ \dfrac{d-x}{d-c} & c<x\leqslant d\\ 0 & x>d\end{cases} \tag{2.20}$$

式中　a,b,c,d——特征参数，用以确定梯形的 4 个顶点，隶属函数曲线如图 2.6(b)所示。

③高斯形隶属函数(Gaussian Membership Function)。

$$\mu_A(x)=\mathrm{e}^{-\frac{1}{2}\left(\frac{x-c}{\sigma}\right)^2} \tag{2.21}$$

式中，c 代表 MF 的中心；σ 决定 MF 的宽度，隶属函数曲线如图 2.6(c)所示。

④一般钟形隶属函数(Bell Membership Function)。

$$\mu_A(x)=\frac{1}{1+\left|\dfrac{x-c}{a}\right|^{2b}} \tag{2.22}$$

式中　a,b,c——特征参数，用以确定钟形的中心和宽度，隶属函数曲线如图 2.6(d)所示。

(2)偏小型。

①降半正态形。

$$\mu_A(x)=\begin{cases}1 & x\leqslant a\\ \mathrm{e}^{-k(x-a)^2} & x>a\end{cases} \tag{2.23}$$

式中　a,k——特征参数，隶属函数曲线如图 2.7(a)所示。

②降半梯形。

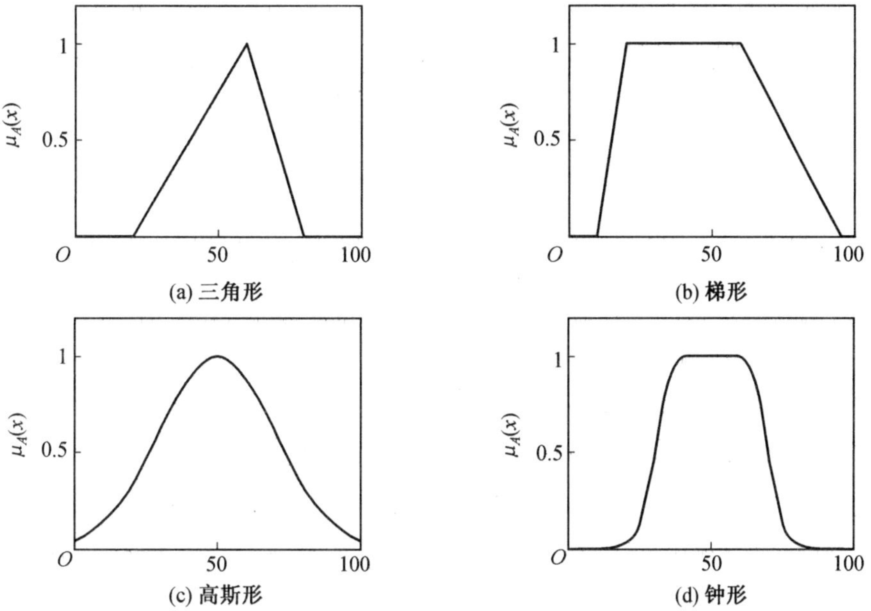

图 2.6　中间型隶属函数曲线

$$\mu_A(x)=\begin{cases}1 & x\leqslant a_1\\ \dfrac{x-a_2}{a_1-a_2} & a_1<x\leqslant a_2\\ 0 & x>a_2\end{cases}\tag{2.24}$$

式中　a_1,a_2——特征参数，隶属函数曲线如图 2.7(b)所示。

③降岭形。

$$\mu_A(x)=\begin{cases}1 & x\leqslant a_1\\ \dfrac{1}{2}-\dfrac{1}{2}\sin\dfrac{\pi}{a_2-a_1}\left(x-\dfrac{a_2+a_1}{2}\right) & a_1<x\leqslant a_2\\ 0 & x>a_2\end{cases}\tag{2.25}$$

式中　a_1,a_2——特征参数，且 $a_1<a_2$，隶属函数曲线如图 2.7(c)所示。

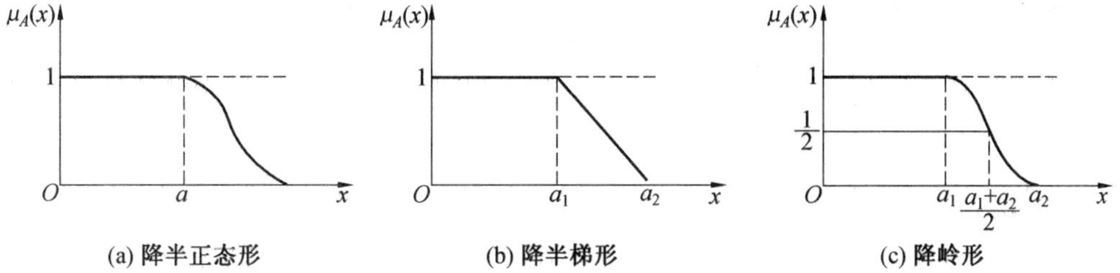

图 2.7　偏小型隶属函数曲线

(3)偏大型。

①升半正态形。

$$\mu_A(x)=\begin{cases}0 & x\leqslant a\\ 1-e^{-k(x-a)^2} & x>a\end{cases} \tag{2.26}$$

式中　a,k——特征参数,隶属函数曲线如图 2.8(a)所示。

(2)升半梯形。

$$\mu_A(x)=\begin{cases}0 & x\leqslant a_1\\ \dfrac{x-a_1}{a_2-a_1} & a_1<x\leqslant a_2\\ 1 & x>a_2\end{cases} \tag{2.27}$$

式中　a_1,a_2——特征参数,隶属函数曲线如图 2.8(b)所示。

(3)升半岭形。

$$\mu_A(x)=\begin{cases}0 & x\leqslant a_1\\ \dfrac{1}{2}-\dfrac{1}{2}\sin\dfrac{\pi}{a_2-a_1}\left(x-\dfrac{a_2+a_1}{2}\right) & a_1<x\leqslant a_2\\ 1 & x>a_2\end{cases} \tag{2.28}$$

式中　a_1,a_2——特征参数,且 $a_1<a_2$,隶属函数曲线如图 2.8(c)所示。

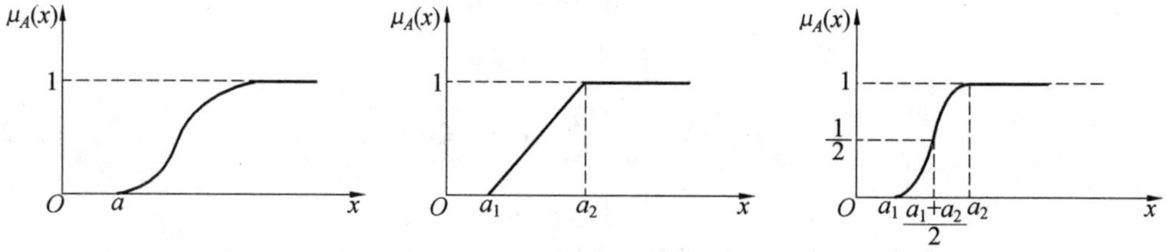

(a) 升半正态形　　(b) 升半梯形　　(c) 升半岭形

图 2.8　偏大型隶属函数曲线

2. 模糊统计法

模糊统计是对模糊事物的可能性程度进行统计,统计的结果称为隶属度。

利用模糊统计法进行模糊统计实验方法如下。首先,在给定的论域 U 中选定一个元素 u,然后考虑具有要研究的模糊集合 A 的属性的经典集合 A^*,且 A^* 为边界动态可变的经典集合。通过 n 次实验,记录 u 对 A^* 的归属次数,则可计算得到元素 u 对模糊集合 A 隶属度

$$\mu_A(u)=\lim_{n\to\infty}\frac{x\in A^* \text{的次数}}{n} \tag{2.29}$$

当 n 足够大时,则 $\mu_A(u)$ 为一个稳定值。采用此方法,经大量统计实验,可得到各个元素 u_i $(i=1,2,3,\cdots)$ 的隶属度 $\mu_A(u_i)$,就可以表示出模糊集合 A。

【例 2.8】　选取年龄作为论域,并假设论域为 $U=[0,100]$,试确定 U 上的模糊集合“年轻人”A 的隶属函数。若选择 100 个人进行调查实验来确定集合 A 的隶属函数,首先每个人按自己的理解给出“年轻人”的集合 A^*,其边界为变化的,调查结果见表 2.1。任选其中的某一个元素,如 $u=18$,则对不同的人理解不同,或属于或不属于,则统计出属于的次数,即可按式(2.29)计算出该点的隶属度,依此类推可得到论域内不同点的隶属度,见表2.2,将表中数据用连续曲线连接起来,便得到“年轻人”A 的隶属函数 $\mu_A(u)$。

表 2.1　关于模糊集合“年轻人”的年龄区间的实验统计

18～32	15～30	18～30	16～30	20～30	16～28	17～30	18～30	18～29	15～30
15～30	18～28	17～31	15～29	18～30	17～25	18～30	18～30	18～30	15～31
18～30	15～29	18～25	18～30	17～25	18～29	17～30	16～32	18～30	18～35
18～25	15～28	19～35	18～28	17～28	15～30	17～28	17～30	15～30	16～30
15～28	18～35	18～30	18～35	17～31	16～30	17～30	18～26	18～28	16～30
16～35	18～34	16～29	18～30	15～27	15～30	15～28	16～28	15～29	17～27
15～28	16～28	17～30	15～35	16～28	18～33	16～28	15～30	18～30	17～30
16～29	17～32	18～31	18～35	19～28	18～30	19～28	17～30	15～30	17～28
16～30	15～28	18～30	18～35	15～30	18～30	15～29	18～29	16～35	15～27
18～28	16～26	18～28	18～30	15～27	18～35	15～32	18～35	20～30	18～30

表 2.2　集合 A 的隶属度表

年龄	隶属次数	隶属度	年龄	隶属次数	隶属度	年龄	隶属次数	隶属度
15	22	0.22	22	100	1.00	29	71	0.71
16	40	0.40	23	100	1.00	30	60	0.60
17	56	0.56	24	100	1.00	31	21	0.21
18	96	0.96	25	100	1.00	32	17	0.17
19	98	0.98	26	96	0.96	33	13	0.13
20	100	1.00	27	95	0.95	34	12	0.12
21	100	1.00	28	92	0.92	35	11	0.11

同样,可计算出元素 $u=18$ 时的隶属度与实验次数的关系,列于表 2.3。从表 2.3 中可以看出,随实验次数的增加,隶属度稳定在 0.96 附近。

表 2.3　$x=18$ 时隶属度变化表

实验次数 n	10	20	30	40	50	60	70	80	90	100
隶属次数	10	20	29	39	48	58	67	77	86	96
隶属度	1.0	1.0	0.967	0.975	0.96	0.967	0.957	0.963	0.956	0.96

3. 推理法

根据给定的论据和知识,通过演绎或推理得出一个结论的方法称为推理法。这种方法有多种形式,下面介绍一种与几何学相关的用数学方法描述模糊概念的方法。

设三角形的三个内角分别为 A,B,C,且 $A\geqslant B\geqslant C\geqslant 0$,则三角形的全集 U 可表示为

$$U=\{(A,B,C)\mid A\geqslant B\geqslant C\geqslant 0;A+B+C=180°\} \tag{2.30}$$

若在论域 U 上定义下列三角形类型:I(近似等腰三角形)、R(近似直角三角形)、IR(近似等腰直角三角形)、E(近似等边三角形)、T(其他三角形)。则可以利用已有的三角形知识,导出某种三角形的隶属度算法,然后用推理法推导出属于某种三角形的隶属度值。

当 $A\geqslant B\geqslant C\geqslant 0$,且 $A+B+C=180°$时,对于近似等腰三角形 I,其隶属度可用下式求得

$$\mu_I(A,B,C)=1-\frac{1}{60°}\min(A-B,B-C) \tag{2.31}$$

对于近似直角三角形 R,则有

$$\mu_R(A,B,C)=1-\frac{1}{90^\circ}|A-90^\circ| \tag{2.32}$$

对于近似等边三角形 E,则有

$$\mu_E(A,B,C)=1-\frac{1}{180^\circ}(A-C) \tag{2.33}$$

显然,对于近似等腰直角三角形 IR,其隶属度是等腰三角形和直角三角形的逻辑交,即

$$\mu_{IR}(A,B,C)=\min(\mu_I(A,B,C),\mu_R(A,B,C))=$$

$$1-\max\left(\frac{1}{60^\circ}\min(A-B,B-C),\frac{1}{90^\circ}|A-90^\circ|\right) \tag{2.34}$$

而其他三角形(所有与 I,R,E 不同的三角形)则可用前 3 种情况的逻辑并的补表示,即

$$\mu_T(A,B,C)=\min(1-\mu_I(A,B,C),1-\mu_R(A,B,C),1-\mu_E(A,B,C)) \tag{2.35}$$

【例 2.9】 已知三角形的三个内角为 $A=80^\circ\geqslant B=55^\circ\geqslant C=45^\circ$,根据上述的计算公式计算可得该三角形属于某种近似三角形的隶属度值分别为

$$\mu_I(A,B,C)=1-\frac{1}{60^\circ}\min(A-B,B-C)=1-\frac{1}{60^\circ}\min(25^\circ,10^\circ)=0.83$$

$$\mu_R(A,B,C)=1-\frac{1}{90^\circ}|A-90^\circ|=1-\frac{1}{90^\circ}|80^\circ-90^\circ|=0.89$$

$$\mu_E(A,B,C)=1-\frac{1}{180^\circ}(A-C)=1-\frac{1}{180^\circ}(80^\circ-45^\circ)=0.81$$

$$\mu_{IR}(A,B,C)=\min(\mu_I(A,B,C),\mu_R(A,B,C))=1-\max\left(\frac{1}{60^\circ}\min(25^\circ,10^\circ),\frac{1}{90^\circ}|80^\circ-90^\circ|\right)=0.83$$

$$\mu_T(A,B,C)=\min(1-\mu_I(A,B,C),1-\mu_R(A,B,C),1-\mu_E(A,B,C))=0.11$$

2.2 模糊关系

关系是经典集合论中的一个重要概念,将其扩展到模糊集合论中,用模糊集的概念来表达一种不完全确定的关系,即模糊关系。

2.2.1 经典关系

关系是经典集合中描述客观事物之间的联系的概念,是事物联系的数学模型。若已知论域 X 中集合 A 和论域 Y 中集合 B,则由集合 A 中元素 a 与集合 B 中元素 b,以确定的顺序所组成的数据对称为序偶,记为 (a,b)。

若论域 X 和论域 Y 中分别存在两个集合 A,B,则直积 $A\times B$ 产生的新集合 C 是所有有序对 (a,b) 的集合,其中 $a\in A,b\in B$,记作 $C=A\times B$,即集合 C 可表示为

$$C=A\times B=\{(a,b)\mid a\in A,b\in B\} \tag{2.36}$$

一般情况下,n 个集合 $A_1,A_2,\cdots,A_n$ 的直积表示为 $A_1\times A_2\times\cdots\times A_n$,是所有由 n 个元素构成的有序对 $(a_1,a_2,\cdots,a_n)$ 的集合,其中 $a_i\in A_i(i=1,2,3,\cdots,n)$,产生的新集合记作 $C=A_1\times A_2\times\cdots\times A_n$,表示为

$$C=A_1\times A_2\times\cdots\times A_n=\{(a_1,a_2,\cdots,a_n)\mid a_1\in A_1,a_2\in A_2,\cdots,a_n\in A_n\} \tag{2.37}$$

【例 2.10】 若气球有红、黄、绿 3 种颜色,规格有大、中、小 3 种,其中颜色用集合 A 表

示,即 $A=\{$红,黄,绿$\}=\{a_1,a_2,a_3\}$,规格用集合 B 表示,即 $B=\{$大,中,小$\}=\{b_1,b_2,b_3\}$,则气球的品种就是 A 和 B 的直积产生的新集合,即

$$C=A\times B=\{(a,b)\mid a\in A,y\in B\}=$$
$$\{(a_1,\ b_1),\ (a_1,\ b_2),\ (a_1,\ b_3),\ (a_2,\ b_1),\ (a_2,\ b_2),$$
$$(a_2,\ b_3),\ (a_3,\ b_1),\ (a_3,\ b_2),\ (a_3,\ b_3)\}$$

则气球共有(红,大)、(红,中)、(红,小)、(黄,大)、(黄,中)、(黄,小)、(绿,大)、(绿,中)、(绿,小)9 个品种。

若存在两个非空集合 A,B,则直积 $A\times B$ 的子集 R 称为 A 到 B 的一个二元关系,简称关系,记作 $R_{A\times B}$。一般 n 个非空集合 $A_1,A_2,\cdots,A_n$ 的直积 $A_1\times A_2\times\cdots\times A_n$ 构成的子集 R,是指所有由 n 个元素构成的有序对 $(a_1,a_2,\cdots,a_n)$ 的集合,其中 $a_i\in A_i(i=1,2,3,\cdots,n)$,则称 R 为 $A_1\times A_2\times\cdots\times A_n$ 上的 n 元关系,记为 $R_{A_1\times A_2\times\cdots\times A_n}$。

若 R 为 A 到 B 的关系,令

$$R^{-1}=\{(b,a)\in B\times A\mid(a,b)\in R\}\tag{2.38}$$

R^{-1} 表示 B 到 A 的关系,称 R^{-1} 为 A 到 B 的逆关系。

【例 2.11】　已知两个实数集合 $A=\{3,5\}$,$B=\{1,2,4\}$,则直积空间 $A\times B$ 上"大于"关系的子集 R 为

$$R=\{(3,1),(3,2),(5,1),(5,2),(5,4)\}$$

而 R 的逆关系,即 $B\times A$ 上"小于"关系为

$$R^{-1}=\{(1,3),(2,3),(1,5),(2,5),(4,5)\}$$

关系 $R_{A\times B}$ 可以用矩阵来表示,称为关系矩阵。$R_{A\times B}$ 中元素的隶属度值按下式确定:

$$\mu_R(a_i,b_j)=\begin{cases}1 & (a_i,b_j)\in R\\ 0 & (a_i,b_j)\notin R\end{cases}\tag{2.39}$$

即 $(a_i,b_j)\in R$ 的元素对应项为 1,$(a_i,b_j)\notin R$ 的元素对应项为 0。如例 2.11 中"大于""小于"关系矩阵可分别写为

$$\boldsymbol{R}=\underset{\updownarrow}{A}\begin{matrix}3\\5\end{matrix}\overset{\begin{matrix}\leftarrow B\rightarrow\\1\quad 2\quad 4\end{matrix}}{\begin{bmatrix}1&1&0\\1&1&1\end{bmatrix}},\quad \boldsymbol{R}^{-1}=\underset{\updownarrow}{B}\begin{matrix}1\\2\\4\end{matrix}\overset{\begin{matrix}\leftarrow A\rightarrow\\3\quad 5\end{matrix}}{\begin{bmatrix}1&1\\1&1\\0&1\end{bmatrix}}$$

显然,关系和逆关系满足

$$\mu_R(a_i,b_j)=\mu_{R^{-1}}(b_j,a_i)\tag{2.40}$$

若存在 3 个非空集合 X,Y,Z,且 R 是直积 $X\times Y$ 上的关系,Q 是 $Y\times Z$ 上的关系,S 是 $X\times Z$ 上的关系,若对任意 $y\in Y,(x,z)\in S$,均满足 $(x,y)\in R$,且 $(y,z)\in Q$,则称 S 是 R 和 Q 的合成,记作 $S=R\circ Q$,其中

$$R\circ Q=\{(x,z)\mid\exists y\in Y,(x,y)\in R,\text{且}(y,z)\in Q\}\tag{2.41}$$

隶属函数为

$$\mu_{R\circ Q}=\bigvee_{y\in Y}(\mu_R(x,y)\wedge\mu_Q(y,z))\tag{2.42}$$

若 $\forall x\in X$,存在 $\mu_R(x,x)=1$,则称关系 R 具有自反性,即关系矩阵有如下特征

$$r_{ii}=1\tag{2.43}$$

若 $\forall x\in X,\ \forall y\in Y$,当 $\mu_R(x,y)=1$ 时,存在 $\mu_R(y,x)=1$,则称 R 具有对称性,即关系矩

阵有如下特征

$$r_{ij}=r_{ji} \tag{2.44}$$

若$\forall x\in X,\forall y\in Y,\forall z\in Z$，当$\mu_R(x,y)=1,\mu_Q(y,z)=1$时，存在$\mu_S(x,z)=1$，则称关系$R$具有传递性。即关系矩阵有如下特征

$$\bigvee_{k=1}^{n}(r_{ik}\wedge r_{kj})\leqslant r_{ij},i,j=1,2,\cdots,n \tag{2.45}$$

若关系R具有自反性、对称性、传递性，则称R为$X\times Y\times Z$上的一个等价关系。具有等价关系的矩阵称为等价关系矩阵。

【例 2.12】 已知一组实验数据$A=\{a_1,a_2,a_3,a_4,a_5\}$，$R$表示结果相同的关系，且$a_2=a_4$，则可写出实验结果相同的关系矩阵为

$$\boldsymbol{R}=\begin{array}{c} \\ a_1\\ a_2\\ a_3\\ a_4\\ a_5\end{array}\begin{array}{c}\begin{array}{ccccc}a_1 & a_2 & a_3 & a_4 & a_5\end{array}\\ \begin{bmatrix}1&0&0&0&0\\0&1&0&1&0\\0&0&1&0&0\\0&1&0&1&0\\0&0&0&0&1\end{bmatrix}\end{array}$$

若取$i=2,j=4$，则有

$$\bigvee_{k=1}^{5}(r_{2k}\wedge r_{k4})=\vee(r_{21}\wedge r_{14},r_{22}\wedge r_{24},r_{23}\wedge r_{34},r_{24}\wedge r_{44},r_{25}\wedge r_{54})=$$
$$\vee(0\wedge 0,1\wedge 1,0\wedge 0,1\wedge 1,0\wedge 0)=\vee(0,1,0,1,0)=1\leqslant r_{24}$$

显然，结果相同的关系矩阵具有自反性、对称性、传递性，所以关系R为等价关系。

2.2.2 模糊关系

若存在两个非空模糊集合A,B，设$A\times B$是集合A和B的直积，以$A\times B$为论域定义的模糊关系集合R称为A和B的二元模糊关系，简称模糊关系(Fuzzy Relation)，记作$R_{A\times B}$。即对$A\times B$中的任一元素(a,b)，都指定了它对关系R的隶属度，R的隶属函数看作是如下的映射

$$\begin{aligned}\mu_R:A\times B&\to[0,1]\\(a,b)&\to\mu_R(a,b)\end{aligned} \tag{2.46}$$

$\mu_R(a,b)$是以a,b作为自变量的一个空间曲面。

模糊关系R用模糊集合的表示方法描述如下：

$$R=\int_{A\times B}\mu_R(a,b)\mid(a,b),a\in A,b\in B \tag{2.47}$$

推广到n维直积空间$X_1\times X_2\times\cdots\times X_n$上的模糊关系$R$：

$$R=\int_{X_1\times X_2\times\cdots\times X_n}\mu_R(x_1,x_2,\cdots,x_n)\mid(x_1,x_2,\cdots,x_n),x_i\in X_i \tag{2.48}$$

其中隶属函数为

$$\mu_R:X_1\times X_2\times\cdots\times X_n\to[0,1] \tag{2.49}$$

当$A=\{a_1,a_2,\cdots,a_n\}$，$B=\{b_1,b_2,\cdots,b_m\}$均为有限离散集合时，则定义在$A\times B$上的模糊关系$R_{A\times B}$可用矩阵表示，称为模糊关系矩阵(Fuzzy Relation Matrix)，即

$$\mu_R(a_i, b_j) = r_{ij} \tag{2.50}$$

$$\boldsymbol{R}_{A\times B} = \begin{bmatrix} r_{11} & r_{12} & \cdots & r_{1m} \\ r_{21} & r_{22} & \cdots & r_{2m} \\ \vdots & \vdots & & \vdots \\ r_{n1} & r_{n2} & \cdots & r_{nm} \end{bmatrix}_{n\times m} \tag{2.51}$$

式中 $i=1,2,\cdots,n;j=1,2,\cdots,m,r_{ij}$值为隶属度,故 r_{ij}取值范围为$[0,1]$。由于模糊关系 R 是定义在直积空间上的模糊集合,遵守模糊集合的运算规则。

对于较简单的模糊关系也可以用模糊图来表示,图中节点表示元素,有向连线表示连接,其上标明两个相连元素间的关系程度。

【例 2.13】 设集合 A 表示家庭中的子女,集合 B 代表父母,则“子女与父母长相相似”的模糊关系 R,可以用模糊矩阵 $\boldsymbol{R}$ 表示为

$$\boldsymbol{R} = \begin{matrix} \\ 子 \\ 女 \end{matrix}\begin{matrix} 父 \quad 母 \\ \begin{bmatrix} 0.7 & 0.2 \\ 0.4 & 0.8 \end{bmatrix} \end{matrix}$$

也可用图 2.9 所示的模糊图来表示。

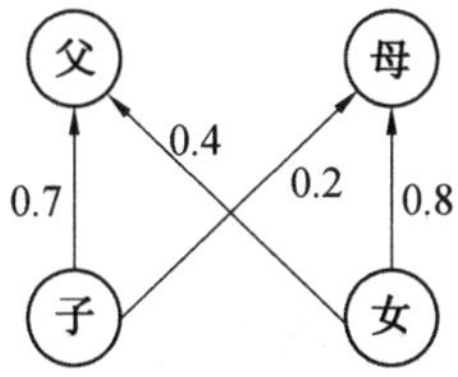

图 2.9　“子女与父母长相相似”的模糊图

2.2.3　等价模糊关系

若 R 为论域 X 上的一个上模糊关系,若 $\forall x \in X$,存在 $\mu_R(x,x)=1$,则称 R 具有自反性。模糊关系矩阵 $\boldsymbol{R}$ 有如下特征:

$$r_{ii} = 1 \tag{2.52}$$

若 R 为直积空间 $X\times Y$ 论域上的一个模糊关系,若 $\forall x \in X$, $\forall y \in Y$,当$\mu_R(x,y)=\mu_R(y,x)$时,则称 $\boldsymbol{R}$ 具有对称性。模糊关系矩阵 R 有如下特征

$$r_{ij} = r_{ji} \tag{2.53}$$

若 $\forall x \in X$, $\forall y \in Y$, $\forall z \in Z$,当$\mu_R(x,y)=1$,$\mu_Q(y,z)=1$,则$\mu_S(x,z)=1$,则称关系 R 具有传递性。模糊关系矩阵 $\boldsymbol{R}$ 有如下特征

$$\bigvee_{k=1}^{n}(r_{ik} \wedge r_{kj}) \leqslant r_{ij}, i,j=1,2,\cdots,n \tag{2.54}$$

具有自反性、对称性、传递性的模糊关系 R 称为论域 X 上的模糊等价关系;具有自反性、对称性的模糊关系 R 称为论域 X 上的模糊相似关系。

2.2.4　模糊关系的运算

模糊关系是定义在直积空间上的模糊子集,所以模糊集合的计算方法可以直接用于模糊关系的计算。

1. 并集

设两个模糊关系矩阵分别为 $\boldsymbol{R}=(r_{ij})$，$\boldsymbol{S}=(s_{ij})$（$i=1,2,\cdots,n$；$j=1,2,\cdots,m$），其并运算记作 $\boldsymbol{T}=\boldsymbol{R}\cup\boldsymbol{S}$，且

$$t_{ij}=r_{ij}\vee s_{ij},i=1,2,\cdots,n;j=1,2,\cdots,m \tag{2.55}$$

2. 交集

设两个模糊关系矩阵为 $\boldsymbol{R}=(r_{ij})$，$\boldsymbol{S}=(s_{ij})$（$i=1,2,\cdots,n$；$j=1,2,\cdots,m$），其“交”运算记作 $\boldsymbol{T}=\boldsymbol{R}\cap\boldsymbol{S}$，且

$$t_{ij}=r_{ij}\wedge s_{ij},i=1,2,\cdots,n;j=1,2,\cdots,m \tag{2.56}$$

3. 补集

设模糊关系矩阵为 $\boldsymbol{R}=(r_{ij})$（$i=1,2,\cdots,n$；$j=1,2,\cdots,m$），则其补集 $\overline{\boldsymbol{R}}$ 为

$$\overline{\boldsymbol{R}}=(1-r_{ij}),i=1,2,\cdots,n;j=1,2,\cdots,m \tag{2.57}$$

4. 相等

若已知两个模糊关系矩阵分别为 $\boldsymbol{R}=(r_{ij})$，$\boldsymbol{S}=(s_{ij})$（$i=1,2,\cdots,n$；$j=1,2,\cdots,m$），且 $r_{ij}=s_{ij}$，则称 $\boldsymbol{R}$ 与 $\boldsymbol{S}$ 相等，记为 $\boldsymbol{R}=\boldsymbol{S}$。

5. 包含

若已知两个模糊关系矩阵为 $\boldsymbol{R}=(r_{ij})$，$\boldsymbol{S}=(s_{ij})$（$i=1,2,\cdots,n$；$j=1,2,\cdots,m$），且存在 $r_{ij}\leqslant s_{ij}$，则称关系 $\boldsymbol{R}$ 包含于关系 $\boldsymbol{S}$，记为 $\boldsymbol{R}\subseteq\boldsymbol{S}$。

6. 合成

若 A,B,C 均为非空模糊集合，$\boldsymbol{R}=(r_{ij})$（$i=1,2,\cdots n$；$j=1,2,\cdots,m$）是直积 $A\times B$ 上的模糊关系矩阵，$\boldsymbol{S}=(s_{jk})$（$j=1,2,\cdots,m$；$k=1,2,\cdots,l$）是直积 $B\times C$ 上的模糊关系矩阵，则 $\boldsymbol{R}$ 到 $\boldsymbol{S}$ 的合成 $\boldsymbol{P}$，是直积 $A\times C$ 上的模糊关系，记为 $\boldsymbol{P}=\boldsymbol{R}\circ\boldsymbol{S}$。其隶属度为

$$\mu_{\boldsymbol{R}\circ\boldsymbol{S}}(a,c)=\bigvee_{b\in B}(\mu_{\boldsymbol{R}}(a,b)*\mu_{\boldsymbol{S}}(b,c)) \tag{2.58}$$

式中算符“*”表示二项积，即任一种 T-范数，则可取如下运算：

①交(取小)　　$T_{\min}(x,y)=x\wedge y=\min(x,y)$

②代数积　　$T_{\mathrm{ap}}(x,y)=x\cdot y=xy$

③有界积　　$T_{\mathrm{bp}}(x,y)=x\odot y=\max\{0,x+y-1\}$

④强直积　　$T_{\mathrm{dp}}(x,y)=x\,\widehat{\cdot}\,y=\begin{cases}x & x=1\\ y & y=1\\ 0 & x,y<1\end{cases}$

其中最常用的是交运算，则合成关系可表示为

$$\boldsymbol{R}\circ\boldsymbol{S}\leftrightarrow\mu_{\boldsymbol{R}\circ\boldsymbol{S}}(a,c)=\bigvee_{b\in B}(\mu_{\boldsymbol{R}}(a,b)\wedge\mu_{\boldsymbol{S}}(b,c)) \tag{2.59}$$

称为最大-最小合成(Max-min Composition)。

若已知模糊关系矩阵 $\boldsymbol{R}=(r_{ij})_{n\times m}$，$\boldsymbol{S}=(s_{jk})_{m\times l}$，则模糊关系矩阵 $\boldsymbol{P}=(p_{ik})_{n\times l}$ 的合成运算可通过下式说明

$$\boldsymbol{R}\text{的 } i \text{ 行}\begin{bmatrix} & & \vdots & \\ r_{i1} & r_{i2} & \cdots & r_{im} \\ & & \vdots & \end{bmatrix} \circ \overset{\boldsymbol{S}\text{的}k\text{列}}{\begin{bmatrix} & s_{1k} & \\ & s_{2k} & \\ \cdots & \vdots & \cdots \\ & s_{mk} & \end{bmatrix}} = \begin{bmatrix} & \vdots & \\ \cdots & p_{ik} & \cdots \\ & \vdots & \end{bmatrix} \tag{2.60}$$

即 p_{ik} 的值为

$$p_{ik} = (r_{i1} \wedge s_{1k}) \vee (r_{i2} \wedge s_{2k}) \vee \cdots \vee (r_{im} \wedge s_{mk})$$

7. 幂运算

模糊关系矩阵的幂运算定义为

$$\boldsymbol{R}^2 = \boldsymbol{R} \circ \boldsymbol{R}$$

$$\boldsymbol{R}^3 = \boldsymbol{R}^2 \circ \boldsymbol{R} = \boldsymbol{R} \circ \boldsymbol{R} \circ \boldsymbol{R}$$

$$\vdots$$

$$\boldsymbol{R}^n = \underbrace{\boldsymbol{R} \circ \boldsymbol{R} \circ \cdots \circ \boldsymbol{R}}_{n\text{个}\boldsymbol{R}\text{合成}}$$

【例 2.14】　已知模糊关系矩阵为 $\boldsymbol{R} = \begin{bmatrix} 0.5 & 0.3 \\ 0.4 & 0.8 \end{bmatrix}$，$\boldsymbol{S} = \begin{bmatrix} 0.9 & 0.4 \\ 0.3 & 0.6 \end{bmatrix}$，求 $\boldsymbol{R} \cup \boldsymbol{S}$，$\boldsymbol{R} \cap \boldsymbol{S}$，$\overline{\boldsymbol{R}}$。

解

$$\boldsymbol{R} \cup \boldsymbol{S} = \begin{bmatrix} 0.5 \vee 0.9 & 0.3 \vee 0.4 \\ 0.4 \vee 0.3 & 0.8 \vee 0.6 \end{bmatrix} = \begin{bmatrix} 0.9 & 0.4 \\ 0.4 & 0.8 \end{bmatrix}$$

$$\boldsymbol{R} \cap \boldsymbol{S} = \begin{bmatrix} 0.5 \wedge 0.9 & 0.3 \wedge 0.4 \\ 0.4 \wedge 0.3 & 0.8 \wedge 0.6 \end{bmatrix} = \begin{bmatrix} 0.5 & 0.3 \\ 0.3 & 0.6 \end{bmatrix}$$

$$\overline{\boldsymbol{R}} = \begin{bmatrix} 1-0.5 & 1-0.3 \\ 1-0.4 & 1-0.8 \end{bmatrix} = \begin{bmatrix} 0.5 & 0.7 \\ 0.6 & 0.2 \end{bmatrix}$$

【例 2.15】　已知模糊论域 $X = \{1,2,3\}$，$Y = \{\alpha,\beta,\gamma,\sigma\}$，$Z = \{a,b\}$，且已知论域 $X \times Y$ 和论域 $Y \times Z$ 上的模糊关系矩阵分别为

$$\boldsymbol{R}(X,Y) = \begin{bmatrix} 0.1 & 0.3 & 0.5 & 0.7 \\ 0.4 & 0.2 & 0.8 & 0.9 \\ 0.6 & 0.8 & 0.3 & 0.2 \end{bmatrix}, \boldsymbol{S}(Y,Z) = \begin{bmatrix} 0.9 & 0.1 \\ 0.2 & 0.3 \\ 0.5 & 0.6 \\ 0.7 & 0.2 \end{bmatrix}$$

则采用最大-最小合成法得到的合成关系为

$$\boldsymbol{R} \circ \boldsymbol{S} =$$

$$\begin{bmatrix} (0.1 \wedge 0.9) \vee (0.3 \wedge 0.2) \vee (0.5 \wedge 0.5) \vee (0.7 \wedge 0.7) & (0.1 \wedge 0.1) \vee (0.3 \wedge 0.3) \vee (0.5 \wedge 0.6) \vee (0.7 \wedge 0.2) \\ (0.4 \wedge 0.9) \vee (0.2 \wedge 0.2) \vee (0.8 \wedge 0.5) \vee (0.9 \wedge 0.7) & (0.4 \wedge 0.1) \vee (0.2 \wedge 0.3) \vee (0.8 \wedge 0.6) \vee (0.9 \wedge 0.2) \\ (0.6 \wedge 0.9) \vee (0.8 \wedge 0.2) \vee (0.3 \wedge 0.5) \vee (0.2 \wedge 0.7) & (0.6 \wedge 0.1) \vee (0.8 \wedge 0.3) \vee (0.3 \wedge 0.6) \vee (0.2 \wedge 0.2) \end{bmatrix} =$$

$$\begin{bmatrix} 0.1 \vee 0.2 \vee 0.5 \vee 0.7 & 0.1 \vee 0.3 \vee 0.5 \vee 0.2 \\ 0.4 \vee 0.2 \vee 0.5 \vee 0.7 & 0.1 \vee 0.2 \vee 0.6 \vee 0.2 \\ 0.6 \vee 0.2 \vee 0.3 \vee 0.2 & 0.1 \vee 0.3 \vee 0.3 \vee 0.2 \end{bmatrix} = \begin{bmatrix} 0.7 & 0.5 \\ 0.7 & 0.6 \\ 0.6 & 0.3 \end{bmatrix}$$

采用最大-代数积合成法得到的合成关系为

$$\boldsymbol{R}\circ\boldsymbol{S}=\begin{bmatrix}(0.1\times0.9)\vee(0.3\times0.2)\vee(0.5\times0.5)\vee(0.7\times0.7) & (0.1\times0.1)\vee(0.3\times0.3)\vee(0.5\times0.6)\vee(0.7\times0.2)\\(0.4\times0.9)\vee(0.2\times0.2)\vee(0.8\times0.5)\vee(0.9\times0.7) & (0.4\times0.1)\vee(0.2\times0.3)\vee(0.8\times0.6)\vee(0.9\times0.2)\\(0.6\times0.9)\vee(0.8\times0.2)\vee(0.3\times0.5)\vee(0.2\times0.7) & (0.6\times0.1)\vee(0.8\times0.3)\vee(0.3\times0.6)\vee(0.2\times0.2)\end{bmatrix}=$$

$$\begin{bmatrix}0.09\vee0.062\vee0.25\vee0.49 & 0.01\vee0.09\vee0.3\vee0.14\\0.36\vee0.04\vee0.4\vee0.63 & 0.04\vee0.06\vee0.48\vee0.18\\0.54\vee0.16\vee0.15\vee0.14 & 0.06\vee0.24\vee0.18\vee0.04\end{bmatrix}=\begin{pmatrix}0.49 & 0.3\\0.63 & 0.48\\0.54 & 0.24\end{pmatrix}$$

【例 2.16】 已知子女与父母长得相似的模糊关系矩阵为 $\boldsymbol{R}=\begin{bmatrix}0.1 & 0.2\\0.8 & 0.9\end{bmatrix}$，父母与祖父母长得相似的模糊关系矩阵为 $\boldsymbol{S}=\begin{bmatrix}0.6 & 0.7\\0.1 & 0.2\end{bmatrix}$，求子女与祖父母长得相似的模糊关系矩阵 $\boldsymbol{T}$。

解 根据合成关系可得子女与祖父母长得相似的模糊关系矩阵 $\boldsymbol{T}$ 为

$$\boldsymbol{T}=\boldsymbol{R}\circ\boldsymbol{S}=\begin{bmatrix}0.1 & 0.2\\0.8 & 0.9\end{bmatrix}\circ\begin{bmatrix}0.6 & 0.7\\0.1 & 0.2\end{bmatrix}=$$

$$\begin{bmatrix}(0.1\wedge0.6)\vee(0.2\wedge0.1) & (0.1\wedge0.7)\vee(0.2\wedge0.2)\\(0.8\wedge0.6)\vee(0.9\wedge0.2) & (0.8\wedge0.7)\vee(0.9\wedge0.2)\end{bmatrix}=$$

$$\begin{bmatrix}0.1\vee0.1 & 0.1\vee0.2\\0.6\vee0.2 & 0.7\vee0.2\end{bmatrix}=\begin{bmatrix}0.1 & 0.2\\0.6 & 0.7\end{bmatrix}$$

【例 2.17】 已知模糊论域分别为 $X=\{x_1,x_2,x_3,x_4\}$，$Y=\{y_1,y_2,y_3\}$，$Z=\{z_1,z_2\}$，且论域上有模糊关系矩阵 $\boldsymbol{R}\in X\times Y$，$\boldsymbol{S}\in Y\times Z$，$\boldsymbol{T}\in X\times Z$，求 $\boldsymbol{R}$ 对 $\boldsymbol{S}$ 的合成 $\boldsymbol{T}$。已知关系 $\boldsymbol{R}$，$\boldsymbol{S}$ 分别为

$$\boldsymbol{R}=\begin{bmatrix}0.5 & 0.6 & 0.3\\0.7 & 0.4 & 1\\0 & 0.8 & 0\\1 & 0.2 & 0.9\end{bmatrix},\boldsymbol{S}=\begin{bmatrix}1 & 1\\0.8 & 0.4\\0.5 & 0.3\end{bmatrix}$$

解 采用最大-最小合成法得到的合成关系矩阵

$$\boldsymbol{T}=\boldsymbol{R}\circ\boldsymbol{S}=\begin{bmatrix}0.5 & 0.6 & 0.3\\0.7 & 0.4 & 1\\0 & 0.8 & 0\\1 & 0.2 & 0.9\end{bmatrix}\circ\begin{bmatrix}0.2 & 1\\0.8 & 0.4\\0.5 & 0.3\end{bmatrix}=$$

$$\begin{bmatrix}(0.5\wedge0.2)\vee(0.6\wedge0.8)\vee(0.3\wedge0.5) & (0.5\wedge1)\vee(0.6\wedge0.4)\vee(0.3\wedge0.3)\\(0.7\wedge0.2)\vee(0.4\wedge0.8)\vee(1\wedge0.5) & (0.7\wedge1)\vee(0.4\wedge0.4)\vee(1\wedge0.3)\\(0\wedge0.2)\vee(0.8\wedge0.8)\vee(0\wedge0.5) & (0\wedge1)\vee(0.8\wedge0.4)\vee(0\wedge0.3)\\(1\wedge0.2)\vee(0.2\wedge0.8)\vee(0.9\wedge0.5) & (1\wedge1)\vee(0.2\wedge0.4)\vee(0.9\wedge0.3)\end{bmatrix}=$$

$$\begin{bmatrix}0.2\vee0.6\vee0.3 & 0.5\vee0.4\vee0.3\\0.2\vee0.4\vee0.5 & 0.7\vee0.4\vee0.3\\0\vee0.8\vee0 & 0\vee0.4\vee0\\0.2\vee0.2\vee0.5 & 1\vee0.2\vee0.3\end{bmatrix}=\begin{bmatrix}0.6 & 0.5\\0.5 & 0.7\\0.8 & 0.4\\0.5 & 1\end{bmatrix}$$

【例 2.18】 已知模糊关系矩阵为 $\boldsymbol{R}=\begin{bmatrix}1 & 0.6 & 0.3 & 0.1\\ 0.6 & 1 & 0 & 0.4\\ 0.3 & 0 & 1 & 0.2\\ 0.1 & 0.4 & 0.2 & 1\end{bmatrix}$，试求 $\boldsymbol{R}^2$ 和 $\boldsymbol{R}^3$。

解　根据模糊关系矩阵的幂运算定义可求得

$$\boldsymbol{R}^2=\boldsymbol{R}\circ\boldsymbol{R}=\begin{bmatrix}1 & 0.6 & 0.3 & 0.1\\ 0.6 & 1 & 0 & 0.4\\ 0.3 & 0 & 1 & 0.2\\ 0.1 & 0.4 & 0.2 & 1\end{bmatrix}\circ\begin{bmatrix}1 & 0.6 & 0.3 & 0.1\\ 0.6 & 1 & 0 & 0.4\\ 0.3 & 0 & 1 & 0.2\\ 0.1 & 0.4 & 0.2 & 1\end{bmatrix}=\begin{bmatrix}1 & 0.6 & 0.3 & 0.4\\ 0.6 & 1 & 0.3 & 0.4\\ 0.3 & 0.3 & 1 & 0.2\\ 0.4 & 0.4 & 0.2 & 1\end{bmatrix}$$

$$\boldsymbol{R}^3=\boldsymbol{R}^2\circ\boldsymbol{R}=\begin{bmatrix}1 & 0.6 & 0.3 & 0.4\\ 0.6 & 1 & 0.3 & 0.4\\ 0.3 & 0.3 & 1 & 0.2\\ 0.4 & 0.4 & 0.2 & 1\end{bmatrix}\circ\begin{bmatrix}1 & 0.6 & 0.3 & 0.1\\ 0.6 & 1 & 0 & 0.4\\ 0.3 & 0 & 1 & 0.2\\ 0.1 & 0.4 & 0.2 & 1\end{bmatrix}=\begin{bmatrix}1 & 0.06 & 0.3 & 0.4\\ 0.6 & 1 & 0.3 & 0.4\\ 0.3 & 0.3 & 1 & 0.3\\ 0.4 & 0.4 & 0.3 & 1\end{bmatrix}$$

2.2.5　模糊关系的性质

1. 同一律

$$\boldsymbol{R}\circ\boldsymbol{I}=\boldsymbol{I}\circ\boldsymbol{R}=\boldsymbol{R},\boldsymbol{R}\circ\boldsymbol{0}=\boldsymbol{0}\circ\boldsymbol{R}=\boldsymbol{0}$$

2. 交换律

$$(\boldsymbol{R}\circ\boldsymbol{S})\circ\boldsymbol{T}=\boldsymbol{S}\circ(\boldsymbol{R}\circ\boldsymbol{T})$$

$$\boldsymbol{R}^{m+n}=\boldsymbol{R}^m\circ\boldsymbol{R}^n$$

$$(\boldsymbol{R}^m)^n=\boldsymbol{R}^{mn}$$

$$\boldsymbol{R}\circ(\boldsymbol{S}\cap\boldsymbol{T})=(\boldsymbol{R}\circ\boldsymbol{S})\cap(\boldsymbol{R}\circ\boldsymbol{T})$$

$$\boldsymbol{R}\circ(\boldsymbol{S}\cup\boldsymbol{T})=(\boldsymbol{R}\circ\boldsymbol{S})\cup(\boldsymbol{R}\circ\boldsymbol{T})$$

2.2.6　分解原理

分解原理用于解决模糊集合转化为经典集合的问题。也就是，可以用 α-截集来构造模糊集合。下面给出分解原理。

设 A 是论域 U 上的一个模糊子集，其 α-截集是 A_α，则

$$A=\bigcup_{\alpha\in[0,1]}\alpha A_\alpha=\sup_{\alpha\in[0,1]}[\alpha\wedge\mu_{A\alpha}(x)]=\bigvee_{\alpha\in[0,1]}[\alpha\wedge\mu_{A\alpha}(x)]\tag{2.61}$$

其中 $\cup$ 表示并运算。即任何一个模糊子集 A 都可分解成截集 αA_α 之并，其中 αA_α 是隶属函数只取 0 或 α 两个值的特殊模糊集合，给出了 α 用截集构造隶属函数的方法，从而实现了模糊集合和经典集合之间的转化，在转化过程中 α-截集起了重要的作用。图 2.10 以图形的形式说明分解原理，图 2.10(a) 给出了 $\alpha=0.2,0.4,0.6$ 时的 αA_α，当在 $[0,1]$ 中连续取值时，则构成模糊集合 A，如图 2.10(b) 所示。

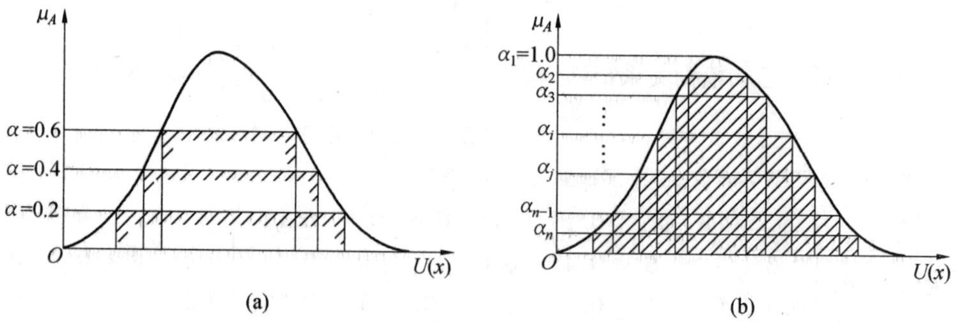

图 2.10　分解原理的图形表示

2.2.7　扩张原理

扩张原理也是模糊数学中的重要原理之一。在工程计算中，存在大量的函数运算。图 2.11 给出了一个简单的信号转换关系，其传递函数代表由函数 f 所确定的一个映射，一般为一个解析表达式，则对任意输入 x，可确定相应的输出 y。

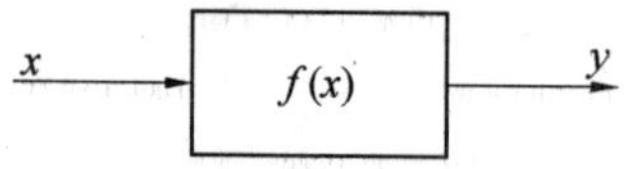

图 2.11　单输入单输出函数关系

如果 x 是模糊集合或模糊变量，或者映射函数自身也是模糊的，那么映射的结果会如何呢？由 Zadeh 在 1975 年提出后又由 Yager 补充的扩张原理，给出把精确数学中的映射概念扩张到模糊数学中的一种方法。扩张原理叙述如下。

设存在普通的映射关系 $f:x\to y$，则在映射函数 f 的作用下有 $f:A\to f(A)$，且 $f(A)$ 的隶属函数为

$$\mu_{f(A)}(y)=\begin{cases}\bigvee\limits_{y=f(x)}\mu_A(x) & f^{-1}(y)\neq\varnothing\\ 0 & f^{-1}(y)=\varnothing\end{cases}\tag{2.62}$$

例如，若已知 A 是论域 X 上的一个模糊子集，则经映射 $f:y=f(x)$ 作用后，输出为

$$f(A)=\frac{\mu_1}{f(x_1)}+\frac{\mu_2}{f(x_2)}+\cdots+\frac{\mu_n}{f(x_n)}$$

模糊数是模糊控制中用到的一个重要概念，所以下面介绍如何利用扩张原理进行模糊数的代数运算。

模糊数定义：在实数论域 $\mathbf{R}$ 上，由分段连续的隶属函数所定义的正则凸模糊集合，其形状可任意定义，称为模糊数，表示为 $\widetilde{A}$。

设 $\widetilde{A}$ 和 $\widetilde{B}$ 分别为实论域 X 和 Y 上的两个模糊数，符号“ * ”表示论域中的普通运算（+、−、×、÷等运算），则定义 $\widetilde{A}$ 和 $\widetilde{B}$ 的运算 $\widetilde{A}*\widetilde{B}$ 是实论域 $\mathbf{R}$ 上一个模糊集合，且有

$$\mu_{\widetilde{A}*\widetilde{B}}(\mathbf{R})=\bigvee_{x*y=z}(\mu_{\widetilde{A}}(x)\wedge\mu_{\widetilde{B}}(y))\tag{2.63}$$

【例 2.19】　已知定义在整数论域上的模糊数 $\widetilde{2}$

$$\tilde{2}=\frac{0.3}{1}+\frac{1.0}{2}+\frac{0.3}{3}$$

则根据扩张原理可得

$$\tilde{2}+\tilde{2}=\left(\frac{0.3}{1}+\frac{1.0}{2}+\frac{0.3}{3}\right)+\left(\frac{0.3}{1}+\frac{1.0}{2}+\frac{0.3}{3}\right)=$$

$$\frac{0.3\wedge 0.3}{2}+\frac{\vee(\wedge(0.3,1.0),\wedge(1.0,0.3))}{3}+\frac{\vee(\wedge(0.3,0.3),(1.0\wedge 1.0),\wedge(0.3,0.3))}{4}+$$

$$\frac{\vee(\wedge(1.0,0.3),\wedge(0.3,1.0))}{5}+\frac{0.3\wedge 0.3}{6}=\frac{0.3}{2}+\frac{0.3}{3}+\frac{1.0}{4}+\frac{0.3}{5}+\frac{0.3}{6}$$

2.3　模糊逻辑与模糊推理

逻辑是研究概念、判断、推理的一门学科，推理为从给定命题得到新命题的过程，逻辑是推理过程中的一种量化方法，经典逻辑的推理是以二值逻辑为基础的，每个逻辑命题的真值只有“真”或“假”，可表示为“0”或“1”，例如输入电平信号的“高”或“低”，开关的“开”或“关”等。这种处理方式没有对量词进行处理的能力，因而对生活中存在的大量非精确的描述和推理过程难以刻画描述。

要解决经典逻辑无法解决的模糊性问题，就不可避免地产生解决问题的新工具——模糊逻辑。模糊逻辑是将人类的非精确推理、判断过程进行规范化描述的一种方法，是模糊推理的基础。模糊推理代表人们的近似推理能力或不确定条件下的判断能力。模糊命题的真值为[0,1]上的任意值，因而这种推理也称为多值逻辑。

2.3.1　经典逻辑

在经典集合论中，二值逻辑可以表达概念、判断及推理过程，也称为数理逻辑。其逻辑变量只有“真”或“假”两种状态，若用 0 表示假，则逻辑变量只有 0 和 1 两个取值。

1. 命题

命题(Proposition)是指有确定意义的陈述句，能够判断其含义为真或假，两者必居其一。为区分下面要讲到的模糊命题，称其为“清晰命题”。命题常用大写字母表示，命题的结论称为真值。清晰命题的真值只有“真(Ture)”或“假(False)”，用“0”或“1”表示，则在经典逻辑中可以用真值表描述命题间的关系。两个或多个命题由联结词连接则构成复合命题。没有判断内容、无法分辨真假的语句都不是命题，例如

①A：他是英语老师；

②B：今天是否有时间?

③C：上课可以迟到；

④D：如果热水阀开得太大，那么水就会很热。

显然，由命题的定义可以看出，B 不是命题，其余均为命题。且 A，C 是由不可分解的陈述句构成，是简单命题；而 D 则包含两个简单命题、联结词和标点符号，为复合命题。

2. 联结词

联结词是逻辑联结词或命题联结词的简称，是自然语言中连词的逻辑抽象。有了联结

词，便可以用它和原子命题构成复合命题。常用的联结词有 5 种，下面分别介绍。

(1)合取(Conjunction)。

合取用符号“∧”表示，与清晰集合论中的交“∩”对应。代表性联结词有“交”“与”“并且”“且”。例如命题“他是老师(P)且他是教练(Q)”，可表示为 $P \wedge Q$。

(2)析取(Disjunction)。

析取用符号“∨”表示，与清晰集合论中的并“∪”对应。代表性联结词“或”。例如命题“今天下雨(P)或明天刮风(Q)”，可表示为 $P \vee Q$。

(3)否定(Inversion)。

否定也称逆操作，用符号“-”表示，与清晰集合论中的补“-”对应。若命题 P 为真，则逆命题 $\overline{P}$ 为假。代表性联结词有“非”“不”。例如命题“他是老师(P)”的逆命题“他不是老师”，表示为 $\overline{P}$。

(4)蕴涵(Implication)。

蕴涵也称隐含，用符号“→”表示，与清晰集合论中的“若……，则……”对应。代表性联结词有“如果……，那么……”“if . . . then. . . ”等具有推断含义的词。例如命题“如果明天有时间(P)，那么我就去(Q)”表示为 $P \rightarrow Q$，且称 P 为前件，Q 为后件。

(5)等价(Equivalence)。

等价也称互蕴涵、等效关系或双条件，用符号“↔”表示，与清晰集合论中的等价“⇔”对应。代表性联结词为“当且仅当”。例如命题“A 是等边三角形(P)当且仅当 A 是等角三角形(Q)”，表示为 $P \leftrightarrow Q$。

上述命题中常用运算的真值表见表 2.4。

表 2.4　常用命题运算的真值表

命题 P	命题 Q	$P \wedge Q$	$P \vee Q$	$P \rightarrow Q$	$P \leftrightarrow Q$	$\overline{P}$
1	1	1	1	1	1	0
1	0	0	1	0	0	0
0	1	0	1	1	0	1
0	0	0	0	1	1	1

3. 命题公式

若给定若干个基本命题 $P_i(i=1,2,\cdots,n)$，则由命题变量 P_i、联结词和括号等可组成命题公式。命题公式本身不具有真值，只有公式中的所有命题变量被赋值时，才可能具有真值。不同的组合方式及赋值，得到不同的命题公式的真值，则可得到命题公式的真值表。如命题公式 $P \rightarrow Q$、$(P \wedge Q) \wedge \overline{P}$、$(P \wedge Q) \vee (\overline{P} \wedge \overline{Q})$、$\overline{(Q \vee P)} \leftrightarrow (\overline{P} \vee \overline{Q})$ 的真值表见表 2.5。

表 2.5　命题公式真值表

命题 P	命题 Q	$P \rightarrow Q$	$(P \wedge Q) \wedge \overline{P}$	$(P \wedge Q) \vee (\overline{P} \wedge \overline{Q})$	$\overline{(Q \vee P)} \leftrightarrow (\overline{P} \vee \overline{Q})$
1	1	1	1	1	0
1	0	0	1	0	0
0	1	0	1	0	0
0	0	1	1	1	0

当命题公式对应的命题恒为真时，称为永真公式(Tautology)，如表 2.5 中的命题公式

$(P\wedge Q)\wedge\overline{P}$;而当命题公式对应的命题恒为假时,称为永假公式(Contradiction),如表 2.5 中的命题公式$\overline{(Q\vee P)}\leftrightarrow(\overline{P}\vee\overline{Q})$。如果两个命题公式 A 和 B 的真值完全相同,则称两个命题公式是等价的,记为 $A\Leftrightarrow B$,如表 2.5 中的命题公式 $P\to Q$ 和 $(P\wedge Q)\vee(\overline{P}\wedge\overline{Q})$。

4. 推理

推理是一种思维方式,由已知的东西判断出未知的东西,是形式逻辑的重要内容,即根据已知的命题按一定的规则推断出另一个命题的过程。永真公式的各种形式均可用作推理,即作为推理规则。常用的推理规则有取式推理、拒式推理和假言推理。

(1)取式推理(Modus Ponens)也称肯定前件推理。这一推理规则表示给定两个命题 P 及$P\to Q$,P 称为前提,则可以推出 Q 为真的命题,称为结论,记为

$$(P\wedge(P\to Q))\to Q \tag{2.64}$$

取式推理也可直观地表示为:

前提 1:x 为 A

前提 2:如果 x 为 A,那么 y 为 B

结论:y 为 B

(2)拒式推理(Modus Tollens)在逻辑上被称为否定后件推理。这一推理规则表示给定两个命题 $\overline{Q}$ 及 $P\to Q$,则可以推出 $\overline{P}$ 为真的命题,记为

$$(\overline{Q}\wedge(P\to Q))\to\overline{P} \tag{2.65}$$

拒式推理也可直观地表示为:

前提 1:y 不是 B

前提 2:如果 x 为 A,那么 y 为 B

结论:x 不是 A

(3)假言推理(Hypothetical Syllogism)表示给定两个命题 $P\to Q$ 及 $Q\to R$,则可以推出命题 $P\to R$ 为真命题,记为

$$((P\to Q)\wedge(Q\to R))\to(P\to R) \tag{2.66}$$

假言推理也可直观地表示为:

前提 1:如果 x 为 A,那么 y 为 B

前提 2:如果 y 为 B,那么 z 为 C

结论:如果 x 为 A,那么 z 为 C

2.3.2　模糊逻辑

在自然语言中很多陈述句很难进行确定性判断,例如“温度很低”“价格有点高”等,其中“很低”“有点高”都是模糊概念。因此,对于含有模糊概念的对象,需要采用基于模糊集合的模糊逻辑系统加以描述。

1. 语言变量

具有模糊性的语言称为模糊语言,主要表现在采用模糊词来表达模糊概念,有名词、副词、形容词等,例如“稍微”“非常”“大概”“左右”等。因此,模糊语言变量的值通常不是一个数而是模糊集合。模糊语言变量即以语言值作为变量,且是模糊量,描述的是复杂的难以

用常规方法加以定义的模糊现象。

语言变量由 5 个部分组成，即可用五元体($x,T(x),U,G,M$)定义，其中 x 为语言变量名称(如年龄)；$T(x)$ 为语言变量的取值即语言值模糊集合，如对“年龄”可取{很年轻，年轻，中年，老，很老}；U 为语言变量的论域，如年龄[0,100]；G 为产生 x 值名称的句法规则，也称语法规则；M 为在论域 U 上确定元素对 $T(x)$ 的隶属度，也称语义规则用于产生语言值集合，五元素关系如图 2.12 所示，隶属函数如图 2.13 所示。

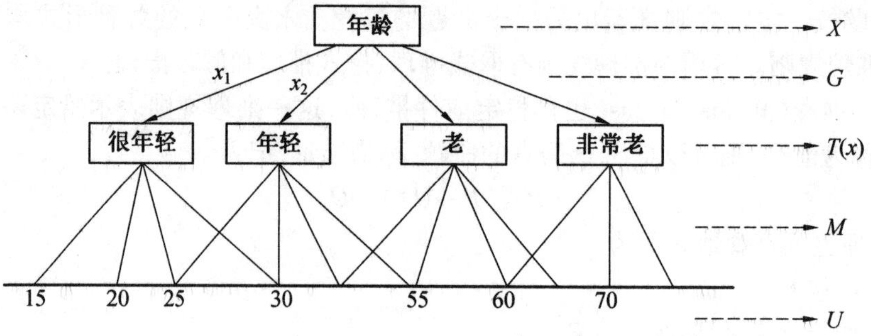

图 2.12　语言变量年龄的定义图

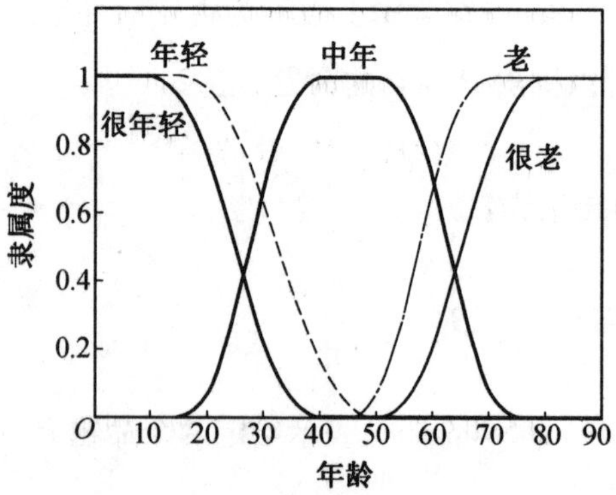

图 2.13　变量值的隶属函数

2. 模糊语言算子及隶属函数的计算

语言算子是指表示否定等联结词和表示模糊修饰的词如“大概”“差不多”“有点”等算子，它们与所修饰的词语构成的派生词为一新的模糊子集，且可以进行模糊程度的定量描述。

设 A 为论域 U 上的一个模糊子集，常用语言算子的隶属函数计算方法如下：

极：$\mu_{极A}=\mu_A^4$

非常：$\mu_{非常A}=\mu_A^2$

相当：$\mu_{相当A}=\mu_A^{1.25}$

比较：$\mu_{比较A}=\mu_A^{0.75}$

略：$\mu_{略A}=\mu_A^{0.5}$

稍微：$\mu_{稍微A}=\mu_A^{0.25}$

【例 2.20】　已知在温度论域 $T=\{t_1,t_2,t_3,t_4,t_5,t_6,t_7\}=\{10,20,30,40,50,60,70\}$ 上定义的模糊语言变量值分别为

$$温度高=\frac{0.3}{40}+\frac{0.6}{50}+\frac{0.9}{60}+\frac{1.0}{70},温度低=\frac{1.0}{20}+\frac{0.8}{30}+\frac{0.3}{40}+\frac{0.1}{50}$$

则不同的语言算子作用下构成的新语言值为

$$非常高=\frac{0.09}{40}+\frac{0.36}{50}+\frac{0.81}{60}+\frac{1.0}{70}$$

$$比较低=\frac{1.0}{20}+\frac{0.85}{30}+\frac{0.41}{40}+\frac{0.18}{50}$$

$$不高也不低=\overline{高}\cap\overline{低}=\left(\frac{1.0}{20}+\frac{1.0}{30}+\frac{0.7}{40}+\frac{0.4}{50}+\frac{0.1}{60}\right)\cap\left(\frac{0.2}{30}+\frac{0.7}{40}+\frac{0.9}{50}+\frac{1.0}{60}+\frac{1.0}{70}\right)=$$

$$\frac{0.2}{30}+\frac{0.7}{40}+\frac{0.4}{50}+\frac{0.1}{60}$$

3. 模糊命题及模糊推理规则

含有模糊概念或具有一定模糊性的陈述句称为模糊命题(Fuzzy Proposition),可以用带“～”的大写字母表示,如“$\widetilde{P}$:偏差较大”,其真值可按模糊集合的概念将其推广到[0,1]。由“且”“或”“非”等联结词联结起来构成的命题称为复合模糊命题。复合模糊命题可以理解为模糊关系。

模糊系统是一种基于知识或基于规则的系统。其核心部分就是由一些列的所谓 if-then 规则所组成的规则库构成。一个模糊的 if-then 规则就是一个条件陈述句,可以表示为

if　<模糊命题>　then　<模糊命题>

常用的模糊推理规则表达形式有以下几种:

①如 A 则 B。(if A then B.)表示为

$$A\to B \tag{2.67}$$

②如果 A 则 B 否则 C。(if A then B else C.)表示为

$$(A\to B)\vee(\overline{A}\to C) \tag{2.68}$$

③如果 A 且 B 则 C。(if A and B then C.)表示为

$$(A\times B)\to C \tag{2.69}$$

④如果 A 且 B 且 C 则 D。(if A and B and C then D.)表示为

$$(A\times B\times C)\to D \tag{2.70}$$

⑤如果 A 且 B 则 C 否则 D。(if A and B then C else D.)表示为

$$((A\times B)\to C)\vee(\overline{(A\times B)}\to D) \tag{2.71}$$

⑥如果 A 或 B 则 C 或 D。(if A or B then C or D.)表示为

$$(A\cup B)\to(C\cup D) \tag{2.72}$$

⑦如果 A 且 B 且 C 且 D。(if A and B then C and D.)表示为

$$(A\times B)\to(C\times D) \tag{2.73}$$

2.3.3　模糊逻辑推理

推理是根据已知的命题,按一定的规则,推断出另一个新的命题的过程。模糊推理就是根据一些已知的模糊命题,按照一定的模糊控制规则,推出一个新的模糊命题的形式,其运算范围不是二值逻辑中的0,1,而是隶属度[0,1],也称为模糊命题的真值,其中模糊规则实

质上是模糊蕴涵关系。

模糊逻辑推理是建立在模糊逻辑基础上的一种不确定性推理方法，也称为近似推理。在模糊逻辑和近似推理中，有两种重要的模糊推理规则，即广义取式（肯定前提）假言推理法（Generalized Modus Ponens，GMP）和广义拒式（否定结论）假言推理法（Generalized Modus Tollens，GMT），分别简称为广义前向推理法和广义后向推理法。

（1）GMP 推理规则。

前提 1（事实）：x 为 A'

前提 2（规则）：若 x 为 A，则 y 为 B

结论：y 为 B'

可表示为：

已知：$A \to B, A'$，则 $B' = A' \circ R = A' \circ (A \to B)$

（2）GMT 推理规则。

前提 1（事实）：y 为 B

前提 2（规则）：若 x 为 A，则 y 为 B

结论：x 为 A'

可表示为：

已知：$A \to B, B'$，则 $A' = R \circ B' = (A \to B) \circ B'$

上述描述中的 A, A', B 和 B' 为模糊集合，x 和 y 为语言变量。其中前提 2（规则）表示了 A 与 B 之间的关系，称为模糊蕴涵关系，记为：$A \to B$。

用集合来做模糊推理比较困难，因此一般采用模糊关系和合成的方法。

1. 模糊蕴涵关系及合成的运算

模糊逻辑推理方法中，$A \to B$ 并不是经典逻辑中关系的简单推广，很多人对此进行了大量的研究，提出了许多定义的方法，在模糊控制中，常用到以下几种模糊蕴涵关系的计算方法。

（1）模糊蕴涵最小运算法（Mamdani）。

若 A, B 为连续论域 X 和 Y 上的模糊变量，则模糊蕴涵关系为

$$\boldsymbol{R}_c = A \to B = \boldsymbol{A} \times \boldsymbol{B} = \int_{X \times Y} (\mu_A(x) \wedge \mu_B(y)) / (x, y) \tag{2.74}$$

若 A, B 为离散论域 X 和 Y 上的模糊变量，则模糊蕴涵关系为

$$\boldsymbol{R}_c = A \to B = \boldsymbol{A}^{\mathrm{T}} \cdot \boldsymbol{B} \tag{2.75}$$

或表示为

$$\boldsymbol{R}_c \leftrightarrow \mu_{A \to B}(x, y) = \mu_A(x) \wedge \mu_B(y) \tag{2.76}$$

（2）模糊蕴涵积运算法（Larsen）。

若 A, B 为连续论域 X 和 Y 上的模糊变量，则模糊蕴涵关系为

$$\boldsymbol{R}_p = A \to B = \boldsymbol{A} \times \boldsymbol{B} = \int_{X \times Y} \mu_A(x) \mu_B(y) / (x, y) \tag{2.77}$$

若 A, B 为离散论域 X 和 Y 上的模糊变量，则模糊蕴涵关系为

$$\boldsymbol{R}_p = A \to B = \boldsymbol{A}^{\mathrm{T}} \cdot \boldsymbol{B} \tag{2.78}$$

或表示为

$$R_p \leftrightarrow \mu_{A\to B}(x,y)=\mu_A(x)\mu_B(y) \tag{2.79}$$

(3)模糊蕴涵算术运算法(Zadeh)。

若 A,B 为连续论域 X 和 Y 上的模糊变量,则模糊蕴涵关系为

$$\boldsymbol{R}_a = A \to B = \boldsymbol{A} \times \boldsymbol{B} = \int_{X\times Y} (1 \wedge (1-\mu_A(x)+\mu_B(y)))/(x,y) \tag{2.80}$$

若 A,B 为离散论域 X 和 Y 上的模糊变量,则模糊蕴涵关系为

$$\boldsymbol{R}_a = A\to B=\boldsymbol{A}^{T}\cdot \boldsymbol{B} \tag{2.81}$$

或表示为

$$\boldsymbol{R}_a \leftrightarrow \mu_{A\to B}(x,y)=1\wedge(1-\mu_A(x)+\mu_B(y)) \tag{2.82}$$

(4)模糊蕴涵最大最小运算法(Zadeh)。

若 A,B 为连续论域 X 和 Y 上的模糊变量,则模糊蕴涵关系为

$$\boldsymbol{R}_m = A \to B = \boldsymbol{A} \times \boldsymbol{B} = \int_{X\times Y} ((\mu_A(x) \wedge \mu_B(y)) \vee (1-\mu_A(x))/(x,y) \tag{2.83}$$

若 A,B 为离散论域 X 和 Y 上的模糊变量,则模糊蕴涵关系为

$$\boldsymbol{R}_m = A\to B=\boldsymbol{A}^{T}\cdot \boldsymbol{B} \tag{2.84}$$

或表示为

$$R_m \leftrightarrow \mu_{A\to B}(x,y)=(\mu_A(x)\wedge\mu_B(y))\vee(1-\mu_A(x)) \tag{2.85}$$

【例 2.21】　已知研究的温度论域 $X=\{10,20,30,40,50\}$(℃)上的模糊集合 A=温度低$=\frac{1}{10}+\frac{0.5}{20}+\frac{0.1}{30}$,对应的调节阀开度论域 $Y=\{20,40,60,80,100\}$(%)上定义的模糊集合 B=开度大$=\frac{0.1}{40}+\frac{0.3}{60}+\frac{0.7}{80}+\frac{1}{100}$。求“若 x 小则 y 大”的模糊关系 $\boldsymbol{R}$。

解　根据已知条件可知:$A=[1\quad 0.5\quad 0.1\quad 0\quad 0]$,$B=[0\quad 0.1\quad 0.3\quad 0.7\quad 1]$。

(1)若采用模糊蕴涵最小运算法,可得模糊关系矩阵 $\boldsymbol{R}_c$。

$$\boldsymbol{R}_c = A\to B=\boldsymbol{A}^{T}\cdot\boldsymbol{B}=[1\quad 0.5\quad 0.1\quad 0\quad 0]^{T}\cdot[0\quad 0.1\quad 0.3\quad 0.7\quad 1]=$$

$$\begin{bmatrix} 1\wedge 0 & 1\wedge 0.1 & 1\wedge 0.3 & 1\wedge 0.7 & 1\wedge 1 \\ 0.5\wedge 0 & 0.5\wedge 0.1 & 0.5\wedge 0.3 & 0.3\wedge 0.7 & 0.3\wedge 1 \\ 0.1\wedge 0 & 0.1\wedge 0.1 & 0.1\wedge 0.3 & 0.1\wedge 0.7 & 0.1\wedge 1 \\ 0\wedge 0 & 0\wedge 0.1 & 0\wedge 0.3 & 0\wedge 0.7 & 0\wedge 1 \\ 0\wedge 0 & 0\wedge 0.1 & 0\wedge 0.3 & 0\wedge 0.7 & 0\wedge 1 \end{bmatrix} = \begin{bmatrix} 0 & 0.1 & 0.3 & 0.7 & 1 \\ 0 & 0.1 & 0.3 & 0.3 & 0.3 \\ 0.1 & 0.1 & 0.1 & 0.1 & 0.1 \\ 0 & 0 & 0 & 0 & 0 \\ 0 & 0 & 0 & 0 & 0 \end{bmatrix}$$

(2)若采用模糊蕴涵最大最小运算法,可得模糊关系 $\boldsymbol{R}_m$。

$$\boldsymbol{R}_m = A\to B=\boldsymbol{A}^{T}\cdot\boldsymbol{B}=[1\quad 0.5\quad 0.1\quad 0\quad 0]^{T}\cdot[0\quad 0.1\quad 0.3\quad 0.7\quad 1]=$$

$$\begin{bmatrix} (1\wedge 0)\vee(1-1) & (1\wedge 0.1)\vee(1-1) & (1\wedge 0.3)\vee(1-1) & (1\wedge 0.7)\vee(1-1) & (1\wedge 1)\vee(1-1) \\ (0.5\wedge 0)\vee(1-0.5) & (0.5\wedge 0.1)\vee(1-0.5) & (0.5\wedge 0.3)\vee(1-0.5) & (0.5\wedge 0.7)\vee(1-0.5) & (0.5\wedge 1)\vee(1-0.5) \\ (0.1\wedge 0)\vee(1-0.1) & (0.1\wedge 0.1)\vee(1-0.1) & (0.1\wedge 0.3)\vee(1-0.1) & (0.1\wedge 0.7)\vee(1-0.1) & (0.1\wedge 1)\vee(1-0.1) \\ (0\wedge 0)\vee(1-0) & (0\wedge 0.1)\vee(1-0) & (0\wedge 0.3)\vee(1-0) & (0\wedge 0.7)\vee(1-0) & (0\wedge 1)\vee(1-0) \\ (0\wedge 0)\vee(1-0) & (0\wedge 0.1)\vee(1-0) & (0\wedge 0.3)\vee(1-0) & (0\wedge 0.7)\vee(1-0) & (0\wedge 0.7)\vee(1-0) \end{bmatrix} =$$

$$\begin{bmatrix} 0 & 0.1 & 0.3 & 0.7 & 1 \\ 0.5 & 0.5 & 0.5 & 0.5 & 0.5 \\ 0.9 & 0.9 & 0.9 & 0.9 & 0.9 \\ 1 & 1 & 1 & 1 & 1 \\ 1 & 1 & 1 & 1 & 1 \end{bmatrix}$$

模糊蕴涵关系常用的表达式中，$\boldsymbol{R}_c$和$\boldsymbol{R}_p$不太符合常规的逻辑结构，但适合于近似推理，尤其是GMP推理；而$\boldsymbol{R}_a$和$\boldsymbol{R}_m$比较符合常规逻辑推理结构，但推理的结果不太符合直觉判断。

推理结论通过合成运算得到，即已知$A \to B$和A'，则$B' = A' \circ R$。其中R为由A, B确定的关系，合成运算"$\circ$"常采用以下方法。

(1)最大-最小合成法(Zaden,1973)。

$$\mu_{B'}(y) = \bigvee_{x \in X} [\mu_{A'}(x) \wedge \mu_R(x, y)] \tag{2.86}$$

(2)最大-代数积合成法(Kaufmann,1975)。

$$\mu_{B'}(y) = \bigvee_{x \in X} \mu_{A'}(x) \mu_R(x, y) \tag{2.87}$$

(3)最大-有界积合成法(Mizumoto,1981)。

$$\mu_{B'}(y) = \bigvee_{x \in X} \max[0, \mu'_A(x) + \mu_R(x, y) - 1] \tag{2.88}$$

(4)最大-强制积合成法(Mizumoto,1981)。

$$\mu_{B'}(y) = \bigvee_{x \in X} \mu_{A'}(x) \widehat{\cdot} \mu_R(x, y) \tag{2.89}$$

式中

$$\mu_{A'}(x) \widehat{\cdot} \mu_R(x, y) = \begin{cases} \mu_{A'}(x) & \mu_R(x, y) = 1 \\ \mu_R(x, y) & \mu_A'(x) = 1 \\ 0 & \text{其他} \end{cases}$$

由于最大-最小合成法和最大-代数积合成法的计算较简单，所以在模糊控制的应用中常采用，尤其是实时性要求较高的场合。

2. 模糊推理及计算

(1) 单个前提单个规则的推理(if A then B)。

前提1(事实)：x为A'

前提2(规则)：如果x为A，那么y为B

结论：y为B'

若推理的过程采用最大-最小推理法，且已知规则中的条件A和结果B，则当输入为A'时结论的推理过程可以用图2.14加以说明。相应的输出可表示为

$$\mu_{B'}(y) = \bigvee_x [\mu_{A'}(x) \wedge \mu_A(x) \wedge \mu_B(y)] = [\bigvee_x (\mu_{A'}(x) \wedge \mu_A(x))] \wedge \mu_B(y) = \omega \wedge \mu_B(y) \tag{2.90}$$

如果规则为：if A then B else C，则推理过程表示为

$$R = (A \to B) \vee (\overline{A} \to C) \tag{2.91}$$

【例2.22】 设论域{1,2,3,4,5}上的模糊子集为{小,中,大}，且已知"小"$= A = \frac{1.0}{1} +$

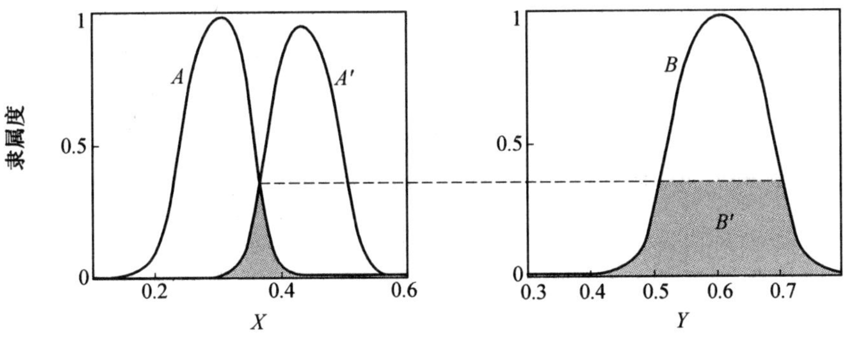

图 2.14　Mamdani 的 Max-min-co 推理方法图解

$\frac{0.7}{2}+\frac{0.3}{3}+\frac{0.1}{4}$,“中” $=B=\frac{0.1}{1}+\frac{0.6}{2}+\frac{1.0}{3}+\frac{0.6}{4}+\frac{0.1}{5}$,“大” $=C=\frac{0.1}{2}+\frac{0.3}{3}+\frac{0.7}{4}+\frac{1.0}{5}$,推理规则为:如果 x 小,则 y 大。

试求当 x 分别为“非常小”或“相当大”时,采用不同蕴涵运算的关系 R_c, R_p, R_a, R_m 时 y 的值。

解　根据已知条件可知

$\boldsymbol{A}=[1.0\quad 0.7\quad 0.3\quad 0.1\quad 0]$,$\boldsymbol{B}=[0.1\quad 0.6\quad 1.0\quad 0.6\quad 0.1]$,$\boldsymbol{C}=[0\quad 0.1\quad 0.3\quad 0.7\quad 1.0]$

按联结词的计算方法可得

$$\text{非常小}=A^2=D=\frac{1.0}{1}+\frac{0.49}{2}+\frac{0.09}{3}+\frac{0.01}{4}$$

$$\text{相当大}=C^{1.25}=E=\frac{0.06}{2}+\frac{0.22}{3}+\frac{0.64}{4}+\frac{1.0}{5}$$

则可表示为

$$\boldsymbol{D}=[1.0\quad 0.49\quad 0.09\quad 0.01],\ \boldsymbol{E}=[0\quad 0.06\quad 0.22\quad 0.64\quad 1.0]$$

上述问题则可以描述为:如果 x 是 A,则 y 是 B,当 x 是 A',那么 B' 为多少? 其中 A' 分别为 D 或 E。下面就分别采用不同的蕴涵计算方法进行推理计算。其中蕴涵关系表示为:$R=A\to C$。

①根据模糊蕴涵最小运算法,可得 $\boldsymbol{R}_c$。

$$\boldsymbol{R}_c=\boldsymbol{A}^{\mathrm{T}}\cdot\boldsymbol{C}=[1\quad 0.7\quad 0.3\quad 0.1\quad 0]^{\mathrm{T}}\wedge[0\quad 0.1\quad 0.3\quad 0.7\quad 1.0]=\begin{bmatrix}0&0.1&0.3&0.7&1.0\\0&0.1&0.3&0.7&0.7\\0&0.1&0.3&0.3&0.3\\0&0.1&0.1&0.1&0.1\\0&0&0&0&0\end{bmatrix}$$

则若 x 为 $\boldsymbol{D}$,按最大-最小合成法可得 y 的值 $\boldsymbol{B}_1$ 为

$$\boldsymbol{B}_1=\boldsymbol{D}\circ\boldsymbol{R}_c=[1\quad 0.49\quad 0.09\quad 0.01\quad 0]\circ\begin{bmatrix}0&0.1&0.3&0.7&1.0\\0&0.1&0.3&0.7&0.7\\0&0.1&0.3&0.3&0.3\\0&0.1&0.1&0.1&0.1\\0&0&0&0&0\end{bmatrix}=$$

$$[0\quad 0.01\quad 0.3\quad 0.7\quad 1.0]$$

则若 x 为 $\boldsymbol{E}$，按最大-最小合成法可得 y 的值 $\boldsymbol{B}_2$ 为

$$\boldsymbol{B}_2=\boldsymbol{E}\circ\boldsymbol{R}_c=[0\quad 0.06\quad 0.22\quad 0.64\quad 1.0]\circ\begin{bmatrix}0 & 0.1 & 0.3 & 0.7 & 1.0\\0 & 0.1 & 0.3 & 0.7 & 0.7\\0 & 0.1 & 0.3 & 0.3 & 0.3\\0 & 0.1 & 0.1 & 0.1 & 0.1\\0 & 0 & 0 & 0 & 0\end{bmatrix}=$$

$$[0\quad 0.1\quad 0.22\quad 0.22\quad 0.22]$$

②模糊蕴涵积运算法 $\boldsymbol{R}_p$。

根据模糊蕴涵最小运算法，可得 $\boldsymbol{R}_p$，即

$$\boldsymbol{R}_p=\boldsymbol{A}^{T}\cdot\boldsymbol{C}=[1\quad 0.7\quad 0.3\quad 0.1\quad 0]^{T}\cdot[0\quad 0.1\quad 0.3\quad 0.7\quad 1.0]=$$

$$\begin{bmatrix}0 & 0.1 & 0.3 & 0.7 & 1.0\\0 & 0.07 & 0.21 & 0.49 & 0.7\\0 & 0.03 & 0.09 & 0.21 & 0.3\\0 & 0.01 & 0.03 & 0.07 & 0.1\\0 & 0 & 0 & 0 & 0\end{bmatrix}$$

则若 x 为 $\boldsymbol{D}$，按最大-最小合成法可得 y 的值 $\boldsymbol{B}_1$ 为

$$\boldsymbol{B}_1=\boldsymbol{D}\circ\boldsymbol{R}_p=[1\quad 0.49\quad 0.09\quad 0.01\quad 0]\circ\begin{bmatrix}0 & 0.1 & 0.3 & 0.7 & 1.0\\0 & 0.07 & 0.21 & 0.49 & 0.7\\0 & 0.03 & 0.09 & 0.21 & 0.3\\0 & 0.01 & 0.03 & 0.07 & 0.1\\0 & 0 & 0 & 0 & 0\end{bmatrix}=$$

$$[0\quad 0.1\quad 0.3\quad 0.7\quad 1.0]$$

则若 x 为 $\boldsymbol{E}$，按最大-最小合成法可得 y 的值 $\boldsymbol{B}_2$ 为

$$\boldsymbol{B}_2=\boldsymbol{E}\circ\boldsymbol{R}_p=[0\quad 0.06\quad 0.22\quad 0.64\quad 1.0]\circ\begin{bmatrix}0 & 0.1 & 0.3 & 0.7 & 1.0\\0 & 0.07 & 0.21 & 0.49 & 0.7\\0 & 0.03 & 0.09 & 0.21 & 0.3\\0 & 0.01 & 0.03 & 0.07 & 0.1\\0 & 0 & 0 & 0 & 0\end{bmatrix}=$$

$$[0\quad 0.06\quad 0.09\quad 0.21\quad 0.22]$$

③模糊蕴涵算术运算法，可得 $\boldsymbol{R}_a$。

根据模糊蕴涵算术运算法 $\boldsymbol{R}_a$，可得

$$\boldsymbol{R}_a=\boldsymbol{A}^{T}\cdot\boldsymbol{C}=[1\quad 0.7\quad 0.3\quad 0.1\quad 0]^{T}\cdot[0\quad 0.1\quad 0.3\quad 0.7\quad 1.0]=$$

$$\begin{bmatrix}0 & 0.1 & 0.3 & 0.7 & 1.0\\0 & 0.4 & 0.6 & 0.7 & 1.0\\0 & 0.8 & 1.0 & 1.0 & 1.0\\0.9 & 1.0 & 1.0 & 1.0 & 1.0\\1.0 & 1.0 & 1.0 & 1.0 & 1.0\end{bmatrix}$$

则若 x 为 $\boldsymbol{D}$，按最大-最小合成法可得 y 的值 $\boldsymbol{B}_1$ 为

$$B_1=D\circ R_a=[1\quad 0.49\quad 0.09\quad 0.01\quad 0]\circ\begin{bmatrix}0 & 0.1 & 0.3 & 0.7 & 1.0\\0 & 0.4 & 0.6 & 0.7 & 1.0\\0 & 0.8 & 1.0 & 1.0 & 1.0\\0.9 & 1.0 & 1.0 & 1.0 & 1.0\\1.0 & 1.0 & 1.0 & 1.0 & 1.0\end{bmatrix}=$$

$$[0.1\quad 0.4\quad 0.49\quad 0.7\quad 1.0]$$

则若 x 为 E,按最大-最小合成法可得 y 的值 B_2 为

$$B_2=E\circ R_a=[0\quad 0.06\quad 0.22\quad 0.64\quad 1.0]\circ\begin{bmatrix}0 & 0.1 & 0.3 & 0.7 & 1.0\\0 & 0.4 & 0.6 & 0.7 & 1.0\\0 & 0.8 & 1.0 & 1.0 & 1.0\\0.9 & 1.0 & 1.0 & 1.0 & 1.0\\1.0 & 1.0 & 1.0 & 1.0 & 1.0\end{bmatrix}=$$

$$[1.0\quad 1.0\quad 1.0\quad 1.0\quad 1.0]$$

④模糊蕴涵运算 R_m。

根据模糊蕴涵最大最小运算法,可得

$$R_m=A^T\cdot C=[1\quad 0.7\quad 0.3\quad 0.1\quad 0]^T\cdot[0\quad 0.1\quad 0.3\quad 0.7\quad 1.0]=$$

$$\begin{bmatrix}0 & 0.1 & 0.3 & 0.7 & 1.0\\0.3 & 0.3 & 0.3 & 0.7 & 0.7\\0.7 & 0.7 & 0.7 & 0.7 & 0.7\\0.9 & 0.9 & 0.9 & 0.9 & 0.9\\1.0 & 1.0 & 1.0 & 1.0 & 1.0\end{bmatrix}$$

则若 x 为 D,按最大-最小合成法可得 y 的值 B_1 为

$$B_1=D\circ R_m=[1\quad 0.49\quad 0.09\quad 0.01\quad 0]\circ\begin{bmatrix}0 & 0.1 & 0.3 & 0.7 & 1.0\\0.3 & 0.3 & 0.3 & 0.7 & 0.7\\0.7 & 0.7 & 0.7 & 0.7 & 0.7\\0.9 & 0.9 & 0.9 & 0.9 & 0.9\\1.0 & 1.0 & 1.0 & 1.0 & 1.0\end{bmatrix}=$$

$$[0.3\quad 0.3\quad 0.3\quad 0.7\quad 1.0]$$

则若 x 为 E,按最大-最小合成法可得 y 的值 B_2 为

$$B_2=E\circ R_m=[0\quad 0.06\quad 0.22\quad 0.64\quad 1.0]\circ\begin{bmatrix}0 & 0.1 & 0.3 & 0.7 & 1.0\\0.3 & 0.3 & 0.3 & 0.7 & 0.7\\0.7 & 0.7 & 0.7 & 0.7 & 0.7\\0.9 & 0.9 & 0.9 & 0.9 & 0.9\\1.0 & 1.0 & 1.0 & 1.0 & 1.0\end{bmatrix}=$$

$$[1.0\quad 1.0\quad 1.0\quad 1.0\quad 1.0]$$

【例 2.23】 设颜色论域 $X=\{1,2,3,4,5\}$ 上的模糊子集“黑”$=A=\frac{1.0}{1}+\frac{0.5}{2}+\frac{0.1}{3}$,“白”$=B=\frac{0.3}{3}+\frac{0.8}{4}+\frac{0.1}{5}$,求“若 x 黑则 y 白,否则 y 不很白”的模糊关系。

解 根据已知条件和联结词计算方法可得

$$\boldsymbol{A}=[黑]=[1\quad 0.5\quad 0.1\quad 0\quad 0]$$

$$\overline{\boldsymbol{A}}=[不黑]=[0\quad 0.5\quad 0.9\quad 1\quad 1]$$

$$\boldsymbol{B}=[白]=[0\quad 0\quad 0.3\quad 0.8\quad 1]$$

$$\boldsymbol{D}=[很白]=\boldsymbol{B}^2=[0\quad 0\quad 0.09\quad 0.64\quad 1]$$

$$\boldsymbol{C}=[不很白]=\overline{\boldsymbol{D}}=[1\quad 1\quad 0.91\quad 0.36\quad 0]$$

则规则“若 x 黑则 y 白,否则 y 不很白”可表示为:$\boldsymbol{R}=(\boldsymbol{A}\times\boldsymbol{B})\cup(\overline{\boldsymbol{A}}\times\boldsymbol{C})$。

若采用常用的最大-最小合法,则模糊关系矩阵 $\boldsymbol{R}_c$ 为

$$\boldsymbol{R}_c=(\boldsymbol{A}\times\boldsymbol{B})\cup(\overline{\boldsymbol{A}}\times\boldsymbol{C})=\boldsymbol{R}_{c_1}\cup\boldsymbol{R}_{c_2}$$

因

$$\boldsymbol{R}_{c_1}=A\rightarrow B=\boldsymbol{A}^{\mathrm{T}}\cdot\boldsymbol{B}=[1\quad 0.5\quad 0.1\quad 0\quad 0]^{\mathrm{T}}\cdot[0\quad 0\quad 0.3\quad 0.8\quad 1]=\begin{bmatrix}0&0&0.3&0.8&1\\0&0&0.3&0.5&0.5\\0&0&0.1&0.1&0.1\\0&0&0&0&0\\0&0&0&0&0\end{bmatrix}$$

$$\boldsymbol{R}_{c_2}=\overline{A}\rightarrow C=\overline{\boldsymbol{A}}^{\mathrm{T}}\cdot\boldsymbol{C}=[0\quad 0.5\quad 0.9\quad 1\quad 1]^{\mathrm{T}}\cdot[1\quad 1\quad 0.91\quad 0.36\quad 0]=$$

$$\begin{bmatrix}0&0&0&0&0\\0.5&0.5&0.5&0.36&0\\0.9&0.9&0.9&0.36&0\\1&1&0.91&0.36&0\\1&1&0.91&0.36&0\end{bmatrix}$$

所以

$$\boldsymbol{R}_c=\boldsymbol{R}_{c_1}\cup\boldsymbol{R}_{c_2}=\begin{bmatrix}0&0&0.3&0.8&1\\0&0&0.3&0.5&0.5\\0&0&0.1&0.1&0.1\\0&0&0&0&0\\0&0&0&0&0\end{bmatrix}\cup\begin{bmatrix}0&0&0&0&0\\0.5&0.5&0.5&0.36&0\\0.9&0.9&0.9&0.36&0\\1&1&0.91&0.36&0\\1&1&0.91&0.36&0\end{bmatrix}=$$

$$\begin{bmatrix}0&0&0.3&0.8&1\\0.5&0.5&0.5&0.5&0.5\\0.9&0.9&0.9&0.36&0\\1&1&0.91&0.36&0\\1&1&0.91&0.36&0\end{bmatrix}$$

(2)多前提单规则的推理。

前提1(事实):x 为 A',y 为 B'

前提2(规则):如果 x 为 A 且 y 为 B,那么 z 为 C

结论:z 为 C'

若推理的过程采用最大-最小推理法,已知条件 A,B 和结果 C,当输入为 A',B'时,则输出 C'的推导过程可以用图 2.15 加以说明。其模糊关系可表示为

$$\boldsymbol{R}=[A\times B]\to C=[\boldsymbol{A}\times\boldsymbol{B}]^{\mathrm{T}}\cdot\boldsymbol{C} \tag{2.92}$$

相应的输出 $\boldsymbol{C}'=(\boldsymbol{A}'\times\boldsymbol{B}')\circ\boldsymbol{R}$ 的隶属函数为

$$\begin{aligned}\mu_{C'}(y)=&\bigvee_{x,y}\{[\mu_A{}'(x)\wedge\mu_B{}'(y)]\wedge[\mu_A(x)\wedge\mu_B(y)\wedge\mu_C(z)]\}=\\&\bigvee_{x,y}\{[(\mu_A{}'(x)\wedge\mu_B{}'(y)\wedge\mu_A(x)\wedge\mu_B(y)]\wedge\mu_C(z)\}=\\&\{\bigvee_{x}[\mu_A{}'(x)\wedge\mu_A(x)]\}\wedge\{\bigvee_{y}[\mu_B{}'(y)\wedge\mu_B(y)]\}\wedge\mu_C(z)=\\&(\omega_1\wedge\omega_2)\wedge\mu_C(z)\end{aligned} \tag{2.93}$$

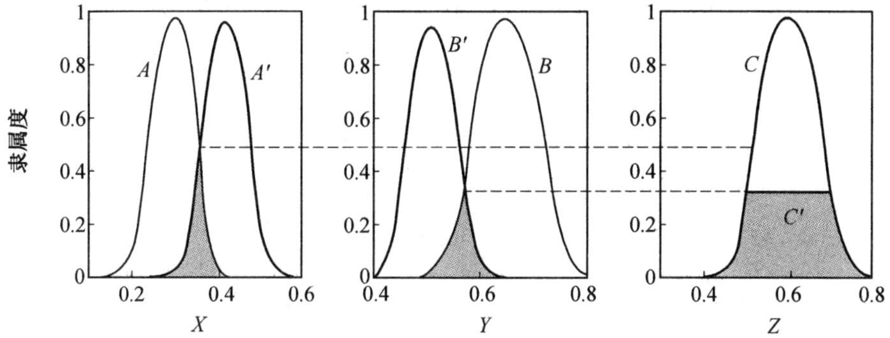

图 2.15　多前提单规则推理过程图解

【例 2.24】　已知论域 $X=\{a_1,a_2\}$，$Y=\{b_1,b_2,b_3\}$，$Z=\{c_1,c_2,c_3\}$，$A\in X,B\in Y,C\in Z$，$A=\frac{1}{a_1}+\frac{0.4}{a_2}$，$B=\frac{0.1}{b_1}+\frac{0.7}{b_2}+\frac{1}{b_3}$，$C=\frac{0.3}{c_1}+\frac{0.5}{c_2}+\frac{1}{c_3}$，求“若 A 且 B 则 C 的模糊关系”。

解　A 且 B 构成的模糊关系表示为：$A\times B=\boldsymbol{R}_1(x,y)$。

若采用最小运算，可得

$$\boldsymbol{R}_1=[1\quad 0.4]^{\mathrm{T}}\wedge[0.1\quad 0.7\quad 1]=\begin{bmatrix}1\wedge0.1 & 1\wedge0.7 & 1\wedge1\\0.4\wedge0.1 & 0.4\wedge0.7 & 0.4\wedge1\end{bmatrix}=\begin{bmatrix}0.1 & 0.7 & 1\\0.1 & 0.4 & 0.4\end{bmatrix}$$

则有

$$\boldsymbol{R}_{\mathrm{c}}=(A\times B)\to C=\boldsymbol{R}_1^{\mathrm{T}}\wedge\boldsymbol{C}=\begin{bmatrix}0.1\\0.7\\1\\0.1\\0.4\\0.4\end{bmatrix}\wedge[0.3\quad 0.5\quad 1]=$$

$$\begin{bmatrix}0.1\wedge0.3 & 0.1\wedge0.5 & 0.1\wedge1\\0.7\wedge0.3 & 0.7\wedge0.5 & 0.7\wedge1\\1\wedge0.3 & 1\wedge0.5 & 1\wedge1\\0.1\wedge0.3 & 0.1\wedge0.5 & 0.1\wedge1\\0.4\wedge0.3 & 0.4\wedge0.5 & 0.4\wedge1\\0.4\wedge0.3 & 0.4\wedge0.5 & 0.4\wedge1\end{bmatrix}=\begin{bmatrix}0.1 & 0.1 & 0.1\\0.3 & 0.5 & 0.7\\0.3 & 0.5 & 1\\0.1 & 0.1 & 0.1\\0.3 & 0.4 & 0.4\\0.3 & 0.4 & 0.4\end{bmatrix}$$

【例 2.25】　已知某模糊推理系统的推理规则为“if A then B”，A 和 B 分别为论域 $X=\{a_1,a_2,a_3,a_4\}$ 和 $Y=\{b_1,b_2,b_3,b_4\}$ 上的模糊子集，且 $A=\frac{1}{a_1}+\frac{0.6}{a_2}+\frac{0.2}{a_3}$，$B=\frac{0.7}{b_1}+\frac{1}{b_2}+\frac{0.3}{b_3}+$

$\frac{0.1}{b_4}$，求输入为 $A'=\frac{0.2}{a_1}+\frac{0.5}{a_2}+\frac{0.9}{a_3}+\frac{0.3}{a_4}$ 时模糊推理系统的输出 B'。

解　根据已知条件可知

$$\boldsymbol{A}=[1\quad 0.6\quad 0.2\quad 0],\boldsymbol{B}=[0.7\quad 1\quad 0.3\quad 0.1],\boldsymbol{A}'=[0.2\quad 0.5\quad 0.9\quad 0.3]$$

"if A then B"表示的模糊蕴含关系为

$$\boldsymbol{R}_c=\boldsymbol{A}^{\mathrm{T}}\cdot\boldsymbol{B}=[1\quad 0.6\quad 0.2\quad 0]^{\mathrm{T}}\wedge[0.7\quad 1\quad 0.3\quad 0.1]=\begin{bmatrix}0.7 & 1 & 0.3 & 0.1\\0.6 & 0.6 & 0.3 & 0.1\\0.2 & 0.2 & 0.2 & 0.1\\0 & 0 & 0 & 0\end{bmatrix}$$

则输入为 $A'=\frac{0.2}{a_1}+\frac{0.5}{a_2}+\frac{0.9}{a_3}+\frac{0.3}{a_4}$ 时的输出

$$\boldsymbol{B}'=\boldsymbol{A}'\circ\boldsymbol{R}_c=[0.2\quad 0.5\quad 0.9\quad 0.3]\circ\begin{bmatrix}0.7 & 1 & 0.3 & 0.1\\0.6 & 0.6 & 0.3 & 0.1\\0.2 & 0.2 & 0.2 & 0.1\\0 & 0 & 0 & 0\end{bmatrix}=$$

$$\begin{bmatrix}(0.2\wedge0.7)\vee(0.5\wedge0.6)\vee(0.9\wedge0.2)\vee(0.3\wedge0)\\(0.2\wedge1)\vee(0.5\wedge0.6)\vee(0.9\wedge0.2)\vee(0.3\wedge0)\\(0.2\wedge0.3)\vee(0.5\wedge0.3)\vee(0.9\wedge0.2)\vee(0.3\wedge0)\\(0.2\wedge0.1)\vee(0.5\wedge0.1)\vee(0.9\wedge0.1)\vee(0.3\wedge0)\end{bmatrix}^{\mathrm{T}}=$$

$$[0.5\quad 0.5\quad 0.3\quad 0.1]$$

即

$$B'=\frac{0.5}{b_1}+\frac{0.5}{b_2}+\frac{0.3}{b_3}+\frac{0.1}{b_4}$$

(3)多前提多规则推理。

前提1(事实)：x 是 A'，y 是 B'

前提2(规则1)：if x 是 A_1 和 y 是 B_1，then z 是 C_1

前提3(规则2)：if x 是 A_2 和 y 是 B_2，then z 是 C_2

结果：z 是 C'

若推理的过程采用最大-最小推理法，且已知条件 A_1,B_1,A_2,B_2 和结果 C_1,C_2，则输入为 A' 和 B' 时，结果 C' 的推导过程可以用图2.16加以说明。

结果 C' 按下式计算

$$C'=(A'\times B')\circ(R_1\cup(R_2)=[(A'\times B')\circ R_1]\cup[(A'\times B')\circ R_2]=C'_1\cup C'_2 \tag{2.94}$$

相应的隶属函数也可用下式计算

$$\begin{aligned}\mu'_C(z)=&\{\bigvee_{x,y}[(\mu_{A'}(x)\wedge\mu_{B'}(y))\wedge(\mu_{A_1}(x)\wedge\mu_{B_1}(y)\wedge\mu_{C_1}(z))]\}\vee\\&\{\bigvee_{x,y}[(\mu_{A'}(x)\wedge\mu_{B'}(y))\wedge(\mu_{A_2}(x)\wedge\mu_{B_2}(y)\wedge\mu_{C_2}(z))]\}=\\&\{(\omega_{11}\wedge\omega_{12})\wedge\mu_{C_1}\}\vee\{(\omega_{21}\wedge\omega_{22})\wedge\mu_{C_2}\}\end{aligned} \tag{2.95}$$

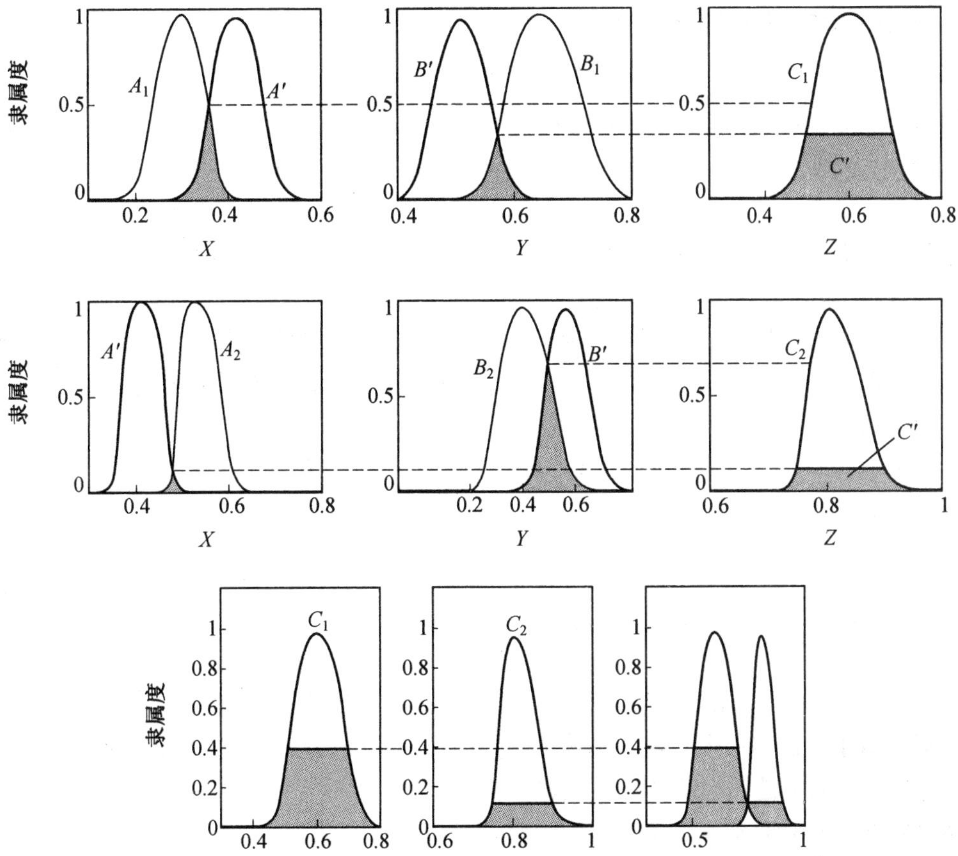

图 2.16　多前提多规则推理过程图解

2.3.4　基于规则库的模糊推理

1. 多重模糊逻辑推理结构

前提 1(事实):x 是 A'

前提 2(规则 1):if x is A_1 then y is B_1

前提 3(规则 2):if x is A_2 then y is B_2

⋮

前提 n(规则 n):if x is A_n then y is B_n

结果(结论):y 是 B'

其中 A',A_i为论域 X 上的模糊子集,B_i为论域 Y 上的模糊子集($i=1,2,\cdots,n$)。若已知 A',A_i,B_i 用 R_i 表示第 i 条规则描述的模糊关系,则推理过程可用下式表示:

$$R_i = A_i \times B_i \tag{2.96}$$

$$R = \sum_{i=1}^{n} R_i \tag{2.97}$$

$$B' = A' \circ R \tag{2.98}$$

2. 多重多维模糊逻辑推理结构

前提1(事实):if x_1 is A'_1 and x_2 is A'_2 and ⋯ x_n is A'_n

前提2(规则1):if x_1 is A_{11} and x_2 is A_{12} and ⋯ x_n is A_{1n} then y is B_1

前提3(规则2):if x_1 is A_{21} and x_2 is A_{22} and ⋯ x_n is A_{2n} then y is B_2

⋮

前提 m(规则 m):if x_1 is A_{m1} and x_2 is A_{m2} and ⋯x_n is A_{mn} then y is B_m

结果(结论):y is B'

其中 A',A_{ij}为论域 $X_j(i=1,2,\cdots,m;j=1,2,\cdots,n)$上的模糊子集,$B_i$为论域 Y 上的模糊子集($i=1,2,\cdots,m$)。若已知 A',A_{ij},B_i,且用 R_i 表示第 i 条规则描述的模糊关系,则推理过程可用下式表示:

$$R_i=(A_{i1}\times A_{i2}\times\cdots\times A_{in})\to B \tag{2.99}$$

$$R=\sum_{i=1}^{m}R_i \tag{2.100}$$

$$B'=(A'_1\times A'_2\times\cdots\times A'_n)\circ R \tag{2.101}$$

若采用最大 - 最小合成推理过程,则

$$\mu_B{}'(y)=\bigvee_{X_1\times X_2\times\cdots\times X_n}[(\bigwedge_{j=1}^{n}\mu_A{}'(x_j))\wedge(\bigvee_{i=1}^{m}(\bigwedge_{j=1}^{n}\mu_{A_{ij}}(x_j)\wedge\mu_{B_i}(y)))] \tag{2.102}$$

【例 2.26】 已知一个双输入单输出的模糊推理系统,输入 x,y 与输出 z 关系为

R_1:如果输入 x 是 A_1 且 y 是 B_1,则输出 z 为 C_1;

R_2:如果输入 x 是 A_2 且 y 是 B_2,则输出 z 为 C_2;

其中 A,B 和 C 分别为论域 $X=\{a_1,a_2,a_3\}$,$Y=\{b_1,b_2,b_3\}$ 和 $Z=\{c_1,c_2,c_3\}$ 上的模糊子集,且已知

$$A_1=\frac{1.0}{a_1}+\frac{0.5}{a_2}+\frac{0}{a_3},B_1=\frac{1.0}{b_1}+\frac{0.6}{b_2}+\frac{0.2}{b_3},C_1=\frac{1.0}{c_1}+\frac{0.4}{c_2}+\frac{0}{c_3}$$

$$A_2=\frac{0}{a_1}+\frac{0.5}{a_2}+\frac{1.0}{a_3},B_2=\frac{0.2}{b_1}+\frac{0.6}{b_2}+\frac{1.0}{b_3},C_2=\frac{0}{c_1}+\frac{0.4}{c_2}+\frac{1.0}{c_3}$$

试求输入为 $A'=\frac{0.5}{a_1}+\frac{1.0}{a_2}+\frac{0.5}{a_3}$,$B'=\frac{0.6}{b_1}+\frac{1.0}{b_2}+\frac{0.6}{b_3}$ 时的输出 C'。

解 根据已知条件可知

$$\boldsymbol{A}_1=[1.0\quad 0.5\quad 0],\boldsymbol{B}_1=[1.0\quad 0.6\quad 0.2],\boldsymbol{C}_1=[1.0\quad 0.4\quad 0]$$

$$\boldsymbol{A}_2=[0\quad 0.5\quad 1.0],\boldsymbol{B}_2=[0.2\quad 0.6\quad 1.0],\boldsymbol{C}_2=[0\quad 0.4\quad 1.0]$$

$$\boldsymbol{A}'=[0.5\quad 1.0\quad 0.5],\boldsymbol{B}'=[0.6\quad 1.0\quad 0.6]$$

所有规则表示的模糊关系矩阵为

$$\boldsymbol{R}=\bigcup_{i=1}^{2}\boldsymbol{R}_i$$

其中

$$\boldsymbol{R}_{A_1\times B_1}=\boldsymbol{A}_1^{\mathrm{T}}\wedge\boldsymbol{B}_1=[1.0\quad 0.5\quad 0]^{\mathrm{T}}\wedge[1.0\quad 0.6\quad 0.2]=\begin{bmatrix}1.0&0.6&0.2\\0.5&0.5&0.2\\0&0&0\end{bmatrix}$$

$$\boldsymbol{R}_1=(A_1\times B_1)\to C_1=\boldsymbol{R}_{A_1\times B_1}^{\mathrm{T}}\wedge\boldsymbol{C}_1=\begin{bmatrix}1.0\\0.6\\0.2\\0.5\\0.5\\0.2\\0\\0\\0\end{bmatrix}\wedge[1.0\quad 0.4\quad 0]=\begin{bmatrix}1.0&0.4&0\\0.6&0.4&0\\0.2&0.2&0\\0.5&0.4&0\\0.5&0.4&0\\0.2&0.2&0\\0&0&0\\0&0&0\\0&0&0\end{bmatrix}$$

$$\boldsymbol{R}_{A_2\times B_2}=\boldsymbol{A}_2^{\mathrm{T}}\wedge\boldsymbol{B}_2=[0\quad 0.5\quad 1.0]^{\mathrm{T}}\wedge[0.2\quad 0.6\quad 1.0]=\begin{bmatrix}0&0&0\\0.2&0.5&0.5\\0.2&0.6&1.0\end{bmatrix}$$

$$\boldsymbol{R}_2=(A_2\times B_2)\to C_2=\boldsymbol{R}_{A_2\times B_2}^{\mathrm{T}}\wedge\boldsymbol{C}_2=\begin{bmatrix}0\\0\\0\\0.2\\0.5\\0.5\\0.2\\0.6\\1.0\end{bmatrix}\wedge[0\quad 0.4\quad 1.0]=\begin{bmatrix}0&0&0\\0&0&0\\0&0&0\\0&0.2&0.2\\0&0.4&0.5\\0&0.4&0.5\\0&0.2&0.2\\0&0.4&0.6\\0&0.4&1.0\end{bmatrix}$$

则模糊关系矩阵为

$$\boldsymbol{R}=\bigcup_{i=1}^{2}\boldsymbol{R}_i=\boldsymbol{R}_1\cup\boldsymbol{R}_2=\begin{bmatrix}1.0&0.4&0\\0.6&0.4&0\\0.2&0.2&0\\0.5&0.4&0.2\\0.5&0.4&0.5\\0.2&0.4&0.5\\0&0.2&0.2\\0&0.4&0.6\\0&0.4&1.0\end{bmatrix}$$

当输入为 $\boldsymbol{A}'$，$\boldsymbol{B}'$ 时，模糊推理系统的输出为

$$\boldsymbol{C}'=(\boldsymbol{A}'\times\boldsymbol{B}')\circ\boldsymbol{R}$$

已知

$$\boldsymbol{A}'\times\boldsymbol{B}'=\boldsymbol{A}'^{\mathrm{T}}\wedge\boldsymbol{B}'=[0.5\quad 1.0\quad 0.5]^{\mathrm{T}}\wedge[0.6\quad 1.0\quad 0.6]=\begin{bmatrix}0.5&0.5&0.5\\0.6&1.0&0.6\\0.5&0.5&0.5\end{bmatrix}$$

所以输出 $\boldsymbol{C}'$ 为

$$C' = [0.5\quad 0.5\quad 0.5\quad 0.6\quad 1.0\quad 0.6\quad 0.5\quad 0.5\quad 0.5]\circ\begin{bmatrix}1.0 & 0.4 & 0\\0.6 & 0.4 & 0\\0.2 & 0.2 & 0\\0.5 & 0.4 & 0.2\\0.5 & 0.4 & 0.5\\0.2 & 0.4 & 0.5\\0 & 0.2 & 0.2\\0 & 0.4 & 0.6\\0 & 0.4 & 1.0\end{bmatrix} =$$

$$[0.5\quad 0.4\quad 0.5]$$

即输出可表示为

$$C' = \frac{0.5}{c_1} + \frac{0.4}{c_2} + \frac{0.5}{c_3}$$

2.3.5　模糊推理的性质

【性质1】　若合成运算"∘"用最大 - 最小合成法或最大 - 积法,"或"采用并法,则"∘"和"或"的运算次序可交换,即

$$(\boldsymbol{A}'\times\boldsymbol{B}')\circ\bigcup_{i=1}^{n}\boldsymbol{R}_i = \bigcup_{i=1}^{n}(\boldsymbol{A}'\times\boldsymbol{B}')\circ\boldsymbol{R}_i = \bigcup_{i=1}^{n}\boldsymbol{C}'_i \tag{2.103}$$

根据这一性质例 2.26 的计算过程可按如下方式进行:

$$\boldsymbol{R}_1 = \begin{bmatrix}1.0 & 0.4 & 0\\0.6 & 0.4 & 0\\0.2 & 0.2 & 0\\0.5 & 0.4 & 0\\0.5 & 0.4 & 0\\0.2 & 0.2 & 0\\0 & 0 & 0\\0 & 0 & 0\\0 & 0 & 0\end{bmatrix},\boldsymbol{R}_2 = \begin{bmatrix}0 & 0 & 0\\0 & 0 & 0\\0 & 0 & 0\\0 & 0.2 & 0.2\\0 & 0.4 & 0.5\\0 & 0.4 & 0.5\\0 & 0.2 & 0.2\\0 & 0.4 & 0.6\\0 & 0.4 & 1.0\end{bmatrix}$$

则根据输入 $\boldsymbol{A}'\times\boldsymbol{B}' = \boldsymbol{A}'^{\mathrm{T}}\wedge\boldsymbol{B}' = \begin{bmatrix}0.5 & 0.5 & 0.5\\0.6 & 1.0 & 0.6\\0.5 & 0.5 & 0.5\end{bmatrix}$,计算可得

$$\boldsymbol{C}'_1 = (\boldsymbol{A}'\times\boldsymbol{B}')\circ\boldsymbol{R}_1 = [0.5\quad 0.5\quad 0.5\quad 0.6\quad 1.0\quad 0.6\quad 0.5\quad 0.5\quad 0.5]\circ$$

$$\begin{bmatrix} 1.0 & 0.4 & 0 \\ 0.6 & 0.4 & 0 \\ 0.2 & 0.2 & 0 \\ 0.5 & 0.4 & 0 \\ 0.5 & 0.4 & 0 \\ 0.2 & 0.2 & 0 \\ 0 & 0 & 0 \\ 0 & 0 & 0 \\ 0 & 0 & 0 \end{bmatrix} = [0.5 \quad 0.4 \quad 0]$$

$$\boldsymbol{C'}_2 = (\boldsymbol{A'} \times \boldsymbol{B'}) \circ \boldsymbol{R}_2 = [0.5 \quad 0.5 \quad 0.5 \quad 0.6 \quad 1.0 \quad 0.6 \quad 0.5 \quad 0.5 \quad 0.5]\circ$$

$$\begin{bmatrix} 0 & 0 & 0 \\ 0 & 0 & 0 \\ 0 & 0 & 0 \\ 0 & 0.2 & 0.2 \\ 0 & 0.4 & 0.5 \\ 0 & 0.4 & 0.5 \\ 0 & 0.2 & 0.2 \\ 0 & 0.4 & 0.6 \\ 0 & 0.4 & 1.0 \end{bmatrix} = [0 \quad 0.4 \quad 0.5]$$

根据性质 1 可得输出为

$$\boldsymbol{C'} = \boldsymbol{C'}_1 \cup \boldsymbol{C'}_2 = [0.5 \quad 0.4 \quad 0] \cup [0 \quad 0.4 \quad 0.5] = [0.5 \quad 0.4 \quad 0.5]$$

根据上述输出可以看出计算结果不变。

【性质 2】　若模糊蕴涵关系用 $\boldsymbol{R}_c$ 和 $\boldsymbol{R}_p$ 时，则

$$(\boldsymbol{A'} \times \boldsymbol{B'}) \circ (A_i \times B_i \to C_i) = [A' \circ (A_i \to C_i)] \cap [B' \circ (B_i \to C_i)] \tag{2.104}$$

则例 2.26 的计算过程可按如下方式进行，首先分别计算

$$A_1 \to C_1 = \boldsymbol{A}_1^{\mathrm{T}} \wedge \boldsymbol{C}_1 = \begin{bmatrix} 1.0 \\ 0.5 \\ 0 \end{bmatrix} \wedge [1.0 \quad 0.4 \quad 0] = \begin{bmatrix} 1.0 & 0.4 & 0 \\ 0.5 & 0.4 & 0 \\ 0 & 0 & 0 \end{bmatrix}$$

$$A_2 \to C_2 = \boldsymbol{A}_2^{\mathrm{T}} \wedge \boldsymbol{C}_2 = \begin{bmatrix} 0 \\ 0.5 \\ 1.0 \end{bmatrix} \wedge [0 \quad 0.4 \quad 1.0] = \begin{bmatrix} 0 & 0 & 0 \\ 0 & 0.4 & 0.5 \\ 0 & 0.4 & 1.0 \end{bmatrix}$$

$$B_1 \to C_1 = \boldsymbol{B}_1^{\mathrm{T}} \wedge \boldsymbol{C}_1 = \begin{bmatrix} 1.0 \\ 0.6 \\ 0.2 \end{bmatrix} \wedge [1.0 \quad 0.4 \quad 0] = \begin{bmatrix} 1.0 & 0.4 & 0 \\ 0.6 & 0.4 & 0 \\ 0.2 & 0.2 & 0 \end{bmatrix}$$

$$B_2 \to C_2 = \boldsymbol{B}_2^{\mathrm{T}} \wedge \boldsymbol{C}_2 = \begin{bmatrix} 0.2 \\ 0.6 \\ 1.0 \end{bmatrix} \wedge [0 \quad 0.4 \quad 1.0] = \begin{bmatrix} 0 & 0.2 & 0.2 \\ 0 & 0.4 & 0.6 \\ 0 & 0.4 & 1.0 \end{bmatrix}$$

根据上面计算可得

$$\boldsymbol{C'}_1 = [\boldsymbol{A'} \circ (A_1 \to C_1)] \cap [\boldsymbol{B'} \circ (B_1 \to C_1)] =$$

$$\left\{[0.5\quad 1.0\quad 0.5]\circ\begin{bmatrix}1.0 & 0.4 & 0\\ 0.5 & 0.4 & 0\\ 0 & 0 & 0\end{bmatrix}\right\}\cap\left\{[0.6\quad 1.0\quad 0.6]\circ\begin{bmatrix}1.0 & 0.4 & 0\\ 0.6 & 0.4 & 0\\ 0.2 & 0.2 & 0\end{bmatrix}\right\}=$$

$$[0.5\quad 0.4\quad 0]\cap[0.6\quad 0.4\quad 0]=[0.5\quad 0.4\quad 0]$$

$$\boldsymbol{C}'_2=[\boldsymbol{A}'\circ(A_2\to C_2)]\cap[\boldsymbol{B}'\circ(B_2\to C_2)]=$$

$$\left\{[0.5\quad 1.0\quad 0.5]\circ\begin{bmatrix}0 & 0 & 0\\ 0 & 0.4 & 0.5\\ 0 & 0.4 & 1.0\end{bmatrix}\right\}\cap\left\{[0.6\quad 1.0\quad 0.6]\circ\begin{bmatrix}0 & 0.2 & 0.2\\ 0 & 0.4 & 0.6\\ 0 & 0.4 & 1.0\end{bmatrix}\right\}=$$

$$[0\quad 0.4\quad 0.5]\cap[0\quad 0.4\quad 0.6]=[0\quad 0.4\quad 0.5]$$

由性质 2 可得输出为

$$\boldsymbol{C}'=\boldsymbol{C}'_1\cup\boldsymbol{C}'_2=[0.5\quad 0.4\quad 0]\cup[0\quad 0.4\quad 0.5]=[0.5\quad 0.4\quad 0.5]$$

显然,计算结果不变。用性质 2 可简化多重模糊蕴涵关系的计算,模糊关系矩阵不因 and 连接的子句增加而增加矩阵的维数。

本章小结

本章对模糊集合的基本概念进行了较为系统的讲解,主要内容有:模糊集合及其运算、模糊集合与经典集合的关系、模糊集合的广义运算、模糊关系的定义及计算,以及模糊推理的表现形式及推理演算过程等。

模糊数学是建立在集合论的基础上的,集合论的重要意义在于把数学的抽象能力延伸到人类认识过程的深处,一组对象通常具有一组属性,而确定的属性表明一个概念,符合概念的所有对象的全体就称为这个概念的集合。因此,集合可以表现概念,而集合论中的关系和运算又可以表现判断和推理。现实的理论系统都可能纳入集合描述的数学框架,但是经典集合论只能把自己的表现力限制在有明确集合的概念和事物上,它明确地限定:每个集合都必须由明确的元素构成,元素对集合的隶属关系必须是明确的,绝不能模棱两可。

然而,在客观世界中还普遍存在着大量的模糊现象,并且随着科技的不断进步,日益复杂,模糊性总是伴随着复杂性出现。因此,除了计算数学之外,还需要模糊数学来解决类似的问题。模糊数学的研究内容主要是研究模糊数学的理论,以及它和精确数学、随机数学之间的关系。模糊数学是一门新兴学科,是以不确定性的事物为其研究对象的,所以模糊集合的出现是数学适应描述复杂事物需要的产物。

查德以精确数学集合论为基础,并考虑到对数学的集合概念进行修改和推广,提出用"模糊集合"作为表现模糊事物的数学模型。并在"模糊集合"上逐步建立运算、变换规律,开展有关的理论研究,就有可能构造出研究现实世界的大量模糊的数学基础,能够对看起来相当复杂的模糊系统进行定量的描述和相应处理的数学方法。在模糊集合中,给定范围内元素对它的隶属关系不一定只有"是"或"否"两种情况,而是用介于 0 和 1 之间的实数来表示隶属程度,还存在中间过渡状态。

而在集合论中,关系的表述和运算又可以表现判断和推理的过程。因此,本章将为学习下一章模糊逻辑控制打下基础。

习题与思考题

1. 试利用模糊统计法确定“矮个人”“高个人”“胖人”“瘦人”的隶属度函数。

2. 某高校一个专业的两个班学生在连续 4 年的英语四级考试中，各班“发挥正常”的隶属函数分别为 0.82，0.94，0.87，0.92 和 0.88，0.92，0.95，0.85，研究给定数据并综合该专业的考试发挥情况，试求：(1) 表示各班“发挥不正常”情况的模糊集合；(2) 表示该专业每年“发挥正常”的最高水平的模糊集合；(3) 表示该专业“发挥正常”的模糊集合。

3. 用本章介绍的推理方法，求下列三角形(I,R,E,IR,OR) 的隶属度值

(1)80°，70°，30°　(2)55°，70°，60°　(3)50°，50°，85°　(4)45°，45°，90°

4. 已知定义在区间 $U=[0,10]$ 上的模糊集合 A 和 B，其隶属函数分别为 $\mu_A=\dfrac{u}{u+3}$，$\mu_B=2^{-2u}$；试确定模糊集合 A 和 B 在 $\alpha=0.2,0.6,0.9,1.0$ 时的 α - 截集。

5. 试证明：排中律对于模糊集合不成立，即若 F 为模糊集合，则 $F\cup\overline{F}=E$ 不成立。

6. 证明：两个凸模糊集合的交集仍然是凸模糊集合。

7. 两个凸模糊集合的并集是否为凸模糊集合？说明理由。

8. 对一种新型的芯片进行测试，假定有 8 个样本的电器特性见表 2.5。

表 2.5　芯片样本特性表

样本编号	1	2	3	4	5	6	7	8
f_{max}/MHz	6	7	8	9	10	11	12	13
ΔT_{max}/℃	0	0	20	30	40	50	40	60

现定义下列模糊集合：

$$A=\text{快速芯片集合}=f_{max}\geqslant 12\ \text{MHz 的芯片}=\frac{0.2}{5}+\frac{0.6}{6}+\frac{1.0}{7}+\frac{1.0}{8}$$

$$B=\text{慢速芯片集合}=f_{max}\geqslant 8\ \text{MHz 的芯片}=$$

$$\frac{0.2}{1}+\frac{0.7}{2}+\frac{1.0}{3}+\frac{1.0}{4}+\frac{1.0}{5}+\frac{1.0}{6}+\frac{1.0}{7}+\frac{1.0}{8}$$

$$C=\text{耐冷芯片集合}=\Delta T_{max}\geqslant 10\ ℃\ \text{的芯片}=\frac{1.0}{3}+\frac{1.0}{4}+\frac{1.0}{5}+\frac{1.0}{6}+\frac{1.0}{7}+\frac{1.0}{8}$$

$$D=\text{耐热芯片集合}=\Delta T_{max}\geqslant 50\ ℃\ \text{的芯片}=\frac{0.3}{3}+\frac{0.7}{4}+\frac{1.0}{5}+\frac{1.0}{6}+\frac{1.0}{7}+\frac{1.0}{8}$$

根据上面 4 个集合进行运算，说明“快速”和“耐热”，“慢速”和“耐冷”，“快速”和“耐冷”芯片相关的集合。如

(1)$A\cap D$　(2)$\overline{A\cap D}$　(3)$A\cup C$　(4)$B-D$　(5)$\overline{B\cup C}$

9. 电动机的转速控制与负荷(转矩)有关。若转速的论域为 $X=\{x_1,x_2,x_3,x_4,x_5\}$(r/m)，负荷的论域为 $Y=\{y_1,y_2,y_3,y_4,y_5,y_6\}$，已知两个模糊变量为

$$S=\frac{0.3}{x_1}+\frac{0.7}{x_2}+\frac{1.0}{x_3}+\frac{0.7}{x_4}+\frac{0.3}{x_5},L=\frac{0.2}{y_1}+\frac{0.5}{y_2}+\frac{0.8}{y_3}+\frac{1.0}{y_4}+\frac{0.7}{y_5}+\frac{0.3}{y_6}$$

试求两个模糊变量相关联的模糊关系 $\boldsymbol{R}=\boldsymbol{S}\times\boldsymbol{L}$。

10. 已知两个二元模糊关系矩阵

$$M(x,y)=\begin{bmatrix}0.8 & 1.0 & 0.1 & 0.7\\ 0 & 0.8 & 0 & 0\\ 0.9 & 1.0 & 0.7 & 0.8\end{bmatrix},L(x,y)=\begin{bmatrix}0.4 & 0 & 0.9 & 0.6\\ 0.9 & 0.4 & 0.5 & 0.7\\ 0.3 & 0 & 0.8 & 0.5\end{bmatrix}$$

试求 $\boldsymbol{M}\cap\boldsymbol{L},\boldsymbol{M}\cup\boldsymbol{L},\overline{\boldsymbol{M}}$。

11. 已知两个二元模糊关系矩阵 $\boldsymbol{P}=\begin{bmatrix}1.0 & 0.2 & 0.5 & 0.1\\ 0.1 & 0.4 & 0.1 & 0\\ 0.3 & 0.9 & 0 & 0.4\end{bmatrix},\boldsymbol{S}=\begin{bmatrix}0.4 & 0.9\\ 0.7 & 1.0\\ 0.1 & 0.3\\ 0.2 & 0.8\end{bmatrix}$，试求合成的模糊关系矩阵 $\boldsymbol{T}=\boldsymbol{R}\circ\boldsymbol{S}$。

12. 电子线路的温度 T(℉)和最大工作频率 F(MHz)之间的关系取决于多种因素，若已知 T 和 F 在论域 $T=\{-100,-50,0,50,100\}$ 和 $F=\{8,16,25,33\}$ 上的模糊关系矩阵为

$$\boldsymbol{R}=\begin{bmatrix}0.2 & 0.4 & 0.6 & 1.0 & 0.9\\ 0.3 & 0.5 & 0.7 & 1.0 & 0.8\\ 0.5 & 0.6 & 0.8 & 0.8 & 0.4\\ 0.9 & 1.0 & 0.8 & 0.6 & 0.3\end{bmatrix}$$

电子线路的可靠性 L 与最高工作温度 T 有关，若可靠性指标的论域为 $L=\{1,2,4,8,16\}$（无量纲），且可靠性和最高工作温度之间的关系矩阵为

$$\boldsymbol{S}=\begin{bmatrix}1.0 & 0.8 & 0.6 & 0.4 & 0.2\\ 0.7 & 1.0 & 0.8 & 0.5 & 0.4\\ 0.5 & 0.5 & 1.0 & 0.9 & 0.8\\ 0.3 & 0.4 & 0.7 & 1.0 & 0.9\\ 0.8 & 0.3 & 0.5 & 0.8 & 1.0\end{bmatrix}$$

试用最大－最小、最大积合成法求频率 F 与可靠性指标间 L 的模糊关系 $\boldsymbol{Q}$。

13. 完成下列区间的运算

(1) $[2,4]+[3,6]$　(2) $[2,5]-[3,5]$　(3) $[1,3]\times[2,3]$　(4) $[4,8]\div[1,2]$

14. 已知两个相等的独立整数论域 $U_1=U_2=\{1,2,\cdots,10\}$ 上，分别定义两个模糊数：

$$A=\tilde{2}=\text{大约}2=\frac{0.6}{1}+\frac{1.0}{2}+\frac{0.7}{3},B=\tilde{5}=\text{大约}5=\frac{0.7}{4}+\frac{1.0}{5}+\frac{0.6}{6}$$

试求：(1) $\tilde{2}+\tilde{5}$；(2) $\tilde{2}\times\tilde{5}$。

15. 已知函数 $y=2x+1$，当 $x=\tilde{3}=\frac{0.3}{2}+\frac{0.8}{2.5}+\frac{1.0}{3}+\frac{0.8}{3.5}+\frac{0.3}{4}$ 时，求 y。

16. 已知论域 $U=[-4,4]$ 上的模糊集合

$$A=\text{“零”}=\frac{0.5}{-1}+\frac{1.0}{0}+\frac{0.5}{1},B=\text{“正的平均值”}=\frac{0.5}{1}+\frac{1.0}{2}+\frac{0.5}{3}$$

求：(1) 规则“如果 A 则 B”的关系 R（分别用 Mamdani 最小运算法和 Larsen 积运算法）。

(2) 若已知前件 $A'=$“小正数”$=\frac{0.5}{0}+\frac{1.0}{1}+\frac{0.5}{2}$，试求新的结论 B'。

17. 已知某模糊温度控制器有如下控制规则：若室内温度高则快速转动风扇。定义模糊集合

$$H=\text{“温度高”}=\frac{0}{15}+\frac{0.1}{18}+\frac{0.7}{26}+\frac{0.9}{32}+\frac{1.0}{37}\ (℃)$$

$$F=\text{“快速”}=\frac{0}{0}+\frac{0.2}{1}+\frac{0.7}{2}+\frac{1.0}{3}+\frac{1.0}{4}\quad (1\ 000\ \text{r/min})$$

试求：(1)“如果 H 则 F”的模糊关系；

(2) 若室内温度为 $H_1=\frac{0}{15}+\frac{0.2}{18}+\frac{0.9}{26}+\frac{1.0}{32}+\frac{1.0}{37}$，求对应的模糊风扇转速。

18. 某模糊控制系统有如下规则：若输入为 A 且 B 时，输出为 C。若已知

$$A=\frac{1}{a_1}+\frac{0.4}{a_2}+\frac{0}{a_3},B=\frac{0.1}{b_1}+\frac{0.6}{b_2}+\frac{1}{b_3},C=\frac{0.3}{c_1}+\frac{0}{c_2}+\frac{1}{c_3}$$

试求输入分别为 $A'=\frac{0}{a_1}+\frac{0.5}{a_2}+\frac{0.7}{a_3},B'=\frac{0.4}{b_1}+\frac{0.9}{b_2}+\frac{0}{b_3}$ 时，模糊控制系统的输出 C'。

第3章　模糊控制

模糊控制(Fuzzy Control)系统是以模糊数学、模糊语言形式为知识表示,以模糊逻辑的规则推理为理论基础,采用计算机控制技术构成的一种具有反馈通道的闭环结构的数字控制系统。核心是具有智能性的模糊控制器。

在生产过程中,人们利用操作人员的经验可以对生产过程进行有效的控制。这些经验通常是一系列含有语言变量的条件语句或规则(if-then),因此借助模糊集合理论可以有效地表达模糊性的语言和逻辑,建立相应的逻辑模型。逻辑模型将主观和客观知识皆用"命题"表示,再通过逻辑进行处理,但这个过程需要有严密的前提,并采用二值逻辑进行处理。

模糊控制的最大特征就是将专家的控制经验和知识表示成语言控制规则,然后利用这些规则控制生产过程安全稳定地运行,因而模糊控制非常适合于模拟专家对数学模型未知的、复杂的、非线性的控制系统。

Queen Mary College 的 Mamdani 教授在1974 年将模糊控制应用到蒸汽发动机的压力和速度控制系统中,取得了比 PID 更好的控制效果。例如,水泥窑很难建立过程的精确数学模拟,一直依赖于有经验的操作人员进行控制,1980 年丹麦的 Ostergaard 等人对水泥窑的模糊控制进行了研究,F. L. Smith 公司随后制造了专用的模糊控制器,采用该模糊控制器控制水泥窑并投入运行,取得成功。随后欧美的一些生产企业也陆续采用这种模糊控制系统。

现在模糊控制系统已取得了广泛的应用,特别是在日本,模糊控制的范围涉及列车自动控制系统、水处理控制系统、机器人控制系统、飞行器控制系统、汽车控制系统、电梯群控制系统等。

3.1　模糊控制系统

经典控制理论和现代控制理论经过几十年的发展和应用,在空间技术、军事科学和工业控制等各个领域获得了较为显著的成效,但是它们的共同点是都需要系统的精确模型。随着科学技术的高度发展,被控对象规模越来越大,结构越来越复杂。一个复杂系统的突出表现是它的多个输入与多个输出变量间有较强的耦合性。系统参数具有时变特性,系统结构有较强的严重非线性和不确定性,这类系统没有明确的物理规律可遵循,即使做出多种假设,要进行传统的定量分析也是十分困难的,甚至是无法实现的。对这类复杂系统,经典控制和现代控制系统显得力不从心。而建立以模糊集合论和模糊逻辑推理为基础的模糊模型却是一个理想的途径。因此,模糊控制系统自然也是当代一种理想的控制系统。模糊控制系统的核心是模糊控制器,一个模糊控制系统性能的优劣,主要取决于模糊控制器的结构、所采用的模糊规则、合成推理的算法及模糊决策的方法等因素。

3.1.1 模糊控制系统结构

模糊控制系统具有常规计算机控制系统的结构形式，通常由模糊控制器、输入／输出(I/O)接口、执行机构、被控对象和测量装置5个部分组成，如图3.1所示。

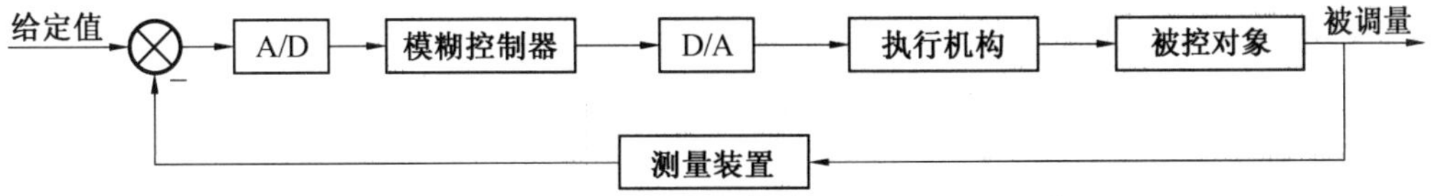

图3.1 模糊控制系统结构框图

1. **被控对象**

在自动控制系统中，工艺变量需要控制的生产设备或机器称为被控制对象。模糊控制的被控对象与经典控制和现代控制相比要复杂得多，可以是线性的或非线性的、定常的或时变的，也可以是单变量的或多变量的，还可以是有时滞的或无时滞的，以及有强干扰的等多种情况的某种设备(或装置)或其群体；可以是自然的、生产的物理实体，也可以是社会的、生物的或其他各种状态转移的过程。

2. **执行机构**

执行机构接受调节器送来的控制信号，自动改变阀门或挡板等执行器的开度，从而改变输送给被控对象的能量或物料量。常用的执行机构有电气的(如交、直流电动机，伺服电动机，步进电动机等)、气动的和液压的(气动调节阀和液压马达、液压阀等)等类型。

3. **模糊控制器**

模糊控制器也称控制器，是模糊控制系统的核心部分，实际是一台具有特殊算法的微型计算机，将检测元件或变送器送来的信号与其内部对应的工艺参数给定值的信号进行比较，得到偏差信号；再根据偏差的大小按一定的控制规律计算出控制信号的大小，而后将控制信号传送给执行器。由于被控对象不同，对系统的要求和控制规则(或策略)亦不同，则可构成各种类型的控制器。在模糊控制理论中，多采用基于模糊知识表示和规则推理的语言型模糊控制器，其主要作用是对输入量进行精确的模糊化处理、完成模糊规则运算、进行模糊推理决策运算及对输出模糊值进行精细化处理等。

4. **输入／输出(I/O)接口**

输入／输出接口是模糊控制系统中模糊控制器与对象连接的通道，包括前向通道中的D/A转换及反馈通道中的A/D转换两个信号转换电路，另外还有适用于模糊逻辑处理的“模糊化”与“解模糊化”(也称“非模糊化”)环节。从模糊控制器输出的信号一般是数字信号，必须经D/A转换将其转换为广义对象可以接受的模拟信号，才能控制执行器的动作，以实现生产过程的自动控制。

5. **测量装置**

将表征被控对象工艺状态的参数，如流量、温度、压力、速度、浓度等参数值，由传感器转换成电信号，再经中间转换、放大、检波和滤波等处理后，转换成控制器所能接受的信号的一类装置。

从结构看模糊控制系统和传统的负反馈控制系统相似，唯一不同之处是控制装置是模糊控制器（Fuzzy Controller，FC），也称为模糊逻辑控制器（Fuzzy Logic Controller，FLC）。模糊控制器采用的模糊控制规则是由模糊条件语句来描述的，因而是一种语言型控制器，故也称为模糊语言控制器。

3.1.2 模糊控制系统的工作原理

模糊控制的基本原理框图如图3.2所示。首先将有经验的操作人员的控制经验或专家经验编制成模糊控制规则，经计算机中断采样变送器传过来的实时检测信号与给定值信号的差值，得到被调量的偏差e的精确值，通常选择误差信号e作为模糊控制器的一个输入量。然后，将误差e进行模糊化处理，得到误差e的模糊语言集合的一个子集E（$\boldsymbol{E}$为一个模糊向量），将$\boldsymbol{E}$作为模糊控制器的输入条件，根据模糊关系$\boldsymbol{R}$，通过模糊推理、合成，将得到输出的模糊控制向量$\boldsymbol{U}$，即

$$\boldsymbol{U} = \boldsymbol{E} \circ \boldsymbol{R} \tag{3.1}$$

$\boldsymbol{U}$再经过非模糊化处理转化为实际的输出量u，然后传送到执行机构。

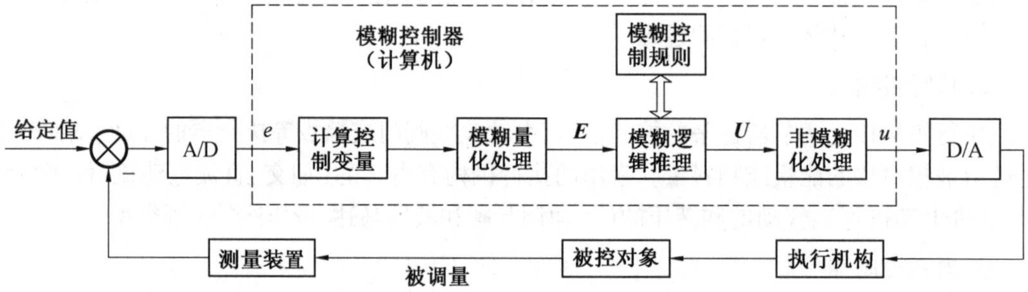

图3.2　模糊控制的基本原理

模糊控制器通常由以下几个部分构成：模糊化接口（Fuzzy Interface）、知识库（Knowledge Base，KB）、推理机、解模糊接口，如图3.3所示。下面分别介绍模糊控制器的各个组成部分。

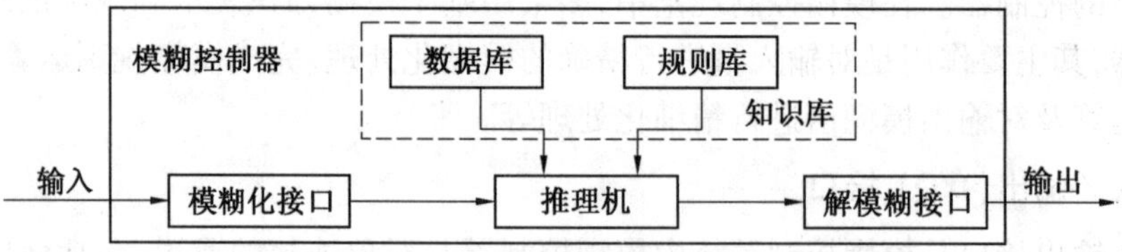

图3.3　模糊控制器组成

1. 模糊化接口

模糊化接口的作用就是将论域$X \subset \mathbf{R}^n$上的一个实数点x^*影射为论域X上的一个模糊子集A。模糊化的过程应遵从以下准则：首先，模糊化应考虑清晰点x^*是输入点，即模糊化后的子集A应在点x^*具有最大隶属度；其次，若模糊系统输入有噪声干扰，则相应模糊化接口要求有克服干扰的作用；最后，模糊化接口的计算应简单有效。

在模糊控制中，精确量的模糊化就是把描述系统状态的物理量的精确值转化为模糊语言变量值。语言变量是用语言而不是符号来表示一个物理量的，因而当用语言变量值表示

语言变量时,必须考虑用什么语言变量值描述语言变量,这也就是语言变量的分档问题。

通常为了满足控制实时性要求,避免在实时控制时进行大量的关系矩阵的合成运算,可在离线状态下把所有的可能输入输出计算出来,形成一张控制表,通过查询控制表求得不同输入时对应的调节量去完成控制行为。为了产生相应的控制表,通常把语言变量的论域转换成有限的整数论域。

设物理量论域为 $X=[-x,x]$,将其论域转换成整数论域 $N=\{-n,-n+1,\cdots,-1,0,1,\cdots,n-1,n\}$,则令

$$q=\frac{n}{x} \tag{3.2}$$

式中,q 称为量化因子。若在论域 X 中有一值为 a,则可以得到论域 N 中的元素 b 与之对应,值为

$$b=qa \tag{3.3}$$

一般实际的生产过程中,物理量论域的更一般形式为 $X=[x_L,x_H]$,其中 x_L 表示下限值,x_H 表示上限值,则此时量化因子为

$$q=\frac{2n}{x_H-x_L} \tag{3.4}$$

则论域 X 中的精确量 a 对应在论域 N 中的元素 b 为

$$b=q\left(a-\frac{x_H-x_L}{2}\right) \tag{3.5}$$

对语言变量的分档数一般取5 ~ 10。分档数过少,则变量值粗糙,控制精度较低。分档数过高,则语言变量值过细,使得关系矩阵变大,计算量过大,控制表也较大。若语言变量的分档数为 m,即语言变量含有 m 个语言变量值,通常论域可按下式选择:

$$2n+1=(1.5\sim2)m \tag{3.6}$$

对于一个模糊语言变量,是由它的值的集合来描述的,每一个语言变量值就是一个模糊子集(向量)。模糊控制器的输入语言变量 e 的模糊子集一般可按如下方式划分:

(1)e = {负大,负小,零,正小,正大} = {NB,NS,ZO,PS,PB}

(2)e = {负大,负中,负小,零,正小,正中,正大} = {NB,NM,NS,ZO,PS,PM,PB}

(3)e = {负大,负中,负小,零负,零正,正小,正中,正大} = {NB,NM,NS,NZ,PZ,PS,PM,PB}

表达式中语言变量的值可用不同的方法表示,常用的有表格法、公式法、图形法等。

【例3.1】　对语言变量“温度”,其语言变量值的集合为

T = {很凉,稍凉,正合适,稍热,很热} = {NB,NS,ZO,PS,PB}

则在整数论域 $N=\{-4,-3,-2,-1,0,1,2,3,4\}$ 上这些语言变量值可以分别用不同方法描述。

① 表格法。将整数论域元素和语言变量值分别作为赋值表的行和列,得到的语言变量赋值见表3.1。

表 3.1　语言变量“温度”的赋值表

论域 / 隶属度 / 语言变量值	−4	−3	−2	−1	0	1	2	3	4
NB	1	1	0	0	0	0	0	0	0
NS	0	0	0.7	0.7	0	0	0	0	0
ZO	0	0	0	0	1	0	0	0	0
PS	0	0	0	0	0	0.7	0.7	0	0
PB	0	0	0	0	0	0	0	1	1

② 公式法。对应上面的例子，语言变量“温度”的值可以用下面的公式给出：

$$NB=\frac{1.0}{-4}+\frac{1.0}{-3}+\frac{0}{-2}+\frac{0}{-1}+\frac{0}{0}+\frac{0}{1}+\frac{0}{2}+\frac{0}{3}+\frac{0}{4}$$

$$NS=\frac{0}{-4}+\frac{0}{-3}+\frac{0.7}{-2}+\frac{0.7}{-1}+\frac{0}{0}+\frac{0}{1}+\frac{0}{2}+\frac{0}{3}+\frac{0}{4}$$

$$ZO=\frac{0}{-4}+\frac{0}{-3}+\frac{0}{-2}+\frac{0}{-1}+\frac{1.0}{0}+\frac{0}{4}+\frac{0}{3}+\frac{0}{2}+\frac{0}{1}$$

$$PS=\frac{0}{-4}+\frac{0}{-3}+\frac{0}{-2}+\frac{0}{-1}+\frac{0}{0}+\frac{0.7}{1}+\frac{0.7}{2}+\frac{0}{3}+\frac{0}{4}$$

$$NB=\frac{0}{-4}+\frac{0}{-3}+\frac{0}{-2}+\frac{0}{-1}+\frac{0}{0}+\frac{0}{1}+\frac{0}{2}+\frac{1.0}{3}+\frac{1.0}{4}$$

③ 图形法。给出语言变量值在论域中的分布图，例如，“温度”的变量值可以用图3.4表示的隶属度函数给出。

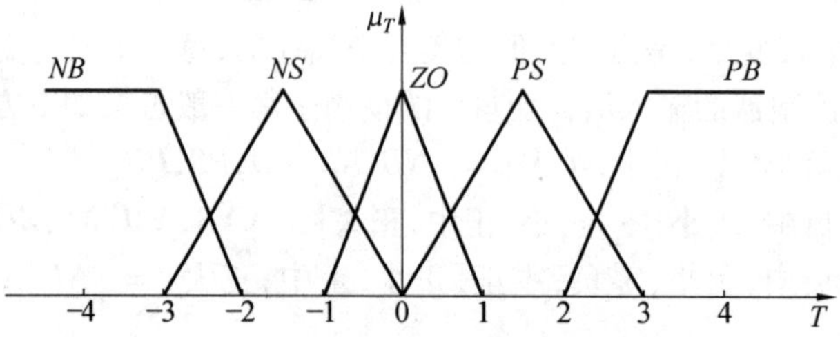

图 3.4　语言变量“温度”的变量值的图形表示

在模糊控制器设计中，常用的模糊化接口有以下几种：

(1) 单点模糊器。单点模糊器将论域 $U\subset\mathbf{R}^n$ 上的一个实数点 x^* 影射为论域 U 上的一个模糊单点子集 A，即

$$\mu_A(x)=\begin{cases}1 & x=x^*\\0 & x\neq x^*\end{cases}\tag{3.7}$$

(2) 高斯模糊器。高斯模糊器将论域 $U\subset\mathbf{R}^n$ 上的一个实数点 x^* 影射为论域 U 上的一个具有高斯隶属度函数的模糊子集 A，即

$$\mu_A(x)=\mathrm{e}^{-\left(\frac{x_1-x_1^*}{a_1}\right)^2}\cdot\mathrm{e}^{-\left(\frac{x_2-x_2^*}{a_2}\right)^2}\cdots\cdot\mathrm{e}^{-\left(\frac{x_n-x_n^*}{a_n}\right)^2}\tag{3.8}$$

其中参数 a_i 为正数，· 常选代数积或最小运算。

（3）三角形模糊器。三角模糊器将论域$U \subset \mathbf{R}^n$上的一个实数点x^*影射为论域U上的一个具有三角形隶属度函数的模糊子集A，即

$$\mu_A(x)=\begin{cases}\left(1-\dfrac{|x_1-x_1^*|}{b_1}\right)\cdot\cdots\cdot\left(1-\dfrac{|x_n-x_n^*|}{b_n}\right) & |x_j-x_j^*|\leqslant b_j, j=1,2,\cdots,n\\ 0 & |x_j-x_j^*|>b_j, j=1,2,\cdots,n\end{cases} \tag{3.9}$$

其中参数b_j为正数，算子“·”常选代数积运算或最小运算。

由式(3.7)、式(3.8)和式(3.9)可以看出，3种模糊器均满足$\mu_A(x^*)=1$，并且单点模糊化可以大大简化推理中的计算，高斯模糊器和3种模糊器也可简化推理运算，同时还能克服输入变量中的噪声信号，而单点模糊则不能。

2. 知识库

知识库由数据库（Data Base，DB）和规则库（Rule Base，RB）两部分组成。

（1）数据库。

数据库用于存放输入、输出变量的所有模糊向量的隶属度值，若为离散域则为按论域等级离散化后对应值的集合，若论域为连续域，则为隶属度函数。另外，还有与模糊规则及模糊数据处理有关的各种参数，其中包括尺度变换参数（即量化因子）、模糊空间分割数和隶属函数的选择等。数据库的作用是在模糊关系方程求解过程中，为推理机提供数据，但输入、输出变量的测量值不属于数据库存储范围。

（2）规则库。

规则库是模糊控制器中关键的部分，不仅包含数据库的成分，如模糊变量值，还表明了模糊控制的机理。规则库由基于专家知识或操作人员的经验构成，是按人的直觉推理的一种语言表达形式，即模糊的if-then规则集，模糊控制系统中的其他部分都是以一种合理且有效的方式来执行这些规则。规则形式如下：

$$\mathbf{R}^{(l)}：如果\ x_1\ 为\ A_1^l\ 且\ \cdots\ 且\ x_n\ 为\ A_n^l，则\ y\ 为\ B^l \tag{3.10}$$

其中A_1^l和B^l分别为论域$U_i(i=1,2,\cdots,n)\subset\mathbf{R}$和$V\subset\mathbf{R}$上的模糊集合，$\boldsymbol{x}=(x_1,x_2,\cdots,x_n)^{\mathrm{T}}\in U$和$y\in V$分别为模糊控制系统的输入变量和输出变量，且$U=U_1\times U_2\times\cdots\times U_n$，其中$l=1,2,\cdots,m$为模糊规则库中的规则数目。通常把if部分称为“前件”或“前提部”，而把then部分称为“后件”或“结论部”。

如果在输入空间中任意点至少存在一条适用的规则，则称规则库的规则集合是完备的，即规则的if部分的隶属度值在这一点上是非零的。

【例3.2】　考虑$U=U_1\times U_2=[0,1]\times[0,1]$和$V=[0,1]$上的一个二维输入一维输出的模糊系统。在论域$U_1$上定义3个模糊子集$S_1,M_1,B_1$，论域$U_2$上定义两个模糊子集$S_2$，$B_2$，如图3.5所示。则规则库必须包含以下6条规则，规则库才是完备的，规则的if部分是由S_1,M_1,B_1和S_2,B_2的所有可能组合构成：

If x_1 is S_1 and x_2 is S_2, then y is C^1

If x_1 is S_1 and x_2 is B_2, then y is C^2

If x_1 is M_1 and x_2 is S_2, then y is C^3

If x_1 is M_1 and x_2 is B_2, then y is C^4

If x_1 is B_1 and x_2 is S_2, then y is C^5

If x_1 is B_1 and x_2 is B_2 , then y is C^6

$C^i(i=1,2,\cdots,6)$ 为 V 上的模糊子集。如果缺少其中任意一条规则,则论域 U 上都会有一点,在该点所有余下规则的 if 部分的命题隶属度值为零。

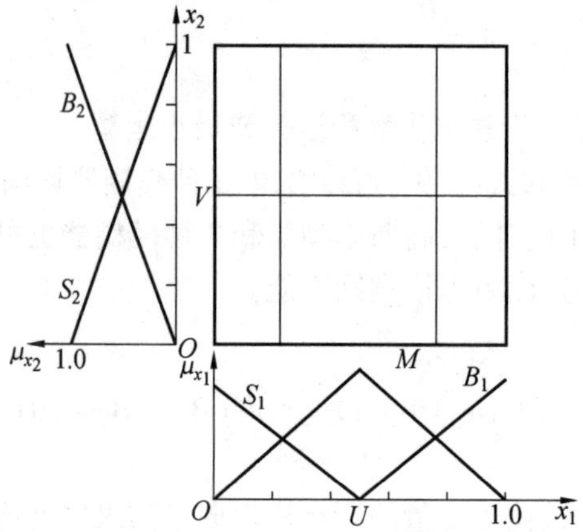

图 3.5　二维输入一维输出模糊系统的隶属函数

从上例可以看出,规则条数和语言变量的模糊子集划分有关,划分越细,规则数越多。完备模糊规则库的规则数目会随着输入空间的维度提高呈指数上升。规则库中条件语句的个数、完整性、一致性、优化程度都直接影响到控制系统的控制质量。

3. 推理机

在模糊推理机中,利用模糊规则库中的模糊 if-then 规则组合可以得到输入论域 U 上模糊子集 A' 到输出论域 V 上模糊子集 B' 的映射。任何一个规则库都是由一条以上的规则组成,如何根据规则库里的已知规则进行推理是关键。有两种推理方法:组合推理和独立推理。

(1) 组合推理。

组合推理方法也就是将规则库中的所有规则组合到论域中的单一模糊关系中,并将这一模糊关系看作独立的模糊规则。

设 $R^{(l)}$ 为论域中的一个模糊关系,根据式(3.10) 规则形式,则每条规则对应的模糊关系为

$$R^{(l)}=A_1^l\times A_2^l\times\cdots\times A_n^l\rightarrow B^l \tag{3.11}$$

式中 $A_1^l\times A_2^l\times\cdots\times A_n^l$ 为论域 $U=U_1\times U_2\times\cdots\times U_n$ 中的一个模糊关系,其定义为

$$\mu_{A_1^l\times A_2^l\times\cdots\times A_n^l(x_1,x_2,\cdots,x_n)}=\mu_{A_1^l}(x_1)\cdot\cdots\cdot\mu_{A_n^l}(x_n) \tag{3.12}$$

其中算符“·”表示模糊交运算。

若认为规则是独立的条件陈述,则组合规则的算子就是“并”运算。根据式(3.10) 定义的 m 条规则就可以理解为论域中的一个独立模糊关系 R_M,定义如下

$$R_M=\bigcup_{l=1}^{m}R^{(l)} \tag{3.13}$$

这一组合称为 Mamdani 组合。

若认为规则是具有较强耦合特性的条件陈述,则组合规则的算子就是“交”运算。由式

(3.10) 定义的 m 条规则就可以理解为论域中的一个独立模糊关系 R_G,定义如下

$$R_G = \bigcap_{l=1}^{m} R^{(l)} \tag{3.14}$$

这一组合称为 Gödel 组合。

设 A' 为论域 U 上的一个模糊子集,则将其输入模糊推理机,看作一条独立的模糊规则,并用广义取式推理,可得模糊推理的输出 B' 为

Mamdani 组合

$$\mu_B{}'(y) = \mu_{A'} \circ R_M \tag{3.15}$$

Gödel 组合

$$\mu_B{}'(y) = \mu_{A'} \circ R_G \tag{3.16}$$

(2) 独立推理。

在独立推理中,规则库中的每条规则都对应输入模糊子集 A' 确定一个输出集合 $B'_l(l = 1,2,\cdots,m)$,整个模糊推理的输出就是 m 个独立集合的组合,这个组合可以用并运算也可以用交运算得到。

目前模糊推理的方法有很多,在模糊控制系统中考虑到实时性的问题,通常采用运算较为简单的推理方法。最基本的是 Zadeh 近似推理,包括广义取式推理(正向推理)和广义拒式推理(逆向推理)。其中广义取式推理广泛应用于模糊控制系统中,相当于已知模糊控制器的输入(前件),根据模糊关系 R 求输出的控制量(后件)的过程。而逆向推理一般用于专家系统中。

4. 解模糊

通过模糊推理得到的输出是模糊量,而模糊控制系统最终输出到执行机构的应该是一个精确量,因此,需要将模糊量转换成精确量,将这一过程称为解模糊过程,也称为清晰化或模糊判决。清晰化算法有多种,常用的有以下几种。

(1) 最大隶属度法(Maximum Defuzzifier)。

所谓最大隶属度法,是指直接选择推理所得的模糊子集中隶属度最大的元素作为控制的输出量。如果输出量的模糊子集 B' 在论域 U 上的隶属度函数只有一个最大值,则直接取该隶属度函数的最大值为精确量,即

$$\mu_{B'}(u_0) \geqslant \mu_{B'}(u), \forall u \in U \tag{3.17}$$

其中 u_0 为精确量。

如果推理所得的论域上有多个相邻元素同时出现最大隶属函数值,则取其平均值作为精确控制量。如果论域上有多个元素点同时出现最大隶属函数值,但并不相邻,则不适合采用这一方法。

最大隶属度法的优点是直观合理、计算简便,突出了主要信息;但 B' 的微小变化可能会造成 u_0 的很大变化,如图 3.6 所示,同时会丢失许多次要信息,适合于性能要求不高的控制系统中。

【例 3.3】 已知模糊控制系统在不同输入下的输出量模糊子集 B' 分别为

$$B'_1 = \frac{0.2}{2} + \frac{0.5}{3} + \frac{0.9}{4} + \frac{1.0}{5} + \frac{0.8}{6} + \frac{0.4}{7} + \frac{0.1}{8}$$

$$B'_2 = \frac{0.3}{-3} + \frac{0.7}{-2} + \frac{1.0}{-1} + \frac{1.0}{0} + \frac{0.8}{1} + \frac{0.3}{2} + \frac{0.1}{3}$$

求相应的输出精确量 u_{10}, u_{20}。

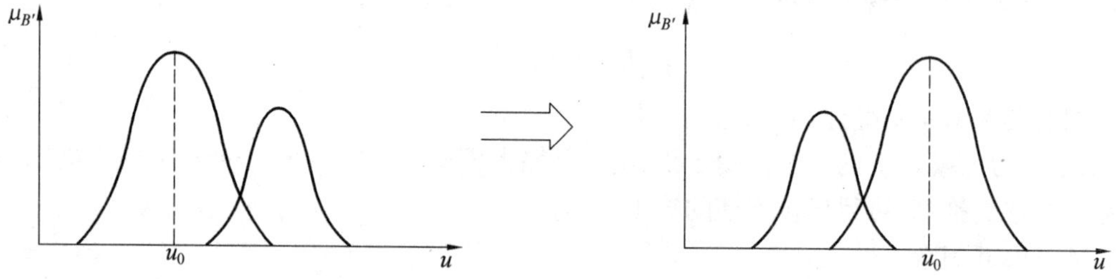

图 3.6　最大隶属度法实例

解　根据最大隶属度法，分别求得

$$u_{10} = 5$$

$$u_{20} = \frac{1}{2} \times (-1 + 0) = -0.5$$

(2) 中位数法。

所谓中位数法，是确定输出量模糊子集 B' 的隶属度函数曲线与横坐标所围成的面积的重心点，并以该点值作为输出的精确量，也称为重心法、面积中心法，即

$$u_0 = \frac{\int_U u\mu_B'(u)\,\mathrm{d}u}{\int_U \mu_{B'}(u)\,\mathrm{d}u} \tag{3.18}$$

式中　$\int_U$——常规代数积分；

U——输出论域。

这种方法的优点在于直观合理，缺点是对计算机性能要求较高。实际输出的隶属函数通常是不规则的，因而式(3.18)中的积分很难运算。

以图 3.7 为例说明，取 $\mu_{B'}(u)$ 的中位数 u_0 作为 u 的清晰量，即 $u_0 = \mu_{B'}(u)$ 的中位数，应满足等式 $\int_a^{u_0} \mu_{B'}(u)\,\mathrm{d}u = \int_{u_0}^{b} \mu_{B'}(u)\,\mathrm{d}u$。也就是以直线 $u = u_0$ 为界线，其左右两边与 u 轴之间的面积相等。

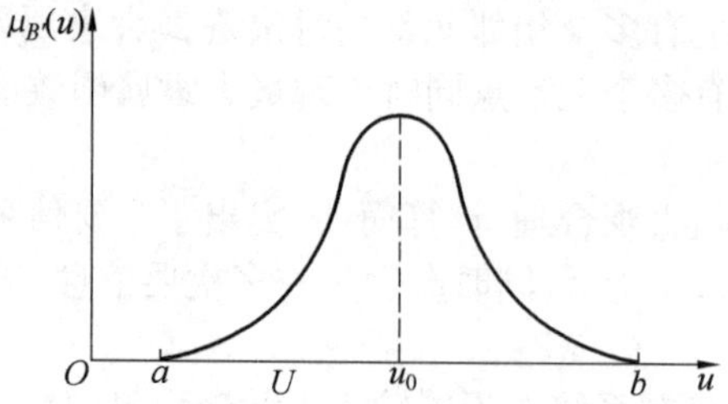

图 3.7　中位数法计算示意图

若论域 $U = [u_1, u_n]$ 为离散域，则求得输出精确量为

$$\sum_{u_i = u_1}^{u_0} B'(u_i) = \sum_{u_j = u_0 + 1}^{u_n} B'(u_i) \tag{3.19}$$

【例3.4】　已知输出的模糊子集为

$$B'_1=\frac{0.2}{-4}+\frac{0.4}{-3}+\frac{0.1}{-2}+\frac{0}{-1}+\frac{0.2}{0}+\frac{0.1}{1}+\frac{0.5}{2}+\frac{0.3}{3}+\frac{0.2}{4}$$

试用中位数法求输出的精确量。

解　显然论域 $U=[-4,4]$，设 $u_1=-4$，$u_9=-4$，则当 $u_0=1$ 时，有

$$\sum_{u_1}^{u_6}B'(u_i)=\sum_{u_7}^{u_9}B'(u_i)=1$$

输出精确量为 $u_0=u_6=1$。若该点在两个元素之间，可以采用内插的方法求得。

(3) 加权平均法。

加权平均法首先计算论域 U 中输出模糊子集 B 中的各元素 $u_i(i=1,2,\cdots,n)$ 与其隶属度 $\mu_B(u_i)$ 的乘积 $u_i\mu_B(u_i)(i=1,2,\cdots,n)$，然后计算该乘积的和 $\sum_{i=1}^{n}u_i\mu_B(u_i)$ 对于隶属度的和 $\sum_{i=1}^{n}\mu_B(u_i)$ 的平均值 u_0，即

$$u_0=\frac{\sum_{i=1}^{n}u_i\mu_B(u_i)}{\sum_{i=1}^{n}\mu_B(u_i)}\tag{3.20}$$

平均值 u_0 就是应用加权平均法求得的输出模糊子集 B 对应的精确量，由于这种计算法类似重心的计算，所以在很多情况下也称这种方法为重心法。加权平均法适合于输出模糊子集的隶属函数为对称分布时精确量的计算，因此在模糊控制中得到了广泛的应用。

【例3.5】　用加权平均法求例3.3中相应的输出精确量 u_{10}，u_{20}。

解　根据式(3.20)计算可得

$$u_{10}=\frac{0.2\times2+0.5\times3+0.9\times4+1.0\times5+0.8\times6+0.4\times7+0.1\times8}{0.2+0.5+0.9+1.0+0.8+0.4+0.1}=3.69$$

$$u_{20}=\frac{0.3\times(-3)+0.7\times(-2)+1.0\times(-1)+1.0\times0+0.8\times1+0.3\times2+0.1\times3}{0.3+0.7+1.0+1.0+0.8+0.3+0.1}=-0.14$$

3.1.3　模糊控制系统的特点

通过上述模糊控制原理的说明，可以看到模糊控制系统具有如下优点：

(1) 模糊控制系统不依赖于系统的精确数学模型，特别适宜于复杂系统(或过程)或具有模糊性的被控对象采用，因为它们的精确数学模型很难获得或者根本无法找到。

(2) 模糊控制中的知识表示、模糊规则和合成推理都是基于专家知识或熟练操作者的成熟经验，并且通过学习可不断更新，因此，模糊控制具有智能性和自学习性。

(3) 模糊控制系统的核心是模糊控制器，而模糊控制器均以计算机为主体，兼有计算机控制系统的特点(控制的精确性与软件编程的柔性等)。

(4) 模糊控制系统的人-机界面具有较好的交互性，对于有一定操作经验但对控制理论并不熟悉的工作人员来说，很容易掌握和学会，并且易于使用“语言”进行人-机对话，更好地为操作者提供控制信息。

尽管模糊控制系统具有众多优点，但在理论研究和实际应用方面尚有许多问题有待深

入探索和开发。如单以偏差 e 为输入量的模糊控制系统达不到控制要求，应引入速度误差变化 $\dot{e}$，甚至引入加速度误差变化 $\ddot{e}$ 作为输入量，在模糊规则和合成推理等方面也还有待进一步完善。

3.1.4　模糊控制系统设计步骤

实际的工业生产过程中被控对象大都具有一定的非线性和时变特性，设计时通常采用一定的简化动态模型的方法将系统简化后处理，因此复杂控制系统其设计过程大致有以下几个基本步骤：

(1)将复杂系统分解为一系列解耦子系统。

(2)将对象特性参数的短暂变化看作“缓慢变化”。

(3)根据工作点对非线性对象特性做线性化处理。

(4)列出可利用子系统的付出，从而得到一系列状态方程。

(5)将每个解耦系统设计成简单的负反馈控制系统。

(6)控制器的设计应尽可能是控制专家或有经验的操作人员的知识基础上的最优设计，应具有能观测的输入输出数据，和便于分析且直观的表达形式。同时包含有关对象动态特性和外部环境的其他信息。

3.2　模糊控制系统的分类

一般模糊控制器的基本结构如图 3.8 所示。由于模糊控制系统有自己的系统结构特征，故在分类定义和设计与分析方法上，与一般自动控制系统有所不同。在基本原理不变的前提下模糊控制器进一步可分为多种类型，通常按控制器的输入量、输出量，或按控制的功能，或按控制器的智能化程度等分类。

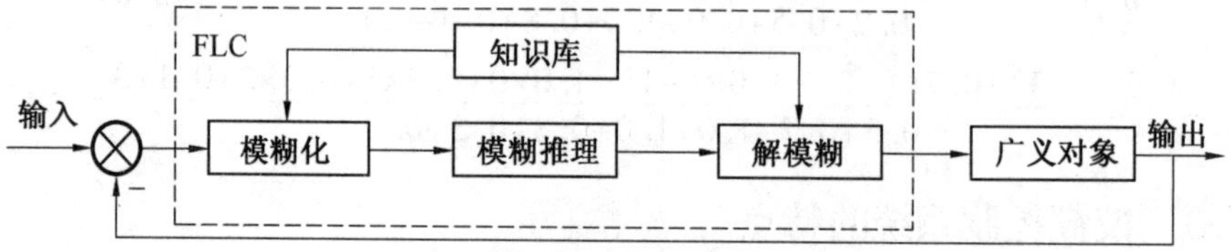

图 3.8　一般模糊控制器的基本结构

3.2.1　线性模糊控制系统和非线性模糊控制系统

按照模糊控制器推理规则是否具有线性特性，将模糊控制系统分为线性模糊控制系统和非线性模糊控制系统。

线性度定义：对于闭环模糊控制系统，若其输入变量为 r，输出变量为 c，其论域分别为 U 和 V。设 A_i 和 B_j 分别是论域 U 和 V 上均匀分布的正则凸模糊子集（$A_i \in F(U), i=0, \pm1, \cdots, \pm n, B_j \in F(V), j=0, \pm1, \cdots, \pm m$，若对于任意的输入偏差 $\Delta r \in U$ 和相应的输出偏差 $\Delta c \in V$，满足

$$\Delta c/\Delta r = K, K \in [K_c-\delta, K_c+\delta] \tag{3.21}$$

其中 K_c 为系统设计增益，并且定义任意小正数 $\delta(\delta \ll K_c)$ 为

$$\delta=\frac{c_{\max}-c_{\min}}{2\xi(r_{\max}-r_{\min})m} \tag{3.22}$$

则 δ 被称为线性度,用来衡量模糊控制系统的线性化程度,根据要求不同可以由线性化因子 ξ 来调整,如果 $|K-K_c|\leqslant\delta$,则称该系统为线性模糊控制系统,反之则称为非线性模糊控制系统。

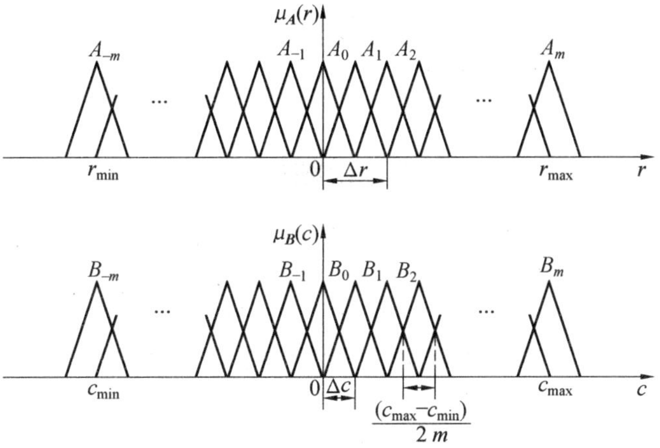

图3.9　线性模糊控制系统

上述定义可由图3.9说明。若系统中输入偏差 Δr 对应的输出偏差为 Δc,模糊控制系统的增益区间为 $[K_c-\delta,K_c+\delta]$,则式(3.22)表示任何一个模糊控制系统,都存在一个可变的增益 K,在允许范围内 δ 的取值应使得的最大变化仍落在模糊子集范围内。由此可知,模糊控制系统的线性度也是一个模糊的概念,由 δ 的值来决定,当论域一定时由模糊子集个数 m 和线性化因子 ξ 来决定。m 值越大 δ 值越小,线性模糊控制系统对线性度的定义也就越严格;当 $m\to\infty$ 时,对线性度要求与确定性系统相一致;另外,当 m 一定时,通过调整因子 ξ 也可改变模糊线性度 δ。

线性模糊控制系统的偏差控制可用一组模糊控制规则来设计控制器。尽管线性模糊控制系统本身具有一定的鲁棒性,但对于非线性严重的被控对象,并不一定能满足控制性能的要求。此时应考虑非线性模糊控制系统,对于有快速跟踪要求的系统,则除考虑分阶段采用多值模糊控制规则,还可以采用自适应控制、非线性解耦反馈控制、预测控制等精确控制策略和模糊控制系统相结合的集成控制方法,将会取得满意的动态控制性能。

3.2.2　恒值模糊控制系统与随动模糊控制系统

如果按照系统控制信号的时变特征,则可根据控制系统的目的是维持输出量(被控制量)为恒定值还是以一定精度跟踪输入量函数,分为恒值模糊控制系统与随动模糊控制系统两类。

(1)恒值模糊控制系统。

若系统的给定值恒定不变,控制的目的是输出量保持恒定,而影响被控制量变化的干扰是有界扰动,控制的行为是自动地克服扰动影响,则系统被称为恒值模糊控制系统(也称自镇定模糊控制系统)。

(2)随动模糊控制系统。

若系统的给定值是时间的函数,要求控制系统的输出量按一定精度要求,快速地跟踪给定值函数,则克服扰动影响不是控制的主要目标,这类系统称为“随动模糊控制系统”或模糊控制跟踪系统,如机器人关节的模糊控制位置随动系统。

两类系统的目的是一致的,都是为了消除偏差,而且在过程控制中两种状态是共存的(一段时间内处于跟踪状态,另一段时间内处于恒值控制状态)。恒值控制系统对控制器的适应性和鲁棒性要求不高(用一般的线性控制器即可);随动系统要求有较强的适应性和鲁棒性及快速跟踪特性,对控制器的控制策略和算法要求就很高(多采用自适应控制、非线性补偿控制等)。

3.2.3 有差模糊控制系统和无差模糊控制系统

稳态误差是控制系统静态精度的重要标志之一,即当系统稳定后,其输出与给定输入所对应的期望输出之间的差值被称为稳态误差。稳态误差越小,系统的稳态精度越高。

模糊控制系统和确定性系统一样,按静态误差是否存在,也可以分为有差模糊控制系统和无差模糊控制系统。对于恒值控制系统一般要求无静差;而随动控制系统,除了对静差有一定要求以外,更重要的就是瞬态响应的快速性。

(1)有差模糊控制系统。

若设计中只考虑系统输出误差的大小及变化率,本质上看相当于非线性的 PD 调节器,加上模糊控制器本身的多级继电特性,一般的模糊控制系统均存在静态误差,因此可称为有差模糊控制系统。

(2)无差模糊控制系统。

自动控制系统中要实现无差调节,需采用带有积分环节的 PID 调节器,若在模糊控制器中也引入积分作用,则可以将常规 FLC 所存在的余差抑制到最小限度,达到模糊控制系统的无差要求。当然,这里的无差也是一个模糊概念,不可能是绝对的无静差,只能是某种限度上的无静差。为此,这样的系统称之为无差模糊控制系统。

3.2.4 单变量模糊控制器和多变量模糊控制器

与确定性系统一样,如果按模糊控制器的输入量和输出量分可将系统分为单变量模糊控制系统和多变量控制系统。

1. 单变量模糊控制器

若控制器的输入变量和输出变量都只有一个(这里是指一种类型),则称为单变量模糊控制器。显然,这和经典控制论中只有一个输入的单输入单输出控制系统(SISO)的概念是有区别的。单变量模糊控制器的输入可以是偏差一个量,也可以是偏差和偏差的变化两个量,还可以是偏差、偏差的变化和偏差变化的变化 3 个量。

在单变量模糊控制系统中,通常把单变量模糊控制器(Single Variable Fuzzy Controller, SVFC)的输入量个数称为模糊控制器的维数。这类单变量模糊控制器通常称为常规模糊控制器或基本模糊控制器。

(1)一维模糊控制器。

只有一个输入量和一个输出量的模糊控制器称为一维模糊控制器,如图 3.10 所示,图中输入 E 为论域 X 上的模糊集合,输出 U 为论域 Y 上的模糊集合,这类输入变量和输出变量均为一维,控制的实质相当于非线性比例(P)的控制规律。控制器的输入为被调量和输入给定值之间的偏差量 E。这种方法仅采用偏差值作为控制器的输入,很难反映受控过程的动态特性品质,系统动态性能不能令人满意的,多用于一阶被控对象。

(2)二维模糊控制器。

若模糊控制器的输入有两个,输出为一个,如图 3.11 所示,其中输入 E 为控制系统的偏差,是论域 X 上的模糊集合;输入 EC 为控制系统的偏差变化率,是论域 Y 上的模糊集合;输出 U 为控制系统的输出调节量,是论域 Z 上的模糊集合,这类双输入单输出模糊控制器称为二维模糊控制器。图 3.11 中 E 和 EC 构成模糊控制器的二维输入,U 是反映控制变量变化的模糊控制器的一维输出。

二维模糊控制器同时考虑到误差和误差变化的影响,性能上优于一维模糊控制器,控制量为系统误差和误差变化的非线性函数,因此可把这种模糊控制器视作为一种非线性 PD 控制器。其控制效果比一维模糊控制器好得多,是目前被广泛使用的一种模糊控制器。

(3)三维模糊控制器。

若模糊控制器有 3 个输入量,分别为系统偏差 E、偏差变化 EC 和偏差变化的变化率 ECC,则称为三维模糊控制器,其结构如图 3.12 所示。由于这类模糊控制器结构较为复杂,推理运算时间长,因此除非对动态特性要求特别高的场合,一般较少选用三维模糊控制器。

图 3.10　一维模糊控制器

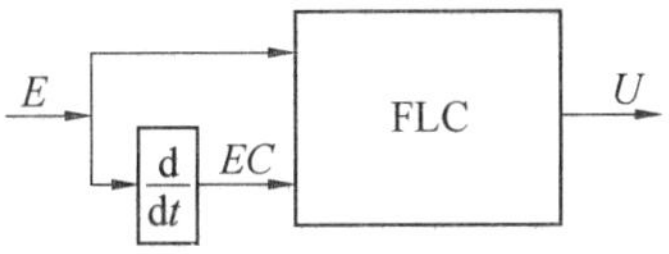

图 3.11　二维模糊控制器

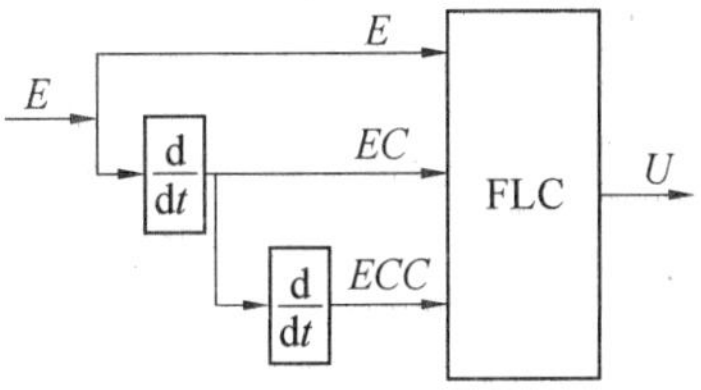

图 3.12　三维模糊控制器

多维模糊控制器类似 PID 控制,把系统的误差、误差变化和误差的积分分别作为模糊控制器的输入变量;也可以把误差、误差变化和误差变化的速率作为模糊控制器的输入变量。多维模糊控制器能提高控制器的性能,控制规则的确定更加困难,控制算法亦趋于复杂化,在控制系统中并不常用。

2. 多变量模糊控制器

若模糊控制器的输入变量和输出变量均为多个物理量,则称为多变量模糊控制器(Multiple Variable Fuzzy Controller, MVFC)。直接设计多变量模糊控制器是非常困难的,通常是利用模糊控制器本身的解耦性特点,通过模糊关系方程分解。在控制结构上将一个多输入多输出(MIMO)的模糊控制器,分解成若干个多输入单输出(MISO)的模糊控制器,实现解耦,则在模糊控制器的设计和实现上带来很大方便,并得到了简化。

(1)多输入单输出(MISO)模糊控制器。

多输入和单输出模糊控制器结构如图 3.13 所示,图中 $R_1,R_2,\cdots,R_n$ 分别为论域 $X_1,X_2,\cdots,X_n$ 上的模糊集合,输出 U 为控制系统的输出调节量,是论域 Y 上的模糊集合,其控制规则通常由以下模糊条件语句描述

$$\text{If } R_1 \text{ and } R_2 \cdots \text{ and } R_n \text{ then } U$$

(2)多输入多输出模糊控制器。

多输入和多输出模糊控制器结构如图 3.14 所示,图中 $R_1, R_2, \cdots, R_n$ 分别为论域 $X_1, X_2, \cdots, X_n$ 上的模糊集合,输出 $U_1, U_2, \cdots, U_m$ 分别为向不同控制通道同时输出的第 1 控制作用,第 2 控制作用,…,第 m 控制作用,其控制规则通常由以下模糊条件语句描述:

$$\text{If } R_1 \text{ and } R_2 \cdots \text{ and } R_n \text{ then } U_1 \text{ and } U_2 \cdots \text{ and } U_m$$

MIMO 模糊控制器可通过结构解耦成为 m 个(原输出变量个数)多输入-单输出(MISO)模糊控制器。

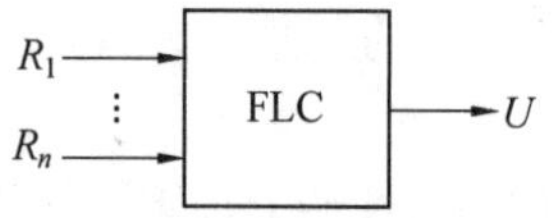

图 3.13　多输入单输出模糊控制器

图 3.14　多输入多输出模糊控制器

3.2.5　单一模糊控制器和复合模糊控制器

如果按模糊控制器的本质则可将模糊控制器分为单一模糊控制器和复合模糊控制器。将模糊控制方式和其他控制方式有机组合构成的控制器称为复合模糊控制器,常用的有模糊比例控制、模糊 PID 控制等。其中将 PID 控制和模糊控制组合构成的复合型模糊控制器应用较广,主要有以下几种结构形式。

(1)并联结构的复合模糊控制器。

将模糊控制器和常规 PID 控制器并联起来构成复合型模糊器,从而实现对系统的控制,其结构如图 3.15 所示。当偏差 $e(t)$ 大于语言变量零时,FLC 和 PID 控制器同时起作用,即

$$u(t) = u_{\mathrm{FLC}}(t) + u_{\mathrm{PID}}(t) \tag{3.23}$$

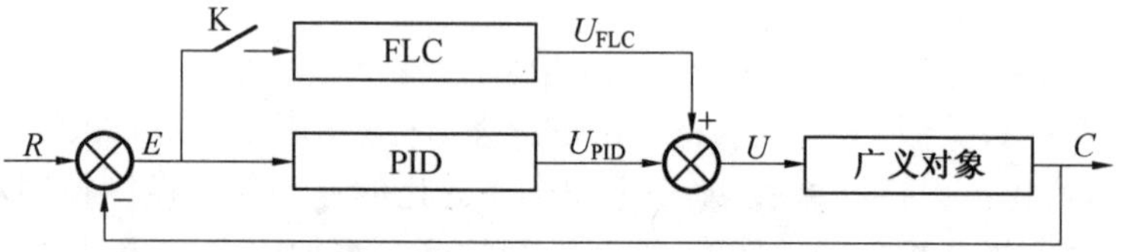

图 3.15　并联结构复合型模糊控制器

而当偏差较小且处于语言变量零值时,则模糊控制器由软开关 K 断开,仅 PID 控制器起作用,从而可获得比较良好的静态特性,达到全面改善控制质量的目的。

(2)串联结构复合模糊控制器。

将模糊控制器和常规 PID 控制器串联起来构成复合型模糊器,串联结构复合型模糊控制器结构原理如图 3.16 所示,从图中可以看出,在控制系统偏差通道并联一个模糊控制器,通过修正 PID 控制器的偏差输入来改善调节质量。

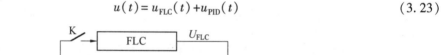

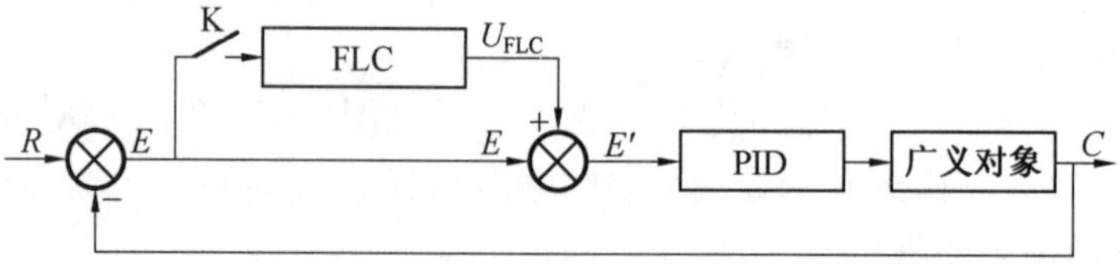

图 3.16　串联结构复合型模糊控制器

控制系统的工作原理过程为:当系统偏差 $e(t)$ 大于语言变量零值时,即在动态过程中,偏差 $e(t)$ 和模糊控制器的输出 $u_{FLC}(t)$ 叠加后作为 PID 控制器的输入信号,即

$$e'(t)=e(t)+u_{FLC}(t) \tag{3.24}$$

而当偏差信号 $e(t)$ 小于语言变量零值时,模糊控制器由软开关 K 断开,仅有偏差信号引入 PID 控制器输入端,即

$$e'(t)=e(t) \tag{3.25}$$

此时控制系统为线性控制系统。

3.2.6 变结构模糊控制器、参数自整定模糊控制器和自适应模糊控制器

按模糊控制器的控制功能可将其分为变结构模糊控制器、参数自整定模糊控制器、自适应模糊控制器等,下面简要介绍几种常见的较复杂的模糊控制器。

(1)变结构模糊控制器。

如果在一个模糊控制器内部有多个简单的模糊控制器,每个简单的模糊控制器又是针对控制系统不同状态下不同控制要求设计的,各控制器的参数和控制规则不同,控制系统运行过程中根据系统输入的偏差状况,通过一个内置软开关接通不同的模糊控制器,从而保证不同的状态下都能达到良好的控制效果,则称为变结构模糊控制器。变结构模糊控制器实质上是多个模糊控制器的软组合。

(2)参数自整定模糊控制器。

常规的模糊控制系统由于其比例因子是固定的,所以系统对环境的较大变化适应能力不强,如果能够根据控制系统的性能实时在线地调整比例因子,则可以在随机环境中对控制器进行在线的自动的修正,使得系统在被控对象变化、环境变化或其他扰动情况下,仍然保持较好的控制品质,从而提高控制系统的自适应能力。

例如用图 3.11 所示的二维模糊控制器构成的模糊控制系统结构如图 3.17 所示。从图 3.17 中可以看出

$$u=K_u f(K_e e,K_{\dot{e}}\dot{e}) \tag{3.26}$$

式中　f——非线性函数。

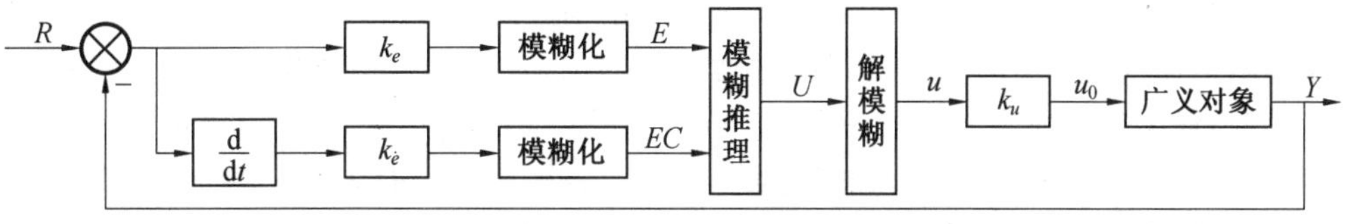

图 3.17　典型二维模糊控制系统

显然,图 3.17 所示系统中比例因子 $K_e,K_{\dot{e}},K_u$ 的变化将直接影响到 FLC 的控制作用 u 的变化,也就是说,$K_e,K_{\dot{e}},K_u$ 的变化将引起控制系统的过渡过程的变化,如果根据性能指标,按照一定的比例因子调整规则在线实时地调整 $K_e,K_{\dot{e}},K_u$,则可以大大提高系统的自适应能力。对应的参数自整定模糊控制系统的结构如图 3.18 所示。由图 3.18 可知,与常规模糊控制系统相比,增加了两个功能模块:系统性能观测模块和比例因子调整模块。其中性能观测模块根据系统的误差、误差变化率等计算出系统的性能指标,具体用什么指标衡量系统的性能,要根据比例因子调整规则的需要确定。比例因子调整模块则根据系统的性能指

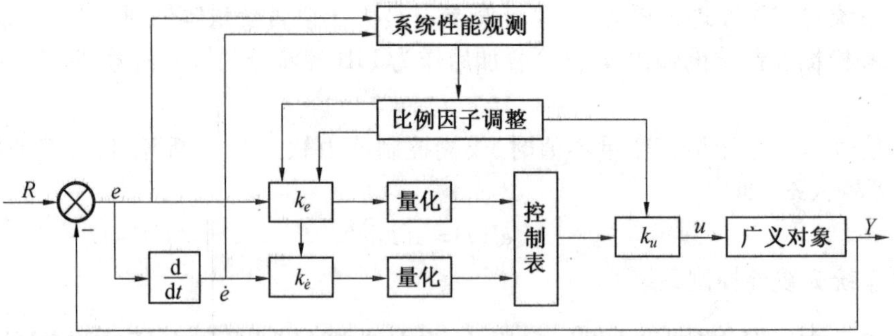

图 3.18　参数自整定模糊控制系统原理框图

标,用一套整定规则在线调整比例因子,按性能指标减小的方向不断修改 K_e,$K_{\dot{e}}$ 和 K_u,直到性能指标值足够小而满足给定的阈值为止,此时所得的量化因子和比例因子称为最优因子。按照最优因子去工作,模糊控制系统可以获得良好的控制品质。

(3)自适应模糊控制器。

如果在控制系统运行过程中模糊控制器可以实时地修改、完善和调整控制规则,使得系统的控制性能不断完善,直到获得预期的效果为止,则称这类控制器为自适应模糊控制器。一般自适应模糊控制器的结构原理如图 3.19 所示,在基本模糊控制器的基础上增加了 3 个功能模块:系统性能测量、控制量校正和规则修正。

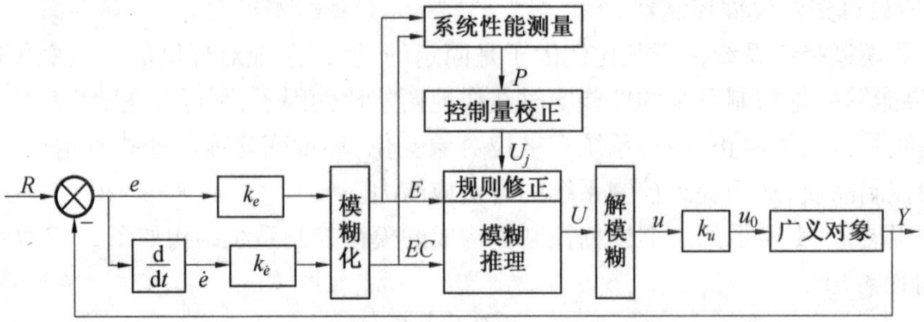

图 3.19　一般自适应模糊控制器的结构原理框图

图 3.19 中性能测量模块结构类似于一般的模糊控制器,通常选择误差 E 和误差变化率 EC 作为两个输入量,其作用是评价输出特性和期望特性间的偏离程度,并按一定的调整规则给出调整输出特性所需要的校正量 P。控制量校正模块将控制系统性能测量模块得到的输出响应的校正量 P 转换为对控制量的校正量 U_j,并施加于过程,使得系统向期望的方向变化。控制规则修正模块对控制量的校正通过修改控制规则来实现。

3.3　模糊控制器设计

前面已经较为详细地介绍了模糊控制系统和模糊控制器的基本概念和常见结构,下面从模糊控制器的设计入手,详细介绍模糊控制器的设计方法、控制器性能的分析方法。

3.3.1　模糊控制器设计步骤

在模糊控制系统中,模糊控制器主要有以下特征参数:模糊策略及模糊化算子、论域的分割及隶属函数的选择、模糊控制规则的类型，及一致性、交互性和完备性、模糊推理机制、解模糊策略等。下面分别介绍模糊控制器的设计步骤。

1. 模糊控制器结构设计

模糊控制系统和常规的采样控制系统一样，由控制器、输入输出接口、执行机构、变送器和被控对象等5个基本环节组成。控制系统的要求及被控对象的特点决定控制器的输入输出结构，控制器的输入输出结构又决定了变送器的数量和形式以及输入输出接口的形式和结构，模糊控制器的输出决定执行机构的选择。因此，模糊控制器的结构是控制器设计的一个重要问题，结构选择合理与否直接影响到控制系统的控制质量，对复杂被控对象来说尤其重要。

所谓的模糊控制器的结构设计，就是根据被控对象的特性合理选择模糊控制器的输入输出变量。如果控制系统只有一个输入过量和一个输出变过量的单输入单输出（SISO）系统，一般可设计为一维或二维的模糊控制器，在极个别情况下设计成三维的，结构如图3.10、图3.11和图3.12所示。实际应用中绝大部分控制系统可以看作是SISO系统。后边将详细介绍一维或二维的模糊控制器的设计方法和步骤。

2. 模糊规则的选取

模糊控制器是具有专家控制特征的一类语言控制器。控制的规则是按照设计者的思维方式、模糊控制器的结构及大量的实验数据中提取出来的一系列用模糊条件语句描述的语言控制规则。根据模糊控制规则的性质，有两种不同形式的模糊控制规则：状态估计的模糊控制规则和目标估计的模糊控制规则。

状态估计的模糊控制规则的一般形式为

$$R^{(l)}:\text{如果 } x_1 \text{ 为 } A_1^l \text{ 且}\cdots\text{且 } x_n \text{ 为 } A_n^l\text{，则 } u=f(x_1,\cdots,x_n) \tag{3.27}$$

即推理的结果 u 表示成过程变量 $x_1,\cdots,x_n$的函数。这类控制器通过估算过程的状态变量计算出相应的模控制行为。

目标估计的模控制规则是预测现在和将来的控制行为并估计控制的目标，一般形式为

$$R^{(l)}:\text{如果 } x_1 \text{ 为 } A_1^l \text{ 且}\cdots\text{且 } x_n \text{ 为 } A_n^l\text{，则 } u=B_l \tag{3.28}$$

即从控制结果的目标估计中推导出控制命令以满足所需的状态和目标。

上述两种类型的模糊控制规则的产生和调整方法主要有：基于模糊关系方程的模糊辨识法和基于经验的启发式方法。下面详细介绍第二种方法。

如果设计者有相平面分析基础上的参数调整的知识及对闭环系统行为的感知性认识，则可以利用相平面分析法对模糊控制规则进行调整设计。这种方法的优点是如果系统是对原点对称的，且具有单调性，则可以进行全局性的规则更新或修改。

设一个控制系统的结构如图3.17所示，其给定值 r_0阶跃响应特性如图3.20(a)所示。模糊控制器的输入是误差 E 和误差变化率 EC，输出是调节量 U。如果输入输出变量的术语集均为3，即负(N)、零(Z)和正(P)，根据特征点确定的初始模糊控制规则见表3.2。

表 3.2　初始模糊控制规则

规则	E	EC	U	参考点
1	P	Z	P	a,e,i
2	Z	N	N	b,f,j
3	N	Z	N	c,g,k
4	Z	P	P	d,h,l
5	Z	Z	Z	给定值

为了提高控制质量,增加一些区域调整规则,调整后的控制规则见表 3.3,相应的相平面图如图 3.20(b)所示。如区域Ⅰ的相应规则可以描述为

$$R_{\mathrm{I}}: \text{if } E \text{ is } P \text{ and } EC \text{ is } N, \text{then } U \text{ is } P \tag{3.29}$$

其作用是减小响应的上升时间。区域Ⅱ的相应规则可以描述为

$$R_{\mathrm{II}}: \text{if } E \text{ is } N \text{ and } EC \text{ is } N, \text{then } U \text{ is } N \tag{3.30}$$

其作用是减少响应的超调量。

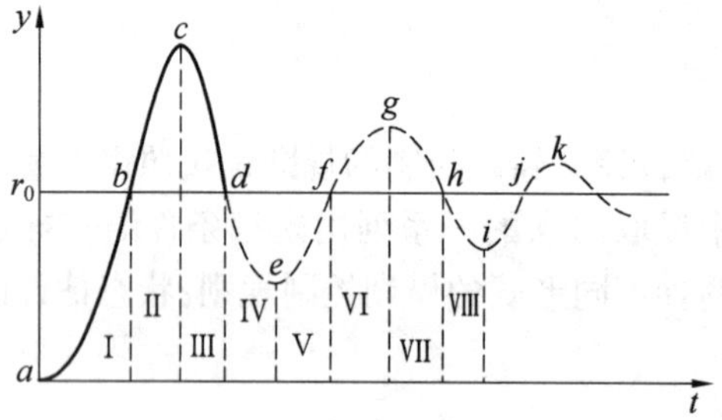

(a) 系统阶跃响应

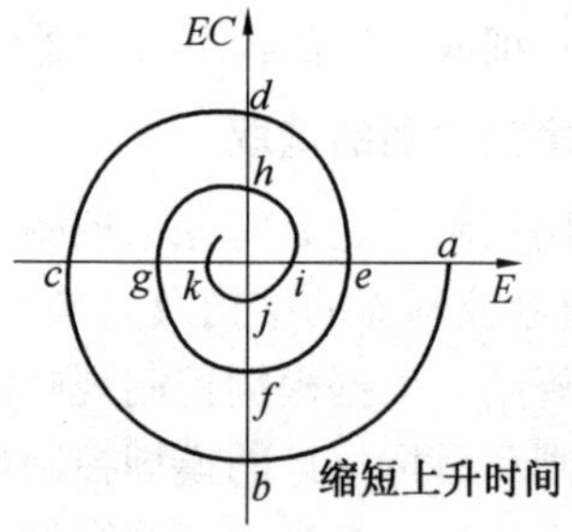

(b) 相平面轨迹

图 3.20　相平面法更新修改控制规则示意图

表 3.3　调整增加的模糊控制规则

规则	E	EC	U	参考范围
6	P	N	P	Ⅰ,Ⅴ
7	N	N	N	Ⅱ,Ⅵ
8	N	P	N	Ⅲ,Ⅶ
9	P	P	P	Ⅳ,Ⅷ

模糊控制的规则库有以下特性:

①规则完备性(Completeness):模糊控制算法保证对于过程的任何一个被控状态,都能够推理得到一个控制作用。

②模糊控制的互作用性:假定模糊控制规则已知,如果输入 A 则输出 B,但实际上控制作用不一定是 B,而是规则互作用的结果。

③规则的相容性:输出呈现多峰值,说明规则库中有几乎相同的前件,却有不同的控制作用。这种控制作用不合理,要消除不相容的规则。

α 大则重叠度越大,说明规则完备性增大,但互作用程度也增大,如图 3.21 所示。故完备性与无互作用性是相矛盾的。

上述模糊控制规则集是由一组模糊条件语句来表达的模糊控制规则,而模糊控制状态

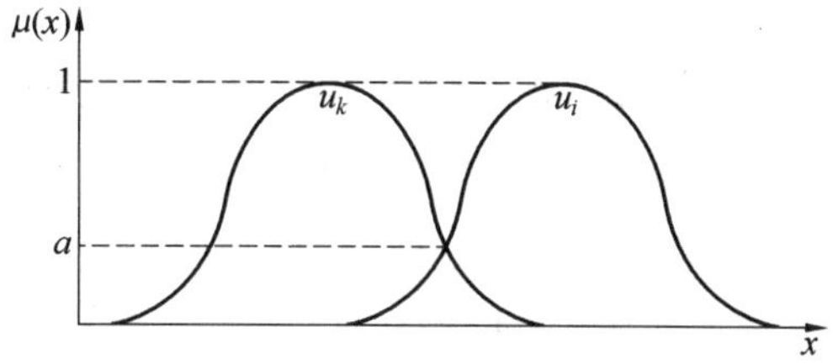

图 3.21　规则的相容性

表则是模糊控制规则的另一种表达形式,它所表达的控制规则与模糊条件语句组表达的控制规则是等价的,可在其二者之间选择任何一种控制规则的表达形式。如表 3.2 和表 3.3 构成的模糊控制规则库可用表 3.4 所示的模糊控制规则表来表示。

表 3.4　模糊控制规则表

E \ *U* \ *EC*	*P*	*Z*	*N*
P	*P*	*P*	*P*
Z	*P*	*Z*	*N*
N	*N*	*N*	*N*

3. 模糊化方法和解模糊方法

控制规则是由模糊语言构成的,但采样得到的输入量以及执行机构所能接受的输出控制量都应该是精确量的。所谓的模糊化,就是指所得到的物理量转换成一个含有主观特征的估计值,定义为从测量的输入空间到某一个论域上的一个模糊子集。例如,为了确定温度的高低程度,需测量温度,如要作为模糊控制的输入量,则需用某种模糊化方法将之转换为某种模糊语言变量值。模糊控制推理所得到的结果是一个输出论域上的一个模糊子集,而执行机构尚无法接受“较大”“较强”之类的模糊语言命令,所以控制器的输出量在用于控制时还必须由模糊量转化为清晰量。

4. 模糊控制器参数的确定

确定输入变量及输出变量的论域。例如要设计液位系统的模糊控制器,首先要明确液位控制的范围,阀门开关的最大、最小流量等,反映在控制器的设计中就是 A/D 和 D/A 转换器的电压(或电流)范围。此外,还要合理地选择模糊控制器的比例因子,它们对模糊控制器的动态及静态特性有较大的影响。

5. 模糊控制器算法程序编制

模糊控制器最终是通过执行计算机算法程序来实现控制的。计算机控制过程是一个离散时间过程,需将连续的时域表达形式离散化,因此模糊控制器的输出往往采用增量形式给出。离散化过程中涉及采样时间的选择,采样时间的选择对控制器的性能有较大影响。

如果将输入输出论域离散化,则根据模糊控制的模糊化方法、推理过程和解模糊方法,可以得到在不同输入时相应的控制输出量的大小,根据输入输出关系可以制成一个查询表,称为控制表。查询表可以在离线计算好,存储在计算机内存中,在实时控制时可以根据输入信号的大小直接查询控制表得到所需的控制量的大小 $u(k)$，再乘以输出量的比例因子 k_u，即可得到输出到执行器的调节量大小 u_0。对图 3.17 所示的典型二维模糊控制系统查询表算法程序流程图如图 3.22 所示。

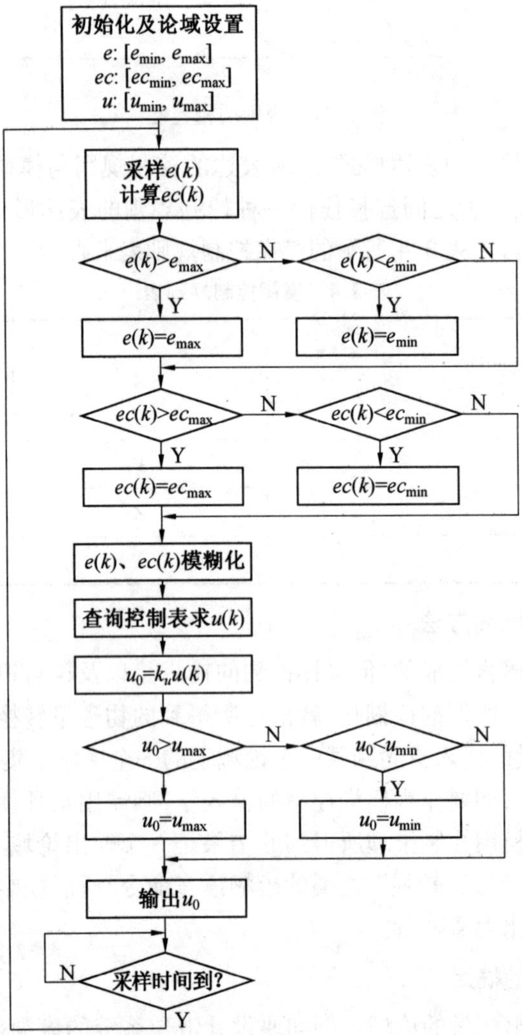

图 3.22　二维模糊控制系统查询表算法程序流程图

3.3.2　单输入单输出模糊控制器设计

模糊控制器的输入输出变量均只有一个，是一种最简单的模糊控制器。假设模糊控制器的输入变量为 e，输出控制量为 u，控制规则有如下形式：

$$R_1: \text{if} \quad e \quad \text{is} \quad A_1 \quad \text{then} \quad u \quad \text{is} \quad B_1$$

$$R_2: \text{if} \quad e \quad \text{is} \quad A_2 \quad \text{then} \quad u \quad \text{is} \quad B_2$$

$$\vdots$$

$$R_n: \text{if} \quad e \quad \text{is} \quad A_n \quad \text{then} \quad u \quad \text{is} \quad B_n$$

其中，$A_1, A_2, \cdots, A_n$ 和 $B_1, B_2, \cdots, B_n$ 为输入、输出论域上的模糊子集。

这种模糊控制器简单明了，但控制过程中只考虑误差大小没有考虑误差的变化方向，所以控制质量较差。

【例 3.6】 已知被控对象为蒸汽加热器，被调量为出口介质的温度 θ，通过调节阀可以改变进入到加热器的蒸汽流量，试设计一个模糊控制器使之能够通过改变调节阀的开度保证出口介质温度 θ 恒定在 θ_0 附近。这是一个简单的 SISO 恒值控制系统，控制系统的控制流程图如图 3.23 所示。其中 TT 为温度变送器，TC 为温度调节器，被调量为 θ，调节量为蒸汽流量 D。

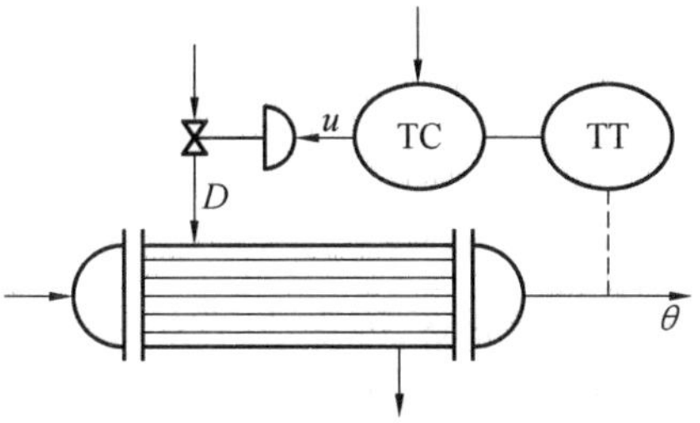

图 3.23　温度控制系统示意图

设计模糊控制器控制温度时，步骤如下：

1. 模糊控制器的结构确定

已知加热器的恒定温度为 θ_0，设测量的温度记为 θ，则测量的误差为

$$e(k)=\theta_0-\theta(k)$$

将 $e(k)$ 作为模糊控制器的输入变量，模糊调节器的输出为调节阀开度信号 u，则通过控制调节阀的开度间接控制加热器的出口介质温度 θ。

2. 输入变量和输出变量的描述

如取描述模糊控制器输入和输出的语言变过量的模糊子集均为 $\{NB, NS, Z, PS, PB\}$。设输入误差 $e(k)$ 的论域为 X，并将其大小量化为 7 个等级，分别为 -3，-2，-1，0，1，2，3，则有输入论域为

$$X=\{-3,-2,-1,0,1,2,3\}$$

选择输出阀门开度信号 $u(k)$ 的论域为 Y，并将其大小同样量化为 7 个等级，分别为 -3，-2，-1，0，1，2，3，则输出论域为

$$Y=\{-3,-2,-1,0,1,2,3\}$$

取输入误差和输出阀门开度信号的语言变量的隶属函数如图 3.24 所示。根据图 3.24 可得模糊变量 e 和 u 的赋值，见表 3.5。

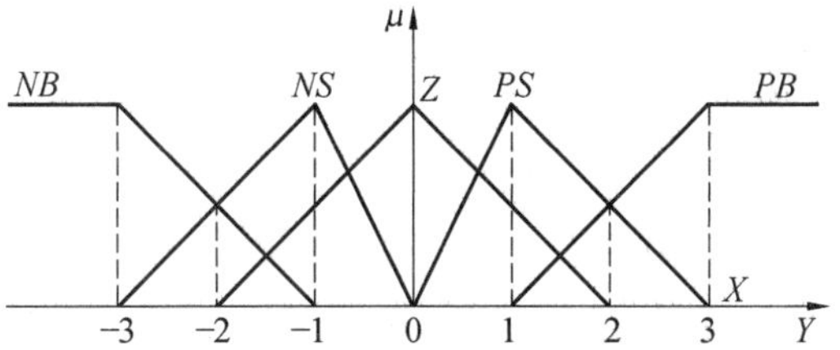

图 3.24　语言变量 e 和 u 的隶属函数

表 3.5 模糊变量 e 和 u 隶属度赋值表

变量 \ 量化等级 u	−3	−2	−1	0	1	2	3
PB	0	0	0	0	0	0.5	1.0
PS	0	0	0	0	1.0	0.5	0
Z	0	0	0.5	1.0	0.5	0	0
NS	0	0.5	1.0	0	0	0	0
NB	1.0	0.5	0	0	0	0	0

3. 模糊控制规则制定

根据有经验的操作人员手动控制策略，可总结出以下控制规则：

$$R_1: \text{if} \quad e=NB \quad \text{then} \quad u=NB$$
$$R_2: \text{if} \quad e=NS \quad \text{then} \quad u=NS$$
$$R_3: \text{if} \quad e=Z \quad \text{then} \quad u=Z$$
$$R_4: \text{if} \quad e=PS \quad \text{then} \quad u=PS$$
$$R_5: \text{if} \quad e=PB \quad \text{then} \quad u=PB$$

上述规则可以用表格的形式给出，表 3.6 即给出相应的控制规则表。

表 3.6 控制规则表

e	*NB*	*NS*	*Z*	*PS*	*PB*
u	*NB*	*NS*	*Z*	*PS*	*PB*

4. 模糊控制的规则矩阵

由于论域是有限的，则根据上述的控制规则可以得到模糊控制器的模糊关系矩阵 $\boldsymbol{R}$，可表示为

$$\boldsymbol{R}=\bigcup_{i=1}^{5}\boldsymbol{R}_i=(\boldsymbol{NB}_e\times\boldsymbol{NB}_u)\cup(\boldsymbol{NS}_e\times\boldsymbol{NS}_u)\cup(\boldsymbol{Z}_e\times\boldsymbol{Z}_u)\cup(\boldsymbol{PS}_e\times\boldsymbol{PS}_u)\cup(\boldsymbol{PB}_e\times\boldsymbol{PB}_u) \tag{3.31}$$

其中

$$\boldsymbol{NB}_e\times\boldsymbol{NB}_u=[1.0 \quad 0.5 \quad 0 \quad 0 \quad 0 \quad 0 \quad 0]^{\mathrm{T}}\wedge[1.0 \quad 0.5 \quad 0 \quad 0 \quad 0 \quad 0 \quad 0]=$$

$$\begin{bmatrix} 1.0 & 0.5 & 0 & 0 & 0 & 0 & 0 \\ 0.5 & 0.5 & 0 & 0 & 0 & 0 & 0 \\ 0 & 0 & 0 & 0 & 0 & 0 & 0 \\ 0 & 0 & 0 & 0 & 0 & 0 & 0 \\ 0 & 0 & 0 & 0 & 0 & 0 & 0 \\ 0 & 0 & 0 & 0 & 0 & 0 & 0 \\ 0 & 0 & 0 & 0 & 0 & 0 & 0 \end{bmatrix}$$

$$\boldsymbol{NS}_e\times\boldsymbol{NS}_u=[0 \quad 0.5 \quad 1.0 \quad 0 \quad 0 \quad 0 \quad 0]^{\mathrm{T}}\wedge[0 \quad 0.5 \quad 1.0 \quad 0 \quad 0 \quad 0 \quad 0]=$$

$$\begin{bmatrix} 0 & 0 & 0 & 0 & 0 & 0 & 0 \\ 0 & 0.5 & 0.5 & 0 & 0 & 0 & 0 \\ 0 & 0.5 & 1.0 & 0 & 0 & 0 & 0 \\ 0 & 0 & 0 & 0 & 0 & 0 & 0 \\ 0 & 0 & 0 & 0 & 0 & 0 & 0 \\ 0 & 0 & 0 & 0 & 0 & 0 & 0 \\ 0 & 0 & 0 & 0 & 0 & 0 & 0 \end{bmatrix}$$

$$\boldsymbol{Z}_e \times \boldsymbol{Z}_u = [0 \quad 0 \quad 0.5 \quad 1.0 \quad 0.5 \quad 0 \quad 0]^{\mathrm{T}} \wedge [0 \quad 0 \quad 0.5 \quad 1.0 \quad 0.5 \quad 0 \quad 0] =$$

$$\begin{bmatrix} 0 & 0 & 0 & 0 & 0 & 0 & 0 \\ 0 & 0 & 0 & 0 & 0 & 0 & 0 \\ 0 & 0 & 0.5 & 0.5 & 0.5 & 0 & 0 \\ 0 & 0 & 0.5 & 1.0 & 0.5 & 0 & 0 \\ 0 & 0 & 0.5 & 0.5 & 0.5 & 0 & 0 \\ 0 & 0 & 0 & 0 & 0 & 0 & 0 \\ 0 & 0 & 0 & 0 & 0 & 0 & 0 \end{bmatrix}$$

$$\boldsymbol{PS}_e \times \boldsymbol{PS}_u = [0 \quad 0 \quad 0 \quad 0 \quad 1.0 \quad 0.5 \quad 0]^{\mathrm{T}} \wedge [0 \quad 0 \quad 0 \quad 0 \quad 1.0 \quad 0.5 \quad 0] =$$

$$\begin{bmatrix} 0 & 0 & 0 & 0 & 0 & 0 & 0 \\ 0 & 0 & 0 & 0 & 0 & 0 & 0 \\ 0 & 0 & 0 & 0 & 0 & 0 & 0 \\ 0 & 0 & 0 & 0 & 0 & 0 & 0 \\ 0 & 0 & 0 & 0 & 1.0 & 0.5 & 0 \\ 0 & 0 & 0 & 0 & 0.5 & 0.5 & 0 \\ 0 & 0 & 0 & 0 & 0 & 0 & 0 \end{bmatrix}$$

$$\boldsymbol{PB}_e \times \boldsymbol{PB}_u = [0 \quad 0 \quad 0 \quad 0 \quad 0 \quad 0.5 \quad 1.0]^{\mathrm{T}} \wedge [0 \quad 0 \quad 0 \quad 0 \quad 0 \quad 0.5 \quad 1.0] =$$

$$\begin{bmatrix} 0 & 0 & 0 & 0 & 0 & 0 & 0 \\ 0 & 0 & 0 & 0 & 0 & 0 & 0 \\ 0 & 0 & 0 & 0 & 0 & 0 & 0 \\ 0 & 0 & 0 & 0 & 0 & 0 & 0 \\ 0 & 0 & 0 & 0 & 0 & 0 & 0 \\ 0 & 0 & 0 & 0 & 0 & 0.5 & 0.5 \\ 0 & 0 & 0 & 0 & 0 & 0.5 & 1.0 \end{bmatrix}$$

将上述结果代入式(3.31),则可得模糊控制规则的矩阵形式

$$\boldsymbol{R} = \begin{bmatrix} 1.0 & 0.5 & 0 & 0 & 0 & 0.5 & 1.0 \\ 0.5 & 0.5 & 0.5 & 0 & 0 & 0 & 0 \\ 0 & 0.5 & 1.0 & 0.5 & 0 & 0 & 0 \\ 0 & 0 & 0.5 & 1.0 & 0.5 & 0 & 0 \\ 0 & 0 & 0.5 & 0.5 & 1.0 & 0.5 & 0 \\ 0 & 0 & 0 & 0 & 0.5 & 0.5 & 0.5 \\ 0 & 0 & 0 & 0 & 0 & 0.5 & 1.0 \end{bmatrix}$$

5. 模糊推理

控制量的大小等于输入的模糊向量 $\boldsymbol{e}$ 和模糊关系 $\boldsymbol{R}$ 的合成，即根据式(3.15)或(3.16)则可计算出不同输入时的输出控制量。若输入为 $\boldsymbol{e}=\boldsymbol{NS}$，则按式(3.15)计算输出控制量为

$$\boldsymbol{u}=\boldsymbol{e}\circ\boldsymbol{R}=[1.0\quad 0.5\quad 0\quad 0\quad 0\quad 0\quad 0]\begin{bmatrix}1.0 & 0.5 & 0 & 0 & 0 & 0.5 & 1.0\\ 0.5 & 0.5 & 0.5 & 0 & 0 & 0 & 0\\ 0 & 0.5 & 1.0 & 0.5 & 0 & 0 & 0\\ 0 & 0 & 0.5 & 1.0 & 0.5 & 0 & 0\\ 0 & 0 & 0.5 & 0.5 & 1.0 & 0.5 & 0\\ 0 & 0 & 0 & 0 & 0.5 & 0.5 & 0.5\\ 0 & 0 & 0 & 0 & 0 & 0.5 & 1.0\end{bmatrix}=$$

$$[1.0\quad 0.5\quad 0.5\quad 0\quad 0\quad 0\quad 0]$$

6. 解模糊

上面求出的输出模糊向量可表示为

$$\boldsymbol{u}=\frac{1.0}{-3}+\frac{0.5}{-2}+\frac{0.5}{-1}+\frac{0}{0}+\frac{0}{1}+\frac{0}{2}+\frac{0}{3}$$

则按最大隶属度法进行解模糊运算，可知应取“-3”级。则通过“-3”级对应的调节阀开度去控制蒸汽流量，就可控制出口介质的温度，使得温度朝误差减小的方向变化，最终到达稳态值。

7. 控制表

分别对每个不同的输入进行计算，将得到的结果列成表，则得到温度模糊控制表 3.7。

表 3.7　温度模糊控制表

e	-3	-2	-1	0	1	2	3
u	-3	-2	-1	0	1	2	3

图 3.25 可以说明上述模糊控制的调节过程，图中横坐标为误差 e，纵坐标为输出调节量 u。图中的阴影部分表示模糊调节器的动态响应区域，箭头的方向表示调节过程中误差的趋势，最终进入 0 等级。显然，如果稳态误差与论域分级有关，增加分级数或采用不均匀分级法都可以提高控制精度。

3.3.3　双输入单输出模糊控制器设计

模糊控制器的输入如果有两个量，输出只有一个量，则称为二维模糊控制器。假设模糊控制器的输入变过量为 x_1 和 x_2，输出控制量为 u，控制规则有如下形式：

$$R_1:\text{if}\quad x_1\quad \text{is}\quad A_{11}\quad \text{and}\; x_2\quad \text{is}\quad A_{12}\quad \text{then}\quad u\quad \text{is}\quad B_1$$
$$R_2:\text{if}\quad x_1\quad \text{is}\quad A_{21}\quad \text{and}\; x_2\quad \text{is}\quad A_{22}\quad \text{then}\quad u\quad \text{is}\quad B_2$$
$$\vdots$$
$$R_n:\text{if}\quad x_1\quad \text{is}\quad A_{n1}\quad \text{and}\; x_2\quad \text{is}\quad A_{n2}\quad \text{then}\quad u\quad \text{is}\quad B_n$$

其中 $A_{11},A_{12},\cdots,A_{n1},A_{n2}$ 和 $B_1,B_2,\cdots,B_n$ 为输入、输出论域上的模糊子集。上述规则构成的模糊关系为

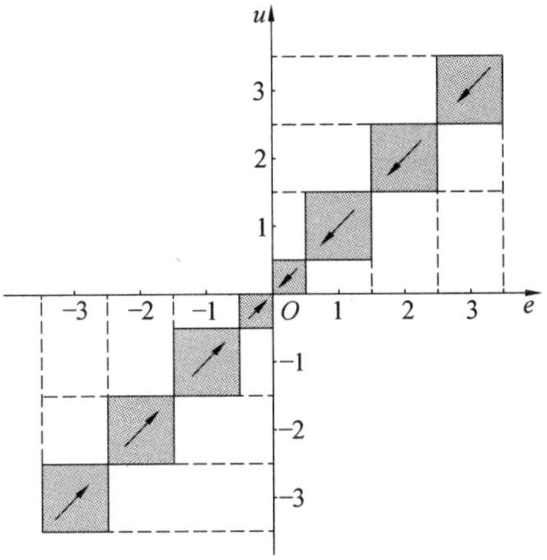

图 3.25　一维模糊控制器的动态响应区域

$$\boldsymbol{R}=\bigcup_{i=1}^{n}\boldsymbol{R}_i=\bigcup_{i=1}^{n}(A_{i1}\times A_{i2})\times B_i \tag{3.32}$$

在实际的控制系统中,通常选误差 e 和误差变化率 $\dot{e}$ 作为二维模糊控制器的输入,是模糊控制器的常见结构,如图 3.17 所示。此时,模糊控制器的输出为误差 e 和误差变化率 $\dot{e}$ 的非线性函数,故可以看作是一种非线性 PD 调节器。而这种二维模糊控制器因为考虑了误差的变化方向,所以控制品质要比一维模糊控制器要好。

【例 3.7】　已知水箱水位控制系统示意图如图 3.26 所示。被控对象为单容水箱,被调量为水箱水位 h,通过调节阀可以改变出口流量 q,试设计一个模糊控制器使之能够通过改变调节阀的开度保证水箱水位 h 恒定在 h_0附近。这是一个简单的 SISO 恒值控制系统,图中 LT 为液位变送器,LC 为液位调节器。

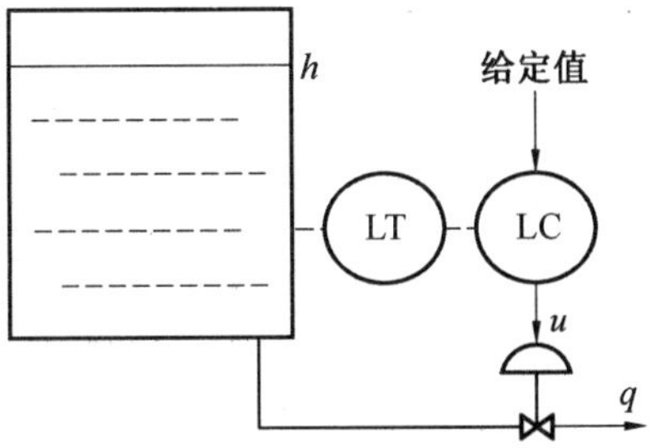

图 3.26　水箱水位度控制系统示意图

若采用二维模糊控制器,水位模糊控制器设计步骤如下。

1. 确定模糊控制器的结构

取输入变量为误差 E 和误差变化率 EC,输出变过量为 U。取 E,EC 和 U 的论域及模糊子集如下

EC 和 E 的论域为:{-6,-5,-4,-3,-2,-1,0,1,2,3,4,5,6}

EC 和 E 的模糊子集为:{NB,NM,NS,Z,PS,PM,PB}

U 的论域为:{-7,-6,-5,-4,-3,-2,-1,0,1,2,3,4,5,6,7}

U 的模糊子集为:{NB,NM,NS,NZ,PZ,PS,PM,PB}

2. 建立模糊控制规则表

根据有经验的操作人员手动控制策略，可总结出以下细化的控制规则，见表 3.8。

表 3.8　温度模糊控制系统规则表

E \ *U* \ *EC*	*PB*	*PM*	*PS*	*Z*	*NS*	*NM*	*NB*
PB	*NB*	*NB*	*NB*	*NB*	*NM*	*Z*	*Z*
PM	*NB*	*NB*	*NB*	*NB*	*NM*	*Z*	*Z*
PS	*NM*	*NM*	*NM*	*NM*	*Z*	*PS*	*PS*
PZ	*NM*	*NM*	*NS*	*Z*	*PS*	*PM*	*PM*
NZ	*NM*	*NM*	*NS*	*Z*	*PS*	*PM*	*PM*
NS	*NS*	*NS*	*Z*	*PM*	*PM*	*PM*	*PM*
NM	*Z*	*Z*	*PM*	*PB*	*PB*	*PB*	*PB*
NB	*Z*	*Z*	*PM*	*PB*	*PB*	*PB*	*PB*

3. 确定模糊变量的赋值表

取输入误差 *E*、误差变化率 *EC* 和输出阀门开度信号 *U* 的语言变量的隶属度见表 3.9、表 3.10 和表 3.11。

表 3.9　误差 *e* 的隶属度表

E \ *mf* \ *e*	−6	−5	−4	−3	−2	−1	0^-	0^+	1	2	3	4	5	6
PB	0	0	0	0	0	0	0	0	0	0	0.1	0.4	0.8	1.0
PM	0	0	0	0	0	0	0	0	0	0.2	0.7	1.0	0.7	0.2
PS	0	0	0	0	0	0	0	0.3	0.8	1.0	0.5	0.1	0	0
PZ	0	0	0	0	0	0	0	1.0	0.6	0.1	0	0	0	0
NZ	0	0	0	0	0.1	0.6	1.0	0	0	0	0	0	0	0
NS	0	0	0.1	0.5	1.0	0.8	0.3	0	0	0	0	0	0	0
NM	0.2	0.7	1.0	0.7	0.2	0	0	0	0	0	0	0	0	0
NB	1.0	0.8	0.4	0.1	0	0	0	0	0	0	0	0	0	0

4. 建立模糊控制表

根据表 3.8 的规则、输入变量 e 和 $\dot{e}$、输出变量 u 的论域及分级，按照广义取式模糊推理方法及最大隶属度解模糊方法可得到不同输入时的调节阀输出信号 u，将其写成控制表的形式，见表 3.12。则可编制查询程序进行实时控制，程序流程图如图 3.22 所示。

表 3.10　误差变化率 $\dot{e}$ 的隶属度表

$\dot{e}$ / mf / EC	−6	−5	−4	−3	−2	−1	0	1	2	3	4	5	6
PB	0	0	0	0	0	0	0	0	0	0.1	0.4	0.8	1.0
PM	0	0	0	0	0	0	0	0	0.2	0.7	1.0	0.7	0.2
PS	0	0	0	0	0	0	0	0.9	1.0	0.7	0.2	0	0
PZ	0	0	0	0	0	0.5	1.0	0.5	0	0	0	0	0
NS	0	0	0.2	0.7	1.0	0.9	0	0	0	0	0	0	0
NM	0.2	0.7	1.0	0.7	0.2	0	0	0	0	0	0	0	0
NB	1.0	0.8	0.4	0.1	0	0	0	0	0	0	0	0	0

表 3.11　调节阀输出 u 的隶属度表

u / mf / U	−7	−6	−5	−4	−3	−2	−1	0	1	2	3	4	5	6	7
PB	0	0	0	0	0	0	0	0	0	0	0	0.1	0.4	0.8	1.0
PM	0	0	0	0	0	0	0	0	0	0.2	0.7	1.0	0.7	0.2	0
PS	0	0	0	0	0	0	0	0.4	1.0	0.8	0.4	0.1	0	0	0
PZ	0	0	0	0	0	0	0.5	1.0	0.5	0	0	0	0	0	0
NS	0	0	0	0.1	0.4	0.8	1.0	0.4	0	0	0	0	0	0	0
NM	0	0.2	0.7	1.0	0.7	0.2	0	0	0	0	0	0	0	0	0
NB	1.0	0.8	0.4	0.1	0	0	0	0	0	0	0	0	0	0	0

表 3.12　控制表

$\dot{e}$ / u / e	−6	−5	−4	−3	−2	−1	+0	1	2	3	4	5	6
−6	7	6	7	6	7	7	7	4	4	2	0	0	0
−5	6	6	6	6	6	6	6	4	4	2	0	0	0
−4	7	6	7	6	7	7	7	4	4	2	0	0	0
−3	7	6	6	6	6	6	6	3	2	0	−1	−1	−1
−2	4	4	4	5	4	4	4	1	0	0	−1	−1	−1
−1	4	4	4	5	4	4	1	0	0	0	−3	−2	−1
0^-	4	4	4	5	1	1	0	−1	−1	−1	−4	−4	−4
0^+	4	4	4	5	1	1	0	−1	−1	−1	−4	−4	−4
1	2	2	2	2	0	0	−1	−4	−4	−3	−4	−4	−4
2	1	2	1	2	0	−3	−4	−4	−4	−3	−4	−4	−4
3	0	0	0	0	−3	−3	−6	−6	−6	−6	−6	−6	−6
4	0	0	0	−2	−4	−4	−7	−7	−7	−6	−7	−6	−7
5	0	0	0	−2	−4	−4	−6	−6	−6	−6	−6	−6	−6
6	0	0	0	−2	−4	−4	−7	−7	−7	−6	−7	−6	−7

通过上面的实例可以给出模糊控制器设计一般过程(以双输入单输出为例):

(1)确定模糊控制器的输入量和输出量,及其对应的精确值取值范围,对于连续取值的情况,通过四舍五入等方法将取值离散化为有限个离散值。

(2)对每个输入量和输出量确定一个模糊集合。

(3)对每个模糊集合的元素,给定一个隶属函数,函数值域为[0,1]。

(4)对所有的输入量/输出量以模糊集合中的元素为列值,以输入量/输出量的有限离散值为行值,建立二维隶属函数表。

(5)根据推理规则,得出模糊关系。即按每条控制规则,模糊集合元素进行相乘得出每条控制规则的模糊矩阵,再将所有模糊矩阵进行并操作,得出总的模糊矩阵。

(6)根据每个输入变量采样得到的结果,按离散化规则得出对应的离散值,该值在二维表中所处的列中,找出隶属函数值最大的项,此项对应行的模糊集合元素即为该变量的输入模糊值。

(7)将所有输入模糊量与总的模糊矩阵进行合成,则可得对应的输出模糊集合。

(8)将输出模糊集合内的所有元素按一定规则,如加权平均法,求得一个真正的输出变量值。

(9)将所有的可能输入离线计算出对应的输出,则得到控制表。

(10)通过在线查询控制表得到不同输入是对应的输出。

(11)输出变量值转换到控制对象所能接受的基本论域中。

3.4 基于 Takagi-Sugeno 模型的模糊控制

根据前面的分析,可以看出纯模糊逻辑控制系统的输入量和和输出量均为模糊子集,而实际的工业过程的输入量与输出量都是精确量,因此纯模糊逻辑系统不能直接应用于实际工程中。为解决这一问题,有关学者提出了在纯模糊逻辑系统的基础上带有模糊化接口和解模糊接口的 Mamdani 型模糊逻辑系统。

另外,日本学者高木(Takagi)和关野(Sugeno) 在 1985 年最早提出了模糊规则的后件为函数表达式,推理的结果为精确量的模糊逻辑系统,称为高木-关野型模糊逻辑系统,也称 Takagi-Sugeno 模型、T-S 模型或 Sugeno 模型。这是一类较为特殊的模糊逻辑系统,其模糊规则不同于一般的模糊规则形式。

3.3.1 Takagi-Sugeno 模糊模型形式

通常的模糊规则(Mamdani 模型)的前项条件和后项结论均为模糊语言值,即具有如下形式:

$$R\text{: if } x_1 \text{ is } A_1, x_2 \text{ is } A_2, \cdots, x_n \text{ is } A_n, \text{ then } y \text{ is } B \tag{3.33}$$

其中,$A_i(i=1,2,\cdots,n)$是输入模糊语言值,B 是输出模糊语言值。这类规则的前件和后件均为模糊陈述句,故适合在定量信息较少且信息模糊性较强的场合,尤其适合专家经验较丰富而较难进行数学建模的系统。这类系统的优点是理论直观、易于接受和应用、适合人类认知信息的输入。

Takagi-Sugeno 模糊逻辑系统中,采用如下形式的模糊规则:

$$R\text{: if } x_1 \text{ is } A_1, x_2 \text{ is } A_2, \cdots, x_n \text{ is } A_n, \text{ then } y \text{ is } f(x_1, x_2, \cdots, x_n) \tag{3.34}$$

其中,$A_i(i=1,2,\cdots,n)$为输入模糊子集,$f(\cdot)$为一连续函数,输出为一个精确量。$f(\cdot)$常取线性多项式函数,则输出可表示为

$$y = f(x_1, x_2, \cdots, x_n) = b_0 + \sum_{i=1}^{n} b_i x_i = b_0 + b_1 x_1 + b_2 x_2 + \cdots + b_n x_n \tag{3.35}$$

式中 $b_i(i=0,1,2,\cdots,n)$是确定值参数。这类规则的后件是输出的精确量,是与输入有关的函数值。

这种形式为系统分析带来很大方便,能够用参数估计方法来确定系统的参数 $b_i(i=0, 1, 2, \cdots, n)$,同时可以用线性系统的分析方法来进行模糊控制系统的分析及设计。因此,适合于根据采样数据或其他确定量及定性信息对复杂对象进行建模的场合。

如果 Takagi-Sugeno 型模糊推理系统输出变量的隶属度为线性函数,则称为 1 阶系统,如输出变量隶属度为常值函数,则称为 0 阶系统。在 0 阶 Sugeno 型模型中的一条典型的模糊规则具有如下形式:

$$\text{If } x \text{ is } A \text{ and } y \text{ is } B \text{ then } z=k \tag{3.36}$$

其中 A 和 B 是模糊子集,而 k 是常数(非模糊的概念)。如果每条规则的输出结果都是这样的常数值,这样的 Sugeno 系统与 Mamdani 系统是非常相似的。区别是0 阶 Sugeno 型系统所有规则输出的隶属度函数都是一个单点模糊子集,且对于 Sugeno 型系统模糊推理过程的蕴涵以及合成算法是固定的。Sugeno 型模糊系统的蕴涵算法采用的是简单的乘法运算,而合成运算采用的只是简单地将这些单点集相加。

应用更广的是 1 阶 Sugeno 模糊模型,其模糊规则一般形式是

$$\text{If } x \text{ is } A \text{ and } y \text{ is } B \text{ then } z=c_0+c_1x+c_2y \tag{3.37}$$

其中 A 和 B 是模糊子集,c_0,c_1 和 c_2 为常数。一阶 Sugeno 系统可以看作是零阶系统的扩展,即每一条规则定义一个动态移动的单点集的位置,系统的描述十分紧凑和高效。更高阶的 Sugeno 型系统在理论上也是可行的,但系统阶次的升高往往使问题变得非常复杂且对于解决问题没有什么明显的优势。在应用中高阶的 Sugeno 型系统是很少见的,MATLAB 的模糊逻辑工具箱也不能直接支持高于 1 阶的 Sugeno 型推理系统(用户可以在模糊逻辑工具箱上进行二次开发,使其支持高阶的 Sugeno 系统)。

3.3.2　Takagi-Sugeno 模糊模型的推理

为了利用 Mamdani 模型推理的结果,将精确的函数表达式看作是单点模糊集合,即将函数表达式 $y=f(x_1, x_2, \cdots, x_n)$看作一单点模糊集合 B_f,其隶属度为

$$\mu_{B_f}(y) = \begin{cases} 1 & y=f(x_1, x_2, \cdots, x_n) \\ 0 & y \neq f(x_1, x_2, \cdots, x_n) \end{cases} \tag{3.38}$$

式中模糊集合 B_f随输入 $x_1, x_2, \cdots, x_n$ 变化。由于结论是非模糊的,所以函数$f(x_1, x_2, \cdots, x_n)$中的变量应理解为非模糊的数值输入量。

按照式(3.38)将输出模糊化,则将 Takagi-Sugeno 模糊模型转化为 Mamdani 模糊模型的推理表达形式。若以二维模糊控制器为例,一个具有 m 条控制规则的 Takagi-Sugeno 模糊控制器其输入为 A'_1 和 A'_2 时,控制器的输出为

$$\mu_{B'}(y) = \bigvee_{i=1}^{m} \{ \sup[\mu_{A_{1i}}(x_1)\mu_{A_{2i}}(x_2)B_{fi}\mu_{A'_1}(x_1)\mu_{A'_2}(x_2) \mid x_1 \in U_1, x_2 \in U_2] \} =$$

$$\sup[\mu_{A_{1i}}(x_1)\mu_{A_{2i}}(x_2)\mu_{A'_1}(x_1)\mu_{A'_2}(x_2)\mid x_1\in U_1,x_2\in U_2,y=f_i(x_{10},x_{20})] \quad (3.39)$$

式中　A'_1,A'_2——输入量 x_{10},x_{20} 模糊化后对应的模糊子集。

若输入采用单点模糊化、“sup-乘积”推理、输出解模糊用加权平均法，则 m 条规则的结论互不相同时，模糊控制器的输入输出表达式为

$$y=\frac{\sum_{i=1}^{m} f_i(x_1,x_2)A_{1i}(x_1)A_{2i}(x_2)}{\sum_{i=1}^{m} A_{1i}(x_1)\,A_{2i}(x_2)} \quad (3.40)$$

3.3.3　基于 Takagi-Sugeno 模型的模糊控制

可以看出，Takagi-Sugeno 模糊逻辑系统的输出量在没有模糊消除器的情况下仍然是精确值。这类模糊逻辑系统的优点是由于输出量可以用输入值的线性组合来表示，因而计算效率高（线性函数和常值函数易于计算）；可以应用线性控制系统的分析方法来近似分析和设计模糊逻辑系统；另外，可以与已有的线性系统理论很好地结合（例如 PID 控制），可以方便地与优化和自适应技术结合运用，可以保证输出曲面的连续性。这类系统的缺点是规则的输出部分不具有模糊语言值的形式，因此不能充分利用专家的控制知识，模糊逻辑的各种不同原则在这种模糊逻辑系统中应用的自由度也受到限制。这种推理系统适合于分段线性的控制系统，如导弹、飞行器等的控制中，可以根据高度和速度建立的 Takagi-Sugeno 模型模糊控制系统，达到较高的控制品质。

【例 3.8】　如图 3.27 所示的倒立摆系统，当倒立摆的摆角和摆速较小时，可进行线性化处理，从而实现基于 Takagi-Sugeno 模型的倒立摆民航控制系统。

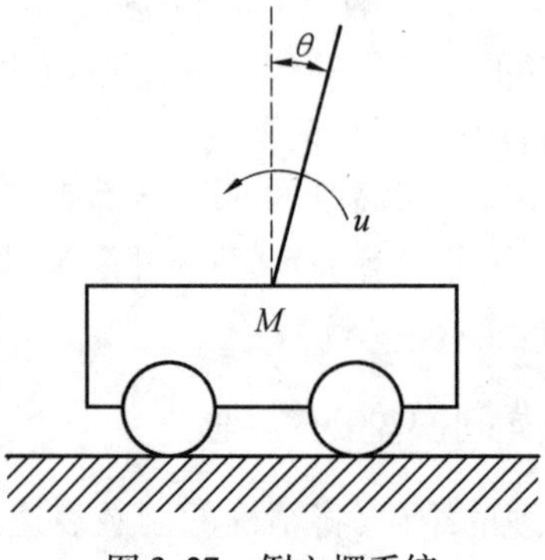

图 3.27　倒立摆系统

已知倒立摆的状态方程为

$$\begin{aligned}\dot{x}_1&=x_2\\ \dot{x}_2&=\frac{g\sin(x_1)-amx_2^2\sin(2x_1)/2-a\cos(x_1)u}{1.33l-aml\cos^2 x_1}\end{aligned} \quad (3.41)$$

式中　$x_1=\theta$——摆与垂线的夹角；

$x_2=\dot{\theta}$——摆的角速度；

m——倒立摆的质量；

$2l$——摆长；$a=l/(m+M)$，M 为小车质量；

u——作用于摆杆的逆时针控制扭矩。

重力加速度 $g=9.8\ \text{m/s}^2$。

由式(3.41)可知,当摆角 θ 和摆的角速度 $\dot{\theta}$ 很小时,则有

$$\sin x_1 \to x_1,\ \cos x_1 \to 1,\ amlx_2^2 \to 0 \tag{3.42}$$

在点(x_1,x_2)对倒立摆进行线性化,则上述状态方程可近似为

$$\begin{aligned}\dot{x}_1&=x_2\\ \dot{x}_2&=\frac{g}{1.33l-aml}x_1-\frac{a}{1.33l-aml}u\end{aligned} \tag{3.43}$$

若令 $\boldsymbol{x}=\begin{bmatrix}x_1\\x_2\end{bmatrix}$,则式(3.43)可表示为

$$\dot{\boldsymbol{x}}=\boldsymbol{Ax}+\boldsymbol{Bu} \tag{3.44}$$

式中 $\boldsymbol{A}=\begin{bmatrix}0 & 1\\ \dfrac{g}{1.33l-aml} & 0\end{bmatrix}$,$\boldsymbol{B}=\begin{bmatrix}0\\ -\dfrac{a}{1,33l-aml}\end{bmatrix}$。

则 Takagi-Sugeno 型模糊模型规则表示为

$$\text{If } x_1 \text{ is } \boldsymbol{C}_1 \text{ and } x_2 \text{ is } \boldsymbol{C}_2 \text{ then } \dot{\boldsymbol{x}}=\boldsymbol{Ax}+\boldsymbol{Bu} \tag{3.45}$$

若选择的闭环极点为 $P(p_1,p_2)$,采用 $\boldsymbol{u}=-\boldsymbol{Fx}$ 的反馈控制,则利用极点配置可以得到系统的反馈增益矩阵 $\boldsymbol{F}$。

根据倒立摆的模糊模型,则 Takagi-Sugeno 型模糊控制器规则为

$$\text{If } x_1 \text{ is } \boldsymbol{C}_1 \text{ and } x_2 \text{ is } \boldsymbol{C}_2 \text{ then } \boldsymbol{u}=-\boldsymbol{Fx} \tag{3.46}$$

利用规则(3.45)和(3.46)即可设计出基于 Takagi-Sugeno 模型倒立摆模糊控制系统。

3.5　模糊控制的应用

模糊控制与经典控制和现代控制相比,其理论体系尚不完善,但在机械、交通运输、石油化工、电力及冶金工业等的生产过程控制中得到了广泛而有效的应用。在工程上应用较多的控制目标是温度、速度、压力和位置等控制系统。下面介绍两个工程应用的例子。

3.5.1　模糊伺服控制系统

交流伺服控制系统在机器人及数控机床等加工机械上得到了广泛的应用。交流伺服电动机的主要优点是体积小、过载能力强、输出转矩大且不存在电刷的磨损问题,因而可以在低转速运行,机械特性好。通常从控制品质对交流伺服控制系统的要求有:

(1)跟踪特性好,即对系统的输入的动态响应动态偏差小且无超调,调节时间短等。

(2)稳态偏差小,从而可以保证定位的精度较高,并具有较大的定位力矩。

由于控制品质要求较高,而伺服系统的时变特性和负荷扰动及交流电动机本身的非线性耦合性的影响,使得采用传统的控制方法很难达到控制品质的要求。

简单的交流伺服控制系统是以位置信号为反馈构成的闭环控制系统,如图3.28所示,图中 θ_0 为位置的给定值信号,θ 为位置反馈信号,位置偏差信号 e 为经过调节器输出减小偏差所需施加在电力变流器的调节量,再经过信号转换和功率放大,驱动伺服机构,从而使输

出的偏差减小,直到偏差为零,系统到达稳定状态。

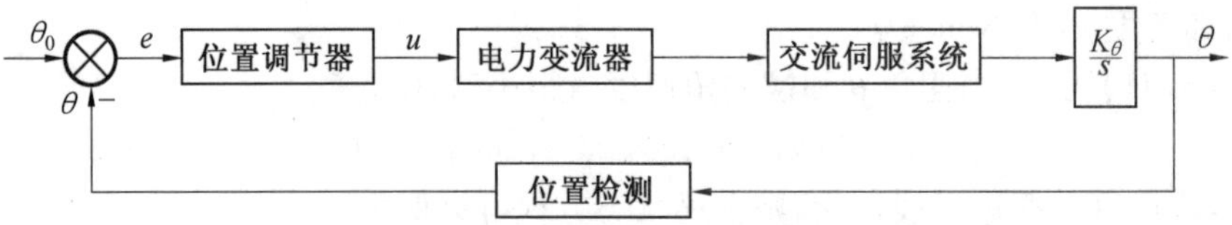

图 3.28　交流伺服系统

交流伺服电动机有较强的耦合性和非线性,但通过坐标系的静止变换和旋转变换,可将三相交流异步电动机复杂模型转换成近似于直流电动机的模型。

为了提高控制品质,通常控制系统增加两个辅助被调量电流 I_d 和速度 ω_d,构成三闭环的交流伺服控制系统,系统的结构与直流三闭环调速系统类似,如图 3.29 所示。图中 θ 为实际位置信号;θ_0为位置的目标值;ω_d为交流电动机输出的角速度;U_{d0},I_d分别为直流环节电源的理想空载电压和空载电流;$T_d=\dfrac{L}{R}$为电磁时间常数,R 和 L 为直流环节负载等效电阻和等效电感;C_T为电动机电磁转矩 T_e与直流环节电流 I_d间的比例关系;T_e为负载转矩;J 为转动惯量。位置检测常用的有同步器、光栅、光电脉冲发生器和编码盘;电力变流器是高性能的伺服控制系统调速的关键设备,由于高性能的伺服控制系统都采用交流伺服电动机作为执行机构,所以电力变流器大都采用 PWM 矢量控制交流变频装置。

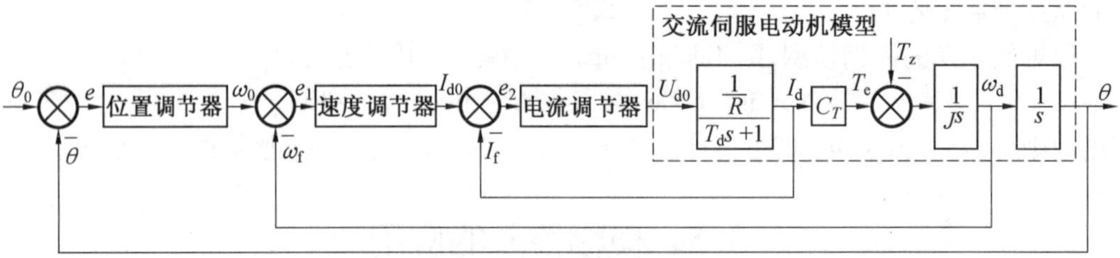

图 3.29　三闭环交流伺服系统

电流环的作用是改善被控对象的动态特性,构造一个快速回路,以便快速消除电流环内的扰动,同时起到限制电流的作用,从而在保证系统有足够大的加速转矩的同时保证系统安全运行。速度环的作用是提高克服负荷扰动的能力,抑制速度波动。位置环是反馈的主通道,是保证控制系统稳态精度和动态跟踪性能的关键。根据各个环的作用的不同设计选用相应控制方式。

由于矢量控制实现了异步电动机模型的解耦,故内环速度调节器和电流调节器均可采用直流调速系统的工程设计方法设计。

由于系统中存在 PWM 电压逆变器的环节和电动机定子和转子电感的作用,而电流和速度具有一定的惯性,因此电流调节器对象可以看作是一个二阶惯性环节,其传递函数为

$$G_{01}(s)=\frac{K_1}{(T_1s+1)(T_ds+1)} \tag{3.47}$$

式中　K_1,T_1——电动机定子电压到转子电流环节的增益和惯性时间常数。

电流环的主要目的是保证电枢电流在动态过程中不超限,故希望无超调或超调越小越好,则可将电流环校正为典型 Ⅰ 型系统,表示为

$$G_{\mathrm{I}}(s)=\frac{K}{s(Ts+1)} \tag{3.48}$$

则可用 PI 调节器校正。电流环的控制回路如图 3.30 所示，参数的设计应使电流调节器的零点和被控对象的大时间常数对应，即取

$$T_{\mathrm{i1}}=T_{\mathrm{d}} \tag{3.49}$$

$$K_{\mathrm{p1}}=\frac{T_{\mathrm{d}}}{2K_{1}T_{1}} \tag{3.50}$$

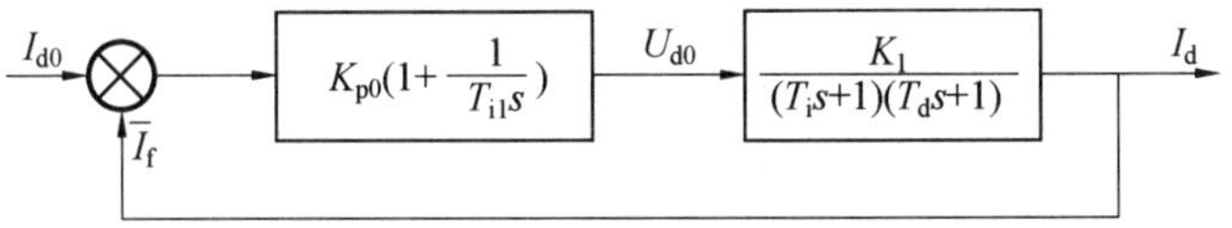

图 3.30　电流控制回路

因要求超调量要小，取阻尼系数 $\xi=0.707$，则超调量为 $\sigma=4.3\%$ 时，电流环回路近似为

$$G_{\mathrm{I}}(s)=\frac{K_{\mathrm{I}}}{T_{\mathrm{I}}s+1} \tag{3.51}$$

其中 $K_{\mathrm{I}}=\omega_0=1/(\sqrt{2}T_1)$，$T_{\mathrm{I}}=T_1$。

在上述电流环基础上增加速度调节器构成速度控制回路，结构如图 3.31 所示，图中 $K_\omega=\frac{C_T}{J}$。环内有负载扰动 $I_z=\frac{T_z}{C_T}$，且其后有积分环节，为了实现速度无差调节，速度环设计为Ⅱ型系统，同时选用 PI 调节器，调节器参数为

$$T_{\mathrm{i2}}=mT_{\mathrm{I}} \tag{3.52}$$

$$K_{\mathrm{p2}}=\frac{m+1}{2m}\cdot\frac{T_{\mathrm{d}}}{2K_{\mathrm{I}}K_\omega T_{\mathrm{I}}} \tag{3.53}$$

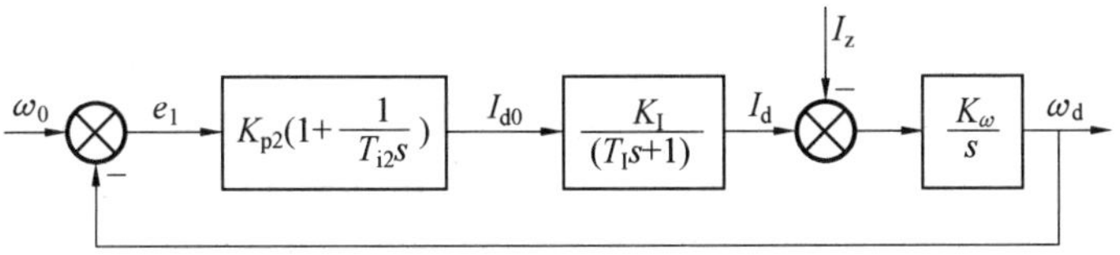

图 3.31　速度控制回路

式中　m——中频带宽，其取值由系统的跟踪性能和抗干扰特性决定。

位置调节器应实现位置快速无超调控制要求，而位置控制回路中具有一定的不确定性，如模型的时变性和非线性等，这就要求控制系统的鲁棒性要强，用常规的 PID 控制方式很难达到要求，对这种非线性的对象可以考虑用模糊控制方式解决其控制问题。控制过程中，在位置偏差较大时，控制的目的是快速跟踪，而在偏差较小时控制的目的是实现精确定位，这两个功能的实现是有矛盾的，如果按精确定位来设计模糊控制器，则在动态跟踪过程中速度达不到要求，按跟踪性能设计模糊控制器又会使得系统在精确定位时稳定性下降，产生超调或震荡。因此，需要根据不同的要求设计不同的模糊控制器，在偏差较大时查询跟踪特性的控制规则所生成的查询表，而在偏差较小时查询实现精确定位的控制规则所生成的查询表求，即采用“双模”结构的模糊控制器，如图 3.32 所示。

图 3.32 中速度伺服机构为前面设计的具有电流调节器和速度调节器的矢量控制交流调速系统。FLC 从控制的精度考虑，选用二维的模糊控制器，输入分别为位置误差 e 和位置

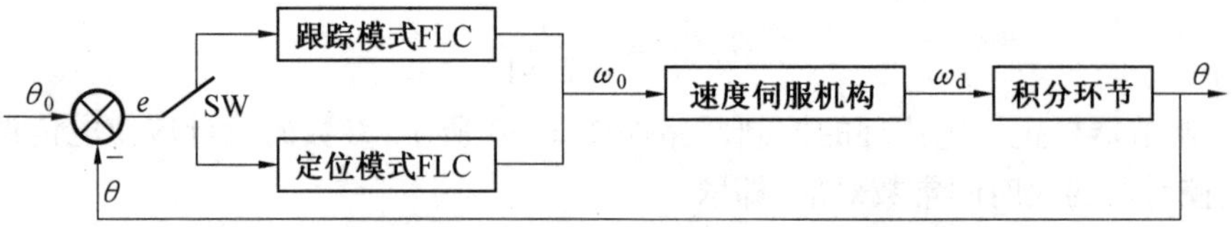

图 3.32　交流伺服双模模糊控制系统

误差变化率 $\dot{e}$。

若定义逆时针方向为正,顺时针为负,e 和 $\dot{e}$ 的语言变量为 E 和 EC,速度给定值 ω_0 的语言变量为 U,则控制器的控制规则形式为

$$R_i: \text{If } E \text{ is } A_i \text{ and } EC \text{ is } B_i \text{ then } U \text{ is } C_i \tag{3.54}$$

则根据控制经验可得到模糊控制规则表,见表 3.13。

表 3.13　位置模糊控制规则表

U (E \ EC)	PB	PM	PS	Z	NS	NM	NB
PB	NB	NB	NM	NM	NS	NS	PM
PM	NB	NM	NS	NS	NS	Z	PM
PS	NB	NM	NS	NS	Z	PS	PB
Z	NB	NS	NS	Z	PS	PS	PB
NS	NB	NS	Z	PS	PS	PM	PB
NM	NM	Z	PS	PS	PS	PM	PB
NB	NM	PS	PS	PM	PM	PB	PB

根据表 3.13 和前面讲的模糊控制表的设计方法,可以得到控制决策表,则控制系统工作时通过在线查询的方法得到所需要的控制量,从而实现位置的模糊控制。但这种方式下,规则不易修改,因此需要建立具有调整因子的规则生产方法。

若交流伺服系统采用增量式光电码盘作为位置控制装置,同时检测速度信号,则构成一个位置的闭环控制系统。设码盘分辨率为每转 2 048 个脉冲,用码盘输出的相位差为 90°的两路脉冲信号构成四倍频和鉴相信号,则交流伺服电动机每转一周实际可测脉冲数为 2 048×4=9 192 个脉冲。将误差量为 8 000 个脉冲作为双模切换点,则当 $e>8\,000$ 时查询粗调控制表,$e\leqslant 8\,000$ 则查询细调查询表。

当 $e>8\,000$ 时,将语言变量误差 E、误差变化率 EC 和速度给定 U 量化等级取为 $m=5$,则总的分级数为 $d=2m+1=11$。采用整定因子的控制结果为

$$U=-\text{int}[\alpha E+(1-\alpha)EC] \tag{3.55}$$

式中　int(·) ——取整运算。

该式表示,在位置误差较大时,对误差的加权较大,以快速消除误差;而当误差较小时,则对误差变化率加权较大,从而实现快速、无超调的精确定位。

根据不同的误差等级分别选择加权系数,若取

$$\alpha=\begin{cases}0.45 & E=0,\pm1\\ 0.65 & E=\pm2,\pm3\\ 0.85 & E=\pm4,\pm5\end{cases} \tag{3.56}$$

则根据控制的规则可得到粗调模糊控制器的查询控制表，见表 3.14。

表 3.14　粗调模糊控制器控制表

e \ u \ $\dot{e}$	−5	−4	−3	−2	−1	+0	1	2	3	4	5
−5	5	4	3	3	3	2	2	0	0	−2	−3
−4	4	4	3	2	2	2	1	0	0	−2	−3
−3	4	3	3	2	2	1	1	0	0	−2	−3
−2	4	3	2	2	1	1	0	0	−1	−3	−3
−1	4	3	2	1	1	0	0	0	−1	−3	−4
0	4	3	1	1	0	0	0	−1	−1	−3	−4
1	4	3	1	0	0	0	−1	−1	−2	−3	−4
2	3	3	1	0	0	−1	−1	−2	−2	−3	−4
3	3	2	0	0	−1	−1	−2	−2	−3	−3	−4
4	3	2	0	0	−1	−2	−2	−2	−3	−4	−4
5	3	2	0	0	−2	−2	−3	−3	−3	−4	−5

当 $e\leqslant 8\ 000$ 时，将语言变量误差 E、误差变化率 EC 和速度给定 U 量化等级取为 $m=6$，则总的分级数为 $d=2m+1=13$。采用带整定因子的控制式(3.55)，因细调主要目的是保证无超调准确定位，故将不同误差等级时的加权系数取的更细，若取

$$\alpha=\begin{cases}0.5 & E=0\\ 0.6 & E=\pm1,\pm2\\ 0.7 & E=\pm3,\pm4\\ 0.8 & E=\pm5,\pm6\end{cases} \tag{3.57}$$

则根据控制的规则可得到细调模糊控制器的查询控制表，见表 3.15。

表 3.15　细调模糊控制器控制表

E \ u \ EC	−6	−5	−4	−3	−2	−1	+0	1	2	3	4	5	6
−6	6	5	4	4	3	3	3	1	1	1	0	−1	−3
−5	5	5	4	3	3	2	2	1	1	0	0	−1	−3
−4	5	4	4	3	2	2	2	0	0	0	−1	−1	−3
−3	5	4	3	3	2	1	1	0	0	0	−1	−2	−3
−2	5	3	3	2	2	1	1	0	0	0	−1	−2	−4

续表 3.15

E \ u \ EC	-6	-5	-4	-3	-2	-1	+0	1	2	3	4	5	6
-1	4	3	2	2	1	0	0	0	0	0	-2	-2	-4
0	4	2	2	1	1	0	0	-1	-1	-1	-2	-3	-4
1	4	2	2	1	0	0	0	-1	-1	-1	-2	-3	-4
2	4	1	1	0	0	-1	-1	-1	-2	-2	-3	-3	-5
3	3	1	1	0	0	-1	-1	-2	-2	-2	-3	-4	-5
4	3	1	1	0	0	-2	-2	-2	-2	-2	-4	-4	-5
5	3	0	0	0	-1	-2	-2	-3	-3	-3	-4	-5	-5
6	3	0	0	-1	-1	-3	-3	-3	-3	-3	-4	-5	-6

3.5.2 模糊控制的锅炉温度控制系统

传统的集中供热系统是用锅炉加热汽包中的水,然后将从汽包出来的热水通过管道分配到各房间的各组散热片。为了满足用户的不同要求,锅炉需要根据室外温度不断地调整汽锅中的水温,加热系统如图 3.33 所示。常规的位式控制系统原理如图 3.34 所示。当锅炉中汽包的水温低于给定值 2 ℃时,燃料阀打开,反之,比给定值高 2 ℃时关闭燃料阀,给定值的大小按照标准 $\theta_0=f(\theta,u_1,\cdots,q)$ 定义,即给定值 θ_0 与室外温度 θ、门窗开度 u_1、通风流量 q 等有关。

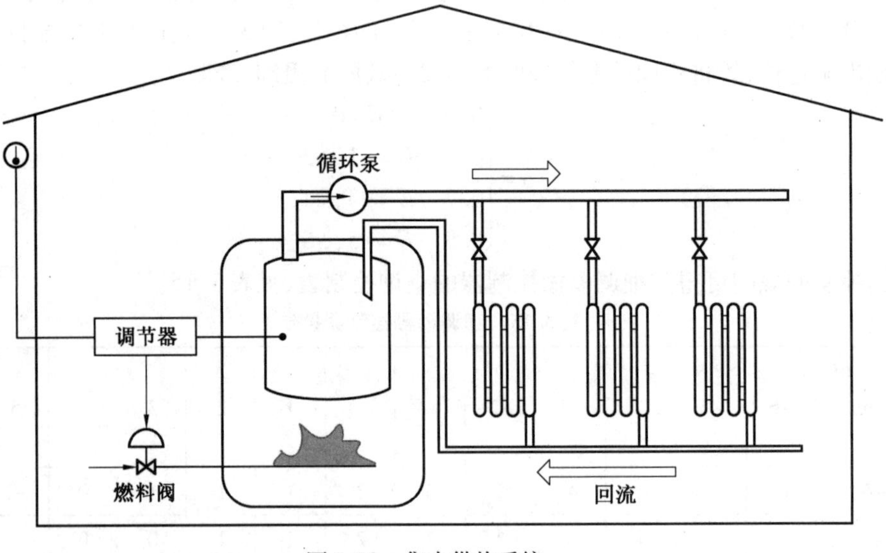

图 3.33 集中供热系统

对于个别用户而言,热量需求模式的最重要指标是根据燃烧器的开关率来测定房屋的实际能量损耗曲线,如图 3.35 给出的例子,从中可以看出 4 个描述参数为:当前负荷、中期变化趋势(如加热和降温阶段)、短期变化趋势(如门窗开关等的干扰)和前一日的平均耗能

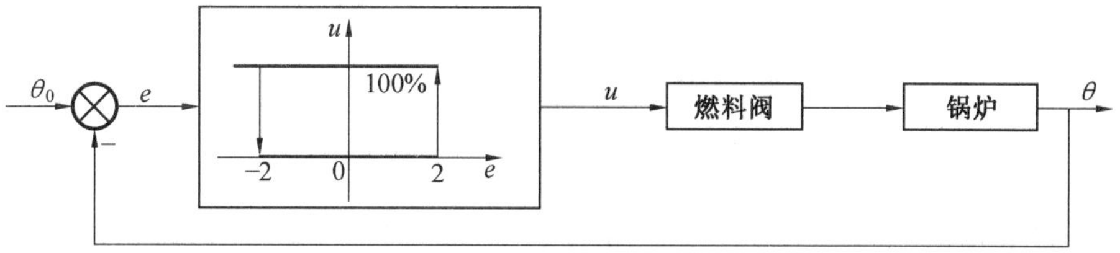

图3.34　常规锅炉控制系统

等。根据这4个描述性参数可以合理有效地设计温度给定值的规则,通过模糊推理过程得到最佳的给定值。为使这些规则公式化,将季节的平均室外温度也作为系统的输入参数,绘制曲线如图3.36所示。

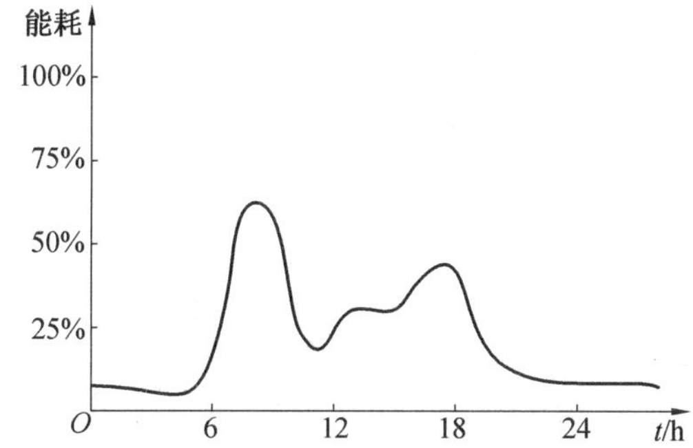

图3.35　房间(通风)的实际能耗(Altrock,1993)

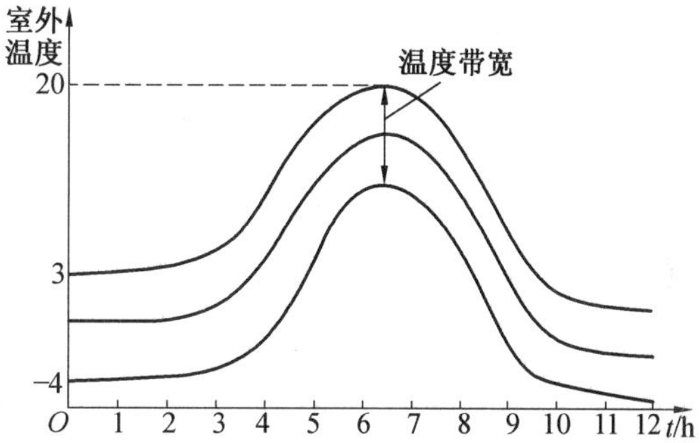

图3.36　房间(通风)的室外温度(Altrock,1993)

在此基础上设计新的锅炉控制系统如图3.37所示。模糊控制器有5个输入,其中4个参数来自耗能曲线,另外一个为室外温度,由于给出了室外平均温度故不需要测量室外温度,控制器的输出为常规调节器的给定值θ_0。

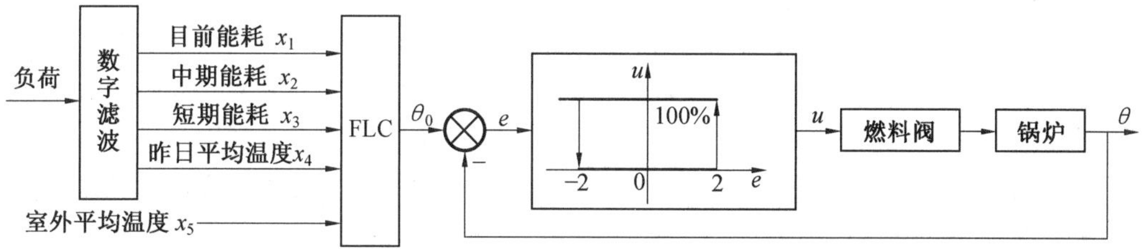

图3.37　模糊锅炉控制系统(Altrock,1993)

模糊控制器的目的是估算出房间的实际热量需求,若x_1表示当前能耗,x_2表示中期变化趋势,x_3表示短期变化趋势,x_4表示昨天的平均温度,x_5表示室外环境平均温度,y估计的热量需求,则根据经验定义参数估计的规则为

如果x_1低且x_2增加且x_3减小且x_4中且x_5很低,则y中等高

需要定义405条规则进行参数估计。若将推理的策略加以推广,即将规则和“支持度”联系起来。所谓“支持度”指表示每条规则相对于其他规则独有的重要程度,用[0,1]之间的数表示。将常规控制器和测试室相连来评估系统特性,图3.38给出一个例子。

试验结果表明模糊控制器对房间的实际热量需求反应灵敏。另外,采用这一方案可以减少户外传感器,降低系统的造价。若采用在低负荷段汽包温度给定低于常规控制器的方法,模糊控制器还能起到节能的作用(Altrock,1993)。

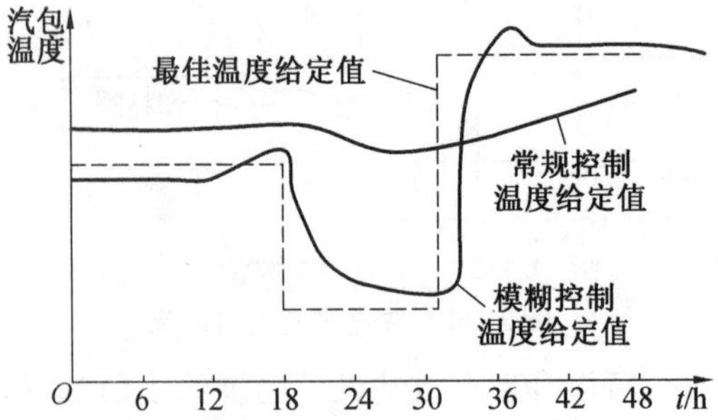

图 3.38　模糊锅炉控制系统与常规控制系统性能比较(Altrock,1993)

3.6　基于 MATLAB 的模糊控制系统设计

3.6.1　MATLAB 模糊控制工具箱简介

MATLAB 是 Math Works 公司在 1982 年推出的一套高性能数值计算和可视化软件。集数值分析、矩阵运算、信号处理和图形显示于一体,构成了一个方便的、界面友好的用户环境。MATLAB 强大的扩展功能为各个领域的应用提供了平台,各个领域的专家学者在此平台上不断开发新的工具箱。

MATLAB 模糊逻辑工具箱是 Math Works 公司在 MATLAB 中添加的 Fuzzy Locic 工具箱,是一个函数集成体,利用它可以在 MATLAB 框架下设计、建立以及测试模糊推理系统,结合 Simulink 可对模糊系统进行模拟仿真,也可以编写独立的 C 语言程序来调用 MATLAB 中所设计的模糊系统。

基于 MATLAB 的 Fuzzy Locic 工具箱设计模糊控制系统的方法有 3 种:第一种使用方法是由 Fuzzy Locic 工具箱中的命令函数或者用户自己编写的函数构成的,通常这些函数以 MATLAB 的 .m 文件存放,以实现特定的模糊逻辑算法;第二种方法是利用 Fuzzy Locic 工具箱的图形用户界面(GUI)访问工具箱函数来构造系统,可以简单快速地实现设计好的模糊逻辑推理系统,并进行计算、测试以及修改工作;第三种方法是利用 Fuzzy Locic 工具箱与 MATLAB 的仿真环境 Simulink 的一系列接口模糊逻辑模块实现控制系统的设计仿真。

模糊工具箱还提供 C 语言编程接口,通过接口可以很容易地在独立的 C 代码程序中调用 MATLAB 工具箱建立的模糊推理系统,而不需要 MATLAB 的仿真环境。因此,可以先在 MATLAB 环境中完成模糊系统的设计、建立、修改和调试工作,然后通过编写独立于 MATLAB 环境的 C 语言程序来调用这个模糊系统,进而可以方便地运用到实际的系统开发中去。

由于 MATLAB 环境的集成特性,用户还可以方便地将模糊逻辑用于 MATLAB 环境,方便地将模糊逻辑工具箱与其他一些工具箱结合使用,例如控制系统工具箱、神经网络工具箱、优化工具箱等。甚至在其基础上还可以开发出用户自己独特的工具箱。

在 Fuzzy Logic Toolbox 中,可以实现两种类型的模糊推理系统,即 Mamdani 型模糊推理系统和 Sugeno 模糊推理系统,模糊推理过程由 5 个部分构成,即输入变量的模糊化、前件中模糊算子(AND 或 OR)的应用、从前件到后件的蕴涵关系、模糊规则结果的聚类和反模糊化等。

根据模糊逻辑系统的主要构成,在MATLAB模糊逻辑工具箱中构造一个模糊推理系统的步骤如下:

(1)建立模糊推理系统对应的数据文件,其后缀为.fis,用于对该模糊系统进行存储、修改和管理。

(2)确定输入、输出语言变量及其语言值。

(3)确定各语言值的隶属度函数,包括隶属度函数的类型与参数。

(4)确定模糊规则。

(5)确定各种模糊运算方法,包括模糊推理方法、模糊化方法、去模糊化方法等。

3.6.2　模糊逻辑工具箱的图形用户界面

MATLAB模糊工具箱的图形界面可视化工具提供了一个设计、分析、应用模糊推理系统的环境,使用可视化图形工具要方便简单并且直观。

MATLAB模糊工具箱提供的图形化工具有5类:模糊推理系统编辑器(Fuzzy Editor)、隶属度函数编辑器(Membership Function Editor)、模糊规则编辑器(Rule Editor)、模糊规则观察器(Rule Viewer)、模糊推理输入输出曲面视图(Surface Viewer),如图3.39所示。这5

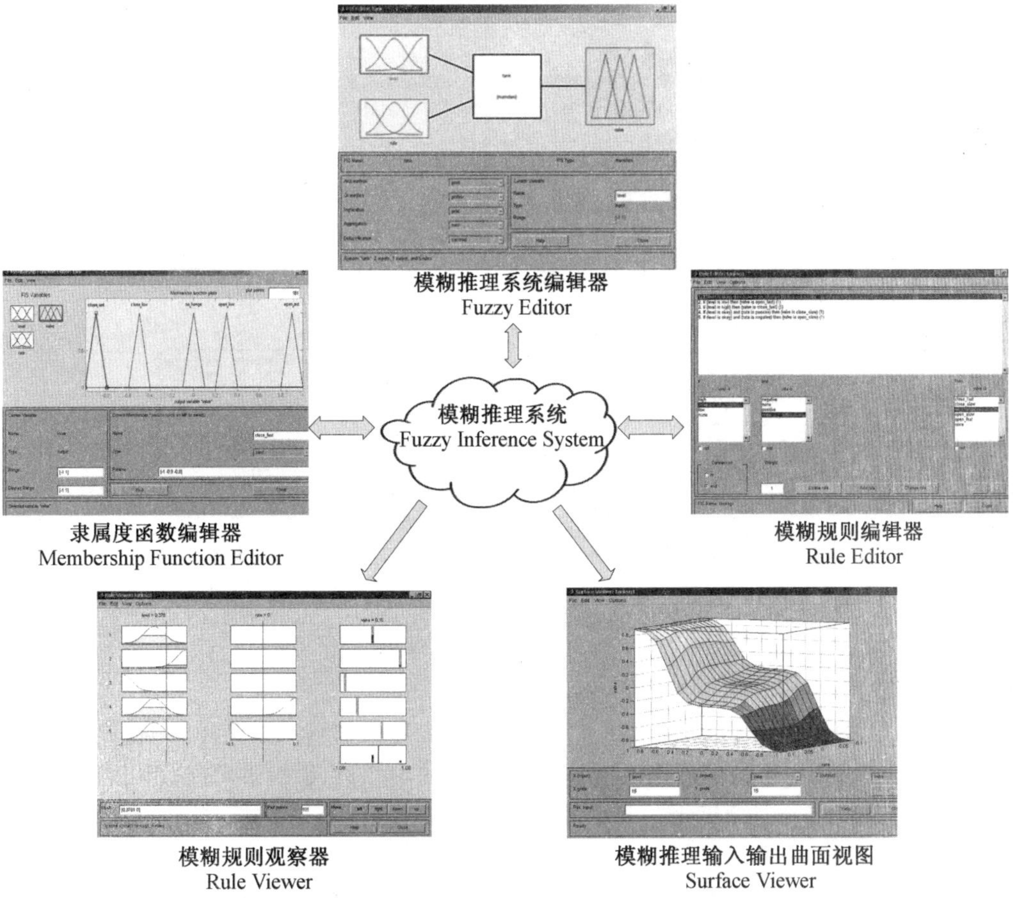

图3.39　模糊逻辑工具箱图形工具相互关系

个图形化工具操作简单,相互动态联系,只要模糊推理系统任何一个 GUI 的参数或性质被用户修改,其他打开的任何 GUI 中相应的参数或性质都将自动地被同步改变,可以同时用来快速构建用户设计的模糊系统。

模糊逻辑工具箱的 5 个基本 GUI 工具之间能相互作用并交换信息,其中任一个 GUI 工具都能对工作区和磁盘进行读写(只读观察器同样能与工作区和(或)磁盘交换图形),这 5 个 GUI 工具中的任何一个或全部都是开放的。对任意多个 FIS 系统,编辑器都可以同时打开。FIS 编辑器、隶属函数编辑器、模糊规则编辑器都能读并修改 FIS 的数据。但是,模糊规则观察器和输出曲面观察器在任何方式下都不能修改 FIS 的数据。

1. 模糊推理系统编辑器

FIS 编辑器设置系统的结构,如输入输出变过量数及其名称等。模糊逻辑工具箱输入变量的个数没有限制。但是,输入变量的个数会受到计算机内存的限制。如果输入变量的个数太多,或隶属函数的个数太多,则可能难于使用其他 GUI 工具来分析 FIS。

如果已经存在一个模糊推理系统 sys1. fis,则在 MATLAB 命令窗口中键入“fuzzy sys1”可用模糊逻辑工具箱模糊推理系统打开该系统。若在 MATLAB 命令窗口键入“fuzzy”则打开 FIS 编辑器,打开窗口如图 3.40 所示。

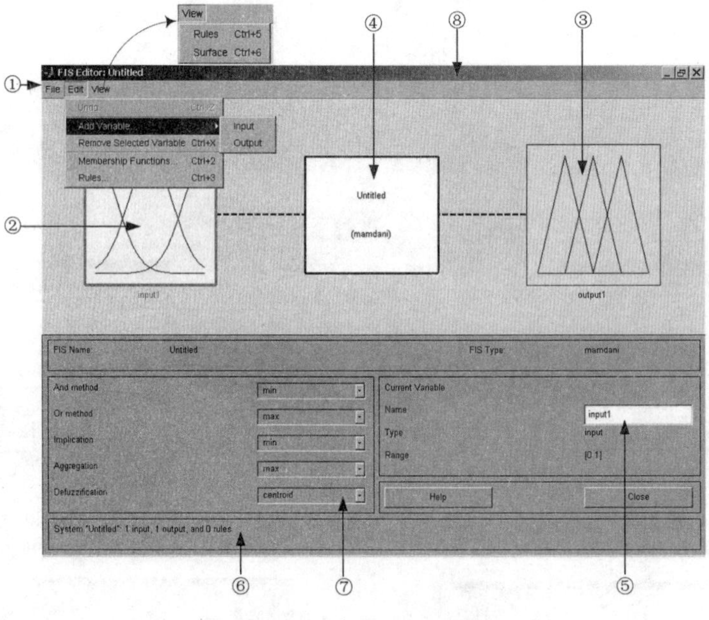

图 3.40　模糊推理系统编辑器

FIS 编辑器中各部分的功能如下:

①File(文件)菜单。该区域是每一个基本图形工具中都具有的菜单项,在此可以进行打开、保存或编辑模糊系统等操作。例如,增加输入输出变量、编辑隶属函数和规则、观察规则和控制表面等。5 个基本图形工具中的每一个 File 菜单下,均可进行打开、保存或编辑模糊系统的操作。

②在该区域中,双击输入变量的图标,可编辑输入变量的隶属函数。

③在该区域中,双击输出变量的图标,可编辑输出变量的隶属函数。

④在该区域中,双击系统示图,可打开模糊规则编辑器。

⑤文本框。在该文本框中可对输入变量或输出变量进行命名或改名。

⑥状态栏。在该状态栏显示上一步进行的操作。

⑦下拉菜单。各下拉菜单用于选择模糊推理方法,如选择"蕴涵"方法等。

⑧在该区域中显示系统名称。

2. 隶属函数编辑器

用于定义与每个语言变量的隶属函数的形状。首先打开隶属函数编辑器方法有 3 种:一是在 edit 菜单项下选定"Membership Functions..."；二是双击图 3.40 中区域②或③中的输入、输出变量图标；三是在 MATLAB 命令窗口键入"mfedit"。打开的隶属函数编辑器如图 3.41 所示。

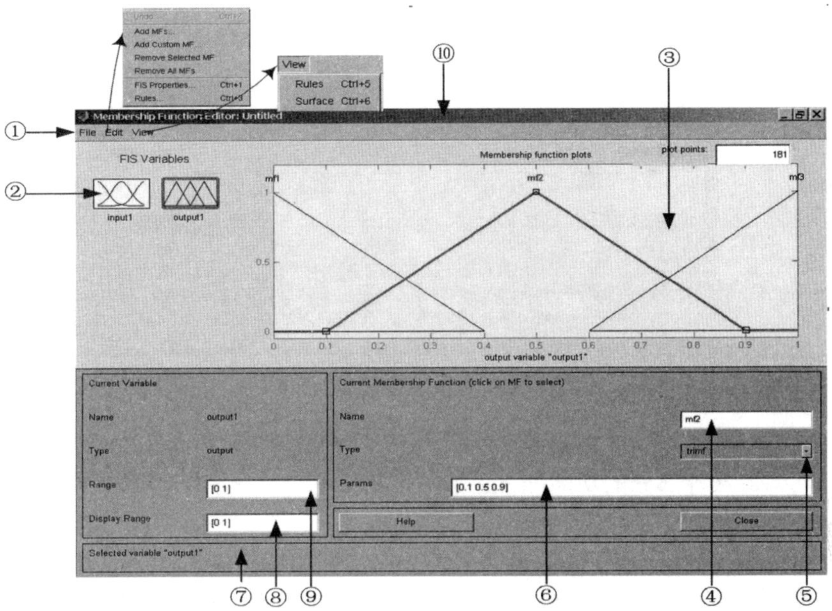

图 3.41　隶属函数编辑器

隶属函数编辑器中各区域的功能如下:

①File(文件)菜单。

②该区域为变量区,显示所有已定义的输入变量和输出变量。单击任一变量将成为当前变量。

③该区域为绘图区,显示当前变量的所有隶属函数,并可进行该变量的隶属函数编辑。在该区域中,单击并选中任一条隶属函数,可在下面区域编辑其的名称、类型、属性及参数等。

④文本框。在该文本框中,可以改变当前选中的隶属函数的名称。

⑤下拉菜单。在该下拉菜单中可以改变当前隶属函数的类型。

⑥文本框。在该文本框中,可以改变当前选中的隶属函数的数字参数。

⑦状态栏。在该状态栏显示上一步进行的操作。

⑧文本框。在该文本框中,可设置当前图形的显示范围。

⑨文本框。在该文本框中,可设置当前变量的范围。

⑩在此区域,显示当前选中的变量的名称和类型。

3. 模糊规则编辑器

用于编辑定义系统行为的规则列表。有两种调用模糊规则编辑器的方法:一是在 FIS 编辑器或隶属函数编辑器中的 Edit 菜单中选定“Rules...”;二是在 MATLAB 命令窗口中键入“ruleedit”。打开的模糊规则编辑器如图 3.42 所示。

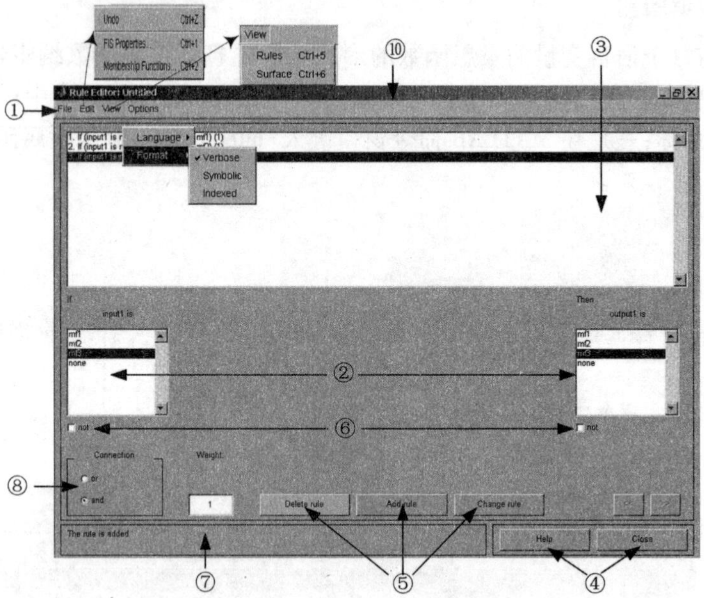

图 3.42　模糊规则编辑器

模糊规则编辑器各部分的功能如下:

①File(文件)菜单。

②输入输出量选择框,输入输出的量是一个语言量而非数值。

③模糊规则编辑器根据用户的操作而自动地书写或修改模糊规则。

④Help 按钮和 Close 按钮。

⑤Delete rule 按钮、Add rule 按钮和 Change rule 按钮。

按 Delete rule 按钮删除选中的规则;

按 Change rule 按钮,可以修改选中的模糊规则;

按 Add rule 按钮将根据输入输出菜单中所选的变量建立新的规则。

⑥选中此复选框,将使规则中输入、输出的定义为“非”或取反。

⑦状态栏。在该状态栏显示上一步进行的操作。

⑧选择该处的单选按钮,确定模糊规则中各输入间“与”或“或”的连接关系。

从模糊规则编辑器的 Options 菜单下弹出 Format 菜单项中,可以看到模糊规则的不同格式。默认的是 Verbose 项,给出规则的详细格式;在 Symbolic 形式下,看到的规则语言化色彩变弱;在 Indexed 形式下,模糊规则将以高度压缩的形式显示,其中不含任何自然语言。例如

1　1(1):1

2　2(1):1

3　3(1):1

这种格式用于机器处理。第一列对应于输入变量,第二列对应于输出变量,第三列表示应用每个规则的权值,第四列是一个简写,它指明规则之间是“OR”(2)还是“AND”(1)。在前两列中的数字指示隶属函数的索引数。

应用以上3个模糊逻辑工具箱图形工具,就可以建立完整的模糊推理系统,要查看模糊推理系统的各种特性,需要应用下面两个观察器。

4. 模糊规则观察器

通过模糊规则观察器可以观察模糊推理图,确定推理系统的行为是否与预期的一致。打开模糊规则观察器的方法有两种,即可在MATLAB命令窗口“ruleview”或从FIS编辑器或隶属函数编辑器或模糊规则编辑器的View菜单中选择“Rules”。打开的模糊规则观察器如图3.43所示。

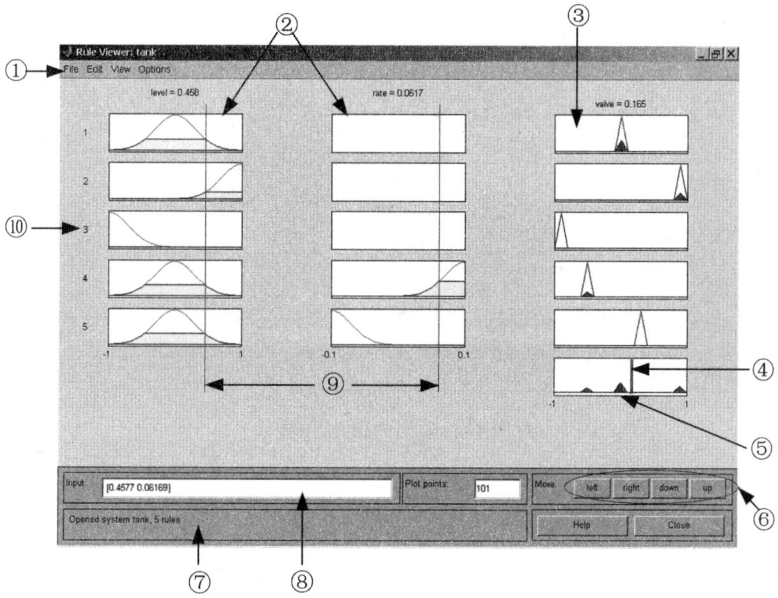

图3.43　模糊规则观察器

模糊规则观察器各部分的功能如下:

①File(文件)菜单。

②这两列(默认黄色)图形中,每列图形显示该列相应的输入变量在模糊规则中的应用情况。在各列的顶端给出的是该输入变量的值。

③在该列(默认蓝色)的图形中,显示输出变量在模糊规则中应用情况,顶端给出输出的结果。

④由这条线(默认红色)给出了解模糊的值。

⑤该图显示各模糊规则的输出如何被结合,并构成聚类输出,然后再解模糊。

⑥当系统很复杂、模糊规则个数很多时,屏幕可能显示不了所有模糊规则,可用这4个按钮移动图形区,以便于观察。

⑦状态栏。在该状态栏显示上一步进行的操作。

⑧文本框。在该文本框中可设置具体的输入值。

⑨用鼠标按住并移动此线，可改变输入值，并产生一个新的输出响应。

⑩每一行图形表示一个模糊规则（图中有 30 个模糊规则）。单击模糊规则的标号，在状态栏中将显示该规则的表述。模糊规则观察器显示整个模糊推理过程的重要部分。

5. 输出曲面观察器

如果要观测模糊推理系统的完整输出曲面，则需要打开模糊逻辑工具箱的最后一个 GUI 工具，即输出曲面观察器。要打开输出曲面观察器，可在工作区中键入“surfview”或从 FIS 编辑器（也可从隶属函数编辑器、模糊规则编辑器或模糊规则观察器）的 View 菜单中选择“Surface”。打开的输出曲面观察器如图 3.44 所示。

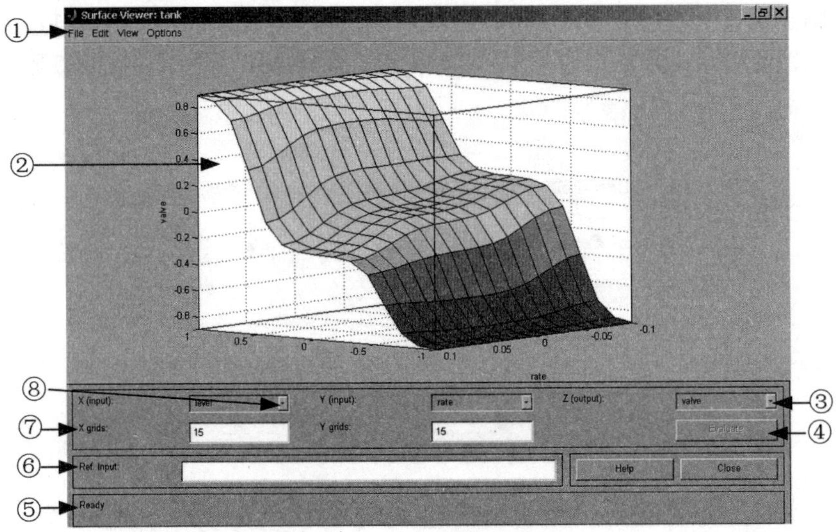

图 3.44　输出曲面观察器

模糊观察器各部分的功能如下：

①Fiel（文件）菜单。

②输出曲面，反映系统的任一输出与任一或两个输入间的对应关系。在输出曲面上拖动鼠标，可以转动坐标轴，以便于观察输出曲面。

③下拉菜单。在该下拉菜单中可指定要显示的输出变量。

④Evaluete 按钮。在设置了新的输入变量之后，单击此按钮，可计算新的输出曲面并绘出其图形。

⑤状态栏。在该状态栏显示上一步进行的操作。

⑥在输出曲面上只能显示两个输入变量。当输入变量的个数多于两个时，在该文本框中可设置未在输出曲面中显示出的输入变量的值。

⑦文本框。在该文本框中可指定对输入空间绘图的网格数。

⑧下拉菜单，指定要在输出曲面中显示的一个或两个输入变量。

对于 SISO 系统在输出曲面观察器中可以在一个图形中看到全部映射；对于二输入单输出时，也可以观察到全部映射。当系统的输入输出个数之和超过三个（三维）时，则难以做出输出的图形。因此，在输出曲面观察器的下端设置了弹出式选择框，从中可在多个变量中任选两个输入作为三维图形中 X，Y 轴的输入，并以输出作为 Z 轴的输入。

当将模糊系统存到磁盘时,存入的是一个用 ASCII 码表示该系统的 FIS 文件,文件属名为. fis,是一个文本文件。如果要将模糊系统保存到 MATLAB 工作区,则需建立一个变量(变量名由用户指定),这个变量将 FIS 系统作为 MATLAB 的一个结构进行工作,. fis 文件和 FIS 结构所表示的是同一个系统。

3.6.3　用模糊逻辑工具箱命令建立模糊系统

前面主要介绍了 MATLAB 图形化工具的使用,MATLAB 同样也提供了一些函数命令来实现模糊逻辑系统。这些函数不仅能完全实现图形化方式所提供的功能,同时还可以实现图形化方式所难以实现的功能。特别是对于那些比较复杂的模糊推理系统,在输入输出变量、隶属度函数、模糊规则数目比较多的时候,如果要在图形化界面中人工输入,效率就很低了。这时如果通过命令行方式的编程,就可以让计算机完成许多重复性的输入工作,大大减少了工作量。还有其他一些情况,如输入输出变量、隶属度函数、模糊规则等是由程序计算得到的,这时如果采用命令行的编程会更加简单方便。

模糊逻辑工具基本函数包括图形工具类函数、隶属度函数类函数、FIS 结构的相关类操作函数、Sugeno 型模糊系统应用函数、仿真模块库相关操作函数以及演示范例程序函数等。

1. 图形工具类函数

调用 GUI 编辑器的函数命令,见表 3.16,使用方法参见上节。

表 3.16　调用 GUI 编辑器的函数命令

anfisedit ANFIS	训练和测试用户接口工具
findcluster	簇用户接口工具
fuzzy	调出基本 FIS 编辑器
mfedit	调出隶属度函数编辑器
ruleedit	调出规则编辑器和分析程序
ruleview	调出规则观察器和模糊推理框图
surfview	调出输出曲面观察器

2. 模糊推理系统的建立、修改和管理函数

模糊推理系统是由输入、输出变量及其隶属函数、模糊推理规则、推理机和解模糊等部分组成。在 MATLB 模糊工具箱中,各个部分作为一个整体,并以文件形式对模糊系统进行管理,相关工具箱函数见表 3.17。

表 3.17　管理函数及功能

addmf	向 FIS(模糊推理系统)中添加隶属度函数
addrule	向 FIS 中添加规则
addvar	向 FIS 中添加变量
defuzz	去模糊隶属度函数
evalfis	完成模糊推理计算

续表 3.17

evalmf	隶属度函数计算
gensurf	生成 FIS 输出曲面
getfis	获取模糊系统的特性
mf2mf	隶属度函数之间的参数转换
newfis	生成新的 FIS
parsrule	模糊分析规则
plotfis	显示 FIS 输入/输出图
readfis	由磁盘装入 FIS
rmmf	从 FIS 删除隶属度函数
rmvar	从 FIS 删除变量
setfis	设置模糊系统特性
showfis	显示带注释的 FIS
showrule	显示 FIS 规则
writefis	往磁盘中保存 FIS

(1)新建模糊推理系统 newfis。

函数调用格式：

sys = newfis('fisName', fisType, andMethod, orMethod, impMethod, aggMethod, defuzzMethod)

其中 fisName 为模糊推理系统名称，fisType 为模糊推理类型，andMethod 为“与”运算方法，orMethod 为“或”运算方法，impMethod 为模糊蕴涵算法，aggMethod 为规则推理结果的综合方法，defuzzMethod 为解模糊方法，返回值为模糊推理系统的矩阵名称。

如　>> sys = newfis('example1')

返回

```
sys =
        name: 'example1'
        type: 'mamdani'
   andMethod: 'min'
    orMethod: 'max'
defuzzMethod: 'centroid'
   impMethod: 'min'
   aggMethod: 'max'
       input: []
      output: []
        rule: []
```

(2)对模糊推理系统添加模糊语言变量 addvar。

函数调用格式：

sysname = addvar(fisname, 'varType', 'varName', varBounds)

其中 fisname 为模糊系统名称，varType 定义语言变量的类型，varName 定义语言变量的名称，varBounds 设置语言变量的论域范围。

如 >> sys1 = newfis('example1');

>> sys1 = addvar(sys1,'input','error',[-5,5]);

>> getfis(sys1,'input',1)

返回　Name = error

NumMFs = 0

MFLabels =

Range = [-5 5]

(3)添加模糊语言变量的隶属函数 addmf。

函数调用格式：

fisname = addmf(fisname,'varType',varIndex,'mfName','mfType',mfParams)

其中 fisname 为模糊系统名称，varType 指明语言变过量的类型，varIndex 设置语言变量的编号，mfName 设置指定隶属函数的名称，mfType 设置隶属函数的类型，mfParams 设置隶属函数的参数。

(4)绘制所有与某一给定变量相关的隶属函数 plotmf。

函数调用格式：

fisname = addmf(fisname,'varType',varIndex,'mfName','mfType',mfParams)

其中 fisname 为模糊系统名称，varType 指明语言变过量的类型，varIndex 设置语言变量的编号，mfName 设置指定隶属函数的名称，mfType 设置隶属函数的类型，mfParams 设置隶属函数的参数。

如果所有的 MATLAB 图形或 GUI 窗口都已被关闭，函数 plotmf 将画出与给定变量相关联的所有隶属函数。如果 5 个图形化工具中的任何一个是打开的，那么调用 plotmf 后，隶属函数图将以 GUI 或 MATLAB 图的方式显示。

如
```
>>sys1 = newfis('example1');
>>sys1 = addvar(sys1,'input','error',[-5,5]);
>>sys1 = addmf(sys1,'input',1,'nagtive','gaussmf',[-2.0 -5]);
>>sys1 = addmf(sys1,'input',1,'zero','gaussmf',[-2.0 0]);
>>sys1 = addmf(sys1,'input',1,'positive','gaussmf',[-2.0 5]);
>>plotmf(sys1,'input',1)
```

程序运行结果如图 3.45 所示。

(5)对模糊推理系统添加规则 addrule。

函数调用格式：

fisname = addrule(fisname,ruleList)

其中 fisname 为模糊系统名称；ruleList 为以向量形式给出的规则列表，如果系统有 m 个输入和 n 个输出，则规则结构中的前 m 个向量元素与第 1 到 m 个输入相对应，第一列中的元素是与输入 1 相关的隶属函数指针，第二列中的元素是与输入 2 相关的隶属函数指针，以此类推。其后的 n 列以相同方式关联到输出。第 $m+n+1$ 列是与规则相关的权(通常为 1)，第 $m+n+2$ 列指定其连接方式(AND=1，OR=2)。

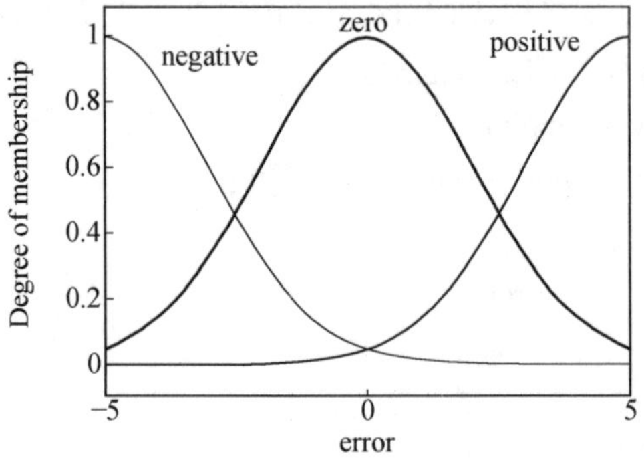

图 3.45　隶属度函数图

即每个输入或输出变量都有一个指针,每个隶属函数也有一个指针。在语句表述中建立规则的方式如下:

If input1 is MF1 or input2 is MF3 then output is MF2 (wight=0.5)　　　(3.58)

则此模糊规则相关联的结构为

1　　3　　2　　0.5　　2

如　　>> ruleList=[1 1 1 1 1;1 2 2 1 1];sys1= addrule(sys1,ruleList);

上述语句在模糊推理系统中添加了两条形式如式(3.58)的规则。

(6)显示模糊推理系统输入-输出变量结构特性的全系统模块图 plotfis。

函数调用格式:

plotfis(fisname)

其中 fisname 为模糊系统名称。

如　>> readfis('sys2'); plotfis(sys2)

执行结构给出模糊推理系统结构图,如图 3.46 所示。

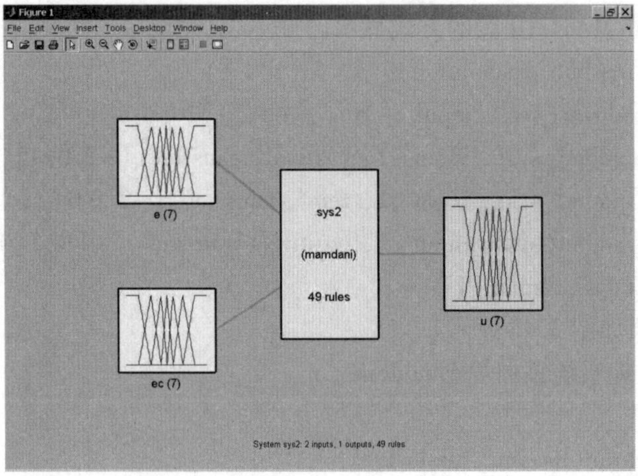

图 3.46　模糊推理系统结构图

(7)获得模糊系统属性 getfis。

函数调用格式:

getfis(fisname)

其中 fisname 为模糊系统名称。

如　>> getfis(tank)

返回
```
Name        = tank
  Type        = mamdani
  NumInputs = 2
  InLabels  =
    level
    rate
  NumOutputs = 1
  OutLabels =
    valve
  NumRules = 5
  AndMethod = prod
  OrMethod = probor
  ImpMethod = prod
  AggMethod = max
  DefuzzMethod = centroid
```

(8)将模糊推理系统保存到磁盘 writefis。

函数调用格式：

```
writefis(fisname)
writefis(fisname,'filename')
writefis(fisname,'filename','dialog')
```

其中 fisname 为模糊系统名称。对只有一个参数的情况，执行的结果打开一个文件对话框，提示选择或输入文件名；也可用函数中第二个参数指定文件名；若用第三种方法，则打开一个以 filename 为默认文件名的对话框。

如
```
>>sys0 = newfis('tipper');
>>sys0 = addvar(sys0,'input','service',[0 10]);
>>sys0 = addmf(sys0,'input',1,'poor','gaussmf',[1.5 0]);
>>sys0 = addmf(sys0,'input',1,'good','gaussmf',[1.5 5]);
>>sys0 = addmf(sys0,'input',1,'excellent','gaussmf',[1.5 10]);
>>writefis(sys0,'my_file')
```

返回
```
ans =
    my_file
```

(9)显示注解的模糊推理系统 showfis。

函数调用格式：

```
showfis(fisname)
```

其中 fisname 为模糊系统名称。执行的结果以分行的形式显示模糊推理系统的所有属性。

如　>>a = readfis('tipper');showfis(a)

(10)显示模糊推理系统的规则 showrule。

函数调用格式：

a=showrule(fisname)

a=showrule(fisname,indexList)

a=showrule(fisname,indexList,format)

其中 fisname 为模糊系统名称，indexList 为以向量形式指定的规则编号，format 显示形式。模糊推理系统的推理规则可以有 3 种显示方法，即语言形式(verbose)、符号形式(symbolic)、索引形式(indexed)。

如　>> a=readfis('tank');showrule(a,2)

返回　ans =

2. If (level is low) then (valve is open_fast) (1)

如 >> a=readfis('tank');showrule(a,[2,3,4],' symbolic')

返回　ans =

2. (level==low) => (valve=open_fast) (1)

3. (level==high) => (valve=close_fast) (1)

4. (level==okay) & (rate==positive) => (valve=close_slow) (1)

如 >> a=readfis('tank');showrule(a,[1:5],' indexed ')

返回　ans =

2 0, 3 (1) : 1

3 0, 5 (1) : 1

1 0, 1 (1) : 1

2 3, 2 (1) : 1

2 1, 4 (1) : 1

(11)设置模糊系统属性 setfis。

函数调用格式：

a = setfis(fisname,'fispropname','newfisprop');

a = setfis(fisname,'vartype',varindex,'varpropname','newvarprop');

a = setfis(fisname,'vartype',varindex,'mf',mfindex, 'mfpropname','newmfprop');

其中 fisname 为模糊系统名称。第一种形式用于设置模糊系统的全局属性，包括：推理系统的名称、推理类型、输入和输出变过量个数、规则个数和与、或、蕴涵算法，以及各规则运算结果的综合方法等。第二种形式用于设置模糊系统某一个语言变量的属性，包括：变量名称、论域等。第三种形式用于设置某个语言变量的某一隶属函数的属性，包括：名称、类型和参数等。

如　>>a1 = setfis(a,'input',1,'mf',3,'name','hot');getfis(a1,'input',1,'mf',2,'name')

返回　ans =

hot

(12)从磁盘载入模糊推理系统 readfis。

函数调用格式：

sysname = readfis('filename');

其中 fisname 为模糊系统名称。函数执行结果在 MATLAB 工作区将输出如下信息：

name(系统名称),type(推理类型),and method(与算子),or method(或算子),defuzz method(反模糊化方法),impmethod(蕴涵算子),aggmethod(聚类算子),input(输入向量维数),output(输出向量维数),rule(模糊规则个数)等。

(13)对输出隶属函数进行反模糊化 defuzz。

函数调用格式:

```
out=defuzz(x,mf,type)
```

其中参数 x 为输出变量的论域范围;参数 mf 为需要解模糊的模糊集合;参数 type 指定解模糊方法,有以下 5 种方法:centroid(区域中心)法、bisector(区域二等分)法、mom(平均最大隶属度值)法、som(最小隶属度取最小值)法和 lom(最大隶属度最大值)法。

如　>> x=-5:0.1:5; mf=trimf(x,[-0.5 2.0 4]); x0=defuzz(x,mf,'centroid')

返回　　x0 =

　　　　1.8333

(14)从模糊推理系统删除变量 rmvar。

函数调用格式:

```
fis = rmvar(fisname,'varType',varIndex);
[fis,errorStr] = rmvar(fisname,'varType',varIndex);
```

其中 fisname 为模糊系统名称;varType 为指定的语言变量的类型;varIndex 为变量编号列表。

(15)从模糊推理系统删除隶属函数 rmmf。

函数调用格式:

```
fis = rmmf(fisname,'varType',varIndex,'mf',mfIndex);
```

其中 fisname 为模糊系统名称;varType 为指定的语言变量的类型;varIndex 为变量编号;mf 为隶属函数名称;mfIndex 为隶属函数编号。

(16)执行模糊推理计算 evalfis。

函数调用格式:

```
output= evalfis(input,fismat);
```

其中 fisname 为模糊系统名称;input 为输入模糊向量;output 为计算得到的输出模糊向量。

如　>> fismat = readfis('tipper');out = evalfis([3 2; 4 8],fismat)

返回　　out =

　　　　9.6586

　　　　18.9288

(17)通用的隶属函数估计 evalmf。

函数调用格式:

```
y=evalmf(x,mfParams,mfType)
```

其中 x 为变量的论域;mfType 为隶属函数类型;mfParams 为相应的隶属函数参数。

如　>> x=0:0.1:10;mfparams=[1 3 5];mftype='gbellmf';

　　>>y=evalmf(x,mfparams,mftype);

　　>>plot(x,y);xlabel('gbellmf, P=[1 3 5]')

运行结果如图 3.47 所示。

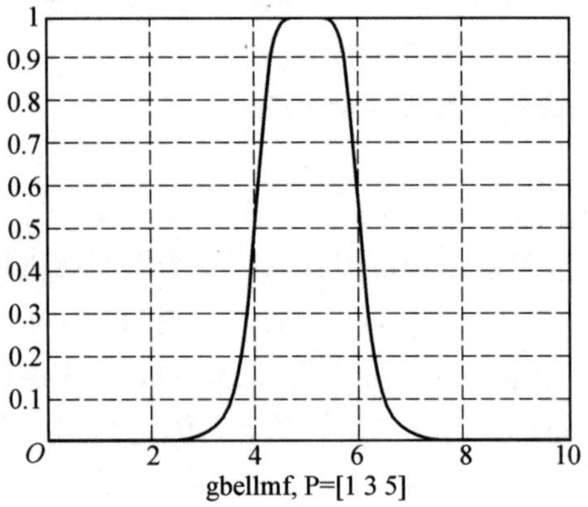

图 3.47　函数 evalmf 示例

(18)在不同类型的隶属函数之间进行参数转换 mf2mf。

函数调用格式:

outParams = mf2mf(inParams,inType,outType);

其中 inType 为转换前隶属函数类型;inParams 为转换前隶属函数参数;outParams 为转换后隶属函数类型;outType 为转换后隶属函数参数。

如　>> x=0:0.1:10;mfp1 = [2 3.5 4];

　　>>mfp2 = mf2mf(mfp1,'gbellmf','trimf')

返回　　mfp2 =

　　0　　4　　8

　　>> plot(x,gbellmf(x,mfp1),x,trimf(x,mfp2))

运行结果如图 3.48 所示。

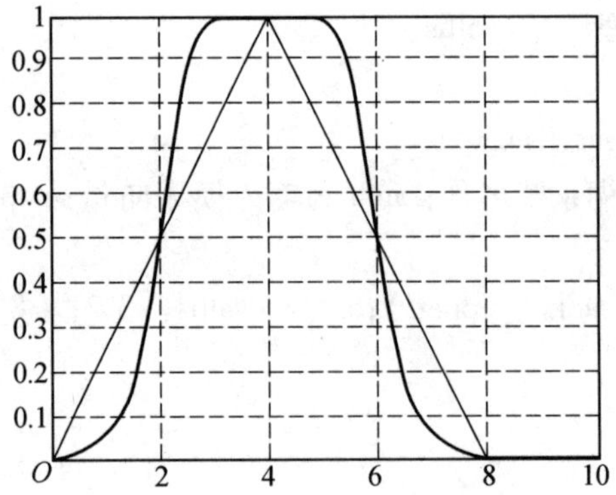

图 3.48　函数 mf2mf 示例

(19)解析模糊语言规则并添加到模糊推理系统矩阵 parsrule。

函数调用格式:

fis1 = parsrule(fis,txtRuleList);

fis1 = parsrule(fis,txtRuleList,ruleFormat);

其中 fis 和 fis1 为模糊系统;txtRuleList 为模糊推理规则; ruleFormat 为规则的形式,即语言形式(verbose)、符号形式(symbolic)、索引形式(indexed)。

如　>> a = readfis('tipper');ruleTxt = 'if service is poor then tip is generous';

>>a2 = parsrule(a,ruleTxt,'verbose');showrule(a2)

返回　ans =

1. If (service is poor) then (tip is generous) (1)

(20)产生模糊推理系统输出曲面并显示 gensurf。

函数调用格式：

gensurf(fis)

gensurf(fis,inputs,output)

其中 fis 为模糊系统;inputs 为模糊系统的输入语言变量;output 为模糊系统的输出语言变量。

如　>>sys= readfis('tipper');gensurf(sys)

运行结果如图 3.49 所示。

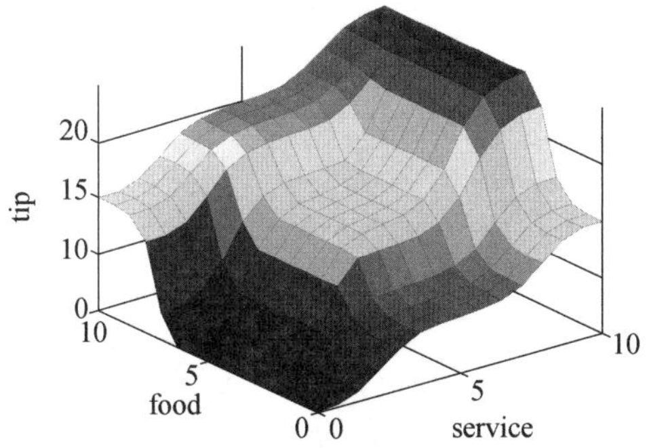

图 3.49　函数 gensurf 示例

3. 隶属度函数类函数

常用的隶属度函数指令见表 3.17。

表 3.17　隶属度函数类函数

函数名称	调用格式	参数说明	功能描述
dsigmf	y = dsigmf(x,[a1 c1 a2 c2])	x 为变量范围 [a1 c1 a2 c2]指定两个 S 隶属函数的形状	两个 Sigmoid 隶属函数的和构成的隶属度函数
gauss2mf	y = gauss2mf(x,[sig1 c1 sig2 c2])	[sig1 c1 sig2 c2]分别对应左右两边函数的宽度和中心点	双边高斯隶属度函数
guassmf	y = gaussmf(x,[sig c])	[sig c]函数的宽度和中心点	高斯曲线隶属度函数
gbellmf	y = gbellmf(x,[a b c])	[a b c]指定函数的形状	广义钟形隶属度函数
pimf	y = pimf(x,[a b c d])	a,d 对应下部左右拐点,b,c 对应上部左右拐点	π 形隶属度函数
psigmf	y = psigmf(x,[a1 c1 a2 c2])	[a1 c1 a2 c2]指定两个 S 隶属函数的形状	两个 Sigmoid 函数的积构成的隶属度函数

续表 3.17

函数名称	调用格式	参数说明	功能描述
sigmf	y = sigmf(x,[a c])	[a c] 指定函数的形状	Sigmoid 隶属度函数
smf	y = smf(x,[a b])	[a b] 定义样条插值的起点和终点	基于样条插值的 S 形曲线隶属度函数
trapmf	y = trapmf(x,[a b c d])	[a b c d] 指定函数形状	梯形隶属度函数
trimf	y = trimf(x,[a b c])	[a b c] 指定函数形状	三角形隶属度函数
zmf	y = zmf(x,[a b])	[a b] 定义样条插值的起点和终点	基于样条插值的 Z 形隶属度函数

例如,可以用下面的命令建立如图 3.50 所示的一系列双边高斯隶属函数。

```
>>x = (-5:0.1:15)';
>>y1 = gauss2mf(x, [2 3 3 7]);
>>y2 = gauss2mf(x, [2 4 3 6]);
>>y3 = gauss2mf(x, [2 5 3 5]);
>>y4 = gauss2mf(x, [2 6 3 4]);
>>y5 = gauss2mf(x, [2 7 3 3]);
>>plot(x, [y1 y2 y3 y4 y5]);grid
```

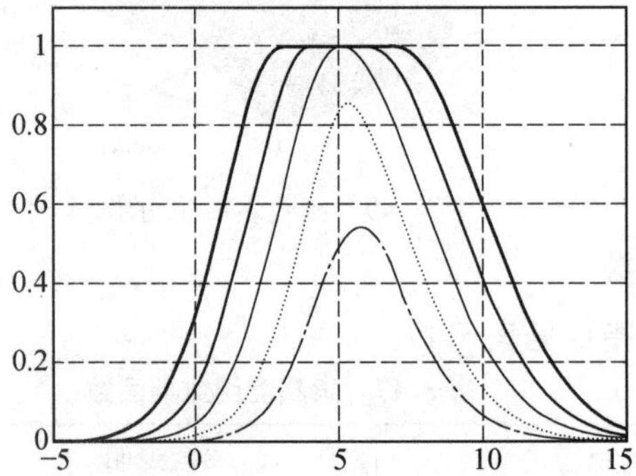

图 3.50 双边高斯隶属函数

3.6.4 基于 Simulink 的模糊控制系统

MATLAB 的模糊逻辑工具箱不仅提供图形化工具及命令函数,还可以通过 Simulink 中相应的模糊控制器模块与仿真工具箱甚至其他工具箱完美地结合起来。用户可以在仿真环境中观察设计的模糊推理系统的运行情况,方便地进行模糊控制系统的修改和仿真试验。

1. 模糊逻辑工具箱与 Simulink 的接口

通常在设计好一个模糊控制系统后,首先要检验该系统在实际运行中能否达到控制要求,实际检验需要花费大量的时间和资金,因此往往通过计算机仿真来测试系统性能。下面就简要介绍如何实现 MATLAB 的模糊逻辑工具箱与 MATLAB 的 Simulink 环境的完美结合。

一旦在模糊逻辑工具箱中建立了模糊推理系统后,可以在 Simulink 仿真环境中对其进行仿真分析(例如,前面用 MATLAB 模糊逻辑工具箱设计得到的模糊推理系统 FIS 可以直接当作参数传递给模糊控制仿真模块)。结合 Simulink 仿真工具,可以直观明了地观察到所设计的模糊逻辑系统是否符合需要,还可以帮助分析和解决问题,指导系统的设计、修改及完善。

将模糊系统嵌入:Simulink 的步骤如下:

第 1 步:载入模糊推理系统。

要将模糊系统嵌入 Simulink,首先应保证与模糊系统相应的模糊推理系统(FIS)结构已同时装载在 MATLAB 工作区中(而不是存在磁盘中),并由相关的名字指向模糊逻辑控制器。

第 2 步:打开 Simulink 模型。

在 MATLAB 工作区内用命令“Simulink”建立或打开自己的 Simulink 仿真模型。由于采用的是模糊控制方法,因此需要在打开的 simulink 库中,选择“fuzzy logic toolbox”项。

第 3 步:合成输入向量。

模糊控制器的输入变量的个数往往多于一个,但因为“fuzzy logic controller”的图标是单输入的,需要用到一个向量信号组合工具。将 Simulink 项下的 MUX 对象拖到仿真系统中,其输出与模糊逻辑控制器相连,其输入则与 FIS 结构的输入变量相连。

第 4 步:在 Simulink 仿真环境中对模糊控制系统进行仿真分析。

2. Fuzzy Logic Toolbox **模糊逻辑模块库**

Fuzzy Logic Toolbox 模块库是一个专门用于模糊逻辑推理的仿真模块集合,在命令窗口键入命令 fuzblock,则打开如图 3.51 所示的模糊逻辑模块库,也可以直接从仿真模块浏览器中查找。该模块库的核心是建立在 S 函数 sffis. mex 基础上的(其具体实现被屏蔽了,系统中是通过调用动态连接库 sffis. dll 来完成的)。该函数的推理算法与模糊逻辑工具箱的 evalfis 函数相同,但进行了针对 Simulink 仿真应用的优化。

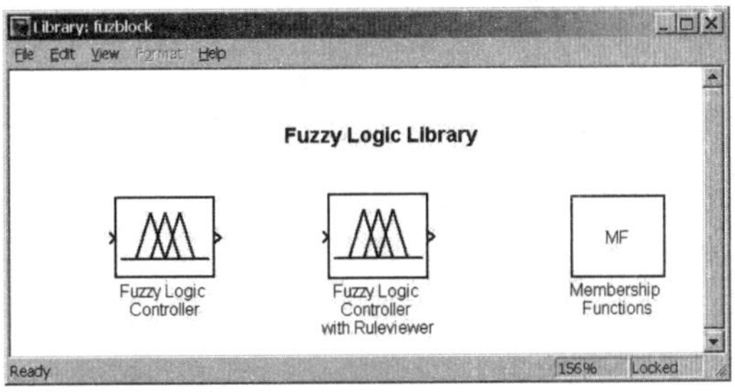

图 3.51　模糊逻辑模块库查看编辑窗口

接口模块是为在 Simulink 环境下进行快速模糊逻辑推理的模拟仿真而特别设计的,利用这些模块,可以方便地将用第一类和第二类工具编辑的模糊逻辑模型直接导入到仿真环境中进行模拟。MATLAB 模糊逻辑模块库主要由 3 部分组成:Fuzzy Logic Controller(模糊逻辑控制器)、Fuzzy Logic Controller With Ruleviewer(带规则观测器的模糊逻辑控制器)及 Membership unction(隶属度函数模块子库),其中最常用的是模糊逻辑控制器。

隶属度函数模块子库包含 11 种常用隶属度函数模块,分别是:Diff. Sigmoidal MF (dsigmf 函数)、ussian MF(gaussmf 函数)、Gaussian2 MF(gauss2mf 函数)、Generalized Bell MF (gbellmf 函数)、Pi-shaped MF(pimf 函数)、Prod. Sigmoidal MF(psigmf 函数)、S-shaped MF (smf 函数)、gmoidal MF(sigmf 函数)、Trapezoidal MF(trapmf 函数)、Triangular MF(trimf 函

数)及 Z-shaped MF(zmf 函数)等,如图 3.52 所示。其中的隶属度函数是由 Simulink 基本模块库中的模块构建而成的,如用右键单击 Generalized Bell MF 模块图标,在弹出的菜单中选择 Look under mask,可以看到该模块的封装前的情况,如图 3.53 所示。

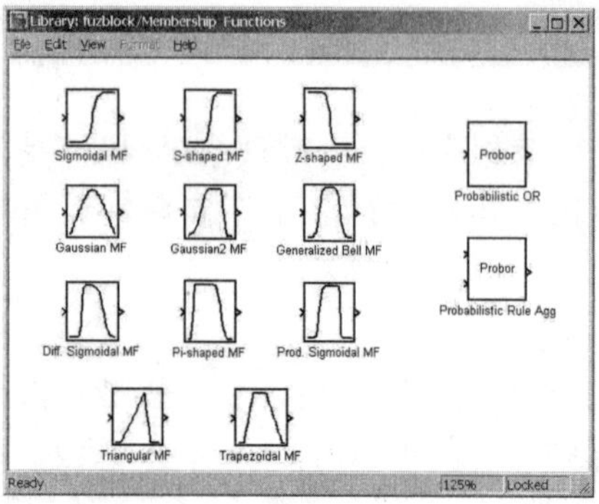

图 3.52　隶属度函数模块图

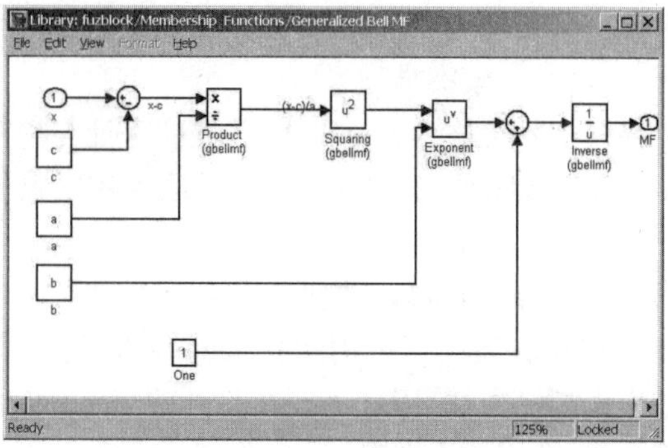

图 3.53　模块 Generalized Bell MF 的实现

图 3.53 中 a,b,c3 个常数模块分别相对于 gbellmf 函数的 3 个参数,图中的模块关系可以直接用函数表示为

$$MF=gbellmf(x,[a\ b\ c])$$

这 3 个参数在封装(Mask)时留出了相应的接口,在模型编辑窗口双击该模块图标,打开如图 3.54 所示属性对话框中可修改参数。

用右键单击 Generalized Bell MF 模块图标,在弹出的菜单中选择 Edit mask,打开封装编辑窗口,如图 3.55 所示。

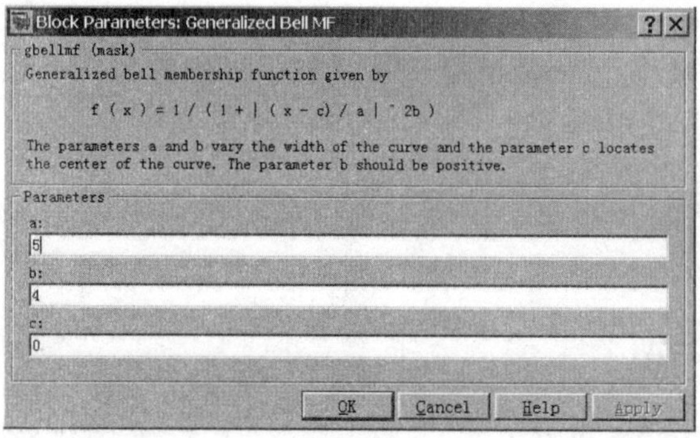

图 3.54　模块属性窗口

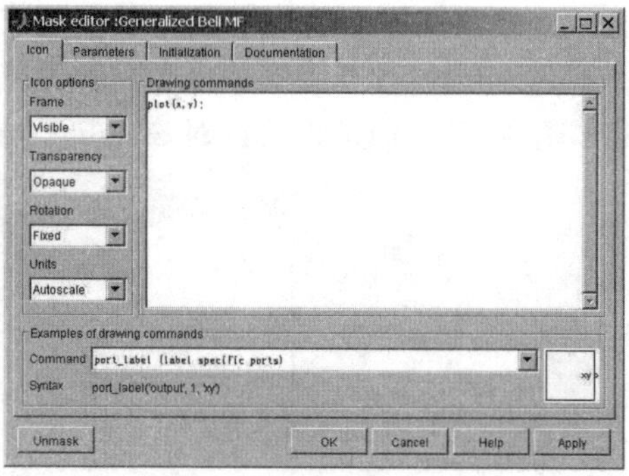

图 3.55　模块属性窗口

在图形化界面里只要设置封装的模糊模块的属性和参数就可以直接应用。在 Simulink 的模糊逻辑库中最常用的模块是,将该模块拷贝到用户的 Simulink 仿真模型中,并确定模糊模块的模糊推理矩阵名称与用户在 MATLAB 工作空间(Workspace)建立的模糊推理系统名称相同,则完成将模糊推理系统与 Simulink 的连接。

例如,先用命令调入水箱问题的模糊控制器 tank. fis:

```
>>tank=readfis('tank.fis');
```

则在工作空间中以模糊矩阵 tank. fis 的形式保持了该推理系统,然后双击 Simulink 仿真模型中的 Fuzzy Logic Controller 模块,在参数输入对话框中输入模糊推理系统变量名 tank,如图 3.56 所示,则将该模块和前面创建的模糊控制器 tank. fis 连接起来。

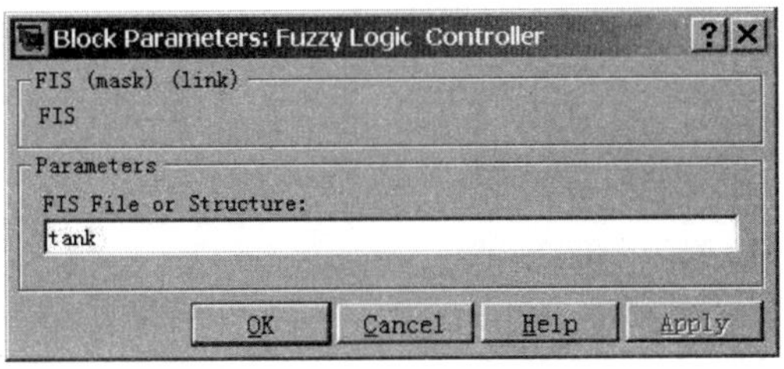

图 3.56　Fuzzy Logic Controller 参数输入对话框

3. 模糊控制系统仿真实例

下面以模糊工具箱中提供的一个水箱液位模糊控制系统为例说明仿真方法。在命令窗口键入>> sltank 则打开水箱液位模糊控制系统的 Simulink 仿真模型图,如图 3.57 所示。双击 Fuzzy Logic Controller 模块,打开属性窗口键入模糊推理系统名称 tank。

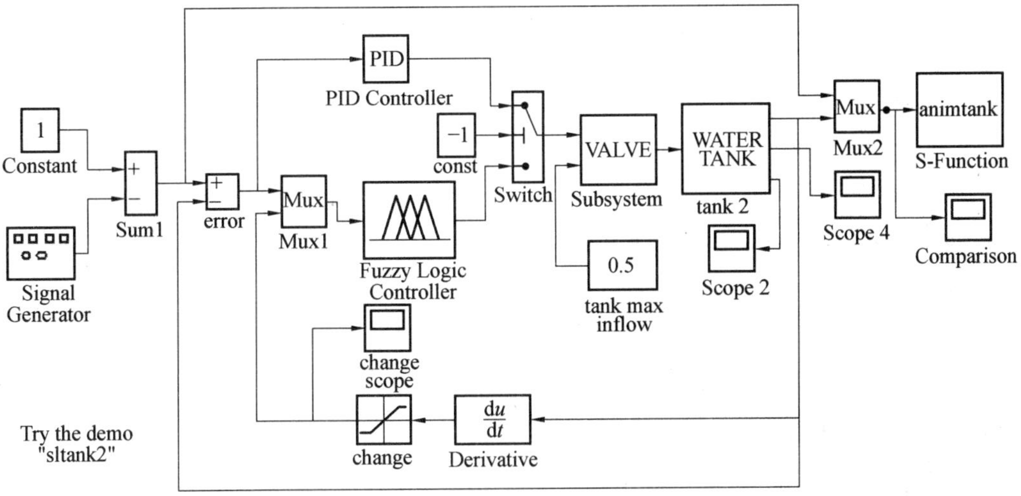

图 3.57　水箱液位模糊控制系统的 Simulink 仿真模型图

若采用如下的液位控制规则

R_1:if level is okay then valve is no-change;

R_2:if level is low then valve is open-fast;

R_3:if level is high then valve is close-fast;

R_4:if level is okay and rate is positive then valve is close-slow;

R_5:if level is okay and rate is negative then valve is open-slow;

在命令窗口键入　>> fuzzy

打开模糊推理系统编辑器,添加一个输入变量,并分别定义输入变量为液位 level 和液位变化率 rate,输出变过量名称为调节阀开度 valve,如图 3.58 所示。利用编辑器的 File/Saveto Workspace 将该模糊系统保持为 tank. fis。

打开隶属度函数编辑器,分别设置输入 level 和 rate 以及输出变量 value 的隶属度函数,如图 3.59、图 3.60 和图 3.61 所示。

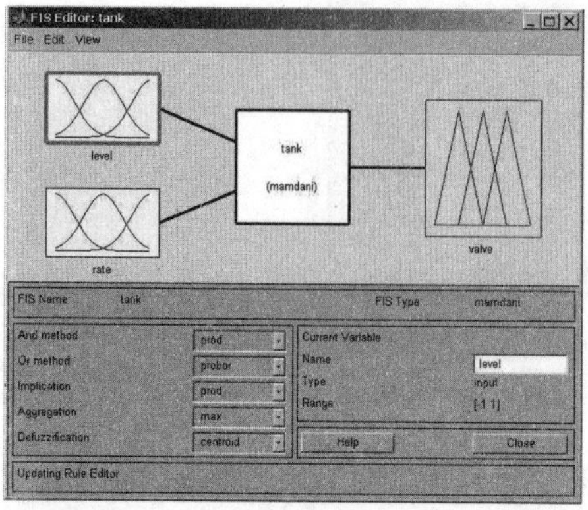

图 3.58　模糊推理系统 tank 编辑器图

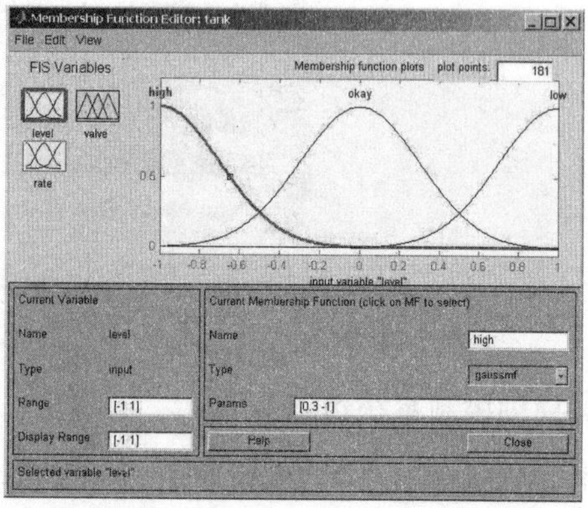

图 3.59　输入变量 level 隶属函数

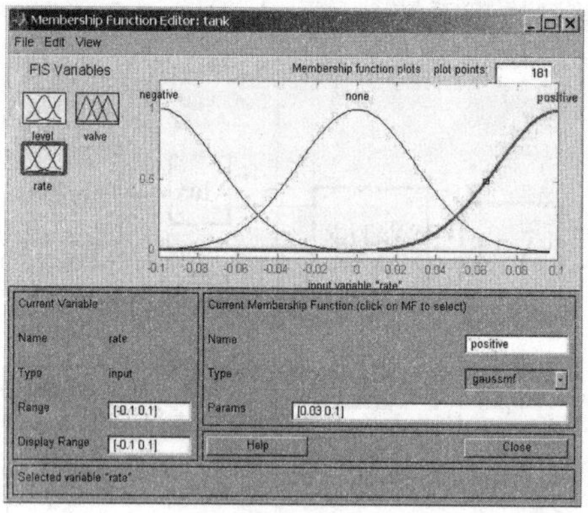

图 3.60　输入变量 rate 隶属函数

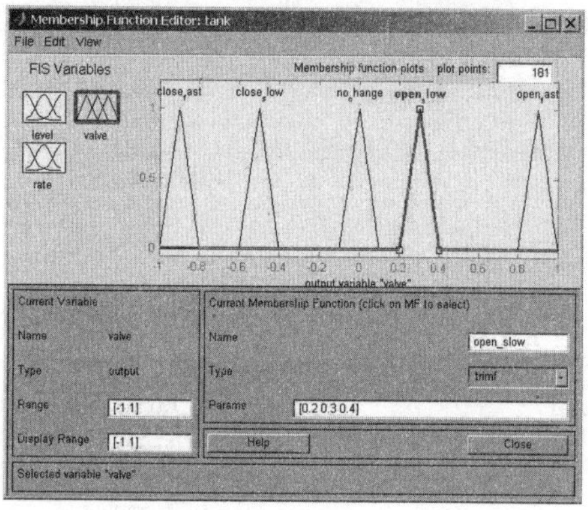

图 3.61　输出变量 valve 隶属函数

然后，打开规则编辑器，根据给定的规则输入，如图 3.62 所示。

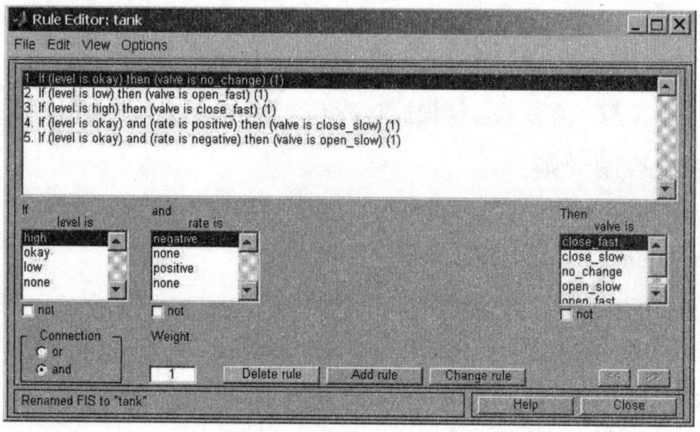

图 3.62　模糊控制规则编辑器

在如图 3.57 所示的仿真环境中，打开仿真参数设置窗口，如图 3.63 设置好相应的仿真参数后，运行仿真系统，得到液位响应的过渡过程如图 3.64 所示，可以看到有较好的跟踪特性。

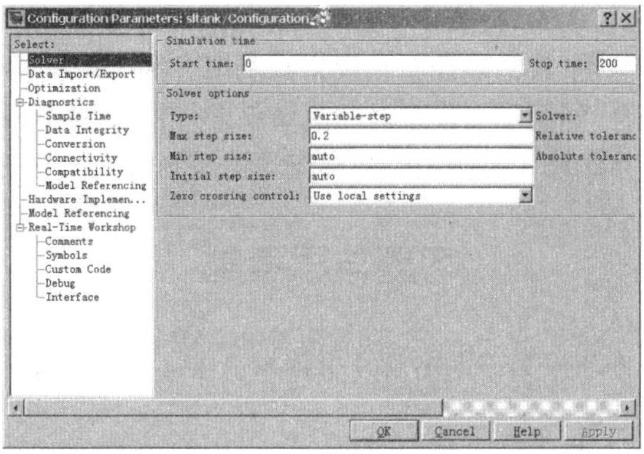

图3.63　仿真参数设置窗口

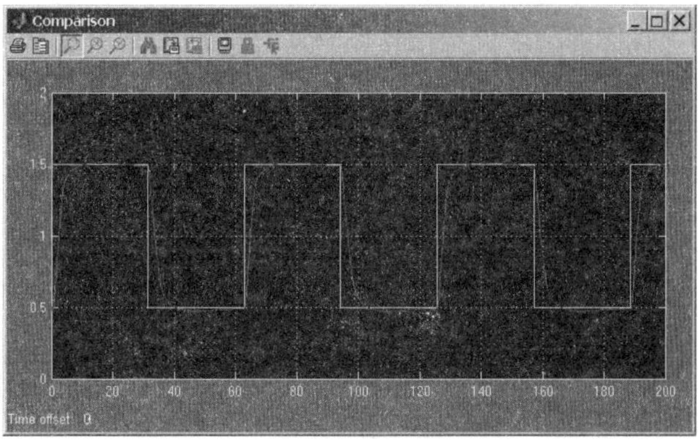

图3.64　液位响应曲线

本章小结

本章主要讨论模糊控制系统的工作原理及分类，以及模糊控制系统常用的基本结构，详细分析了两种常用模糊控制器模型的模糊推理计算过程（基于目标估计的模型用 Mamdani 推理，而基于状态估计的模型则用 Takagi-Sugeno 推理），并通过实例介绍了模糊控制系统设计的方法，最后介绍利用 MATLAB 的模糊工具箱进行模糊控制系统仿真设计的方法并给出仿真实例。

把模糊逻辑应用于控制领域则始于 1973，此后模糊控制不断发展并在许多领域中得到成功应用。模糊控制是基于模糊推理，对难以建立精确数学模型的被控对象实施的一种控制策略，是模糊数学同控制理论相结合的产物，是一种模拟人类思维方式的计算机数字控制方法，其核心是模糊规则的建立和模糊逻辑推理。

经典的模糊控制器利用模糊集合理论将专家知识或操作人员经验形成的语言规则直接转化为自动控制策略（常称为模糊控制规则表），其设计不依靠对象精确数学模型，而是利用其语言知识模型进行设计和修正控制算法。

常规模糊控制的两个主要问题在于：改进稳态控制精度和提高智能水平与适应能力。在实际应用中，往往是将模糊控制或模糊推理的思想，与其他相对成熟的控制理论或方法结合取长补短，从而获得理想的控制效果。例如，利用模糊复合控制理论的分挡控制，将 PI 或

PID 控制策略引入 Fuzzy 控制器,构成 Fuzzy-PI 或 Fuzzy-PID 复合控制;适应高阶系统模糊控制需要的三维模糊控制器;将精确控制和模糊控制结合起来的精确-模糊混合控制;将预测控制与模糊控制相结合,利用预测模型对控制结果进行预报,并根据目标误差和操作者的经验应用模糊决策方法在线修正控制策略的模糊预测控制等。

习题与思考题

1. 试述模糊控制与传统控制的区别及应用领域。

2. 试述模糊控制系统的基本原理。

3. 简要说明模糊控制系统的组成与分类。

4. 模糊控制器由哪些部分构成? 各有什么作用?

5. 试述单变量模糊控制器与多变量模糊控制器的原理,以及相互间的关系。

6. 试述模糊控制 3 种模型的特点。

7. 试述模糊控制器的设计步骤。

8. 已知锅炉过热器出口温度控制系统,要求温度保持在 540 ℃。对该系统有如下控制规则:

(1)若温度高于 540 ℃,则加大减温水流量,高得越多加得越多;

(2)若温度低于 540 ℃,则减小减温水流量,低得越多减得越多;

(2)若温度等于 540 ℃,则保持温水流量不变。

试设计一维模糊控制器,输入量为温度偏差,输出量为减温水流量。

9. 已知广义被控对象为 $G_0(s)=\dfrac{2e^{-0.5s}}{15s+1}$,若采样时间为 0.5 s,系统的初始条件为零,希望控制系统超调量小于 20% 且静态无差,试分别设计:

(1)常规的数字 PID 控制系统;

(2)常规的模糊控制系统;

(3)模糊自整定 PID 控制系统。

第4章　神经网络

模糊控制是一种不依赖于被控过程数学模型的仿人思维的控制技术。它利用领域专家的先验知识进行近似推理，但在工程实际应用中，对于时变参数非线性系统，却缺乏在线自学习或自调整能力。如何自动生成或调整隶属度函数或调整模糊规则，是一个很复杂的问题。人工神经网络（简称神经网络，Neural Network）从人脑的生理学和心理学入手，通过人工模拟人脑的工作机理来实现机器的部分智能行为，从而对于环境的变化具有极强的自学习能力。

人工神经网络（Artificial Neural Network，ANN）是一个由大量的、简单的处理单元（称为神经元）广泛地互相连接而构成的复杂网络系统，它反映了人脑功能的许多基本特征，是一个高度复杂的非线性动力学模型。它具有大规模并行、分布式存储和处理、自组织、自适应和自学习能力，特别适合于处理语音和图像的识别及理解、知识的处理、组合优化计算和智能控制等一系列本质上是非计算的问题。因此，神经网络技术已经成为当前人工智能领域中最令人感兴趣和最富有魅力的研究课题之一。

4.1　神经网络概述

4.1.1　神经网络发展历史

神经网络系统理论的发展历史是不平衡的，自1943年心理学家McCulloch和数学家Pitts提出神经元生物学模型（简称M-P模型）以来，至今已经有60多年的历史了，在这60多年的发展历程中，大体可分为以下几个阶段。

1. 初期阶段

自1943年M-P模型开始，至20世纪60年代为止，这一段时间可以称为神经网络系统理论发展的初始阶段，这个时期的主要特点是多种网络模型的产生与学习算法的确定，如1944年Hebb提出了Hebb学习规则，该规则至今仍是神经网络学习算法的一个基本规则；1957年Rosenblatt提出了感知器（Perceptron）模型，第一次把神经网络研究从纯理论的探讨付诸于工程实践；1962年Widrow提出了自适应（Adaline）线性元件模型等。这些模型和算法在很大程度上丰富了神经网络系统理论。

2. 停滞期

20世纪60年代，神经网络研究迎来了它的第一次高潮。随着神经网络研究的深入开展，人们遇到了来自认识方面、应用方面和实现方面的各种困难和迷惑。1969年，Minsky和Papert编著的*Perceptrons*一书出版，该书指出，简单的神经网络只能用于线性问题的求解，能够求解非线性问题的网络应该具有隐层，而从理论上还不能够证明将感知器模型扩展到多层网络是有意义的。这对当时人工神经网络的研究无疑是一个沉重的打击，很多领域的专家纷纷放弃了这方面课题的研究,开始了神经网络发展史上长达10年的低潮时期。

虽然形势如此严峻,但仍有许多科学家在艰难条件下坚持开展研究。1969 年,Grossberg 提出了自适应共振理论(Adaptive Resonance Theory)模型;1972 年,Kohenen 提出了自组织映射(SOM)理论;1980 年,Fukushima 提出了神经认知机(Neocognitron)网络;另外还有 Anderson 提出的 BSB 模型、Webos 提出的 BP 理论等,这些都为神经网络研究的复兴与发展奠定了理论基础。

3. 黄金时期

从 20 世纪 80 年代开始,神经网络系统理论的发展进入黄金时期。这个时期最具标志性的人物是美国加州工学院的物理学家 John Hopfield。它于 1982 年和 1984 年在美国科学院院刊上发表了两篇文章,提出了模仿人脑的神经网络模型,即著名的 Hopfield 模型。Hopfield 网络是一个互连的非线性动力学网络,它解决问题的方法是一种反复运算的动态过程,这是符号逻辑处理方法所不具备的性质。

20 世纪 80 年代,关于智能计算机发展道路的问题日益迫切地提到日程上来,由于计算机的集成度日趋极限状态,但数值计算的智能水平与人脑相比,仍有较大差距。因此,就需要从新的角度来思考智能计算机的发展道路问题。这样一来,神经网络系统理论重新受到重视。所以,20 世纪 80 年代后期到 90 年代初,神经网络系统理论形成了发展的热点,多种模型、算法和应用问题被提出,研究经费重新变得充足,完成了很多有意义的工作。

目前,神经网络系统理论与技术的发展大体分为以下三个方面进行。

首先在硬件技术方面,一些发达国家,如美国和日本均实现了规模超过 1 000 个神经元的网络系统,这样的系统具有极高的运算速度,而且已经在股票数据分系统得到了应用。另外,为了克服电子线路交叉极限问题,很多国家都在研究电子元件之外的神经网络系统,如光电子元件和生物元件等。

在神经网络系统理论研究方面,主要进展有 Boltzmann 机理论的研究、细胞网络的提出和性能指标的分析等。

神经网络系统的应用研究主要集中在模式识别(语音和图像识别)、经济管理和优化控制等方面,它与数学、统计中的多个方面有着密切的联系,如线性和非线性规划问题、数值逼近、统计计算等。另外,在其他信息处理问题中也有很多应用,如数据压缩、编码、密码和股市分析等领域,应用内容十分丰富。

4. 发展展望

20 世纪 90 年代中期是神经网络系统理论稳健发展的时期,在经历了 20 世纪 80 年代末与 90 年代初的发展高潮之后,人们肯定了它的前途,但同时又看到了它发展的障碍。与 20 世纪 60 年代到 70 年代相比,80 年代到 90 年代的发展无论在硬件技术还是在应用范围和理论水平方面的贡献都是巨大的。但是神经网络系统的基本困难,即电子线路交叉的困难和理论研究问题的困难仍然没有实现根本性的突破。按照目前的集成电路水平,已经实现了 1 000 个神经元的网络,这样的规模已经很可观了,但与人体具有的神经元数目动辄 1 010 ~ 1 015相比,仍然有很大差距。因此,如何克服网络连线困难仍是神经网络技术发展过程中需要解决的最关键问题。

另外,在神经网络系统理论研究方面,还有许多问题尚待解决,如按照生物测试,每个神经元只有$10^4 \sim 10^5$个突触,这些神经元是如何连接,又是如何工作的? 对现有的神经网络系统,也有许多问题,如多层感知器的学习算法问题、Hopfield 网络的假吸引点问题、大量工程应用中提出的神经网络模型中的学习算法问题等。

4.1.2　神经网络基础

神经网络的基本组成单元是神经元。数学上的神经元模型与生物学上的神经细胞相对应,或者说,神经网络理论是用神经元这种抽象的数学模型来描述客观世界的生物细胞的。

很明显,生物的神经细胞是神经网络理论诞生和形成的物质基础和源泉。这样,神经元的数学描述就必须以生物神经细胞的客观行为特性为依据。

1. 生物神经元的结构

生物神经元是大脑处理信息的基本单元,其结构如图 4.1 所示。它以细胞体为主体,由许多向周围延伸的不规则树枝状纤维构成的神经细胞,主要由细胞体、树突、轴突和突触 4 部分组成。

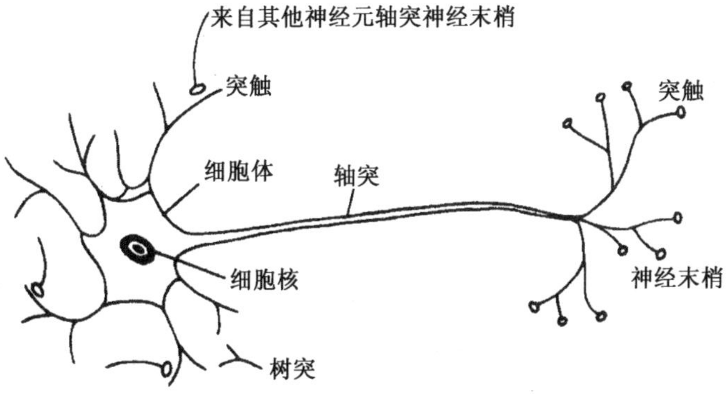

图 4.1　生物神经元示意图

(1)细胞体(Cell Body)。细胞体是神经元的主体,由细胞核、细胞质和细胞膜 3 部分构成。细胞核占据细胞体的很大一部分,进行着呼吸和新陈代谢等许多生化过程。细胞体的外部是细胞膜,将膜内外的细胞液分开。由于细胞膜对细胞液中的不同离子具有不同的通透性,使得膜内外存在着离子浓度差,从而出现内负外正的静息电位(约为 20 ~ 100 mV)。

(2)树突(Dendrite)。从细胞体向外延伸出许多突起的神经纤维,其中大部分突起较短,其分支大多群集在细胞体附近形成灌木丛状,这些突起称为树突。神经元靠树突接收来自其他神经元的输入信号,相当于细胞体的输入端。

(3)轴突(Axon)。由细胞体伸出的最长的一条突起称为轴突。轴突比树突长而细,用来传输细胞体产生的输出电化学信号。轴突也称为神经纤维,其分支倾向于在神经纤维终端处长出,这些细的分支称为轴突末梢或神经末梢。神经末梢可以向四面八方传出信号,相当于细胞体的输出端。

(4)突触(Synapse)。神经元之间通过一个神经元的轴突末梢和其他神经元的细胞体或树突进行通信连接,这种连接相当于神经元之间的输入输出接口,称为突触,又称神经键。突触包括突触前膜、突触间隙和突触后膜 3 个部分。突触前膜是第一个神经元的轴突末梢部分,突触后膜是指第二个神经元的树突或细胞体等受体表面。突触在轴突末梢与其他神经元的受体表面相接触的地方有 15 ~ 50 nm 的间隙，称为突触间隙，在电学上把两者断开。每个神经元大约有10^3 ~ 10^5 个突触，多个神经元以突触连接即形成神经网络。

从神经元各组成部分的功能来看，信息的处理与传递主要发生在突触附近。当神经元细胞体通过轴突传到突触前膜的脉冲幅度达到一定强度，即超过其阈值电位后，突触前膜将向突触间隙释放神经传递的化学物质（乙酰胆碱）。由于这种化学物质的扩散，使位于突触后膜的离子通道（Ion Channel）开放，产生离子流，从而在突触后膜产生正的或负的电位，称为突触后电位。

突触有两种：兴奋性突触和抑制性突触。前者产生正突触后电位，后者产生负突触后电位。一个神经元的各树突和细胞体往往通过突触和大量的其他神经元相连接。这些突触后电位的变化，将对该神经元产生综合作用，即当这些突触后电位的总和超过某一阈值时，该神经元便被激活并产生脉冲，而且产生的脉冲数与该电位总和值的大小有关。脉冲沿轴突向其他神经元传送，从而实现了神经元之间信息的传递。突触传递信息有一定的延迟时间，对于温血动物一般为 0.3 ~ 1 ms。

综合而言，作为信息处理的基本单元，神经元具有以下重要的功能：

（1）可塑性：可塑性反映在新突触的产生和现有神经突触的调整上，可塑性使神经网络能够适应周围的环境。

（2）时空整合功能：时间整合功能表现在不同时间、同一突触上；空间整合功能表现在同一时间、不同突触上。

（3）兴奋与抑制状态：当传入冲动的时空整合结果，使细胞膜电位升高，超过被称为动作电位的阈值时（约 40 mV），细胞进入兴奋状态，产生神经冲动，由轴突输出；同样，当膜电位低于阈值时，无神经冲动输出，细胞进入抑制状态。

（4）脉冲与电位转换：沿神经纤维传递的电脉冲为等幅、恒宽、编码（60 ~ 100 mV）的离散脉冲信号，而细胞电位变化为连续信号。在突触接口处进行“数/模”转换。神经元中的轴突非常长和窄，具有电阻高、电压大的特性，因此轴突可以建模成阻容传播电路。

（5）突触的延时和不应期：突触对神经冲动的传递具有延时和不应期，在相邻的二次冲动之间需要一个时间间隔。在此期间对激励不响应，不能传递神经冲动。

（6）学习、遗忘和疲劳：突触的传递作用有学习、遗忘和疲劳过程。

2. 人工神经元模型

在神经科学研究的基础上，依据生物神经元的结构和功能模拟生物神经元的基本特征建立了多种人工神经元模型，简称神经元模型。其中提出最早且影响最大的，是 1943 年心理学家 McCulloch 和数学家 W. Pitts 在分析总结神经元基本特性的基础上提出的 M-P 模型。该模型在经过不断改进后，形成目前广泛应用的形式神经元模型，如图 4.2 所示，它是一个多输入/多输出的非线性信息处理单元。

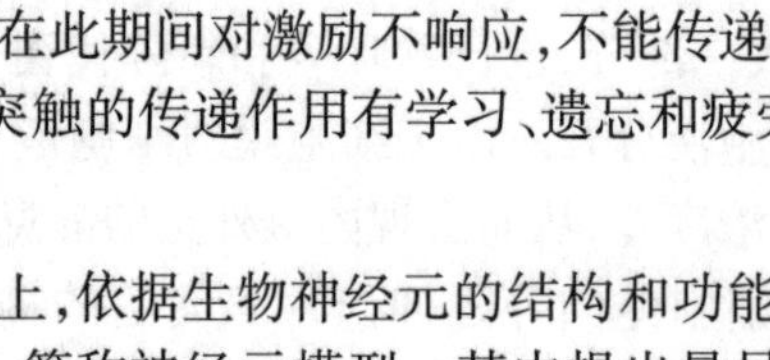

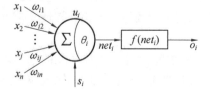

图 4.2　人工神经元模型

其中：

u_i 表示神经元的内部状态；

o_i 表示神经元 i 的输出，它可以与其他多个神经元通过权连接；

x_j 表示神经元 i 的输入，$j=1,2,\cdots,n$；

ω_{ij} 为神经元 j 至 i 的连接权值；

$\sum$ 表示突触后信号的空间累加；

θ_i 为神经元 i 的阈值；

$f(net_i)$ 为神经元 i 的非线性转移函数（也称为激励函数、特性函数）；

s_i 表示某一外部输入的控制信号（可有可无）。

神经元 i 的输出 o_i 可以用下式描述，即

$$o_i = f\left(\sum_{j=1}^{n} \omega_{ij}x_j + s_i - \theta_i\right) \tag{4.1}$$

若设

$$net_i = \sum_{j=1}^{n} \omega_{ij}x_j + s_i - \theta_i \tag{4.2}$$

则神经元模型简化为

$$o_i = f(net_i) \tag{4.3}$$

神经元的各种不同数学模型的主要区别在于采用了不同的转移函数，从而使神经元具有不同的信息处理特性。神经元的转移函数反映了神经元输出与其激活状态之间的关系，最常用的转移函数有以下 4 种形式。

（1）阈值型转移函数。

阈值型转移函数采用了图 4.3 中的单位阶跃函数，用下式定义：

$$f(x)=\begin{cases}1 & x\geqslant 0\\ 0 & x<0\end{cases}$$

具有这一作用方式的神经元称为阈值型神经元，这是神经元模型中最为简单的一种，经典的 M-P 模型就属于这一类，当神经元 i 各种输入信号的加权和超过阈值时，输出为“1”，即“兴奋”状态；反之，输出为“0”，是“抑制”状态。

（2）非线性转移函数。

非线性转移函数为实数域 **R** 到[0, 1]闭集的非减连续函数，代表了状态连续型神经元模型。最常用的非线性转移函数是单极性 Sigmoid 函数曲线，简称为 S 型函数，其特点是函数本身及其导数都是连续的，因而在处理上十分方便。单极性 S 型函数定义如下：

$$f(x)=\frac{1}{1+e^{-x}} \tag{4.5}$$

有时也常采用双极性 S 型函数（即双曲正切）等形式：

$$f(x)=\frac{2}{1+e^{-x}}-1=\frac{1-e^{-x}}{1+e^{-x}}$$

S 型函数曲线特点如图 4.4 所示。

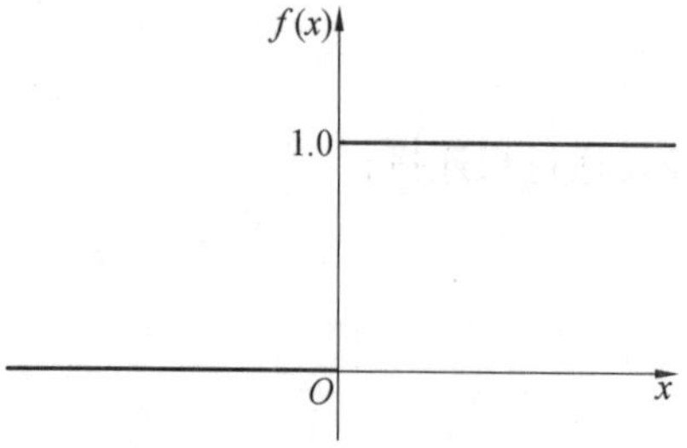

图 4.3　阈值型转移函数

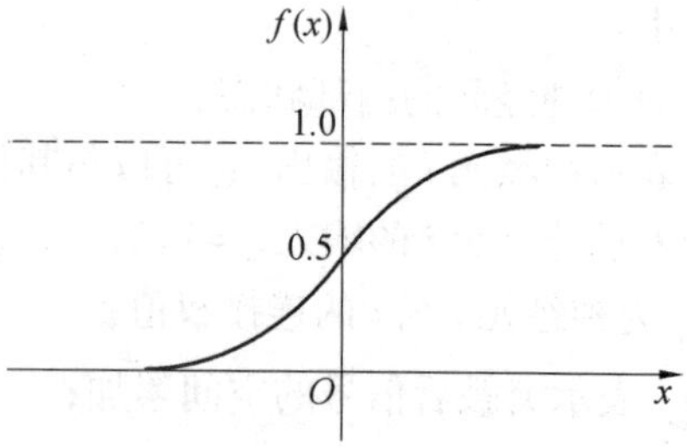

图 4.4　S 型转移函数

(3)分段线性转移函数。

该函数的特点是神经元的输入与输出在一定区间内满足线性关系。由于具有分段线性的特点,因而在实现上比较简单。这类函数也称为伪线性函数,表达式如下:

$$f(x)=\begin{cases}0 & x\leqslant 0\\ cx & 0<x\leqslant x_c\\ 1 & x_c<x\end{cases} \tag{4.6}$$

图 4.5 给出了该函数的曲线。

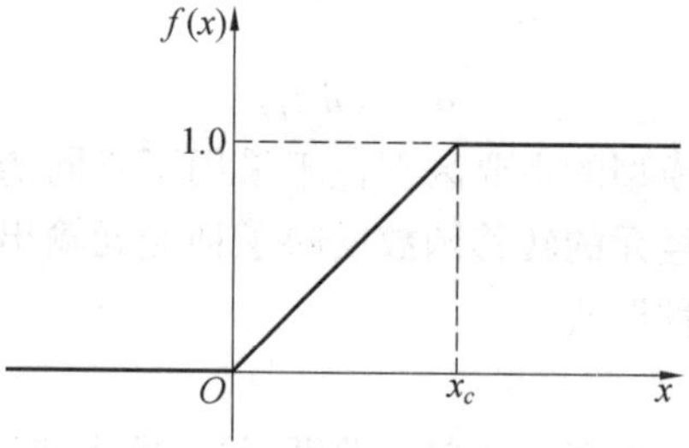

图 4.5　分段线性转移函数

(4)概率型转移函数。

采用概率型转移函数的神经元模型,其输入与输出之间的关系是不确定的,需采用一个随机函数来描述输出状态为 1 或为 0 的概率。设神经元输出为 1 的概率为

$$P(1)=\frac{1}{1+e^{-x/T}} \tag{4.7}$$

式中　T——温度参数。

由于采用该转移函数的神经元输出状态分布与热力学中的玻耳兹曼(Boltzmann)分布相类似,因此这种神经元模型也称为热力学模型。

4.1.3　神经网络的结构

大脑神经网络之所以具有思维认识等高级功能,是因为它是由无数个神经元相互连接而构成的一个极为庞大而复杂的神经网络系统。人工神经网络也是一样,单个神经元的功能是很有限的,只有用许多神经元按照一定规则连接构成的神经网络才具有强大的功能。

神经元的模型确定之后,一个神经网络的特性及能力主要取决于网络的拓扑结构及学习方法,下面介绍神经网络的几种拓扑结构。

1. **前馈型神经网络**

前馈型神经网络，又称为前向网络(Feedforward NN)。如图4.6所示，神经元分层排列，有输入层、隐层(也称为中间层，可有若干层)和输出层，每一层的神经元只接收前一层神经元的输入。

从学习的观点来看，前馈网络是一种强有力的学习系统，其结构简单并且易于编程；从系统的观点看，前馈网络是一个静态非线性映射，通过简单非线性处理单元的复合映射，可获得复杂的非线性处理能力。但从计算的观点来看，它缺乏丰富的动力学行为。大部分前馈网络都是学习网络，它们的分类能力和模式识别能力一般都强于反馈网络，典型的前馈网络有感知器、BP网络等。

2. **反馈型神经网络**

如图4.7所示，从输出层到输入层有反馈的网络称为反馈型神经网络(Feedback NN)。在反馈网络中，任意一个节点(神经元)既可以接收来自前一层各节点的输入，同时也可以接收来自后面任一节点的反馈输入。另外，由输出节点引回到其本身的输入而构成的自环反馈也属于反馈输入。反馈网络的每个节点都是一个计算单元。

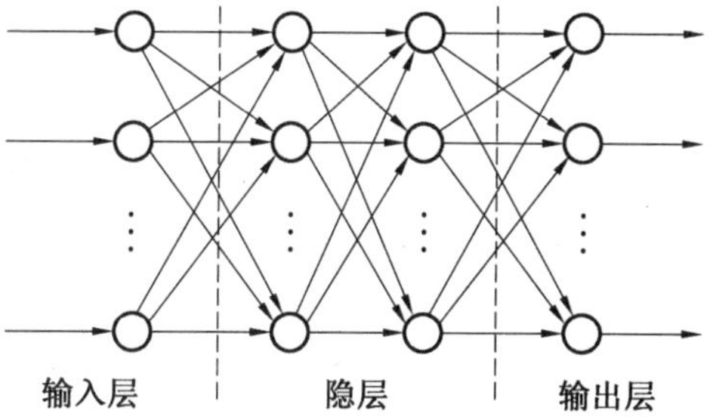

图4.6 前馈型神经网络结构

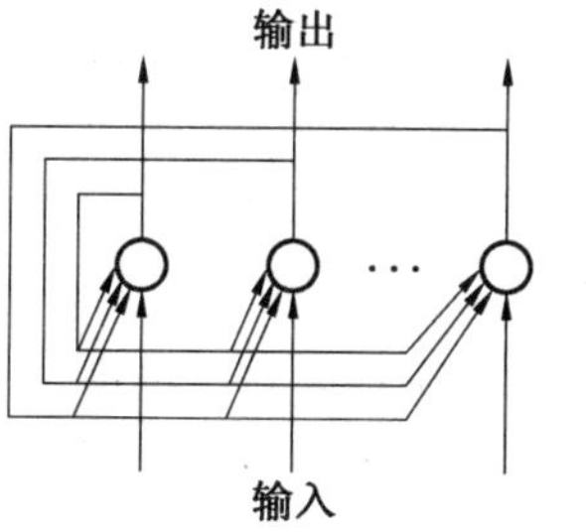

图4.7 反馈型神经网络结构

反馈型神经网络是一种反馈动力学系统，它需要工作一段时间才能达到稳定。Hopfield神经网络是反馈网络中最简单且应用最广泛的模型，它具有联想记忆(Content-Addressible Memory，CMA)的功能，如果将Lyapunov函数定义为寻优函数，Hopfield神经网络还可以用来解决快速寻优问题。

3. **随机神经网络**

随机神经网络是将统计力学思想引入神经网络后进行研究的结果，是由概率神经元件组成的网络。它对神经网络引入随机机制，认为神经元是按照概率的原理进行工作的，这就是说，每个神经元的兴奋或抑制具有随机性，其概率取决于神经元的输入。这与前两种类型的网络在本质上完全不同，随机神经网络是概率网络，而前两种类型的神经网络是确定型的网络。但它与Hopfield网络又有某些相似的地方，如都是权、阈值网络，其权矩阵都是对称的，都可以引入能量函数等。随机神经网络的典型代表是Boltzmann机。

4. **自组织神经网络**

自组织(竞争)神经网络的显著特点是它的输出神经元相互竞争以确定胜者，胜者指出哪一种原型模式最能代表输入模式，其结构如图4.8所示。

Kohonen网络是最典型的自组织网络。在Kohonen模型中，外界输入不同的样本到自组织网络中，一开始时，输入样本引起输出兴奋细胞的位置各不相同，但经过自组织后形成

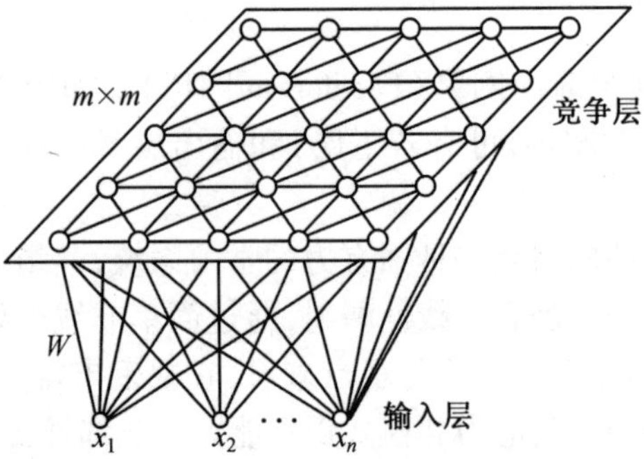

图 4.8　自组织神经网络

一些细胞群,它们分别反映了输入样本的特征。这些细胞群,如果在二维输出空间,则是一个平面区域,样本自学习后,在输出神经元层中排列成一张二维的映射图,功能相同的神经元靠得较近,而功能不相同的神经元分得比较开。这个映射过程是用简单的竞争算法来完成的,其结果可使一些无规则的输入自动排序,在连接权值的调整中可使权的分布与输入样本的概率密度分布相似,反映了输入样本的图形分布特征,从而达到自动聚类的目的。

4.1.4　神经网络学习算法

神经网络的学习也称为训练,指的是通过神经网络所在环境的刺激作用调整神经网络的自由参数,使神经网络以一种新的方式对外部环境做出反应的一个过程。能够从环境中学习和在学习中提高自身性能是神经网络最有意义的性质。

学习算法是指针对学习问题的明确规则集合。学习类型是由参数变化发生的形式决定的不同的学习算法对神经元的突触权值调整的表达式有所不同,没有一种独特的学习算法用于设计所有的神经网络。选择或设计学习算法时还需要考虑神经网络的结构及神经网络与外界环境相连的形式。

神经网络的学习算法很多,按学习方式来分类,可分为有导师学习(Learning with a Teacher)、无导师学习(Learning without a Teacher)和再励学习(Reinforcement Learning)3 类。

(1)有导师学习。

有导师学习又称为有监督学习(Supervised Learning),如图 4.9 (a)所示。在学习时需要给出导师信号或称为期望输出(响应)。神经网络对外部环境是未知的,在学习过程中,网络根据实际输出与期望输出相比较,然后进行网络参数的调整,使得网络输出逼近导师信号或期望响应。

(2)无导师学习。

无导师学习又称为无监督学习(Unsupervised Learning)或自组织学习(Self-Organized Learning),如图 4.9 (b)所示。无导师信号提供给网络,网络能根据其特有的结构和学习规则,进行连接权系的调整,此时,网络的学习评价标准隐含于其内部。

(3)再励学习。

再励学习又称为强化学习,如图 4.9(c)所示。它把学习看作为试探评价(奖或惩)过程,学习机选择一个动作(输出)作用于环境之后,使环境的状态改变,并产生一个再励信号 r_e(奖或惩)反馈至学习机,学习机根据再励信号与环境当前的状态,再选择下一动作作用于环境,选择的原则是使受到奖励的可能性增大。

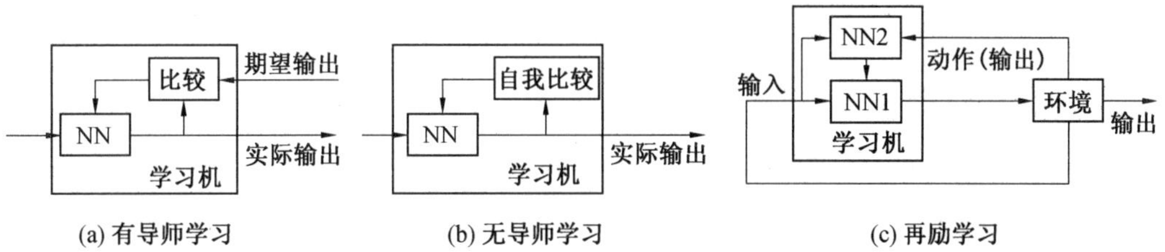

图 4.9　3 种学习方式

下面介绍几种基本的神经网络学习算法。

1. Hebb **学习规则**

Hebb 学习规则是一种联想式学习方法,是为了纪念神经心理学家 Hebbian(1949)而命名的。

Hebb 学习规则用于调整神经网络的突触权值,可以概括为:

(1)如果一个突触(连接)两边的两个神经元被同时(即同步)激活,则该突触的能量就被选择性地增加。

(2)如果一个突触(连接)两边的两个神经元被异步激活,则该突触的能量就被有选择的消弱或者消除。

Hebb 学习规则是一种无教师的学习方法,它只根据神经元连接间的激活水平改变权值,因此这种方法又称为相关学习或并联学习,其数学描述为:

ω_{ij}表示神经元 x_j 到 x_i 的突触权值,$\bar{x}_j$ 和 $\bar{x}_i$ 分别表示神经元 j 和 i 在一段时间内的平均值,在学习步骤为 n 时对突触权值的调整为

$$\Delta\omega_{ij}(n)=\eta(x_j(n)-\bar{x}_j)(x_i(n)-\bar{x}_i) \tag{4.8}$$

式中　η——常数,它决定了在学习过程中从一个步骤进行到另一步骤的学习速度,称为学习速率。

公式(4.8)表明:

(1)如果神经元 j 和 i 活动充分时,即同时满足条件 $x_j>\bar{x}_j$ 和 $x_i>\bar{x}_i$ 时,突触权值 ω_{ij}增强。

(2)如果神经元 j 活动充分($x_j>\bar{x}_j$)而神经元 i 活动不充分($x_i<\bar{x}_i$),或者神经元 i 活动充分($x_i>\bar{x}_i$)而神经元 j 活动不充分($x_j<\bar{x}_j$)时,突触权值 ω_{ij}减小。

2. 误差纠正学习规则

首先我们考虑一个简单的情况:假设某神经网络的输出层中只有一个神经元 i,在 n 时刻给该神经网络加上输入,这样就产生了输出 $o_i(n)$,称该输出为实际输出。对所有加上的输入,我们期望该神经网络的输出为 $d_i(n)$,称为期望输出或目标输出。实际输出与期望输出之间存在着误差,用 $e_i(n)$ 表示。则

$$e_i(n)=d_i(n)-o_i(n) \tag{4.9}$$

误差纠正学习的最终目的是使某一基于 $e_i(n)$ 的目标函数达到最小,以使网络中每一输出单元的实际输出在某种统计意义上逼近应有的输出。一旦选定了目标函数形式,误差纠正学习就变成了一个典型的最优化问题,最常用的目标函数是均方误差判据,定义为误差平

方和的均值

$$J = E\left[\frac{1}{2}\sum_i e_i^2(n)\right] \tag{4.10}$$

式中　E——求期望算子,上式的前提是被学习过程是宽平稳的,具体方法可以用最优梯度下降法。直接用 J 作为目标函数时需要知道整个过程的统计特性,为解决这一问题,通常用 J 在时刻 n 的瞬时值 $\xi(n)$ 代替 J,即

$$\xi(n) = \frac{1}{2}\sum_i e_i^2(n) \tag{4.11}$$

问题变为求 $\xi(n)$ 对权值 ω_{ij} 的极小值,根据梯度下降法可得

$$\Delta\omega_{ij}(n) = \eta e_i(n) x_j(n) \tag{4.12}$$

式中　η——学习速率参数,该学习过程被称为误差纠正学习规则,也称为 Delta(δ)规则或 Widrow-Hoff 规则。

3. 基于记忆的学习规则

基于记忆的学习主要用于模式分类,在基于记忆的学习中,过去的学习结果被存储在一个大的存储器中,当输入一个新的测试向量 $\boldsymbol{x}_{\text{test}}$ 时,学习过程就是将 $\boldsymbol{x}_{\text{test}}$ 归到已存储的某个类中。所有基于记忆的学习算法均包括两部分:一是用于定义 $\boldsymbol{x}_{\text{test}}$ 的局部邻域的标准;另一部分是用于在 $\boldsymbol{x}_{\text{test}}$ 的局部邻域训练样本的学习规则。

一种简单而有效的基于记忆的学习算法就是最近邻规则。设存储器中所记忆的某一类 l_1 含有向量 $\boldsymbol{x}'_n \in \{\boldsymbol{x}_1, \boldsymbol{x}_2, \cdots, \boldsymbol{x}_N\}$,如果下式成立:

$$\min_i d(\boldsymbol{x}_i, \boldsymbol{x}_{\text{test}}) = d(\boldsymbol{x}'_N, \boldsymbol{x}_{\text{test}}) \tag{4.13}$$

则 $\boldsymbol{x}_{\text{test}}$ 属于 l_1 类,其中 $d(\boldsymbol{x}_i, \boldsymbol{x}_{\text{test}})$ 是向量 $\boldsymbol{x}_i$ 与 $\boldsymbol{x}_{\text{test}}$ 之间的欧氏距离。

Cover 和 Hart 将最近邻规则作为模式识别的工具加以研究,其分析基于以下两个假设:

(1)样本(x_i, d_i)的独立同分布(iid),依照样本(x, d)的联合概率分布;

(2)样本数量 N 无限大。

在上述条件下,由最近邻规则导致的分类错误概率被限制于两倍 Bayes 错误概率之下,也就是所有判定规则中的最小错误概率。

最近邻分类器的变形是 k 阶最近邻分类器,其思想为:如果与测试向量 x_{test} 最近的 k 个向量均是某类别的向量,则 x_{test} 属于该类别。

4. 概率式学习规则

从统计力学、分子热力学和概率论中关于系统稳态能量的标准出发,进行神经网络学习的方式称为概率式学习。神经网络处于某一状态的概率主要取决于在此状态下的能量,能量越低,概率越大。同时,此概率还取决于温度参数 T:T 越大,不同状态出现概率的差异就越小,也就越容易跳出能量的局部极小点而到全局的极小点;T 越小时,情形正好相反。概率式学习的典型代表是 Boltzmann 机学习规则,它是基于模拟退火的统计优化方法,因此又称为模拟退火算法。

Boltzmann 机模型是一个包括输入、输出和隐含层的多层网络,但隐含层间存在互连结构且网络层次不明显。对于这种网络的训练过程,就是根据规则:

$$\Delta\omega_{ij} = \eta(p_{ij} - p'_{ij}) \tag{4.14}$$

对神经元 i,j 间的连接权值进行调整的过程。式中，η 为学习速率；p_{ij} 为网络受到学习样本的约束且系统达到平衡状态时第 i 个和第 j 个神经元同时为 1 的概率；p'_{ij} 为系统为自由运转状态且达到平衡状态时第 i 个和第 j 个神经元同时为 1 的概率。

权值调整的原则是：当 $p_{ij}>p'_{ij}$ 时，权值增加，否则减小。这种权值调整公式称为 Boltzmann 机学习规则，即

$$\omega_{ij}(k+1)=\omega_{ij}(k)+\eta(p_{ij}-p'_{ij}),\eta>0 \tag{4.15}$$

当 $p_{ij}-p'_{ij}$ 小于一定容限时，学习结束。

由于模拟退火过程要求高温使系统达到平衡状态，而冷却（退火）过程又必须缓慢地进行，否则容易造成局部最小，所以这种学习规则的收敛速度较慢。

5. 竞争式学习规则

在竞争式学习中，神经网络的输出神经元之间相互竞争，在任意时刻只能有一个输出神经元是活性的。而在基于 Hebb 学习的神经网络中，可能同时有几个输出神经元是活性的。

竞争式学习规则有 3 项基本内容：

（1）一个神经元集合：除了某些随机分布的突触权值外，所有的神经元都相同，因此对给定的输入模式集合有不同的响应；

（2）每个神经元的能量都被限制；

（3）一个机制：允许神经元通过竞争对一个给定的输入子集做出响应。赢得竞争的神经元被称为获胜神经元。

在竞争学习的最简单形式中，神经网络有一个单层的输出神经元，每个输出神经元都与输入节点全相连，输出神经元之间全互联。从源节点到神经元之间是兴奋性连接，输出神经元之间横向侧抑制。

对于一个指定输入模式 x，一个神经元 i 成为获胜神经元，则它的感应局部区域 v_i 大于网络中其他神经元的感应局部区域。获胜神经元 i 的输出信号 o_i 被置为 1，所有竞争失败神经元的输出信号被置为 0，即

$$o_i=\begin{cases}1 & v_i>v_j,j\neq i\\ 0 & \text{其他}\end{cases} \tag{4.16}$$

感应局部区域 v_k 表示神经元 k 的所有前向和反馈输入的组合行为。

令 ω_{ij} 为输入 x_j 与某个神经元 i 的突触权值，假设分配给每个神经元固定数量的突触权重，即

$$\sum_j \omega_{ij}=1,\text{对所有 } i \tag{4.17}$$

如果一个特定的神经元 i 在竞争中获胜，则这个神经元的每一个输入节点都放弃输入权值的一部分，并且放弃的权值平均分布在活性输入节点之中。根据标准竞争学习规则，突触权值的变化定义为

$$\Delta\omega_{ij}=\begin{cases}\eta(x_i-\omega_{ij}) & \text{如果神经元 } i \text{ 在竞争中获胜}\\ 0 & \text{如果神经元 } i \text{ 在竞争中失败}\end{cases} \tag{4.18}$$

式中 η——学习速率参数。这个规则能够使得获胜神经元 i 的突触权重向量 $\boldsymbol{\omega}_{ij}$ 向输入模式 x_j 转移。

从上述几种学习规则不难看出，要使人工神经网络具有学习能力，就是使神经网络的知

识结构变化,也就是使神经元间的结合模式变化,这与把连接权向量用什么方法变化是等价的。所以,所谓神经网络的学习,目前主要是指通过一定的学习算法实现对突触结合强度(权值)的调整,使其达到具有记忆、识别、分类、信息处理和问题优化求解等功能,这正是一个发展中的研究课题。

4.2　前馈神经网络

前馈神经网络是神经网络中的一种典型分层结构,信息从输入层进入网络后逐层向前传递至输出层。根据前馈网络中神经元转移函数、隐层数以及权值调整规则的不同,可以形成具有各种功能特点的神经网络。

4.2.1　感知器

感知器(Perceptron)网络是由 M-P 网络发展而来的,它是一个由线性阈值单元组成的网络,其结构和学习算法非常简单,是其他前馈型神经网络的基础。

1. 感知器模型

单层感知器是指只有一层处理单元的感知器,如果包括输入层在内,应为两层,其拓扑结构如图 4.10 所示。

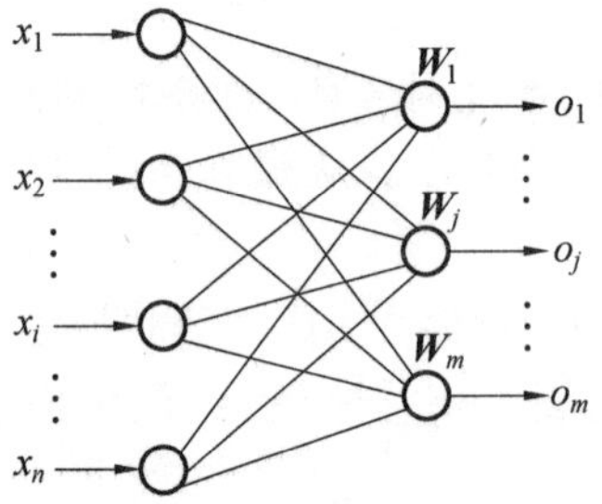

图 4.10　单层感知器结构

图 4.10 中,输入层(也称为感知层)有 n 个节点,这些节点只负责引入外部信息,自身没有处理能力,每个节点接收一个输入信号,n 个输入信号构成输入列向量 $\boldsymbol{X}$。输出层也称为处理层,有 m 个神经元节点,每个节点均具有信息处理能力,m 个节点向外部输出处理信息,构成输出列向量 $\boldsymbol{O}$。两层之间的连接权值用权值列向量 $\boldsymbol{W}_j$ 表示,m 个权向量构成单层感知器的权值矩阵 $\boldsymbol{W}$。3 个列向量分别表示为

$$\boldsymbol{X}=(x_1,x_2,\cdots,x_i,\cdots,x_n)^{\mathrm{T}}$$

$$\boldsymbol{O}=(o_1,o_2,\cdots,o_i,\cdots,o_m)^{\mathrm{T}}$$

$$\boldsymbol{W}_j=(\omega_{1j},\omega_{2j},\cdots,\omega_{ij},\cdots,\omega_{nj})^{\mathrm{T}},j=1,2,\cdots,m$$

由上一节介绍的神经元数学模型可知,对于处理层中任意一个节点,其净输入 net_j 为来自输入层各节点的输入加权和

$$net_j=\sum_{i=1}^{n}\omega_{ij}x_i \tag{4.19}$$

输出 y_j 由节点的转移函数决定,离散型单层感知器的转移函数一般采用符号函数,即

$$o_j = f(net_j - \theta_j) = f(\sum_{i=1}^{n} \omega_{ij} x_i - \theta_j) = f(\sum_{i=0}^{n} \omega_{ij} x_i) = \mathrm{sgn}(\boldsymbol{W}_j^{\mathrm{T}} X) \tag{4.20}$$

式中 x_i—— 感知器的第 i 个输入；

$\omega_{0j} = -\theta$（阈值）；$x_0 = 1$。

2. 感知器的学习算法

单层感知器与 M-P 模型的不同之处在于其权值可以通过学习进行调整，采用有导师方式的学习算法，一般步骤如下：

（1）设定初始连接权值 $\omega_{0j}(0),\omega_{1j}(0),\cdots,\omega_{nj}(0)$（$j=1,2,\cdots,m$）为较小的非零随机数，其中 m 为计算层的节点数。

（2）输入样本对 $\{\boldsymbol{X}^p,\boldsymbol{d}^p\}$，其中 $\boldsymbol{X}^p=(1,x_1^p,x_2^p,\cdots,x_n^p)$，$\boldsymbol{d}^p$ 为期望的输出向量（教师信号），上标 p 代表样本对的模式序号，设样本集中的样本总数为 P，则 $p=1,2,\cdots,P$。

（3）计算各节点的实际输出：

$$o_j^p(t) = f(\sum_{i=0}^{n} \omega_{ij}(t) x_i^p) = \mathrm{sgn}(\boldsymbol{W}_j^{\mathrm{T}} \boldsymbol{X}^p) = \begin{cases} 1 & \text{当} \sum_{i=0}^{n} \omega_{ij}(t) x_i^p \geqslant 0 \\ -1 & \text{当} \sum_{i=0}^{n} \omega_{ij}(t) x_i^p < 0 \end{cases} \tag{4.21}$$

式中，$x_0^p = 1$，$\omega_{0j}(0) = -\theta$。

（4）按下式修正权值：

$$\boldsymbol{W}_j(t+1) = \boldsymbol{W}_j(t) + \eta[d_j^p - o_j^p(t)]\boldsymbol{X}^p \tag{4.22}$$

式中，$j=1,2,\cdots,m$；η 为学习速率，用于控制调整速度，太大会影响训练的稳定性，太小则使训练的收敛速度变慢、训练时间过长，一般取 $0<\eta\leqslant 1$。

（5）选取另外一组样本，重复（2）~（4）的过程，直到权值对一切样本均稳定不变为止，或者说直到感知器对所有样本的实际输出与期望输出相等为止，学习过程结束。

感知器的算法采用 δ 规则，如果目标向量存在，那么经过有限次循环迭代后，一定能够收敛到正确的目标向量。学习结束后的网络，会将样本模式以权值和阈值的形式，分别记忆（存储）于网络中。

3. 感知器网络的局限性

由于感知器神经网络在结构和学习规则上的局限性，其应用被限制在一定的范围内。一般来说，感知器有以下局限性：

（1）由于感知器的转移函数是阈值型函数或符号函数，所以它的输出只能取 0 和 1 和 -1或 1。因此，感知器只适用于简单的分类问题。

（2）感知器神经网络只能对线性可分的向量集合进行分类。理论上已经证明，只要输入向量是线性可分的，感知器在有限的时间内总能达到目标向量。但是如何判断一组向量是否为线性可分是相当困难的，尤其是当向量集合的元素数量非常大时。因此，如果尝试利用感知器对非线性可分的向量集合进行分类，学习算法就会处于一种无休止的循环状态，浪费大量的计算资源，这是感知器存在的一个比较严重的缺陷。

（3）如果输入样本向量集合中存在奇异样本（即该样本相对于其他样本特别大或特别小），网络训练所花费的时间将很长。

4. 感知器网络仿真实例

【例 4.1】 用单层感知器解决一个简单分类问题。

设计一个感知器，将四组二维的输入矢量分成两类。

输入矢量：**P**=[−0.5　−0.5　0.5　0;−0.5　0.5　−0.5　1]；

目标矢量：**T**=[1　1　0　0]。

解：在 MATLAB 中，可以在二维平面坐标中给出仿真过程的图形表示。如图 4.11 所示，根据输入矢量和目标矢量的关系，将它们绘制于坐标平面中。目标矢量输出为 1 的输入矢量用"+"表示，而目标矢量输出为 0 的输入矢量用"○"表示。

对于这个简单分类问题，采用有两个输入的单个感知器神经元网络。神经元采用强限幅传递函数 *hard lim*( )，通过一条直线将输入向量空间分为两个区域(0 和 1)。

图 4.12 给出了 MATLAB 中所设计的单层感知器网络在进行了修正后对输入矢量的分类结果，图中的划分线由权值形成。

此时就可以应用 *sim*( ) 函数对任何输入向量进行分类了。例如，对于输入量[0.7; 1.2]，其分类结果如图 4.13 所示，即输入向量的分类输出为 0。

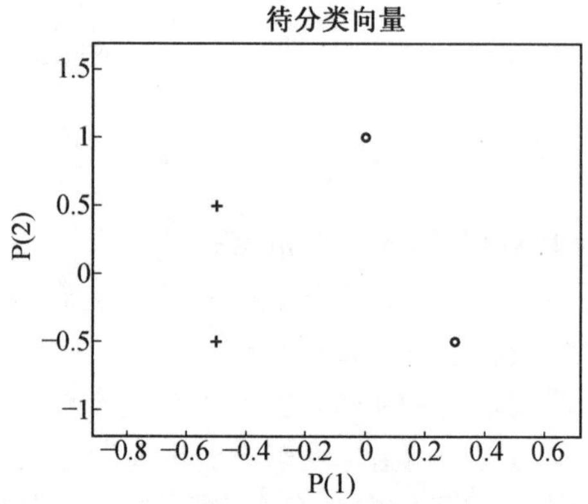

图 4.11　输入矢量位置图

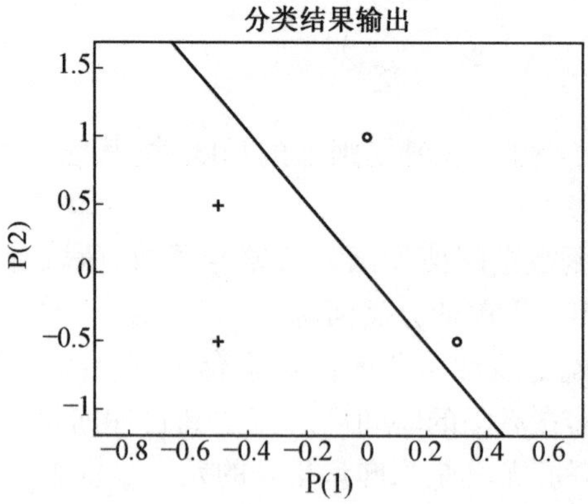

图 4.12　感知器网络对输入矢量的分类结果

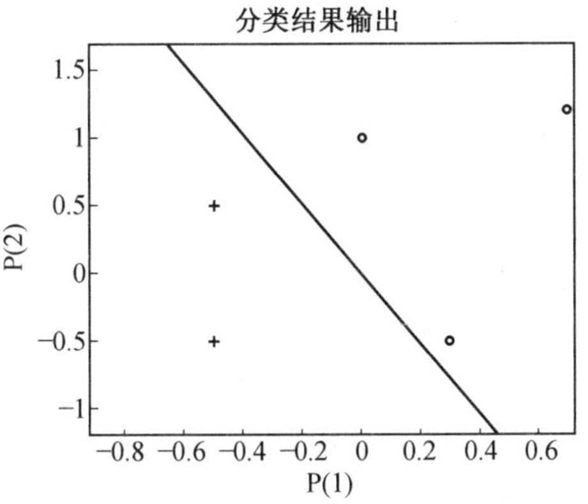

图 4.13　感知器网络对其他输入矢量的分类结果

由此可见，感知器网络能够做到对输入向量进行正确分类，同时验证了网络的可行性。

【例 4.2】　用单层感知器实现多个神经元的分类（又称为模式联想）。

若将例 4.1 中的输入矢量和目标矢量增加为 10 组的二元矩阵，即输入矢量为

$$\boldsymbol{P}=[0.1\quad 0.7\quad 0.8\quad 0.8\quad 1.0\quad 0.3\quad 0.0\quad -0.3\quad -0.5\quad -1.5;\\ 1.2\quad 1.8\quad 1.6\quad 0.6\quad 0.8\quad 0.5\quad 0.2\quad 0.8\quad -1.5\quad -1.3];$$

所对应的 10 组二元目标矢量为

$$\boldsymbol{T}=[1\quad 1\quad 1\quad 0\quad 0\quad 1\quad 1\quad 1\quad 0\quad 0;\\ 0\quad 0\quad 0\quad 0\quad 0\quad 1\quad 1\quad 1\quad 1\quad 1]$$

设计一个感知器，将输入矢量进行分类。

解：由于增加了矢量数组，必然增加了解决问题的复杂程度。这个问题要用一般的方法来解决是相当困难和费时的，它需要解一个具有 6 个变量的 20 个约束不等式。而通过单层感知器来解决此问题就显出它的优越性。MATLAB 程序的编写与例 4.1 相同，只要输入新的 $\boldsymbol{P}$ 和 $\boldsymbol{T}$，就可以得出分类结果。

根据输入矢量和目标矢量可得：网络的源节点数为 2，输出层节点数也为 2，由此可以画出本例中所要设计的单层感知器的网络结构如图 4.14 所示。

图 4.15 给出了所设计的单层感知器的分类结果，不同的目标矢量分别用 4 种符号表示：00—“○”；01—“※”；10—“+”和 11—“×”。

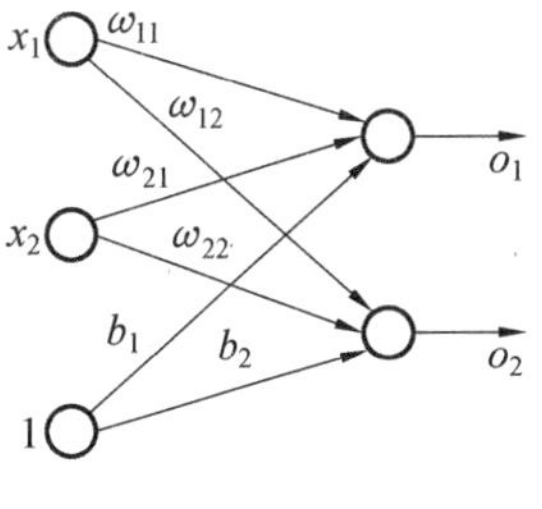

图 4.14　单层感知器的网络结构

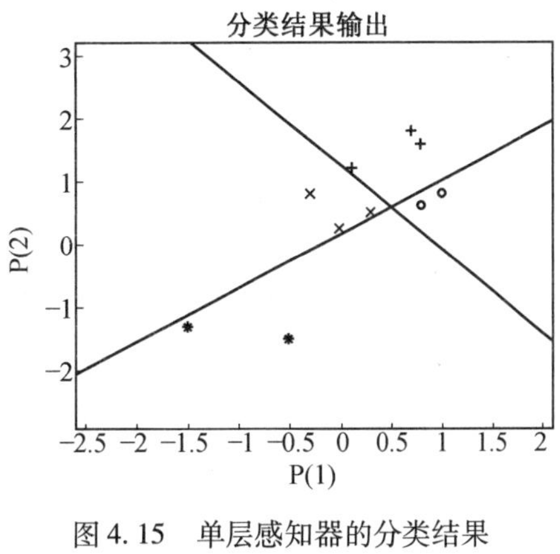

图 4.15　单层感知器的分类结果

4.2.2 BP 网络

单层感知器的缺点是只能解决线性可分的分类问题，要增强网络的的分类能力，一种有效的方法就是采用多层网络，即在输入与输出层之间加上隐含层，从而构成多层感知器（Multilayer Perceptrons，MLP）。这种由输入层、隐含层（一层或者多层）和输出层构成的神经网络称为多层前馈神经网络。

1985 年，Rumelhart 等提出了误差反向传播（Error Back Propagation，EBP，简称 BP）算法，该算法系统地解决了多层神经元网络中隐层单元连接权的学习问题，从而为多层前馈神经网络的研究奠定了基础。由于多层前馈网络的训练通常采用误差反向传播算法，人们也常把多层前馈神经网络直接称为 BP 网络。

1. BP 算法的基本思想

BP 算法的学习过程由信号的正向传播与误差的反向传播两个过程组成。正向传播时，输入样本从输入层传入，经各隐层逐层处理后，传向输出层。若输出层的实际输出与期望的输出（教师信号）不符，则转入误差的反向传播阶段；反向传播是将输出误差以某种形式通过隐层向输入层逐层反传，并将误差分摊给各层的所有单元，从而获得各层单元的误差信号，此误差信号即作为修正各单元权值的依据。

这种信号正向传播与误差反向传播的各层权值调整过程，是周而复始地进行的。权值不断调整的过程，也就是网络的学习训练过程。此过程一直进行到网络输出的误差减小到可以接受的程度，或进行到预先设定的学习次数为止。

2. BP 网络模型

含有一个隐层的 BP 神经网络结构如图 4.16 所示。

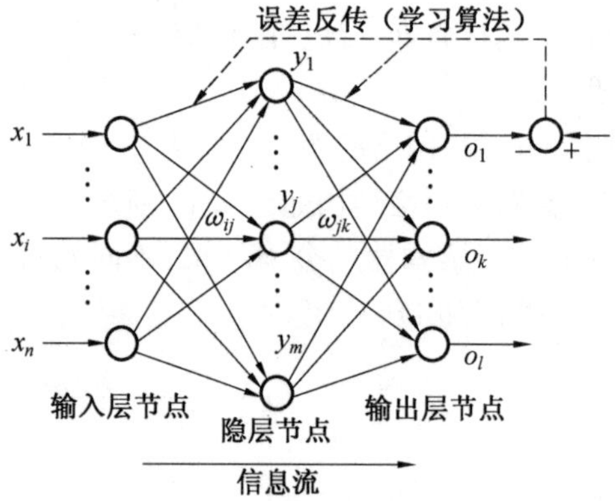

图 4.16　BP 神经网络结构

图 4.16 中，输入层共有 n 个节点，节点的输出等于其输入。输出层共有 l 个节点，隐层共有 m 个节点。ω_{ij}是输入层和隐层节点之间的连接权值，ω_{jk}是隐层和输出层节点之间的连接权值，隐层和输出层节点的输入是前一层节点输出的加权和，每个节点的激励程度由它的转移函数来决定。下面分析各层信号之间的数学关系。

对于输出层，有

$$o_k = f(net_k), k = 1,2,\cdots,l \tag{4.23}$$

$$net_k = \sum_{j=0}^{m} \omega_{jk} y_j, k = 1,2,\cdots,l \tag{4.24}$$

对于隐层,有

$$y_j = f(net_j), j = 1,2,\cdots,m \tag{4.25}$$

$$net_j = \sum_{i=0}^{n} \omega_{ij} x_i, j = 1,2,\cdots,m \tag{4.26}$$

以上式子中,转移函数$f(x)$均为单极性 Sigmoid 函数

$$f(x) = \frac{1}{1+e^{-x}} \tag{4.27}$$

$f(x)$具有连续、可导的特点,且有

$$f'(x) = f(x)[1-f(x)] \tag{4.28}$$

根据应用需要,也可以采用双极性 Sigmoid 函数(双曲线正切函数)

$$f(x) = \frac{1-e^{-x}}{1+e^{-x}}$$

式(4.23)~(4.27)共同构成了3层BP网络的数学模型。

3. BP 网络学习算法

(1)网络误差与权值调整。

当网络输出与期望输出不等时,存在输出误差E,定义如下:

$$E = \frac{1}{2}(\boldsymbol{d} - \boldsymbol{O})^2 = \frac{1}{2}\sum_{k=1}^{l}(d_k - o_k)^2 \tag{4.29}$$

式中,$\boldsymbol{d} = (d_1, d_2, \cdots, d_k, \cdots, d_l)^{\mathrm{T}}$ 为期望和输出向量,$\boldsymbol{O} = (o_1, o_2, \cdots, o_k, \cdots, o_l)^{\mathrm{T}}$ 为输出层输出向量。

将以上误差定义式展开至隐层,有

$$E = \frac{1}{2}\sum_{k=1}^{l}[d_k - f(net_k)]^2 = \frac{1}{2}\sum_{k=1}^{l}\left[d_k - f\left(\sum_{j=0}^{m}\omega_{jk} y_j\right)\right]^2 \tag{4.30}$$

进一步展开至输入层,有

$$E = \frac{1}{2}\sum_{k=1}^{l}\left\{d_k - f\left[\sum_{j=0}^{m}\omega_{jk} f(net_j)\right]\right\}^2 = \frac{1}{2}\sum_{k=1}^{l}\left\{d_k - f\left[\sum_{j=0}^{m}\omega_{jk} f\left(\sum_{i=0}^{n}\omega_{ij} x_i\right)\right]\right\}^2 \tag{4.31}$$

由上式可以看出,网络输入误差是各层权值ω_{jk},ω_{ij}的函数,因此调整权值可以改变误差E。

显然,调整权值的原则是使误差不断地减小,因此应使权值的调整量与误差的负梯度成正比,即

$$\Delta\omega_{jk} = -\eta \frac{\partial E}{\partial \omega_{jk}} \quad j=0,1,2,\cdots,m; k=1,2,\cdots,l \tag{4.32a}$$

$$\Delta\omega_{ij} = -\eta \frac{\partial E}{\partial \omega_{ij}} \quad i=0,1,2,\cdots,n; j=1,2,\cdots,m \tag{4.32b}$$

式中,负号表示梯度下降,常数$\eta \in (0,1)$表示比例系数,在训练中反映学习速率。可以看出,BP 算法属于δ学习规则类,这类算法通常被称为误差的梯度下降(Gradient Descent)算法。

(2)学习算法推导。

式(4.32)仅是对权值调整思路的数学表达,而不是具体的权值调整计算式。下面推导3层BP算法权值调整的计算式。在全部的推导过程中,对输出层均有$j=0,1,2,\cdots,m;k=1,2,\cdots,l$;对隐层均有$i=0,1,2,\cdots,n;j=1,2,\cdots,m$。

对于输出层,式(4.32a)可写成

$$\Delta\omega_{jk}=-\eta\frac{\partial E}{\partial\omega_{jk}}=-\eta\frac{\partial E}{\partial net_k}\frac{\partial net_k}{\partial\omega_{jk}} \tag{4.33a}$$

对于隐层,式(4.32b)可写成

$$\Delta\omega_{ij}=-\eta\frac{\partial E}{\partial\omega_{ij}}=-\eta\frac{\partial E}{\partial net_j}\frac{\partial net_j}{\partial\omega_{ij}} \tag{4.33b}$$

对输出层和隐层各定义一个误差信号,令

$$\delta_k^o=-\frac{\partial E}{\partial net_k} \tag{4.34a}$$

$$\delta_j^y=-\frac{\partial E}{\partial net_j} \tag{4.34b}$$

综合应用式(4.24)和式(4.34a),可将式(4.34a)的权值调整式改写为

$$\Delta\omega_{jk}=\eta\delta_k^o y_j \tag{4.35a}$$

综合应用式(4.26)和式(4.34b),可将式(4.34b)的权值调整式改写为

$$\Delta\omega_{ij}=\eta\delta_j^y x_i \tag{4.35b}$$

可以看出,只要计算出式(4.35)中的误差信号δ_k^o和δ_j^y,权值调整量的计算推导即可完成。下面继续推导如何求δ_k^o和δ_j^y。

对于输出层,δ_k^o可展开为

$$\delta_k^o=-\frac{\partial E}{\partial net_k}=-\frac{\partial E}{\partial o_k}\frac{\partial o_k}{\partial net_k}=-\frac{\partial E}{\partial o_k}f'(net_k) \tag{4.36a}$$

对于输出层,δ_j^y可展开为

$$\delta_j^y=-\frac{\partial E}{\partial net_j}=-\frac{\partial E}{\partial y_j}\frac{\partial y_j}{\partial net_j}=-\frac{\partial E}{\partial y_j}f'(net_j) \tag{4.36b}$$

下面求取式(4.36)中网络误差对各层输出的偏导。

对于输出层,利用式(4.29),可得

$$\frac{\partial E}{\partial o_k}=-(d_k-o_k) \tag{4.37a}$$

对于隐层,利用式(4.30),可得

$$\frac{\partial E}{\partial y_j}=-\sum_{k=1}^{l}(d_k-o_k)f'(net_k)\omega_{jk} \tag{4.37b}$$

将以上结果代入式(4.36),并应用式(4.28),得

$$\delta_k^o=(d_k-o_k)o_k(1-o_k) \tag{4.38a}$$

$$\delta_j^y=\left[\sum_{k=1}^{l}(d_k-o_k)f'(net_k)\omega_{jk}\right]f'(net_j)=\left(\sum_{k=1}^{l}\delta_k^o\omega_{jk}\right)y_j(1-y_j) \tag{4.38b}$$

至此两个误差信号的推导完成,将式(4.38)代回到式(4.35),得到3层前馈网络BP学习算法权值调整计算公式为

$$\Delta\omega_{jk} = \eta\delta_k^o y_j = \eta(d_k - o_k)o_k(1 - o_k)y_j \tag{4.39a}$$

$$\Delta\omega_{ij} = \eta\delta_j^y x_i = \eta\left(\sum_{k=1}^{l}\delta_k^o\omega_{jk}\right)y_j(1 - y_j)x_i \tag{4.39b}$$

容易看出，BP 学习算法中，各层权值调整公式形式上都是一样的，均由 3 个因素决定，即学习速率 η、本层输出的误差信号 δ 以及本层输入信号 Y（或 X）。其中输出层误差信号与网络的期望输出与实际输出之差有关，直接反映了输出误差，而各隐层的误差信号与前面各层的误差信号都有关，是从输出层开始逐层反传过来的。

(3) BP 学习算法的程序实现。

前面推导的算法是 BP 算法的基础，称为标准 BP 算法，其编程步骤如下。

① 初始化。置所有权值为较小的随机数，将样本训练计数器 p 和训练次数计数器 q 置为 1，误差 E 置 0，学习速率 η 设为 0~1 间小数，网络训练后达到的精度 $E_{\min}$ 设为一正的小数。

② 输入样本训练对，计算各层输出 用当前样本 X^p，d^p 为向量组 $\boldsymbol{X}$，$\boldsymbol{d}$ 赋值，用式(4.25)和式(4.23)计算 Y 和 O 中各分量。

③ 计算网络输出误差。设共有 P 对训练样本，网络对应不同的样本具有不同的误差 E^p，可用其中最大者 $E_{\max}$ 代表网络的总误差，也可以用其均方根 $E_{\text{rme}} = \sqrt{\dfrac{1}{P}\sum_{p=1}^{P}(E^p)^2}$ 作为网络的总误差。

④ 计算各层误差信号。应用式(4.38a)和式(4.38b)计算 δ_k^o 和 δ_j^y。

⑤ 调整各层权值。应用式(4.39a)和式(4.39b)计算 $\Delta\omega_{jk}$ 和 $\Delta\omega_{ij}$。

⑥ 检查是否对所有样本完成一次轮训若 $p<P$，计数器 p，q 增 1，返回步骤②，否则，转到步骤⑦。

⑦ 检查网络总误差是否达到精度要求 若 $E<E_{\min}$，训练结束，否则 E 置 0，p 置 1，返回步骤②。

4. BP 网络的优缺点

BP 网络的优点为：

(1) 只要有足够多的隐层和隐层节点，BP 网络可以逼近任意的非线性映射关系。

(2) BP 网络的学习算法属于全局逼近算法，具有较强的泛化能力。

(3) BP 网络输入输出之间的关联信息分布地存储在网络的连接权中，个别神经元的损坏对输入输出关系的影响较小，因而 BP 网络具有较好的容错性。

BP 网络的缺点为：

(1) 待寻优的参数多，收敛速度慢。

(2) 目标函数存在多个极值点，按梯度下降法进行学习，很容易陷入局部极小值。

(3) 难以确定隐层及隐层节点的数目。目前，如何根据特定的问题来确定具体的网络结构尚无很好的方法，仍需根据经验来试凑。

由于 BP 网络具有很好的逼近非线性映射的能力，该网络在模式识别、图像处理、系统辨识、函数拟合、优化计算、最优预测和自适应控制等领域有着较为广泛的应用。

由于 BP 网络具有很好的逼近特性和泛化能力，可用于神经网络控制器的设计。但由于 BP 网络收敛速度慢，难以适应实时控制的要求。

5. BP **网络仿真实例**

(1)BP 网络用于函数逼近。

【例 4.3】 使用 BP 网络实现对非线性函数的逼近,设非线性函数为正弦函数,其频率参数 k 可以调节。

解:结合 MATLAB 中神经网络工具箱,应用函数 *newff*( )建立 BP 网络结构,隐层神经元数目 n 可以改变,暂设为 $n=10$,输出层有一个神经元。选择隐层和输出层神经元转移函数分别为双曲正切型和线性函数,网络训练采用 Levenberg-Marquardt (L-M)算法 trainlm。

假设频率参数 $k=1$,绘制非线性函数的曲线,如图 4.17 所示。

对于建立的初始 BP 网络,采用 *sim*( )函数观察网络输出,绘制网络输出曲线并与原函数比较,结果如图 4.18 所示。

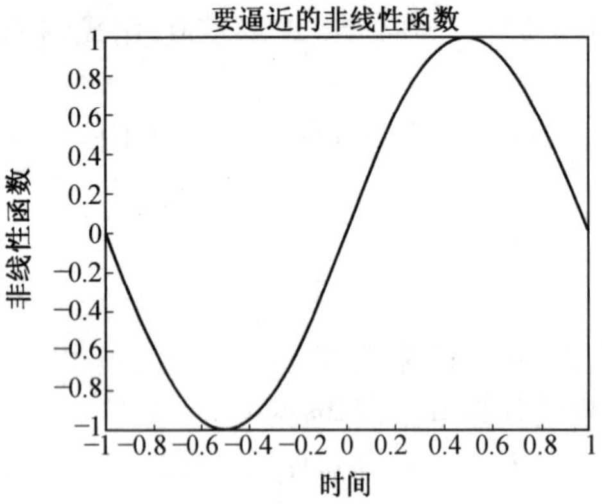

图 4.17　非线性函数曲线

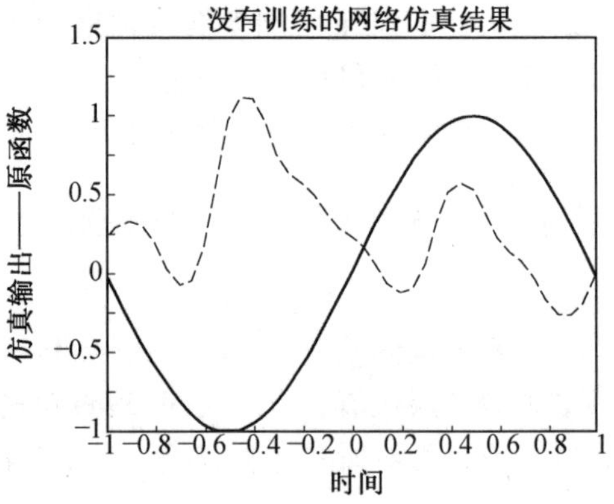

图 4.18　未训练的 BP 网络输出和原函数曲线

因为使用 *newff*( )函数建立网络时,权值和阈值的初始化是随机的,所以网络输出结果很差,根本达不到函数逼近的目的,并且每次运行的结果也大不相同。

应用函数 *train*(　)对网络进行训练之前,需要预先设置训练参数。将训练步数设置为 50,训练精度设置为 0.001,其余参数使用缺省值,训练过程中的误差变化如图 4.19 所示。

对训练好的网络进行仿真,绘制网络输出曲线,并与原始非线性函数曲线以及未训练网络的输出结果曲线相比较,如图 4.20 所示。从图中可以看出,得到的曲线和原始的非线性函数曲线很接近。这说明经过训练后,BP 网络对非线性函数的逼近效果非常好。

改变非线性函数的频率和 BP 网络隐层神经元的数目,对于网络逼近的效果有一定的影响。网络非线性程度越高,对于 BP 网络的要求就越高,从而对于相同的网络其逼近效果要差一些;隐层神经元的数目对网络逼近效果也有一定影响,一般来说,隐层神经元数目越多,BP 网络逼近非线性函数的能力越强,而同时网络训练所用的时间相对来说就越长。

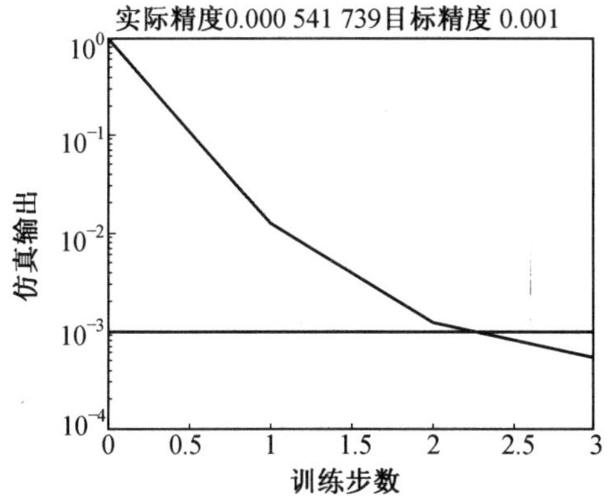

图 4.19 BP 网络训练过程中的误差变化

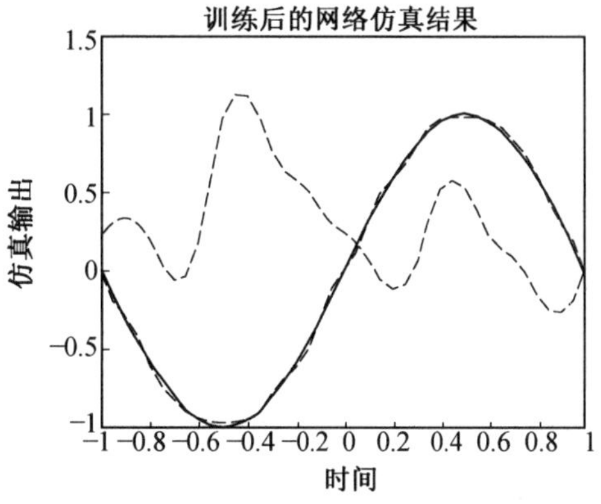

图 4.20 训练后的网络输出与比较

(2)BP 网络用于模式识别。

【例 4.4】 取标准样本为三输入两输出样本,如表 4.1 所示,采用表 4.2 所示的测试样本对所设计 BP 网络的分类能力进行检验。

表 4.1 训练样本

输入			输出	
1	0	0	1	0
0	1	0	0	0.5
0	0	1	0	1

表 4.2 测试样本

输入		
0.970 0	0.001 0	0.001 0
0.000 0	0.980 0	0.000 0
0.002 0	0.000 0	1.040 0
0.500 0	0.500 0	0.500 0
1.000 0	0.000 0	0.000 0
0.000 0	1.000 0	0.000 0
0.000 0	0.000 0	1.000 0

解:根据题目要求,选择具有 3 个输入神经元、2 个输出神经元和 8 个(可通过试验调整)隐层神经元的 3 层 BP 网络。结合 MATLAB 神经网络工具箱,选择输入层和隐层的转移函数为 *tansig*( ),输出层的转移函数为线性函数,训练函数选择 *trainlm*(L-M 算法)。

在 MATLAB 神经网络工具箱中,采用 *newff* ( )函数在建立 BP 网络的同时,能够自动地对权值和阈值进行初始化。将表 4.1 中的训练样本输入到网络中,采用 *sim*( )函数计算相应的网络输出,然后根据期望的输出对网络进行训练,取网络训练的最终指标为 $E=10^{-20}$,网络训练过程如图 4.21 所示。

训练完成后,就可以对表 4.2 中的测试数据进行分类了,测试结果如表 4.3 所示。由表可见,由于第 4 组测试样本在原给定的训练样本中不存在对应输出,所以其结果不确定,剩

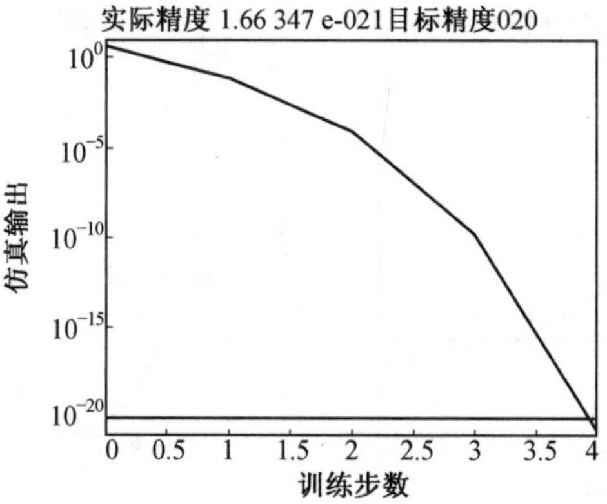

图 4.21　LM 算法样本训练过程

余的 6 组样本均能进行正确分类，可见 BP 网络具有很好的模式识别能力。

表 4.3　测试样本输出

输出	
1.009 7	0.000 7
0.000 0	0.499 9
0.271 9	0.965 3
0.705 4	-0.041 9
1.000 0	-0.000 0
0.000 0	0.500 0
0.000 0	1.000 0

4.2.3　RBF 神经网络

理论上，3 层以上的 BP 网络能够逼近任何一个非线性函数，但由于 BP 网络是全局逼近网络，每一次样本学习都要重新调整网络的所有权值，收敛速度慢，容易陷入局部极小，很难满足控制系统实时性的要求。径向基函数（Radial Basis Function，RBF）神经网络是由 J. Moody 和 C. Darken 于 20 世纪 80 年代末提出的一种神经网络，它是具有单隐层的 3 层前馈网络，在逼近能力、分类能力和学习速度等方面均优于 BP 网络。

1. RBF 神经网络的基本思想

RBF 网络的学习过程与 BP 网络的学习过程类似，两者的主要区别是使用不同的转移函数。BP 网络中隐层使用的 Sigmoid 函数，其值在输入空间中无限大的范围内为非零值，因而是一种全局逼近的神经网络；而 RBF 网络中的作用函数是高斯基函数，其值在输入空间中有限范围内为非零值，因而 RBF 网络是局部逼近的神经网络。

RBF 神经网络的基本思想是：用 RBF 作为隐单元的“基”构成隐含层空间，这样就可以将输入矢量直接（即不通过权连接）映射到隐空间。当 RBF 的中心点确定后，这种映射关系也就确定了。而隐含层空间到输出空间的映射是线性的，即网络的输出是隐单元输出的线性加权和。由此可见，从总体上看，网络由输入到输出的映射是非线性的，而网络输出对权值而言却又是线性的。这样网络的权值就可由线性方程组直接解出，从而能够大大加快学习速度并避免局部极小问题。

2. RBF 网络模型

RBF 网络的结构如图 4.22 所示。输入层节点传播输入信号到隐含层，隐含层节点(RBF 节点)由包含有某种"基函数"的转移函数构成，输出节点通常是简单的线性函数。

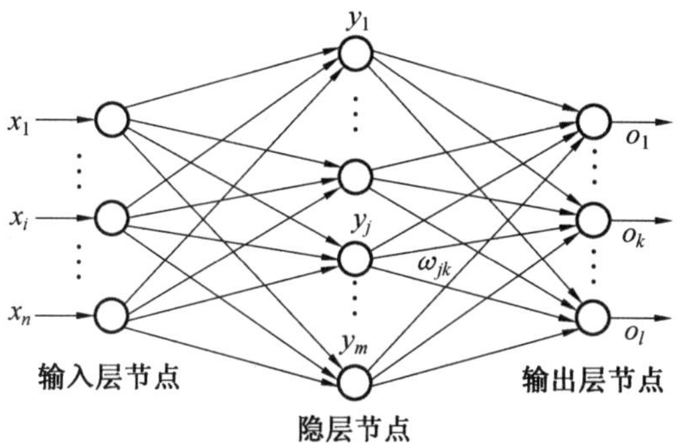

图 4.22　RBF 神经网络结构

选取高斯函数(一种特殊的格林函数)作为"基函数"：

$$y_j(x)=\exp\left(-\frac{\|\boldsymbol{X}-\boldsymbol{C}_j\|^2}{2\sigma_j^2}\right)\quad j=1,2,\cdots,m \tag{4.40}$$

式中　y_j——第 j 个隐含层节点的输出；

$\boldsymbol{X}=(x_1,x_2,\cdots,x_i,\cdots,x_n)^{\mathrm{T}}(i=1,2,\cdots,n)$——输入样本向量；

$\boldsymbol{C}_j=(c_{j1},c_{j2},\cdots,c_{ji},\cdots,c_{jn})$——隐层第 j 个节点高斯函数的中心向量；

σ_j^2——第 j 个节点的归一化参数，它决定该中心点对应的基函数的作用范围；

$\|\cdot\|$ 为欧氏范数。

隐层节点的输出在 0 到 1 之间，输入样本与中心的距离越近，隐节点的响应就越大，输出越大。

RBF 网络的输出为其隐层节点的线性组合，即

$$o_k=\sum_{j=1}^{m}\omega_{jk}y_j(x)-\theta_k,k=1,2,\cdots,l \tag{4.41}$$

式中　ω_{jk}——隐层节点 j 与输出层节点 k 之间的连接权，θ_k 为第 k 个输出节点的阈值。

可以看出，在 RBF 神经网络中，输入层实现从 $\boldsymbol{X}\to y_j(x)$ 的非线性映射，而输出层实现从 $y_j(x)\to\boldsymbol{O}$ 的线性映射。

3. RBF 网络学习算法

设有 p 组输入/输出样本对 $\{\boldsymbol{X}^p,\boldsymbol{d}^p\}$，$p=1,2,\cdots,P$，定义目标函数($L_2$ 范数)：

$$J=\frac{1}{2}\sum_p\|\boldsymbol{d}^p-\boldsymbol{o}^p\|^2=\frac{1}{2}\sum_p\sum_k(d_k^p-o_k^p)^2 \tag{4.42}$$

学习的目的是使 $J\leqslant\varepsilon$。式中，$\boldsymbol{o}^p$ 是在 $\boldsymbol{X}^p$ 输入下网络的输出向量。

RBF 网络的学习算法由两部分组成：无导师学习与有导师学习。

(1)无导师学习。

无导师学习是对所有样本的输入进行聚类,求得各隐层节点的径向基函数的中心 $\boldsymbol{C}_j$。这里介绍用 k-均值聚类算法调整中心,算法步骤如下:

① 给定各隐节点的初始中心 $\boldsymbol{C}_j(0)$;

② 计算距离(欧氏距离)并求出最小距离的节点:

$$\begin{cases} d_j(t)=\|\boldsymbol{X}(t)-\boldsymbol{C}_j(t-1)\|, 1\leqslant j\leqslant m \\ d_{\min}(t)=\min d_j(t)=d_r(t) \end{cases} \tag{4.43}$$

③ 调整中心:

$$\begin{cases} \boldsymbol{C}_j(t)=\boldsymbol{C}_j(t-1), 1\leqslant j\leqslant m, j\neq r \\ \boldsymbol{C}_r(t)=\boldsymbol{C}_r(t-1)+\boldsymbol{\eta}[\boldsymbol{X}(t)-\boldsymbol{C}_r(t-1)] \end{cases} \tag{4.44}$$

式中　η——学习速率,$0<\eta<1$。

④ 计算节点 r 的距离:

$$d_r(t)=\|\boldsymbol{X}(t)-\boldsymbol{C}_r(t)\| \tag{4.45}$$

(2)有导师学习。

当 $\boldsymbol{C}_j$ 确定后,训练由隐层至输出层之间的权值,由式(4.41)可知,它是一个线性方程组,求权值问题就成为线性优化问题,可以利用各种线性优化算法,如 LMS 算法、最小二乘递推法、镜像映射最小二乘法等求得,在此只简单介绍 LMS 算法。

LMS 算法即 δ 规则,对于本网络,权值调整算法为

$$\omega_{jk}(t+1)=\omega_{jk}(t)+\alpha\frac{e_j(t)y_j^p}{\|\boldsymbol{Y}^p\|} \tag{4.46}$$

式中　α——常值,$0<\alpha<2$,可使算法收敛;

$Y^p=(y_1^p,y_2^p,\cdots,y_j^p,\cdots,y_m^p)$是在输入为 $\boldsymbol{X}^p$ 时,网络隐层的输出。

当 $J\leqslant\varepsilon$ 时,算法结束。

4. 有关的几个问题

(1)RBF 网络与 BP 网络的主要不同点是在非线性映射上采用了不同的转移函数,分别为径向基函数和 S 型函数。前者的转移函数是局部的,后者的转移函数是全局的。

(2)已经证明 RBF 网络具有唯一最佳逼近的特性,且无局部极小。

(3)求 RBF 网络隐节点的中心 C_j 和归一化(标准化)参数 σ^2 是个困难的问题。

(4)径向基函数,即径向对称函数有多种。对于一组样本,如何选择合适的径向基函数,如何确定隐节点数,以使网络学习达到要求的精度,是一个还没有解决的问题。当前,用计算机选择、设计,在检验是一种通用的手段。

(5)RBF 网络用于非线性系统辨识与控制,虽具有唯一最佳逼近的特性以及无局部极小的优点,但隐节点的中心难求,这是该网络难以广泛应用的原因。

5. RBF 网络仿真实例

【例 4.5】 已知某一正弦函数,设计 RBF 网络对其进行逼近。

解:绘出正弦函数的采样点如图 4.23 所示。取隐层的转移函数为高斯函数,函数曲线如图 4.24 所示。

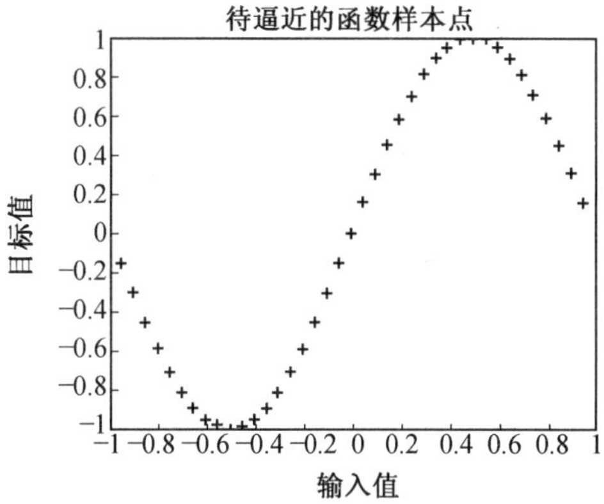

图 4.23　待逼近的函数样本点

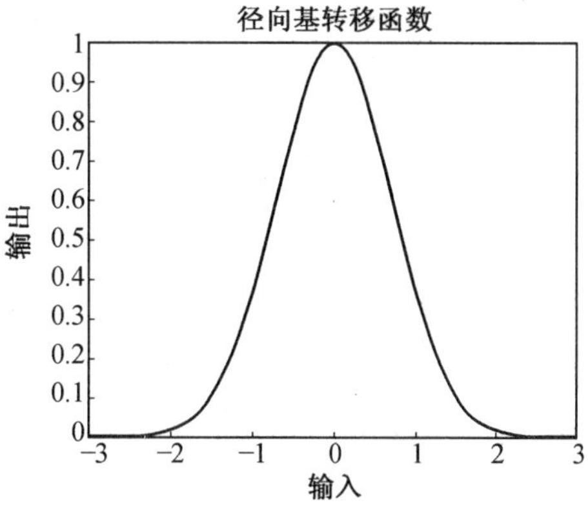

图 4.24　隐含层径向基函数

径向基函数网络隐含层中每个神经元的权重和阈值指定了相应的径向基函数的位置和宽度。每一个线性输出神经元都由这些基函数的加权和组成。只要每一层都有正确的权重和阈值,并且有足够的隐含层神经元,那么径向基函数网络就能够以任意的精度逼近任意函数。

图 4.25 给出一个示例,图中绘出了 3 个径向基函数,并且用它们的加权和产生了一个新的函数,虚线代表径向基函数,实线为它们的加权和函数。

利用 MATLAB 神经网络工具箱中的 *newrb*( )函数建立一个 RBF 网络。由于在使用函数 *newrb*( )建立网络时,使用了待逼近函数的样本点参数,同时也设置了目标参数,所以在建立网络时,已经完成了对网络的训练,接下来就可以利用网络进行仿真了。仿真结果如图 4.26 所示。为便于比较,图中给出了初始样本点的位置(用“+”表示),网络输出用实线表示。

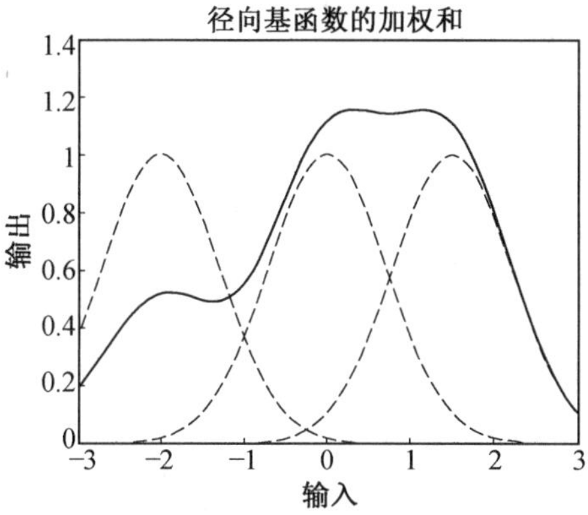

图 4.25　径向基函数及其加权和

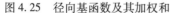

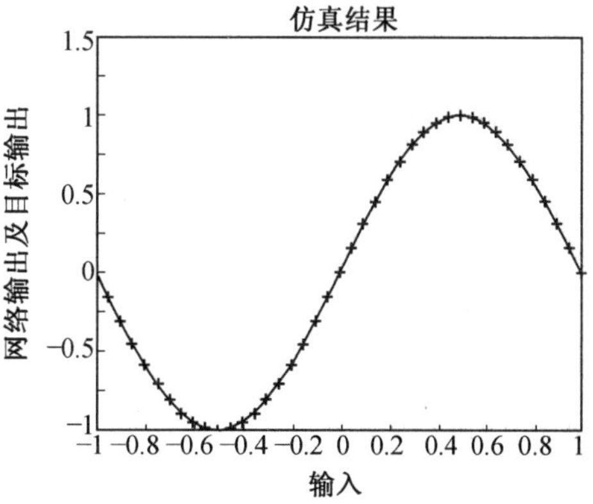

图 4.26　仿真结果及原始样本分布

从图 4.26 可以看出,网络的仿真结果与原始待逼近的函数非常接近,说明了 RBF 网络具有很好的逼近能力。

4.3　反馈神经网络

前一节介绍了几种前馈网络及其学习算法,对于所介绍的前馈网络,从学习的观点看,它是一个强有力的学习系统,结构简单、易于编程;从系统的观点看,它是一个静态非线性映射,通过简单的非线性处理单元的复合映射可获得复杂系统的非线性处理能力;从计算的观点看,它并不是一个强有力系统,缺乏丰富的动力学行为。

反馈神经网络又称为递归网络或回归网络,是一个反馈动力学系统,与 BP 网络相比,它具有更强的计算能力。在反馈网络中,输入信号决定反馈系统的初始状态,然后经过一系列状态转移后,逐渐收敛到平衡状态。这样的平衡状态就是反馈网络经过计算后的输出结果。

4.3.1 Hopfield 网络

1982 年美国物理学家 J. Hopfield 利用非线性动力学系统理论中的能量函数方法研究反馈神经网络的稳定性,提出了 Hopfield 神经网络,并建立了求解优化计算问题的方程。

Hopfield 网络分为离散型和连续型两种,分别记作 DHNN(Discrete Hopfield Neural Network)和 CHNN(Continues Hopfield Neural Network),本书只介绍连续型 Hopfield 网络。

1. Hopfield 网络的基本思想

基本的 Hopfield 网络是一个由非线性元件构成的全连接型单层反馈系统,Hopfield 网络中的每一个神经元都将自己的输出通过连接权传送给所有其他神经元,同时又都能接收来自其他所有神经元的信息。Hopfield 网络是一个反馈型神经网络,网络中的神经元在 t 时刻的输出状态实际上间接地与自己在 t-1 时刻的输出状态有关,其状态变化可用差分方程来描述。反馈网络的一个重要特点就是它具有稳定状态,当网络达到稳定状态时,也就是它的能量函数达到最小的时候。

Hopfield 网络的能量函数并不是物理意义上的能量函数,而是在表达形式上与物理意义上的能量概念一致,并可以根据 Hopfield 工作运行规则不断进行状态变化,最终能够达到的某个极小值的目标函数。网络收敛就是指能量函数达到极小值。如果把一个最优化问题的目标函数转化成网络的能量函数,把问题的变量对应于网络的状态,那么 Hopfield 网络就能够用于解决优化组合问题。

Hopfield 网络工作时,各个神经元的连接权值是固定的,更新的只是神经元的输出状态。Hopfield 网络的运行规则为:首先从网络中随机选取一个神经元 x_i 进行加权求和,再计算 x_i 的第 $t+1$ 时刻的输出值。除 x_i 以外的所有神经元的输出值保持不变,直至网络进入稳定状态。

2. Hopfield 网络模型

1984 年 Hopfield 采用模拟电子线路实现了 Hopfield 网络,该网络中神经元的激励函数为连续函数,所以该网络也被称为连续 Hopfield 网络。在连续 Hopfield 网络中,网络的输入、输出均为模拟量,各神经元采用并行(同步)工作方式。与离散 Hopfield 网络相比,它在信息处理的并行性、实时性等方面更接近于实际生物神经网络的工作机理,其模型如图4.27所示。

图 4.27 中,u_i 为第 i 个神经元的状态输入,R_i 与 C_i 分别为输入电阻和输入电容,I_i 为输入电流,ω_{ij}为第 j 个神经元到第 i 个神经元的连接权值,v_i 为神经元的输出,是神经元状态变量 u_i 的非线性函数。

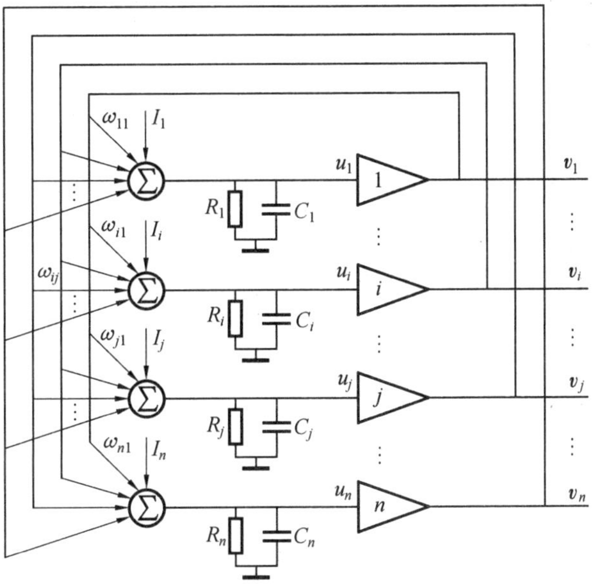

图 4.27　连续型 Hopfield 网络模型

对于 Hopfield 网络的第 i 个神经元,采用微分方程建立其输入输出关系,即

$$\begin{cases} C_i \dfrac{\mathrm{d}u_i}{\mathrm{d}t} = \sum\limits_{j=1}^{n} \omega_{ij} v_j - \dfrac{u_i}{R_i} + I_i, i = 1, 2, \cdots, n \\ v_i = f(u_i) \end{cases} \tag{4.47}$$

函数 $f(\cdot)$ 为双曲函数,一般为

$$f(x) = \rho \frac{1 - \mathrm{e}^{-x}}{1 + \mathrm{e}^{-x}} \quad \rho > 0 \tag{4.48}$$

Hopfield 网络的动态特性要在状态空间中考虑,分别令 $\boldsymbol{u} = [u_1, u_2, \cdots, u_n]^{\mathrm{T}}$ 为具有 n 个神经元的 Hopfield 神经网络的状态向量,$\boldsymbol{V} = [v_1, v_2, \cdots, v_n]^{\mathrm{T}}$ 为输出向量,$\boldsymbol{I} = [i_1, i_2, \cdots, i_n]^{\mathrm{T}}$ 为网络的输入向量。

为了描述 Hopfield 网络的动态稳定性,定义能量函数为

$$E = -\frac{1}{2} \sum_i \sum_j \omega_{ij} v_i v_j + \sum_i \frac{1}{R_i} \int_{v_i}^{0} f_i^{-1}(v) \mathrm{d}v + \sum_i I_i v_i$$

式中　$f_i^{-1}(v)$——v 的逆函数,即 $f^{-1}(v_i) = u_i$。

若权值矩阵 $\boldsymbol{W}$ 是对称的($\omega_{ij} = \omega_{ji}$),则

$$\frac{\mathrm{d}E}{\mathrm{d}t} = \sum_{i=1}^{n} \frac{\partial E}{\partial v_i} \cdot \frac{\mathrm{d}v_i}{\mathrm{d}t} = -\sum_i \frac{\mathrm{d}v_i}{\mathrm{d}t} \left(\sum_{j=1}^{n} \omega_{ij} v_j - \frac{u_i}{R_i} + I_i \right) = -\sum_i \frac{\mathrm{d}v_i}{\mathrm{d}t} \left(C_i \frac{\mathrm{d}u_i}{\mathrm{d}t} \right) \tag{4.50}$$

由于 $v_i = f(u_i)$,则

$$\frac{\mathrm{d}E}{\mathrm{d}t} = -\sum_i C_i \frac{\mathrm{d}f^{-1}(v_i)}{\mathrm{d}v_i} \left(\frac{\mathrm{d}v_i}{\mathrm{d}t} \right)^2 \tag{4.51}$$

由于 $C_i > 0$,双曲线函数是单调上升函数,显然它的反函数 $f^{-1}(v_i)$ 也是单调上升函数,即有 $\dfrac{\mathrm{d}f^{-1}(v_i)}{\mathrm{d}v_i} > 0$,则可以得到 $\dfrac{\mathrm{d}E}{\mathrm{d}t} \leqslant 0$,即能量函数 E 具有负的梯度,当且仅当 $\dfrac{\mathrm{d}v_i}{\mathrm{d}t} = 0$ 时 $\dfrac{\mathrm{d}E}{\mathrm{d}t} = 0$。

由此可见，随着时间的演化，网络的解在状态空间中总是朝着能量 E 减小的方向运动。网络的最终输出向量 $\boldsymbol{V}$ 为网络的稳定平衡点，即 E 的极小点。

3. Hopfield 网络算法步骤

Hopfield 网络的应用主要有联想记忆和优化计算两类。其中 DHNN 主要用于联想记忆，CHNN 主要用于优化计算。下面只介绍 Hopfield 网络在优化计算方面的应用。

对于渐近稳定的 Hopfield 网络，在其稳定点上的能量函数必然达到极小，将能量函数这一性质用于神经网络的优化计算。在优化计算过程中，首先应根据优化的目标函数和约束条件构造一个能量函数，通过对能量函数的分析去设计一个渐近稳定的 Hopfield 网络，由该网络来完成优化计算过程。由此可见，能量函数的设计是 Hopfield 网络优化计算的首要内容。

通常，求解最优化问题是在满足一定约束条件下求取某个目标函数的极小（极大）值，即求 x，使

$$\begin{cases} f(x)=f(x_1,x_2,\cdots,x_n)=\min \\ g(x)\geqslant 0(\leqslant 0)\text{约束条件} \end{cases} \tag{4.52}$$

式中，x 为 n 维，g 为 m 维，f 为一维。

如果能把优化问题中的目标函数与约束条件与 Hopfield 网络中的能量函数 E 联系起来，E 的极小点也就是优化问题中满足约束条件下的目标函数的极小点，那么，就可以用该 Hopfield 网络来求解最优化问题了。

应用连续型 Hopfield 网络求解最优化问题的基本步骤可归纳如下：

（1）根据要求的目标函数 $f(x)$ 写出能量函数（式(4.49)）的第 1 项。

（2）根据约束条件 $g(x)$，写出罚函数，作为能量函数的第 3 项，使在满足约束条件时，罚函数最小。

（3）把 $\sum\limits_i \dfrac{1}{R_i}\int_0^{v_i} f_i^{-1}(v)\,\mathrm{d}v$ 作为能量函数的第 2 项，这一项是 Hopfield 网络电路实现上所需要的。因为在神经网络状态方程中存在一项 $\dfrac{u_i}{R_i}$，它是人工神经网络电路设计中产生出来的，是为了使神经网络优化计算的设计方案能在电路中得以实现。

（4）对能量函数求导，可以得到一个关于状态变量 v_i 的微分方程，即网络的状态方程。

$$\frac{\partial E}{\partial v_i}=-C_i\frac{\mathrm{d}u_i}{\mathrm{d}t},i=1,2,\cdots,n \tag{4.53}$$

（5）将状态方程式(4.53)与标准的 Hopfield 网络方程式(4.47)相比较，可求出网络的设计参数 ω_{ij} 和 I_i，$i,j=1,2,\cdots,n$。

（6）根据已求得网络参数，建立如图 4.27 所示的电子线路并运行，其稳态就是在一定条件下的问题优化解。

4. 有关的几个问题

（1）优化计算。若将稳态视为某一优化计算问题目标函数的极小点，则由初态向稳态收敛的过程就是优化计算过程。

（2）联想记忆与优化计算的关系。网络用于优化计算时 ω 已知，目的是为了寻找稳态；

DHNN 用于联想记忆时，稳态是给定的，由学习求得权值。因此二者是对偶的。

(3)网络渐近稳定的前提。网络渐近稳定的前提是 $\omega_{ij}=\omega_{ji}$，否则系统的运动无准则。

(4)网络的应用。Hopfield 网络多用于控制系统的设计中求解约束优化问题，在系统辨识中也有应用。

5. Hopfield **网络优化计算实例**

【例 4.6】 用人工神经网络设计一个 4 位 A/D 变换器，要求将一个连续的从 0 到 15 的模拟量 u 变化为输出为 0 或 1 的二进制数字量，即 $v_i\in\{0,1\}$，v_i 代表第 i 个神经元的输出：$v_i=f(u)$，$f(\cdot)$为单调上升有限量函数。

解：A/D 转换器的实质是对于给定的模拟量输入，寻找一个二进制数字量输出，使输出值与输入模拟量之间的差为最小。传统的转换方式，只要对模拟输入量用 2 不断相除，记录余数，就可得到二进制的变换值。采用人工神经网络进行转换，首先需定义能量函数。一个四位 A/D 转换器可以用具有 4 个输出节点的 CHNN 来实现。

假定神经元的输出电压 $v_i(i=0,1,2,3)$ 可在 0 与 1 之间连续变化，当网络达到稳态时，各节点的输出为 0 或 1，若此时输出状态所表示的二进制值与模拟输入量相等，则表明此网络达到了 A/D 变换器的功能。输入与输出之间的关系满足下式：

$$\sum_{i=0}^{3} v_i 2^i = u \tag{4.54}$$

由此可见，要使 A/D 转换器结果 $v_3v_2v_1v_0$ 为输出 u 的最佳数字表示，必须满足两点。

(1) 每个输入 v_i 必须趋近于 0 或 1，至少比较接近这两个数；

(2)$v_3v_2v_1v_0$ 的和值应尽量接近值 u。

为此，利用最小方差的概念，对输出 v_i 按下列指标来选取 $f(u)$：

$$f(u)=\frac{1}{2}\left(u-\sum_{i=0}^{3} v_i 2^i\right)^2>0 \tag{4.55}$$

式中，u 为输入的模拟量，v_i 为数字量，对于 $i=0,1,2,3$，$v_i\in\{0,1\}$；2^i 表示二进制数的位数，此目标函数大于零，所以 $f(u)$ 存在极小值，且当 $f(u)=f_{\min}(u)$ 时，v_i 为 u 的正确转换。

将 $f(u)$ 展开，并整理后得

$$f(u)=\frac{1}{2}\sum_{i=0}^{3}\sum_{\substack{j=0\\ i\neq j}}^{3} 2^{(i+j)} v_i v_j-\sum_{i=0}^{3} 2^i u v_i+\frac{1}{2}u^2 \tag{4.56}$$

仅用一项 $f(u)$ 并不能保证 v_i 的值充分接近逻辑值 0 或 1，因为可能存在其他 v_i 值(v_i 可以在[0,1] 中连续变化) 使 $f(u)$ 为最小，为此增加一个约束条件：

$$g(u)=-\frac{1}{2}\sum_{i=0}^{3}(2^i)^2(v_i-1)v_i \tag{4.57}$$

$g(u)$ 保证了输出只有在 0 或者 1 时取最小值零，而对于 v_i 为 0 与 1 之间的实数时，$g(u)=0$，所以此约束条件保证了输出的数字量为 0 或 1。

(1) 写出能量函数 E。

$$E=f(u)+g(u)+\sum_{i=0}^{3}\frac{1}{R_i}\int_{v_i}^{0} f^{-1}(v)\,\mathrm{d}v=$$

$$\frac{1}{2}\left(u-\sum_{i=0}^{3} v_i 2^i\right)^2-\frac{1}{2}\sum_{i=0}^{3}(2^i)^2(v_i-1)v_i+\sum_{i=0}^{3}\frac{1}{R_i}\int_{v_i}^{0} f^{-1}(v)\,\mathrm{d}v \tag{4.58}$$

如前所述,考虑到电路的具体实现,在 E 上加了一个大于零的分项。十分明显,E 是大于零的,即有下边界。

(2) 计算$\frac{\mathrm{d}u_i}{\mathrm{d}t}$。

因为

$$\frac{\mathrm{d}v_i}{\mathrm{d}t}=f'(u_i)\frac{\mathrm{d}u_i}{\mathrm{d}t}$$

而$f'(u_i)>0$,在运算放大器的放大区内近似为一个常数 C,所以有

$$\frac{\partial E}{\partial v_i}=-\frac{\mathrm{d}v_i}{\mathrm{d}t}=-C\frac{\mathrm{d}u_i}{\mathrm{d}t}$$

从而

$$\frac{\partial E}{\partial v_i}=\sum_{\substack{j=0\\ i\neq j}}^{3}2^{(i+j)}v_j-2^iu+2^{2i-1}+\frac{u_i}{R}=-C\frac{\mathrm{d}u_i}{\mathrm{d}t}$$

重写上式得

$$C\frac{\mathrm{d}u_i}{\mathrm{d}t}=-\sum_{\substack{j=0\\ i\neq j}}^{3}2^{(i+j)}v_j-\frac{u_i}{R}+(-2^{2i-1}+2^iu) \tag{4.59}$$

(3)将式(4.59)与实现电路的状态方程组(4.47)相比较可得

$$\omega_{ij}=\begin{cases}-2^{i+j} & i\neq j\\ 0 & i=j\end{cases} \tag{4.60}$$

$$I_i=-2^{2i-1}+2^iu \tag{4.61}$$

从而可以求出

$$\omega_{01}=\omega_{10}=-2;\omega_{02}=\omega_{20}=-4;\omega_{03}=\omega_{30}=-8;\omega_{12}=\omega_{21}=-8$$

$$\omega_{13}=\omega_{31}=-16;\omega_{23}=\omega_{32}=-32;\omega_{00}=\omega_{11}=\omega_{22}=\omega_{33}=0$$

$$I_0=-0.5+u;I_1=-2+2u;I_2=-8+4u;I_3=-32+8u$$

根据上面的结果,可以设计出完成优化求解的模拟电路人工神经网络系统,如图 4.28 所示。权的负值是通过反相运算放大器来完成的,所得到的负输出再通过一次倒相变正,图中标出的数据是以导纳表示的 ω_{ij}的值。

在每次运行网络之前,应使状态复位为零,这样,当给网络输入 u 值时,网络运行后的稳定输出即为 u 的正确二进制输出。若运行前没有进行复位,那么在下一次进行转换时,状态仍停留在上次转换的输出状态,即局部极小值上,因而难以跳出,可能造成错误的转换。

当输入 u 为 0 ~ 15 V 数字时,网络对应可转换为 0000 ~ 1111 之间的数,这种输入模拟量与输入数字量之间具有图 4.29 所示的关系。

从这个例子可以看出,优化问题的求解是设法将问题转化为能量函数的构造,一旦对应的能量函数构造成功,神经网络的实现电路也就设计了出来,从而可以得到最优解。但这种能量函数的构造没有现成的公式,而是一种技能,凭经验而熟能生巧。

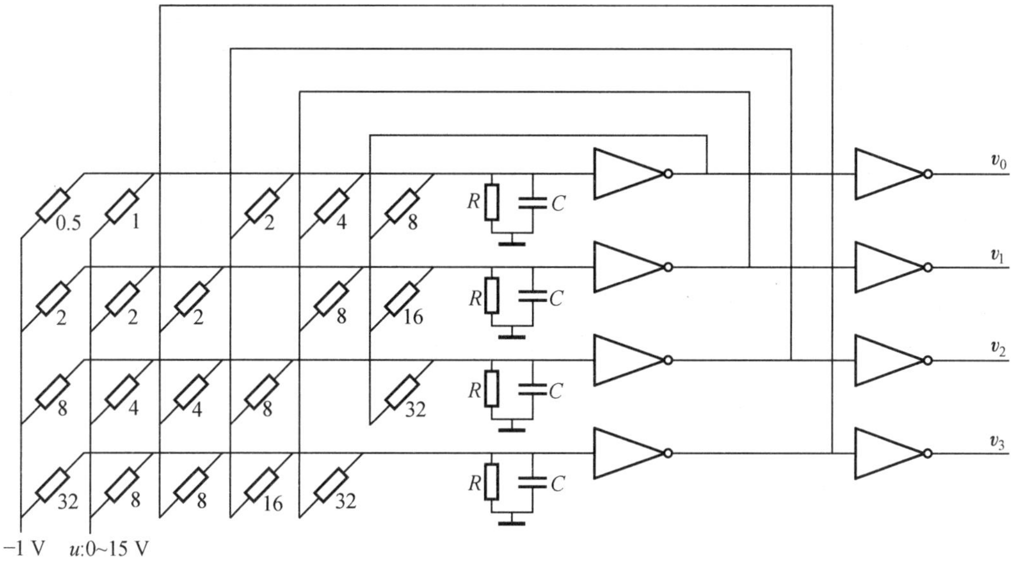

图 4.28 固定导纳矩阵的 4 位 A/D 变化实现电路

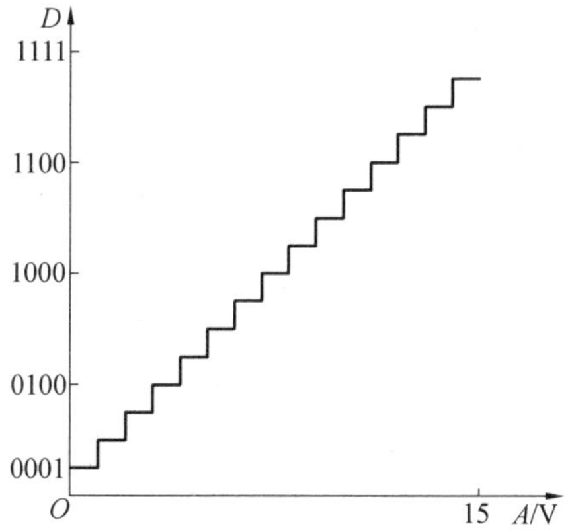

图 4.29 A/D 转换输入/输出关系图

4.3.2 Boltzmann 机

Hopfield 网络是一种确定性的神经网络模型，由于它的能量函数和是具有多个极小值点的非线性空间，而所用的算法只是一味地追求能量函数的单调下降，也就是说，算法赋予网络的是只会“下山”而不会“爬山”的能力，因此常常导致网络落入局部极小点，从而也就得不到期望的全局最优解。

为解决这一问题，Hinton 等人在 1985 年提出了一种随机二值神经网络模型，称为玻尔兹曼机（Boltzmann Machine，BM）。Boltzmann 机是一种随机神经网络，也是一种反馈型神经网络，它在很多方面与 Hopfield 网络类似。Boltzmann 机可用于模式分类、预测、组合优化及规划等方面。

1. 随机神经网络算法的基本思想

随机网络与其他神经网络相比，有两个主要区别：

(1)在学习阶段,随机网络不像其他网络那样基于某种确定性算法进行权值的调整,而是按照某种概率分布进行修改。

(2)在运行阶段,随机网络不是按照某种确定性的网络方程进行状态演变,而是按照某种概率分布决定其状态的转移。

神经元的净输入不能决定其状态取0还是取1,但能决定其状态取1还是取0的概率。换言之,在随机网络运行过程中,向误差或能量函数减小方向运行的概率大,向误差或能量增大的方向运行的概率存在,这样网络跳出局部极小点的可能性存在,而且向全局最小点收敛的概率最大。这就是随机网络算法的基本思想。

图4.30给出了随机网络算法与梯度下降算法区别的示意图。

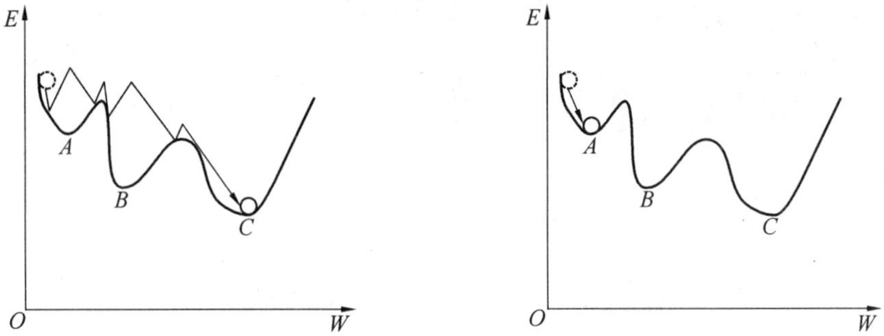

(a) 随机网络算法　　(b) 梯度下降算法

图4.30　随机网络算法与梯度下降算法的区别

2. Boltzmann **机网络模型**

考虑到多层网络的优点,Boltzmann 机采用了具有多层网络含义的网络结构,如图4.31所示。Boltzmann 机由输入部分、输出部分和中间部分构成。输入部分和输出部分统称为显见神经元,是网络与外部环境进行信息交换的媒介;中间部分的神经元称为隐见神经元,它们通过显见神经元与外界进行信息交换,但 Boltzmann 机网络没有明显的层次。另外,考虑到 Hopfield 网络的动态特性,Boltzmann 机网络的神经元是互联的,网络状态按照概率分布进行变化。

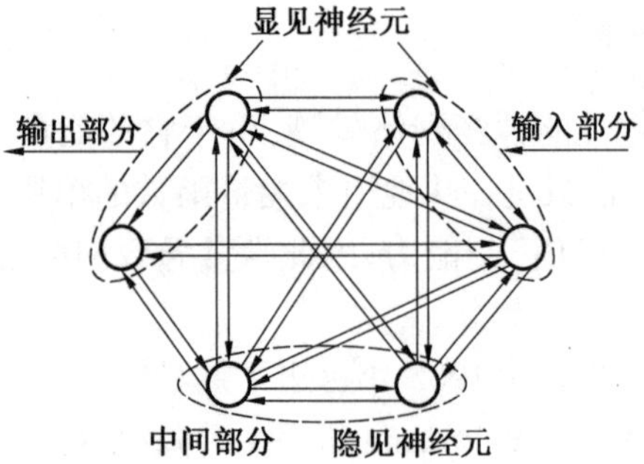

图4.31　Boltzmann 机的网络结构

与 Hopfield 网络一样,Boltzmann 机网络中每一对神经元之间的信息传递是双向对称的,即 $\omega_{ij}=\omega_{ji}$,而且自身无反馈,即 $\omega_{ii}=0$。学习期间,显见神经元将被外部环境"约束"在某一特定的状态,而中间部分隐见神经元则不受外部环境约束。

Boltzmann 机中每个神经元的兴奋或抑制具有随机性,其概率决定于神经元的输入。Boltzmann 机中单个随机神经元的形式化描述如图 4.32 所示。

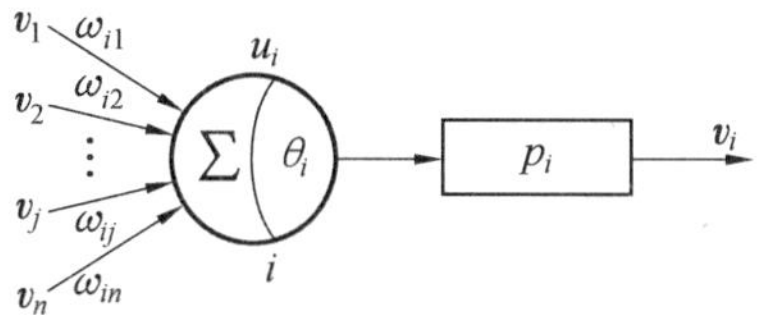

图 4.32 Boltzmann 机的单个神经元

神经元 i 的全部输入信号的总和为 u_i,由式(4.62)给出。式中 θ_i 是该神经元的阈值,可以将 θ_i 归并到总的加权和中去,即得到式(4.63)。

$$u_i = \sum_{\substack{j=1 \\ i\neq j}}^{n} \omega_{ij} v_j + \theta_i \tag{4.62}$$

或

$$u_i = \sum_{\substack{j=0 \\ i\neq j}}^{n} \omega_{ij} v_j \tag{4.63}$$

神经元 i 的输出 v_i 用概率描述,则 v_i 取 1 的概率为

$$p_i = p(v_i = 1) = \frac{1}{1+e^{-u_i/T}} \tag{4.64}$$

v_i 取 0 的概率为

$$p_i = p(v_i = 0) = 1 - p_1 = e^{-u_i/T} \cdot p_1 \tag{4.65}$$

显然,u_i 越大,v_i 取 1 的概率越大,取 0 的概率就越小。参数 T 称为"温度",对 v_i 取 1 或取 0 的概率有影响,在不同的温度下 v_i 取 1 的概率 $p(v_i = 1)$ 随 u_i 的变化如图 4.33 所示。

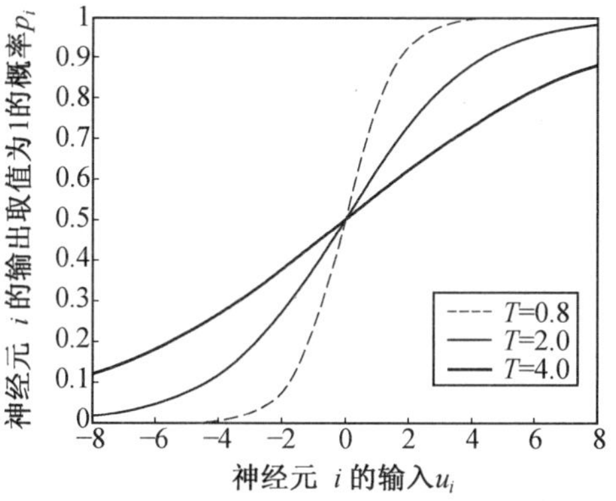

图 4.33 $p_i \sim u_i$ 关系曲线

从图 4.33 可见,T 越高时,曲线越平滑,因此,即使 u_i 有很大变动,也不会对 v_i 取 1 的概率变化造成很大的影响;反之,T 越低时,曲线越陡峭,当 u_i 稍有变动就会使概率有很大差异。当 $T\to 0$ 时,每个神经元不再具有随机特性,而具有确定的特性,激励函数变为阶跃函数,这时 Boltzmann 机趋向于 Hopfield 网络。从这个意义上来说,Hopfield 网络是 Boltzmann 机的特例。

3. Boltzmann 机的工作原理与学习算法

(1)工作原理。

Boltzmann 机采用式(4.66)所示的能量函数作为描述其状态的函数。将 Boltzmann 机视为一个动力系统,利用式(4.66)可以证明能量函数的极小值对应系统的稳定平衡点,由于能量函数有界,当网络温度 T 以某种方式逐渐下降到某一特定值时,系统必将趋于稳定状态。将需要求解的优化问题的目标函数与网络的能量函数相对应,神经网络的稳定状态就对应优化目标的极小值。Boltzmann 机的运行过程就是逐步降低其能量函数的过程。

$$E=-\frac{1}{2}\sum_{i,j}\omega_{ij}v_i v_j \tag{4.66}$$

Boltzmann 机在运行时,假设每次只改变一个神经元的状态,如第 i 个神经元,设 v_i 取 0 和取 1 时系统的能量函数分别为 0 和 $-\sum_j \omega_{ij}v_j$,它们的差值为 ΔE_i:

$$\Delta E_i = E\big|_{v_i=0} - E\big|_{v_i=1} = \sum_j \omega_{ij}v_j \tag{4.67}$$

$\Delta E_i > 0$ 即 $\sum_j \omega_{ij}v_j > 0$ 时,网络在 $v_i=1$ 状态的能量小于 $v_i=0$ 状态时的能量,在这种情况下,根据式(4.63) ~ 式(4.65),可知 $p(v_i=1) > p(v_i=0)$,即神经元 i 的状态取 1 的可能性比取 0 的可能性大,亦即网络状态取能量低的可能性大;反之,$v_i=0$ 状态的能量小于 $v_i=1$ 状态时的能量,神经元 i 的状态取 0 的可能性比取 1 的可能性大,同样也是网络状态取能量低的可能性大。因此,网络运行过程中总的能量趋势是朝能量下降的方向运动,但也存在能量上升的可能性。

从概率的角度来看,如果 ΔE_i 越是一个大正数,v_i 取 1 的概率越大;如果 ΔE_i 越是一个小负数,v_i 取 0 的概率越大。对照式(4.63)、式(4.64)和式(4.67),可得 v_i 取 1 的概率为

$$p_i=\frac{1}{1+e^{-\Delta E_i/T}} \tag{4.68}$$

每次调整一个神经元的状态,被调整的神经元取 1 还是取 0,根据其输入由式(4.68)决定。每次调整后,系统总能量下降的概率总是大于上升的概率,所以系统的总能量呈下降趋势。

图 4.30(b)描述了能量函数随状态的变化。其中点 A 和点 B 是局部极小点,点 C 是全局极小点。在最优化计算时总是希望使搜索的结果停留在全局极小点而不是局部极小点,即求得最优解而不是次优解。通过前面的分析可知,Boltzmann 机状态的演化过程中达到 C 点状态的概率最大。

假定 Boltzmann 机中有 V_1 和 V_2 两种状态:在 V_1 状态下神经元 i 的输出 $v_i=1$;V_2 状态下神经元 i 的输出 $v_i=0$,而所有其他神经元在这两种状态下的取值都是一致的,另外假设两种状态出现的概率分别是 P_{v_1} 和 P_{v_2},则

$$\begin{cases}P_{v_1}=k\cdot p_i=k/(1+e^{-\Delta E_i/T})\\P_{v_2}=k\cdot(1-p_i)=ke^{-\Delta E_i/T}/(1+e^{-\Delta E_i/T})\end{cases},k\text{ 为常数},\Delta E_i=E_{v_2}-E_{v_1} \tag{4.69}$$

从而可得 P_{v_1} 和 P_{v_2} 之间的关系为

$$\frac{P_{v_1}}{P_{v_2}}=1/e^{-\Delta E_i/T}=e^{-(E_{v_1}-E_{v_2})/T} \tag{4.70}$$

从式(4.70)可见 Boltzmann 机处于某一状态的概率决定于该网络在此状态下的能量。

$$\begin{cases} E_{v_1}>E_{v_2}\Rightarrow e^{-(E_{v_1}-E_{v_2})/T}<1\Rightarrow P_{v_1}<P_{v_2} \\ E_{v_1}<E_{v_2}\Rightarrow e^{-(E_{v_1}-E_{v_2})/T}>1\Rightarrow P_{v_1}>P_{v_2} \end{cases} \tag{4.71}$$

式(4.71)说明能量低的状态出现的概率大,能量高的状态出现的概率小。

另一方面,Boltzmann 机处于某一状态的概率也取决于温度参数 T:

① T 很高时,各状态出现的概率差异大大减小,也就是说网络停留在全局极小点的概率并不比局部极小点甚至非局部极小点高很多。从而网络不会陷在某个极小点里不能自拔,网络在搜索过程中能够“很快”地穿行于各极小点之间,但落入全局极小点的概率还是最大的,这一点保证了网络状态落入全局极小的可能性最大。

② T 很低时,情况正好相反。概率差距被拉大,一旦网络陷入某个极小点后,虽然有可能跳出该极小点,但所需的搜索次数是非常多的。这样就使得网络状态一旦达到全局极小点,跳出的可能性很小。

③ $T\to 0$(Hopfield 网络)时,差距被无限扩展,跳出局部极小点的概率趋于无穷小。这一点可以保证网络状态稳定在全局极小点。

在 Hopfield 网络中,每一种约束相当于一种初始条件,不同的约束所造成的不同初始条件把网络引入到不同的局部极小点;Boltzmann 机的思路与 Hopfield 网络类似,但 Boltzmann 机进行的是概率式的搜索,相比较而言它具有两个特点:一是低能量状态比高能量状态发生的概率大;二是随着温度的降低,概率集中于一个低能量状态的子集。

(2)学习算法。

Boltzmann 机是一种随机神经网络,可使用概率中的似然函数度量其模拟外界环境概率分布的性能。因此,Boltzmann 机的学习规则就是根据最大似然规则,通过调整权值 ω_{ij},最小化似然函数或其对数。

假设给定需要网络模拟其概率分布的样本集合 $\Im$,$\boldsymbol{V}_x$ 是样本集合中的一个状态向量,代表网络中显见神经元的一个状态;$\boldsymbol{V}_y$ 表示网络中隐见神经元的一个可能状态,则 $\boldsymbol{V}=[\boldsymbol{V}_x,\boldsymbol{V}_y]$ 即可表示整个网络所处的状态。

由于网络学习的最终目的是模拟外界给定样本集合的概率分布,而 Boltzmann 机含有显见神经元和隐见神经元,因此 Boltzmann 机的学习过程包括以下两个阶段:

① 主动阶段:网络在外界环境约束下运行,即由样本集合中的状态向量 $\boldsymbol{V}_x$ 控制显见神经元的状态。定义神经元 i 和 j 的状态在主动阶段的平均关联为

$$\rho_{ij}^{+}=\langle v_i v_j\rangle^{+}=\sum_{V_x\in\Im}\sum_{V_y}P(\boldsymbol{V}_y\mid\boldsymbol{V}_x)v_i v_j \tag{4.72}$$

其中,概率 $P(\boldsymbol{V}_y\mid\boldsymbol{V}_x)$ 表示网络的显见神经元约束在 $\boldsymbol{V}_x$ 下隐见神经元处于 $\boldsymbol{V}_y$ 的条件概率,它与网络在主动阶段的运行过程有关。

② 被动阶段:网络不受外界环境约束,显见神经元和隐见神经元自由运行。定义神经元 i 和 j 的状态在被动阶段的平均关联为

$$\rho_{ij}^{-}=\langle v_i v_j\rangle^{-}=\sum_{V_x\in\Im}\sum_{V}P(V)v_i v_j \tag{4.73}$$

其中 $P(V)$ 为网络处于 V 状态时的概率,v_i 和 v_j 分别是神经元 i 和 j 的输出状态。由于网络在自由运行阶段服从 Boltzmann 分布,因此

$$P(V)=\frac{e^{-E(V)/T}}{\sum_{v} e^{-E(V)/T}}$$

式中　$E(V)$——网络处于 V 状态时的能量。

为最小化似然函数或其对数，网络的权值 ω_{ij} 按下面的规则进行调整。

$$\omega_{ij}(t+1)=\omega_{ij}(t)+\Delta\omega_{ij}=\omega_{ij}(t)+\frac{\eta}{T}(\rho_{ij}^{+}-\rho_{ij}^{-}) \tag{4.74}$$

式中　$\omega_{ij}(t)$——在第 t 步时神经元 i,j 之间的连接权值；

η——学习速率；

T——网络温度。

网络在学习过程中，将样本集合 $\Im$ 的所有样本 V_x 送入网络运行，在主动阶段达到热平衡状态时，统计出 ρ_{ij}^{+}，从被动阶段运行的热平衡状态中统计出 ρ_{ij}^{-}，在温度 T 下根据式(4.74)对网络权值进行调整，如此反复，直至网络的状态能够模拟样本集合的概率分布为止。下面给出 Boltzmann 机的一般运行步骤。

设一个 Boltzmann 机具有 n 个随机神经元(p 个显见神经元，q 个隐见神经元)，第 i 个神经元与第 j 个神经元的连接权值为 ω_{ij}，$i,j=1,2,\cdots,n$。T_0 为初始温度，$m=1,2,\cdots,M$ 为迭代次数。Boltzmann 机的运行步骤为：

①对网络进行初始化。设定初始温度 T_0、终止温度 T_{final}、概率阈值 ξ 以及网络各神经元的连接权值 ω_{ij}。

②在温度 T_m 条件下，随即选取网络中的一个神经元 i，根据式(4.62)计算神经元 i 的输入信号总和 u_i。

③若 $u_i>0$，即能量差 $\Delta E_i>0$，取 $v_i=1$ 为神经元 i 的下一状态值。若 $u_i<0$，根据式(4.64)计算概率。若 $p_i\geqslant\xi$，则取 $v_i=1$ 为神经元 i 的下一状态值，否则保持神经元 i 的状态不变。在此过程中，网络中其他神经元的状态保持不变。

④判断网络在温度 T_m 下是否达到稳定，若未达到稳定，则继续在网络中随机选取另一神经元 j，令 $j=i$，转至步骤②重复计算，直至网络在 T_m 下达到稳定。若网络在 T_m 下已达到稳定则转至步骤⑤。

⑤以一定规律降低温度，使 $T_{m+1}<T_m$，判断 T_{m+1} 是否小于 T_{final}，若 $T_{m+1}\geqslant T_{\text{final}}$，转至步骤②重复计算；若 $T_{m+1}<T_{\text{final}}$，则运行结束。此时在 T_m 下所求得的网络稳定状态，即为网络的输出。

对于上述的 Boltzmann 机的运行步骤需要注意以下几点：

①初始温度 T_0 的选择方法。初始温度 T_0 的选择主要有以下几种方法：随机选取网络中的 k 个神经元，选取这 k 个神经元能量的方差作为 T_0；在初始网络中选取使 ΔE 最大的两个神经元，取 T_0 为 $\Delta E_{\max}$ 的若干倍；按经验值给出 T_0 等。

②确定终止温度 T_{final} 的方法。主要根据经验选取，若在连续若干个温度下网络状态保持不变，也可认为已经达到终止温度。

③概率阈值 ξ 的确定方法。可以在网络初始化时按照经验确定或在网络每次运行过程中选取一个在[0,0.5]之间均匀分布的随机数。

④网络权值 ω_{ij} 的确定方法。在 Boltzmann 机运行之前先按照外界环境的概率分布设计好网络权值。

⑤在每一温度下达到热平衡的条件。通常在每一温度下,试验足够多的次数,直至网络状态在此温度下不再发生变化为止。

⑥降温的方法。通常采用指数的方法进行降温,即

$$T_{m+1}=\frac{T_0}{\log(m+1)}$$

为加快网络收敛速度,在实际中通常使用下式:

$$T_m=\lambda T_{m-1},m=1,2,\cdots,M$$

式中 λ——一个小于却接近于1的常数,通常取值在0.8~0.99之间。

4. Boltzmann **机的优缺点**

Boltzmann 机具有以下优点:

(1)通过训练,神经元体现了与周围环境相匹配的概率分布。

(2)网络提供了一种可用于寻找、表示和训练的普遍方法。

(3)若保证学习过程中温度降低的足够慢,根据状态的演化,可以使网络状态的能量达到全局最小点。

另外,从学习的角度观察,Boltzmann 机的权值调整规则具有两层相反的含义:在主动阶段(外界环境约束条件下),这种学习规则本质上就是 Hebb 学习规则;在被动阶段(自由运行条件下),网络并没有学习到外界的概率分布或会遗忘外界的概率分布。

使用被动阶段的主要原因在于:由于能量空间最速下降的方向和概率空间最速下降的方向不同,因此需要运行被动阶段来消除两者之间的不同。

被动阶段的存在具有两个很大的缺点:

(1)增加计算时间。在外界约束条件下,一些神经元由外部环境约束,而在自由运行条件下,所有的神经元都自由运行,这样增加了 Boltzmann 机的随机仿真时间。

(2)对于统计错误的敏感。Boltzmann 机的学习规则包含了主动阶段关联和被动阶段关联的差值。当这种关联相类似时,取样噪声的存在使得这个差值更加不准确。

另外,虽然 Boltzmann 机是一种功能很强的学习算法,并能找出全局最优点,但是由于采用了 Metropolis 算法,其学习的速度受该模拟退火算法的制约,因而一般来说系统的学习时间比较长,这也是众多改进算法重点研究的问题之一。

5. Boltzmann **机的仿真实例**

【例4.7】 一个含有3个神经元的 Boltzmann 机网络结构如图4.34所示,其网络权值矩阵 $\boldsymbol{W}$ 和阈值矩阵 θ 如下:

$$\boldsymbol{W}=\begin{bmatrix}0 & 0.55 & 0.45\\0.55 & 0 & 0.2\\0.45 & 0.2 & 0\end{bmatrix},\boldsymbol{\theta}=[-0.65\quad -0.3\quad -0.4]$$

试仿真其运行过程,并确定网络最后的热平衡状态。

解:MATLAB 神经网络工具箱中没有关于 Boltzmann 机的函数,因此需要利用 MATLAB 的数学计算功能来实现仿真过程。

从给定的网络权值矩阵可以看出:$\omega_{ij}=\omega_{ji},\omega_{ii}=0$。

首先,随机选取网络中各神经元的初始状态,如:[0 0 0]。按照一定方法确定初始

温度 T_0，λ，这里选取 $T_0=5$ 为初始温度，$\lambda=0.8$。

(1)在网络中随机选取一个神经元，计算其输入(这里取 $\boldsymbol{V}_2$)：

$$u_2(1)=\omega_{21}\times v_1(0)+\omega_{23}\times v_3(0)+\theta_2=0.55\times0+0.2\times0-0.3=-0.3$$

计算其状态取 1 的概率：

$$P_2(1)=1/(1+\exp(-u_2(1)/T))=0.4850$$

随机生成概率阈值 $\xi=0.3617$。由于 $P_2(1)>\xi$，因此神经元 $\boldsymbol{V}_2$ 的下一状态为 1。保持其它神经元状态不变，网络状态转移为

$$\boldsymbol{V}(1)=[0\quad 1\quad 0]$$

(2)在网络中随机选取另一个神经元，计算其输入(这里取 $\boldsymbol{V}_3$)和状态取 1 的概率：

$$u_3(2)=-0.2\quad P_3(2)=0.4900$$

随机生成概率阈值 $\xi=0.2919$。由于 $P_3(2)>\xi$，因此神经元 $\boldsymbol{V}_3$ 的下一状态为 1。保持其他神经元状态不变，网络状态转移为

$$\boldsymbol{V}(2)=[0\quad 1\quad 1]$$

(3)在网络中随机选取另一个神经元，计算其输入(这里取 $\boldsymbol{V}_1$)和状态取 1 的概率：

$$u_1(3)=0.35$$

由于 $u_1(3)>0$，因此取神经元 $\boldsymbol{V}_1$ 的下一状态为 1。保持其他神经元状态不变，网络状态转移为

$$\boldsymbol{V}(3)=[1\quad 1\quad 1]$$

(4)随机选取 $\boldsymbol{V}_3$，$u_3(4)=0.25>0$，$\boldsymbol{V}_3=1$。

继续若干步，网络状态没有发生变化，因此网络在温度 $T=5$ 条件下达到热平衡。

降温，$T=\lambda T=4$。在温度 $T=4$ 下进行随机取样，直至达到热平衡。

继续降温，直至连续若干步网络状态不变，即达到热平衡，输出状态如下

$$\boldsymbol{V}=[1\quad 1\quad 1]$$

它所对应的能量极小值为

$$E=-0.525$$

图 4.35 为在初始状态为 $\boldsymbol{V}=[0\quad 0\quad 0]$ 条件下，网络一次随机运行的能量变化过程。

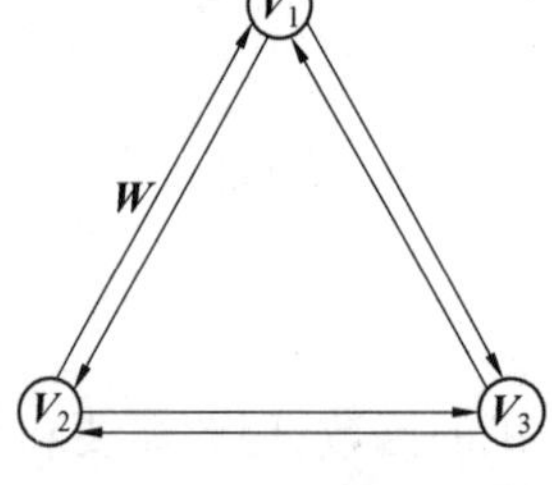

图 4.34　Boltzmann 机网络结构

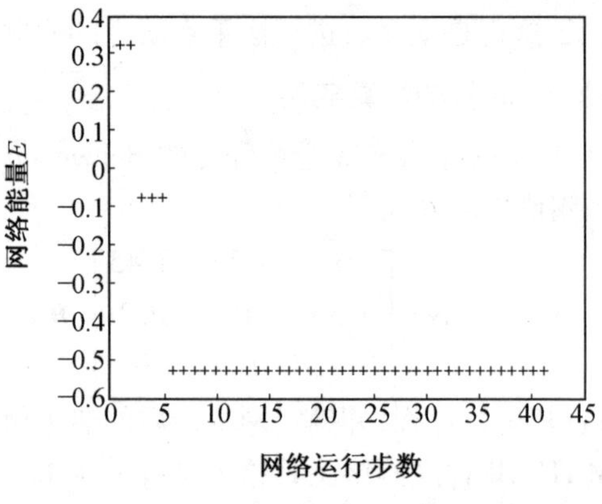

图 4.35　网络初始状态为[0　0　0]的能量变化过程

从图 4.35 可以看出，网络能量有上升的可能，但总体趋势是下降的。

图 4.36 和图 4.37 分别是初始状态为 $\boldsymbol{V}=[0\quad 0\quad 1]$ 和 $\boldsymbol{V}=[0\quad 1\quad 0]$ 的能量变化过程。

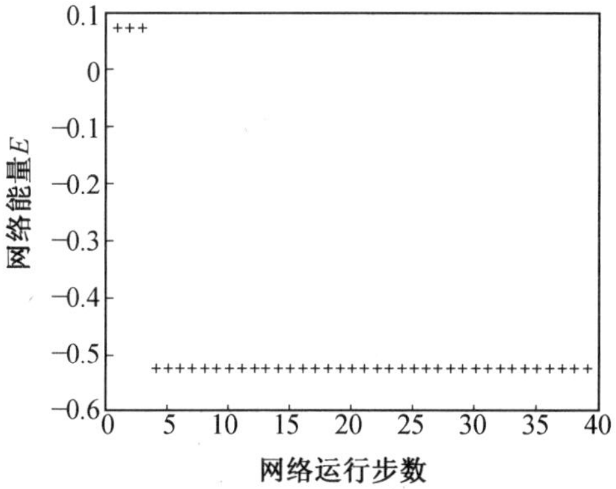

图4.36　网络初始状态为[0　0　1]的能量变化过程

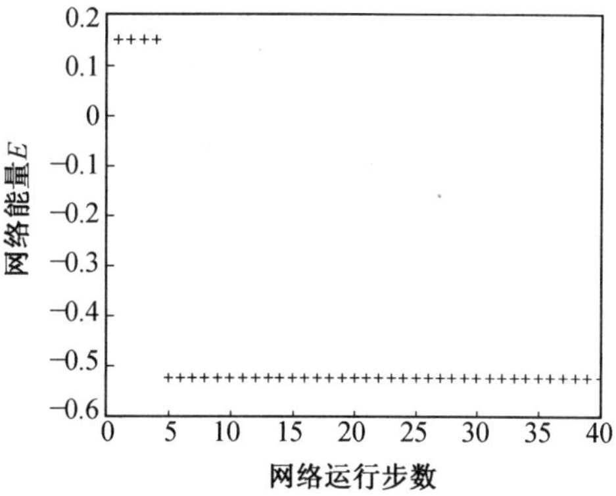

图4.37　网络初始状态为[0　1　0]的能量变化过程

4.4　自组织神经网络

前面所讨论的前馈网络、反馈网络等模型大多采用的是有导师的学习规则,即神经网络要求对所学习的样本给出“正确答案”,以便网络据此判断输出的误差,从而根据误差的大小改进自身的权值,提高正确解决问题的能力。

然而在实际的神经网络中,存在着一种“侧抑制”现象,即当一个神经细胞兴奋后,会对其周围的其他神经细胞产生抑制作用。这种抑制使神经细胞之间出现竞争,“强者”越“强”,“弱者”越“弱”,最终形成一个强兴奋的中心细胞,而在其周围的神经细胞都处于抑制状态。此外,在学习过程中,还存在着一种无需教师指导的学习。例如刚出生的婴儿,在外界环境的声音信号刺激下,会自然地发出声音,这种“无师自通”的现象就是自组织、自学习的方式。

利用这种竞争性的无导师学习策略,学习时只需输入训练模式,网络就会对输入模式进行自组织,进而达到识别和分类的目的。具有这种性质的网络有自组织特征映射(Self Organization feature Map,SOM,又称为Kohonen网)、自适应共振理论(Adaptive Resonance Theory,ART)、认知机模型(Neocognitron)和对传神经网络(Counter Propagation Network,CPN)等,本书只介绍前两种网络。

4.4.1　自组织特征映射神经网络

自组织特征映射网络于1981年由芬兰Helsinki大学的T. Kohonen教授提出,以下简称SOM网络。Kohonen认为,一个神经网络接受外界输入模式时,将会分为不同的对应区域,各区域对输入模式有不同的响应特性,而且这个过程是自动完成的。SOM网络正是根据这一看法提出来的,其特点与人脑的自组织特性类似。

1. 自组织竞争网络的基本思想

自组织竞争人工神经网络的基本思想是:网络竞争层的各神经元通过竞争来获取对输入模式的相应机会,最后仅有一个神经元成为竞争胜利者,并将与获胜神经元有关的各连接权值向着更有利于竞争的方向调整,这样获胜神经元就表示对输入模式的分类。

除了竞争层以外,还有通过抑制的手段来争取获胜的方法,即网络竞争层各神经元都能抑制所有其他神经元对输入模式的响应机会,从而使自己成为获胜者。

此外,还有一种侧抑制的方法,即每个神经元只抑制与自己邻近的神经元,对远离自己的神经元则不抑制。因此,自组织竞争网络自组织、自适应的学习能力进一步拓宽了神经网络在模式分类和识别方面的应用。

2. SOM 网络的模型

SOM 网络的基本结构分为输入和输出(竞争)两层,神经元的排列有多种形式,如一维线阵、二维平面阵和三维栅格阵,常见的是前两种类型,如图 4.38 所示。

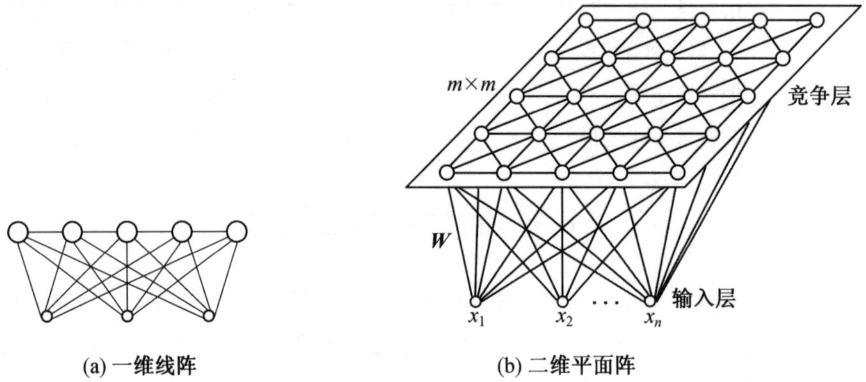

图 4.38 SOM 网络的基本结构

输出层按一维阵列组织的 SOM 网是最简单的自组织神经网络;输出层按二维平面组织是 SOM 网最典型的组织方式,应用最为广泛,本书只讨论这种形式。

在二维结构中,输入层神经元与输出层神经元为全互联方式,输出层中的每个神经元代表了一种输入样本。对于给定的输入模式,在学习过程中不断调整权值,形成兴奋中心神经元 C。在这个神经元周围 N_C 区域内的神经元都有不同程度的兴奋,而在 N_C 区域以外的神经元都被迫处于抑制状态。这个 N_C 区域可以具有正方形、六角形等形状,如图 4.39 所示。其中 N_C 区域的大小是时间 t 的函数,随着 t 的增加,N_C 的面积逐渐减小,最后只剩下一组或一个神经元,代表了某一样本的特征。

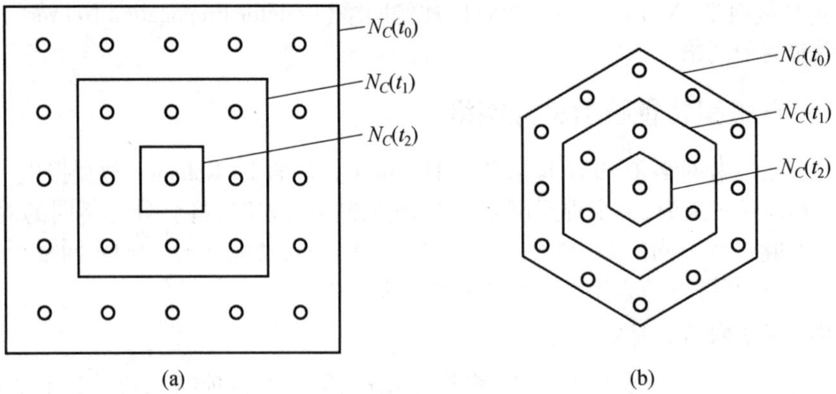

图 4.39 $N_C(t)$ 随时间的变化及其形状

设输入信号模式为 $\boldsymbol{X}=[x_1,x_2,\cdots,x_n]^{\mathrm{T}}$,输出神经元 i 与输入神经元连接的权值为 $\boldsymbol{W}_i=$

$[\omega_{i1},\omega_{i2},\cdots,\omega_{in}]^{\mathrm{T}}$，则输出神经元 i 的输出为

$$O_i = \sum_{j=1}^{n} \omega_{ij} x_j = \boldsymbol{W}_i^{\mathrm{T}} \boldsymbol{X} \tag{4.75}$$

但只有满足最大输出条件的神经元才产生输出，即

$$O_k = \max\{O_i\} \tag{4.76}$$

对于神经元 k 及其周围的 8 个相邻神经元仍可按 Hebb 规则进行自适应权值调整，即

$$W_i(t+1) = \frac{\boldsymbol{W}_i(t) + \boldsymbol{\eta X}(t)}{\| \boldsymbol{W}_i(t) + \boldsymbol{\eta X}(t) \|} \tag{4.77}$$

式中　η—— 学习速率；分母是分子的欧氏距离，此时的权值被正则化。

1982 年，Kohonen 又提出了以下的学习规则：

$$O_i = \sigma[\varphi_i + \sum_m \gamma_k O_m - O_k] \tag{4.78}$$

$$\varphi_i = \sum_{j=1}^{n} \omega_{ij} x_j \tag{4.79}$$

$$O_k = \max\{O_i\} - \varepsilon \tag{4.80}$$

式中　ω_{ij}—— 输出神经元 i 与输入神经元 j 之间的连接权值；

x_j—— 输入神经元 j 的输出；

$\sigma[\alpha]$—— 一个单调增加的非线性函数，其形状与 S 函数相似，如图 4.40 所示；

ε—— 一个极小的正数，相当于噪声；

γ_k—— 一个非线性函数，它与权值大小及输出层神经元的连接形式有关，一般形如墨西哥草帽函数，如图 4.41(a) 所示，简单地也可取图 4.41(b) 所示的大礼帽函数；O_k 为浮动偏压函数。

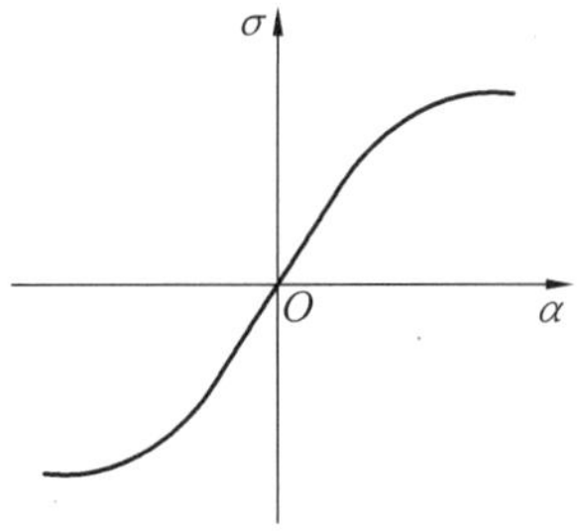

图 4.40　σ 函数的形状

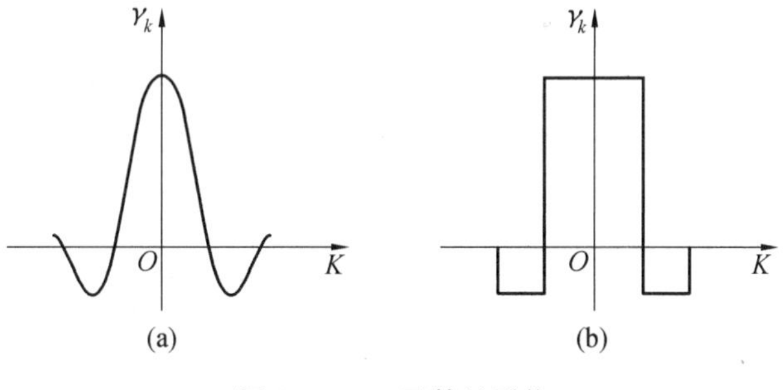

图 4.41　γ_k 函数的形状

自组织的过程就是通过学习，逐步把权向量旋转到一个合适的方向上，即权值的调整方向总是与 X 的方向一致（无需决策和导师），使 $\boldsymbol{W}_i(t+1)$ 正比于 $\boldsymbol{X}(t)$。其数学表达式为

$$\frac{\mathrm{d}\boldsymbol{W}}{\mathrm{d}t} = \eta(\boldsymbol{X} - \boldsymbol{X}_b)\boldsymbol{O} \tag{4.81}$$

式中　$\boldsymbol{X}$—— 输出神经元的输入向量；

$\boldsymbol{X}_b$—— 输出神经元的阈值向量；

$\boldsymbol{O}$—— 输出神经元的输出向量；

$\boldsymbol{\eta}$—— 学习速率。

由此可得 SOM 模型的权值修正规则为

$$\omega_{ij}(t+1) = \omega_{ij}(t) + \eta(x_i - x_b)o_i(t) \tag{4.82}$$

正则化后有

$$\omega_{ij}(t+1)=\frac{\omega_{ij}(t)+\eta(x_i-x_b)o_i(t)}{\sum_j[\omega_{ij}(t)+\eta(x_i-x_b)o_i(t)]^2} \tag{4.83}$$

或使用如下修正规则:

$$\omega_{ij}(t+1)=\frac{\omega_{ij}(t)+\eta(x_i-x_b)o_i(t)}{\sqrt{\sum_j[\omega_{ij}(t)+\eta(x_i-x_b)o_i(t)]^2}} \tag{4.84}$$

3. SOM 网络的学习算法

SOM 网络的学习算法有 3 个关键点:

(1) 对于给定的输入模式,确定竞争层上的获胜单元。

(2) 按照学习规则修正获胜神经元及其邻域单元的连接权值。

(3) 逐渐减小邻域及学习过程中权值的变化量。

具体步骤为:

(1) 随机选取一组输入层神经元到输出层神经元之间的权值。

(2) 选取输出神经元 i 的邻接神经元集合 S_i,如图 4.42 所示。$S_i(0)$ 是初始时刻为 0 时的神经元集合形状,$S_i(t)$ 则是 t 时刻的形状。

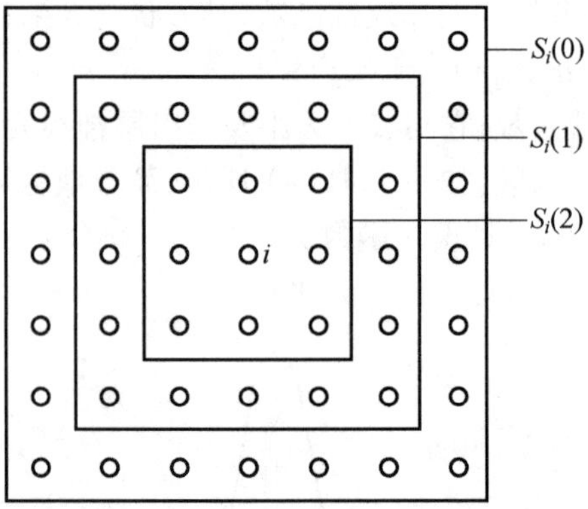

图 4.42 不同时刻时 $S_i(t)$ 形状的变化

(3) 输入新的样本模式 $\boldsymbol{X}$。

(4) 计算输入样本与每个输出神经元 i 之间的欧氏距离 d_i,并选取一个有最小距离的输出神经元 i^*,即确定出某一单元 k: $d_k=\min(d_i)$, $\forall i$;

$$d_i=\|\boldsymbol{X}-\boldsymbol{W}_j\|=\sqrt{\sum_{j=1}^{n}[x_j(t)-\omega_{ij}(t)]^2}$$

(5)按照下式修改输出神经元 i^* 及其相邻神经元的连接权值:

$$\omega_{ij}(t+1)=\omega_{ij}(t)+\eta(t)[x_j(t)-\omega_{ij}(t)]$$

式中,$i\in S_i(t)$,$1\leqslant j\leqslant n$;$\eta(t)$ 为学习速率,且 $0<\eta(t)<1$ 随时间推移逐渐变为零。一般取

$$\eta(t)=\frac{1}{t} \quad 或 \quad \eta(t)=\eta(0)\times\left(1-\frac{m}{M}\right)$$

式中 $\eta(0)$——初始学习速率;

m——当前学习次数;

M——总的学习次数。

(6)重复(3)~(5)的学习过程,直至网络收敛。

在这个算法中,是根据最小欧氏距离来选择神经元 i^* 的。实际应用中也可以改成以最大响应输出作为选择的依据,例如选择式(4.76)。权值的修正规则也可以改成使用式(4.83)或式(4.84)的规则。

另外,邻域集合的大小也随着学习过程的迭代而减小,减小的计算方法一般为

$$S_i(t)=S_i(0)\times\left(1-\frac{m}{M}\right)$$

式中,$S_i(0)$的取值在[1/3,1/2]之间,m 为当前学习次数,M 为总的学习次数。

4. SOM 网络的功能及优缺点

SOM 网络在经过以上学习与训练后,如果训练充分且算法收敛,则网络具有特征映射能力。特征映射由输出空间中的权值向量集合来代表,可以把它看作一个虚拟的网,具有在输出空间中描述的一维或二维的网络拓扑结构,它的每个节点的坐标就是相应于输入空间的权值向量。SOM 网络具有以下几个重要功能:

(1)对输入空间的近似。自组织映射算法的基本目标是寻找较小的原型集来存储一个大的输入集,而这些原型集能够提供对输入空间的良好近似。从分类角度说,自组织映射通过寻找最优参考向量集合来对输入模式进行分类。这个原型集就是自组织网络的权值向量,因此特征映射提供了对输入空间的良好近似。

(2)拓扑顺序。由自组织映射算法得出的特征映射是拓扑有序的,输出层上神经元的位置对应于输入模式的特征和区域。拓扑排序是网络采用的权值改变规则的直接结果。在学习规则的作用下,获胜神经元及其附近神经元的权值向量不断趋向于输入向量。

(3)密度匹配。特征映射反映了输入分布的统计特性的变化:在输入空间中那些样本以高概率产生的区域在输出空间中被映射到大的区域,因此也就比低概率产生样本的区域具有更好的解。然而实践表明,由自组织映射算法得到的特征映射并不能完全准确地代表输入数据中潜在的概率分布。

(4)特征选择:对于来自非线性分布的输入空间的数据,自组织映射可以选择最好的特征集合来近似潜在的分布。在这点上,特征映射具有独特的提取非线性数据的内在特征功能。

SOM 网络主要从结构上模拟整个微观神经元层上的生物特性,因此,从网络结构上来说,自组织映射的网络结构简单,并具有很好的生物神经元特性;从算法上来说,网络的算法主要采用 Hebb 规则,通过在学习中对拓扑邻域内的神经元进行权值更新,使得网络在学习后具有特征映射能力。以上均为 SOM 网路的优点,然而作为无监督学习网络,不能够利用导师信号是其缺点。

5. SOM 网络的仿真实例

【例 4.8】 SOM 网络在模式分类中的应用。

从资料中得到我国某地区的 10 个土壤样本,每个样本用 7 个理化指标表示其性状,原始数据如表 4.4 所示。确定网络的输入模式为

$$\boldsymbol{P}_k=(\boldsymbol{P}_1^k,\boldsymbol{P}_2^k,\cdots,\boldsymbol{P}_n^k),k=1,2,\cdots,10,n=7$$

即一共有 10 组土壤样本向量,每个样本包括 7 个元素。

表 4.4　土壤样本及性状

序号	土壤类型	全氮/%	全磷/%	有机质/%	pH	代换量	耕层厚/cm	密度/(g·cm^{-3})
1	薄层黏底白浆化黑土	0.270	0.142	6.46	5.5	35.8	21	1.03
2	厚层黏底黑土	0.171	0.115	3.46	6.3	33.0	60	0.78
3	薄层黏底黑土	0.114	0.101	2.43	6.4	26.5	25	1.13
4	厚层黏底黑土	0.173	0.123	3.3	5.8	28.9	65	1.09
5	薄层黏底黑土	0.145	0.131	3.28	6.0	28.5	25	1.03
6	厚层草甸黑土	0.173	0.14	3.45	5.8	33.4	60	0.98
7	中层草甸黑土	0.25	0.177	5.51	7.2	42.5	45	0.93
8	薄层草甸黑土	0.237	0.189	5.37	6.1	32.9	27	1.00
9	薄层沟谷地草甸黑土	0.319	0.227	7.04	5.8	35.9	24	1.03
10	厚层平地草甸土	0.163	0.124	3.73	6.2	30.6	61	1.28

解:结合 MATLAB 神经网络工具箱,利用函数 *newsom*( )创建一个竞争层为 6×4 结构的 SOM 网络,当然,网络结构可以根据需要进行调整,这里的样本量不大,所以选择这样的竞争层是合适的。

然后利用训练函数 *train*(和仿真函数 *sim*)对网络进行训练并仿真。由于训练步数的大小影响着网络的聚类性能,这里设置网络的训练步数为 10,100 和 1 000,分别观察其分类性能,仿真结果如表 4.5 所示,聚类结果中,分类相同的样本用同样的数字表示。

表 4.5　聚类结果

对应样本序号	1	2	3	4	5	6	7	8	9	10
训练步数	聚类结果									
10	24	1	24	1	24	1	2	24	24	1
100	24	14	6	1	12	14	21	17	23	7
1 000	12	1	24	19	23	2	9	17	5	14

对训练结果进行分析可得,当训练步数为 10 时,序号为 1,3,5,8 和 9 的样本被归为一类,与表 4.4 对比,可知这 5 组样本都属于薄层的黑土;序号为 2,4,6 和 10 的分为一类,而这些都属于厚层的黑土;序号为 7 的样本被单独归为一类,它是中层的黑土。由此可见,网络已经对样本进行了初步的分类,这种分类虽然准确,但不够精确。

当训练步数为 100 时,序号为 2 和 6 的样本被分为一类,其他 8 个样本各自分为一类,这种分类结果更加细化了。

当训练步数为 1 000 时,每一个样本都被划分为一类,这和实际情况也是吻合的。此时如果再提高训练步数,已经没有实际意义了。

4.4.2　自适应共振理论

自适应共振理论简称 ART,是由美国 Boston 大学的 S. Grossberg 和 A. Carpentent 等人

于1986年提出的。它是以认知和行为模式为基础的一种无导师、矢量聚类和竞争学习的算法。在数学上,ART为非线性微分方程的形式;在网络结构上,ART是全反馈结构,且各层节点具有不同的性质。

ART网络共有3种类型:ART-1,ART-2和ART-3,这里主要介绍ART-1型网络。

1. **ART网络的基本思想**

对于BP网络,如果学习所用的模式已知并且固定,那么网络经过反复学习可以记住这些固定模式。一旦出现新的模式,网络的学习往往会修改甚至删除已学习的结果,从而网络只记得最新的模式。

ART网络是一种向量模式的识别器,它根据存储的模式对输入向量进行分类。当存储的模式中有的模式和输入模式相匹配时,代表该存储模式的参数就被调整以更接近输入模式。反之,如果在存储模式中,没有发现和输入模式相匹配的模式时,则输入模式作为新的模式被存储到网络中,其他的存储模式保持不变。

也就是说,ART网络既能最大限度地接收新的模式信息(灵活性),同时又能保证较少地影响过去的样本模式(稳定性),较好地解决了两者的兼顾性问题。

2. **ART-1网络的模型**

ART-1网络一般由两层神经元和一些控制部分构成,如图4.43所示。

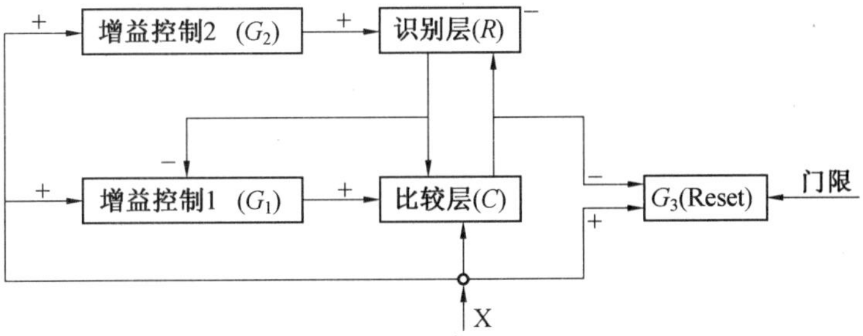

图4.43　ART-1网络模型结构

下面对图4.43中各部分功能做以介绍。

(1)比较层C(或称为注意子系统、匹配子系统)。

比较层C有n个节点,每个节点接收输入信号x_i、由上一层返回的信号和增益控制器G_1,节点的输出c_i根据2/3规则,即“多数表决”产生,就是说,3个信号中有2个为1,则输出为1,其结构如图4.43所示。

(2)识别层R(或称为竞争层、竞争子网络)。

网络的识别层(即输出层)有m个节点,代表m类输出模式。R层节点接收来自C层的信号,同时受控制器G_2的控制。C层的信号送至R层后,经过竞争,在R层获胜的节点,代表了输入向量的模式类别。

(3)控制部分。

ART网络的突出特点是在竞争学习模型中嵌入一个自动调节机构,使其能够实时地学习和识别任何输入模式序列并稳定地运行。

图4.42中的G_1为增益控制器,它接收输入信号x_i和由R层返回的信号t,当输入信号x_i不全为零,R层输出t全为零时,$G_1=1$,给出加强信号;在其他情况,$G_1=0$,给出抑制信号。

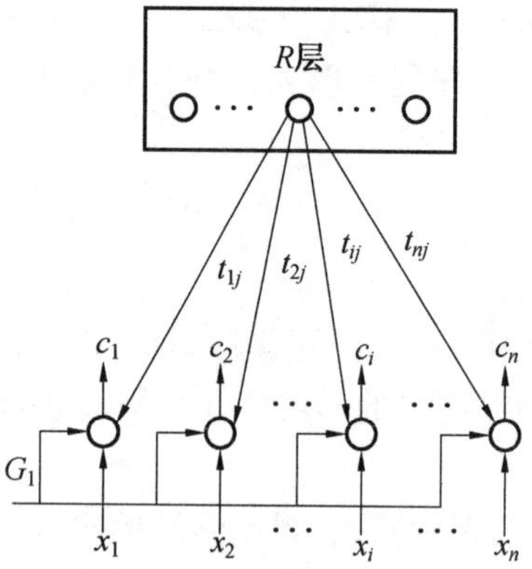

图 4.44　比较层结构示意图

G_2 为 R 层启动控制器。当 x_i 全为零时，$G_2=0$；x_i 不全为零时，$G_2=1$，使 R 层工作。

G_3 为匹配控制器。在输入信号 x_i 和由 R 层返回的信号 t 匹配较好时，G_3 没有输出；当不匹配时，G_3 输出一个复位信号，抑制 R 层中获胜的那个节点，这表示此次选择的模式不满足要求，需重新进行竞争。

3. ART-1 网络的运行过程

从网络输入模式数据开始，到最后将模式存储在相应的模式类（即相应的权值中），网络的运行过程如下：

(1) 初始化阶段。

设置由 C 层到 R 层的初始连接权值为 b_{ij} 和由 R 层至 C 层的初始连接权值 t_{ij}。在输入样本之前，设置 $x=0$，$G_2=0$ 和 R 层输出全为零，使每个节点都有平等的竞争机会。

(2) 识别阶段。

当输入样本数据 x，$G_2=1$，$G_1=1$，由 2/3 规则，C 层第 i 个节点的输出为 $c_i(x_i)=x_i$，$i=1,2,\cdots,n$。在 R 层第 j 个节点的输入为

$$t_j = \sum_{i=1}^{n} c_i(x_i) b_{ij}, j = 1,2,\cdots,m \tag{4.85}$$

这时由于没有 R 层返回的信号 t，x 和 t 不匹配，则 G_3 输出一个复位信号。

(3) 竞争阶段。

在 R 层中的节点经过竞争算法，得到一个输出最大节点 j^*，其输出 $o_j^*=1$，而所有其他节点的输出均为 $o_j=0$，$j=1,2,\cdots,m$ 且 $j\neq j^*$。

(4) 比较阶段。

R 层的输出信息返回 C 层，这时 $G_1=0$，输入 C 层的信号由 x 和返回信号 t 组成，根据 2/3规则改变 C 层的输出为 c_i，$i=1,2,\cdots,n$。C 层第 i 个节点的返回信号为

$$t_i = \sum_{j=1}^{m} t_{ij} o_j = t_{ij}$$

故 C 层第 i 个节点的输出为

$$c'_i = t_i \wedge x_i = t_{ij} \wedge x_i \tag{4.86}$$

式中 $\wedge$ 表示逻辑与。C 层第 i 个节点新的状态 c'_i 反映了输入量 x 与获胜节点 j^* 匹配的程度。如果 c'_i 给出了匹配较好的信息，则表示竞争结果正确，G_3 没有输出；否则，G_3 输出一个

复位信号，使获胜的节点无效，并使其在本次输入模式匹配中不能再获胜，然后进行再竞争阶段。

(5)再竞争阶段。

这时 R 层的输出全为零，由于 G_3 输出了一个复位信号。此时 $G_1=1$，在 C 层输出端又得到 $c_i=x_i$，于是网络又进入竞争阶段，竞争结束后，又得到新的获胜节点，再进入比较阶段。如此重复进行，直到网络充分匹配为止。

4. ART-1 网络学习算法

ART-1 网络学习算法步骤归纳如下：

(1)初始化。

设置 $b_{ij}(0)=\dfrac{1}{1+n}, t_{ij}(0)=1, i=1,2,\cdots,n; j=1,2,\cdots,m$

设置 $\rho(0\leqslant\rho\leqslant 1)$ 为警戒门限，是表示匹配程度的阈值。

(2)输入模式样本数据。

$$\boldsymbol{X}^k=(x_1,x_2,\cdots,x_n)^{\mathrm{T}},\quad x_i\in(0,1)^n; k=1,2,\cdots,P$$

(3)计算 R 层节点输出。

$$o_j=\sum_{i=1}^{n} b_{ij}c_i(x_i)=\sum_{i=1}^{n} b_{ij}x_i, j=1,2,\cdots,m$$

式中 o_j——网络节点的输出；

x_i——输入节点 i 的输入，取值为 0 或 1。

(4)选择获胜节点 j^*。

$$o_j^*=\max\{o_j\}$$

这可以通过输出节点的侧抑制权达到。

(5)比较与匹配检测。

设向量中不为零的个数用 $\|x\|$ 来表示，定义

$$\|x\|=\sum_{i=1}^{n} x_i$$

那么

$$\|tx\|==\sum_{i=1}^{n} t_{ij}x_i$$

如果

$$\frac{\|tx\|}{\|x\|}>\rho$$

则接受 j^* 为获胜节点，转至步骤(7)，否则转步骤(6)。

(6)R 层节点的输出暂时设定为零，使之不再参加竞争，转至步骤(3)。

(7)调整网络权值

$$\begin{cases} t_{ij}(t+1)=t_{ij}(t)x_i \\ b_{ij}(t+1)=\dfrac{b_{ij}(t)x_i}{\dfrac{1}{2}+\sum\limits_{i} b_{ij}(t)x_i} \end{cases}$$

(8)取消步骤(6)中对 R 层最佳结点的抑制,返至步骤(2)。

上述的算法是一种快速学习算法,并且边学习边运行,输出节点中每次最多只有一个为 1,每个获胜节点的输出可以看作是一类相近样本的代表模式。通过以上的运算过程,可以将输入样本 $\boldsymbol{X}^1,\boldsymbol{X}^2,\cdots,\boldsymbol{X}^p$ 都记忆在权值 t_{ij} 和 b_{ij} 中。选择 ρ 的大小,可以调节输入样本分类能力。ρ 越接近于 1,则输入一个新样本与已学习记忆过的样本稍有不同,就属于新的一类,即 ρ 越小,模式的类别越少;ρ 越大,模式的类别越多。

5. ART-1 **网络的优缺点**

与其他网络相比,ART 网络具有以下优点:

(1)对输入可进行实时学习,能够适应非平稳的环境。

(2)通过注意子系统,对已学习过的样本具有快速稳定的能力;通过定位子系统能够迅速适应未学习的新对象。

(3)具有自归一能力,根据某些特征在全体中所占的比例,有时作为关键特征,有时则作为噪声处理。

(4)不需要事先知道样本的学习结果,具有无导师的学习方式。

(5)容量不受输入通道数的限制,不要求存储对象是正交的。

尽管 ART-1 网络具有以上众多优点,但是它仅以输出层中某个神经元代表分类结果,而不像 Hopfield 网络那样,把分类结果分散在各个神经元上来表示。所以,一旦输出层中某个输出神经元损坏,则会导致该神经元所代表类别的模式信息全部消失,这是 ART-1 网络最大的缺点。

6. ART-1 **网络仿真实例**

【例 4.9】 利用 MATLAB 实现 ART-1 网络。

设 ART-1 网络有 5 个输入神经元和 20 个输出神经元,有两组训练模式 $\boldsymbol{X}^1=(1,1,0,0,0)$ 和 $\boldsymbol{X}^2=(1,0,0,0,1)$,要求利用这两个模式来训练网络。

解:MATLAB 神经网络工具箱中没有为 ART 网络提供专门的函数,因此使用其数学计算功能实现 ART-1 网络的训练和联想记忆功能。按照前面所介绍的学习算法,其训练过程为:

(1)初始化。令 $b_{ij}(0)=1/1+n=1/6$,$t_{ij}(0)=1$,其中 $i=1,2,\cdots,5$;$j=1,2,\cdots,20$,令 $\rho=0.8$。

(2)输入模式样本数据 $\boldsymbol{X}^1$。

(3)求取获胜的神经元。因为在网络的初始状态下,所有的前馈连接权 b_{ij} 均为 1/6,所以各输入神经元均具有相同的输入加权和 c_i。可取任意一个神经元作为 $\boldsymbol{X}^1$ 的分类代表,如第 1 个,令其输出值为 1。

(4)计算下式:

$$\|\boldsymbol{X}^1\| = \sum_{i=1}^{5} x_i = 2 \qquad \|\boldsymbol{T}^1\boldsymbol{X}^1\| == \sum_{i=1}^{5} t_{ij}x_i = 2$$

(5)计算 $\dfrac{\|\boldsymbol{T}^1\boldsymbol{X}^1\|}{\|\boldsymbol{X}^1\|}=1>0.8$,接受这次识别结果。

(6)调整网络权值

$$W^1=(\omega_{11},\omega_{12},\omega_{13},\omega_{14},\omega_{15})=(0.4,0.4,0,0,0)$$

$$T^1=(t_{11},t_{12},t_{13},t_{14},t_{15})=(1,1,0,0,0)$$

至此，$\boldsymbol{X}^1$ 已经被记忆在网络中了。

(7)将输入模式 $\boldsymbol{X}^2$ 提供给网络的输入层。

(8)求获胜神经元，$c_1=0.4$，$c_2=c_3=\cdots=c_{20}=1/6$，由于 $c_1>c_2=c_3=\cdots=c_{20}$，所以取神经元1作为获胜神经元，但这显然与 $\boldsymbol{X}^1$ 的识别结果矛盾。又因为

$$\frac{\|\boldsymbol{T}^2\boldsymbol{X}^2\|}{\|\boldsymbol{X}^2\|}=\frac{1}{2}<0.8$$

所以拒绝这次识别结果，重新进行识别。由于 $c_2=c_3=\cdots=c_{20}=1/6$，故可从中任选一个神经元作为 $\boldsymbol{X}^2$ 的分类结果，如神经元20。

(9)权值调整。

$$W^2=(\omega_{21},\omega_{22},\omega_{23},\omega_{24},\omega_{25})=(0.4,0,0,0,0.4)$$

$$T^2=(t_{21},t_{22},t_{23},t_{24},t_{25})=(1,0,0,0,1)$$

至此，$\boldsymbol{X}^2$ 也被记忆在网络中了。

按照上述步骤，可以编写MATLAB程序，最终的运行结果如表4.6所示。

表4.6　网络运行结果

输出神经元序号	1	2	3	4	5	6	7	8	9	10
输出训练结果	1.000 0	0.407 4	0.044 1	0.865 8	0.426 7	-0.543 9	-0.100 7	-0.655 6	0.937 6	-0.288 6
输出神经元序号	11	12	13	14	15	16	17	18	19	20
输出训练结果	-0.901 9	0.510 7	0.789 6	-0.427 7	-0.497 6	0.865 5	-0.738 0	0.881 6	0.403 7	1.000 0

可见，第1个和第20个神经元的输出均为1，说明它们记忆了输入模式。

本章小结

人工神经网络是以大脑生理研究成果为基础，对人脑或自然神经网络若干基本特征的抽象和模拟，其目的在于以工程技术手段来模拟大脑的某些机理与机制，实现某个方面的功能。由于人工神经网络具有能够逼近任意 L_2 上的非线性函数等突出优点，目前已被广泛应用于各种控制领域。

本章主要内容：

(1)介绍了人工神经网络的发展历史，这对了解神经网络是一门活跃的边缘性交叉学科具有重要意义。

(2)讲述了人工神经网络的基础知识，包括生物神经元的基本结构和工作原理、神经网络的基本结构、神经网络的学习方式和各种学习算法。

(3)虽然神经网络模型的应用领域非常广泛，其网络模型的种类也随着应用背景的不同而千差万别，但神经网络的学习方法只有有导师学习和无导师学习两大类。本章主要介绍了有导师学习的前馈和反馈神经网络模型以及无导师学习的自组织神经网络模型，分别给出了典型的神经网络：感知器神经网络、BP神经网络、径向基(RBF)神经网络、Hopfield网络、Boltzmann机模型、自组织特征映射(Kohonen)神经网络、自适应共振理论(ART)等神

经网络的基本思想、网络模型、学习算法以及其特点，配合应用实例和仿真研究结果，揭示各种网络所具有的功能和特征。

需要注意的是，对于需要应用神经网络解决的问题，选择哪种网络尚无理论指导；确定网络的结构，如隐层数、节点数，已有一些方法，一般是从简单到复杂，由计算机通过反复设计和仿真检验予以确定，同时需要先验知识。

习题与思考题

1. 神经元的种类有哪些？它们的函数关系如何？

2. 逻辑函数定义如下：$f(v)=\dfrac{1}{1+\exp(-av)}$，其中函数极限为 0 和 1，试求$\dfrac{df}{dv}$，并画出其波形。

3. 为什么由简单的神经元连接而成的神经网络具有非常强大的功能？

4. 一个 *Sigmoid* 奇函数定义如下：$f(v)=\dfrac{1-\exp(-av)}{1+\exp(-av)}=\tanh\left(\dfrac{av}{2}\right)$，其中 tanh 为双曲线正切函数，第二个 *Sigmoid* 函数的极限为−1 和+1，试求$\dfrac{df}{dv}$，并画出其波形以及斜率参数 a 变化的波形。

5. 神经网络按照连接方式分为哪几类？按功能分为哪几类？按学习方式分又分为哪几类？

6. 定义如下两个函数：(1)$f(v)=\dfrac{1}{\sqrt{2\pi}}\int_{-\infty}^{v}\exp\left(-\dfrac{x^2}{2}\right)dx$，(2)$f(v)=\dfrac{2}{\pi}\tan-1(v)$，解释一下这两个函数为何能满足 Sigmoid 函数的要求，两者之间有何差别？

7. 如图 4.45 所示，神经元 i 有 4 个输入分别为 5，−10，6 和−4，对应的权值分别为 0.6，0.4，−1.5 和−0.8，偏差为 0.5。试求激励函数 $f(\cdot)$ 分别为阈值函数、分段线性函数和 *Sigmoid* 函数（激励函数的参数自定）时，神经元 i 的输出 y_i。

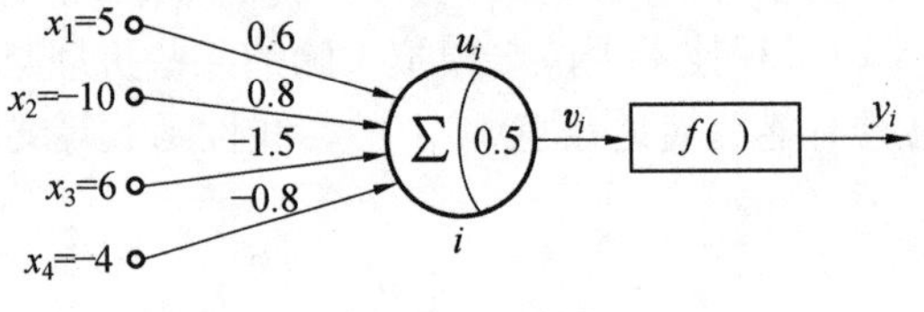

图 4.45　7 题图

8. 常规的 BP 学习算法存在哪些缺陷？可以改进的措施有哪几方面？

9. 全连接前向网络含有 10 个源节点，2 个隐含层，隐含层神经元个数分别为 4 个和 3 个，试画出该网络的结构图。

10. 设一感知器只有一个隐层，请用 BP 算法及 *Sigmoid* 函数研究以下各函数的逼近问题。

(1) $out(x)=\dfrac{1}{x}$，$1\leqslant x\leqslant 100$

(2) $out(x)=\log_{10}x$，$1\leqslant x\leqslant 10$

(3) $out(x)=\exp(-x)$, $1\leqslant x\leqslant 100$

(4) $out(x)=\sin x$, $1\leqslant x\leqslant \frac{\pi}{2}$

对每个映射都要。

①获取两组数据,一组作为训练集,一组作为测试集;

②用训练集训练网络;

③用测试集检验训练结果。

改变隐层单元个数,研究它对逼近效果的影响。

11. 请尝试采用 Hopfield 网络,求解 TSP 问题,编程实现或者给出其他优化计算的应用实例。

12. Hopfield 网络在模式分类与识别、组合优化问题及图像恢复方面都有着重要的应用,请简要说明这些应用中 Hopfield 网络的工作原理。

13. 给定训练样本集 $\Im$, V_x 和 V_y 分别表示网络中显见神经元和隐见神经元的可能状态。令 $\rho_{ij}^{+}=\langle v_i v_j\rangle^{+}=\sum_{v_x\in\Im}\sum_{v_y}P(V_y\mid V_x)v_i v_j$ 和 $\rho_{ij}^{-}=\langle v_i v_j\rangle^{-}=\sum_{v_x\in\Im}\sum_{v}P(V)v_i v_j$,分别为神经元 i 和 j 的状态在主动阶段和被动阶段的平均关联。试推导 Boltzmann 机的学习规则:

$$\omega_{ij}(t+1)=\omega_{ij}(t)+\Delta\omega_{ij}=\omega_{ij}(t)+\frac{\eta}{T}(\rho_{ij}^{+}-\rho_{ij}^{-})$$

式中　$\omega_{ij}(t)$——第 t 步时神经元 i 和 j 的连接权值;

η——学习速率;

T——网络温度。

14. 试设计一个含有 4 个随机神经元的 Boltzmann 机,并且使其最终的热平衡状态处于:

$$[1\quad 1\quad 1\quad 1]$$

15. 说说你对自组织神经网络的认识。

第 5 章　神经网络控制

神经网络控制(简称神经控制),是将神经网络在相应的控制结构中当作控制器或辨识器,主要是为了解决复杂的非线性、不确定、不确知系统在不确定、不确知环境中的控制问题,使控制系统稳定、鲁棒性强,具有要求的动态和静态性能。

5.1　神经网络控制概述

由于神经网络是从微观结构与功能上对人脑神经系统的模拟而建立起来的一类模型,具有模拟人的部分智能的特性,主要是具有非线性特性、学习能力和自适应性,使得神经网络控制能对变化的环境(包括外加扰动、量测噪声、被控对象的时变特性 3 方面)具有自适应性,且成为基本上不依赖于模型的一类控制,因此神经网络控制已成为"智能控制"的一个新的分支。

1. 神经网络控制的基本思想

传统的基于模型的控制方式,是根据被控对象的数学模型及对控制系统要求的性能指标来设计控制器,并对控制规律加以数学解析描述;模糊控制是基于专家经验和领域知识总结出若干条模糊控制规则,构成描述具有不确定性复杂对象的模糊关系,通过被控系统输出误差和模糊关系的推理合成获得控制量,从而对系统进行控制。这两种控制方式都具有显式表达知识的特点,而神经网络不善于显式表达知识,但是它具有很强的逼近非线性函数的能力,即非线性映射能力。把神经网络用于控制正是利用它的这个独特优点。

众所周知,控制系统的目的在于通过确定适当的控制量输入,使得系统获得期望的输出特性。图 5.1(a)给出了一般反馈控制系统的原理图,图 5.1(b)采用神经网络代替图 5.1(a)中的控制器。针对同样的任务,对神经网络如何工作分析如下。

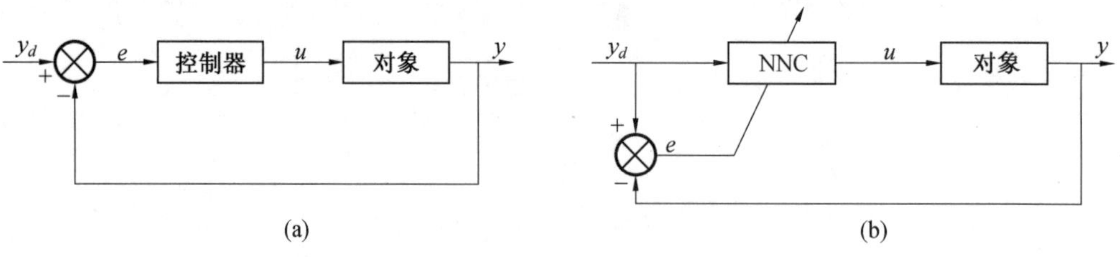

图 5.1　反馈控制与神经网络控制

设被控对象的输入 u 和系统输出 y 之间满足如下非线性函数关系

$$y=g(u) \tag{5.1}$$

控制的目的是确定最佳的控制量输入 u,使系统的实际输出 y 等于期望的输出 y_d。在该系统中,可把神经网络的功能看作输入输出的某种映射,或称函数变换,并设它的函数关系为

$$u=f(y_d) \tag{5.2}$$

为了满足系统的实际输出 y 等于期望的输出 y_d，将(5.2)式代入(5.1)式，可得

$$y=g[f(y_d)] \tag{5.3}$$

显然，当 $f(\cdot)=g^{-1}(\cdot)$ 时，满足 $y=y_d$ 的要求。

由于采用神经网络控制的被控对象一般是复杂的且多具有不确定性，因此非线性函数 $g(\cdot)$ 是难以建立的，可以利用神经网络具有逼近非线性函数的能力来模拟 $g^{-1}(\cdot)$，尽管 $g(\cdot)$ 的形式未知，但通过系统的实际输出 y 与期望的输出 y_d 之间的误差来调整神经网络中的连接权重，即让神经网络学习，直至误差

$$e=y-y_d\to 0 \tag{5.4}$$

的过程，就是神经网络模拟 $g^{-1}(\cdot)$ 的过程，它实际上是对被控对象的一种求逆过程，由神经网络的学习算法实现这一求逆过程，就是神经网络实现直接控制的基本思想。

2. 神经网络在控制系统中的作用

目前，人工神经网络在自动控制系统中的应用几乎已经涉及了各个方面，包括系统辨识、非线性系统控制、智能控制、优化计算及控制系统的故障诊断与容错控制等。

神经网络在控制系统中的作用主要有：

(1)神经网络对于复杂不确定性问题的自适应能力和学习能力，可以被用作控制系统中的补偿环节和自适应环节等。

(2)神经网络对任意非线性关系的描述能力，可以被用于非线性系统的辨识和控制等。

(3)神经网络的非线性动力学特性所表现的快速优化计算能力，可以被用于复杂控制问题的优化计算等。

(4)神经网络对大量定性或定量信息的分布存储能力、并行处理与合成能力，可以被用作复杂控制系统中的信息转换接口，以及对图像、语言等感觉信息的处理和利用。

(5)神经网络的并行分布处理结构所带来的容错能力，可以被应用于非结构化过程的控制。

3. 已取得的成果与发展展望

作为一种刚刚兴起且比较活跃的智能控制方法之一，神经网络控制目前所取得的进展为：

(1)基于神经网络的系统辨识：可在已知常规模型结构的情况下，估计模型的参数；或利用神经网络的线性、非线性特性，建立线性、非线性系统的静态、动态、逆动态及预测模型。

(2)神经网络控制器：神经网络作为控制器，可实现对不确定系统或未知系统进行有效的控制，使系统达到所要求的动态、静态特性。

(3)神经网络与其他算法的结合：神经网络与专家系统、模糊逻辑、遗传算法等相结合可构成新型控制器。

(4)优化计算：在常规控制系统的设计中，常遇到求解约束优化问题，神经网络为这类问题提供了有效的途径。

(5)控制系统的故障诊断：利用神经网络的逼近特性，可对控制系统的各种故障进行模式识别，从而实现控制系统的故障诊断。

神经网络控制在理论和实践上，以下问题是研究的重点：

(1)神经网络的稳定性与收敛性问题。
(2)神经网络控制系统的稳定性与收敛性问题。
(3)神经网络学习算法的实时性。
(4)神经网络控制器和辨识器的模型和结构。

5.2 神经网络控制的结构

随着对神经网络理论研究的不断深入和发展,有关神经网络控制方法与结构的文献被大量提出和使用。根据神经网络在控制器中的不同作用,神经网络控制器可分为两类:一类为神经控制,它是以神经网络为基础而形成的独立智能控制系统;另一类为混合神经网络控制,它是指利用神经网络的学习和优化能力来改善传统控制的智能方法,如自适应神经网络控制等。

神经网络控制的结构和分类,根据不同观点可以有不同的形式,综合目前的各种分类方法,本书将神经网络控制归结为以下 7 类。

5.2.1 神经网络监督控制

一般地说,当被控对象的解析模型未知或部分未知时,利用传统的控制理论设计控制器,已被证明是极其困难的,但这并不等于该系统是不可控的。在许多实际控制问题中,人工控制或 PID 控制可能是唯一的选择。但在工况条件极其恶劣或控制任务只是一些单调、重复和繁重的简单操作时,就有必要应用自动控制器代替上述手工操作。

取代人工控制的途径大致有两种:一是将手工操作中的经验总结成普通的规则或模糊规则,然后构造相应的专家控制器或模糊控制器;二是在知识难于表达的情况下,应用神经网络学习人的控制行为,即对人工控制器建模,然后用神经网络控制器代替之。

这种通过对人工或传统控制器进行学习,然后利用神经网络控制器取代或逐渐取代原控制器的方法,称为神经网络监督控制(COPY 控制)。图 5.2 给出了这类神经网络监督控制结构方案示意图。

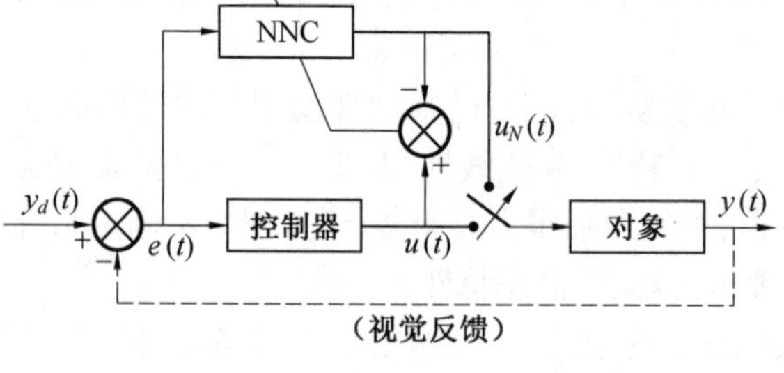

图 5.2 神经网络监督控制结构方案示意图

从图 5.2 中可以看出,神经网络监督控制实际就是建立人工控制器的正向模型。经过训练,神经网络记忆该控制器的动态特性,并且接收传感器信息输入,最后输出与人工控制器相似的控制作用。这种做法的缺点是:人工控制器是靠视觉反馈进行控制的,在用神经网络控制器进行控制后,由于缺乏视觉反馈,因此构成的控制系统实际是一个开环系统,这就使它的稳定性和鲁棒性均得不到保证。

为此，可考虑在传统控制器，如PID控制器的基础上，再增加一个神经网络控制器，如图5.3所示。此时，神经网络控制器实际是一个前馈控制器，因此它建立的是被控对象的模型。由图5.3中容易看出，神经网络控制器通过向传统控制器的输出进行学习，在线调整自己，目标是使反馈误差$e(t)$或$u_1(t)$趋近于零，从而使自己逐渐在控制作用中占据主导地位，以便最终取消反馈控制器的作用。这里的反馈控制器仍然存在，一旦系统出现干扰，反馈控制器仍然可以重新起作用。因此，采用这种前馈加反馈的监督控制方法，不仅可以确保控制系统的稳定性和鲁棒性，而且可以有效地提高系统的精度和自适应能力。

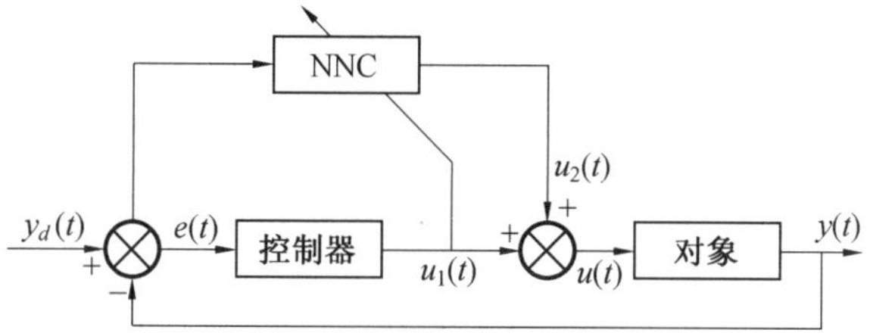

图5.3　神经网络监督控制

5.2.2　神经网络自校正控制

自校正控制基于被控对象数学模型的在线辨识，然后按给定的性能指标在线求解最优控制规律，它是系统模型不确定时最优控制问题的延伸。

神经网络自校正控制分为直接自校正控制和间接自校正控制两种类型。间接自校正控制使用常规控制器，离线辨识的神经网络估计器需要具有足够高的建模精度；直接自校正控制同时使用神经网络控制器和神经网络估计器，其中估计器可进行在线修正。下面分别进行介绍。

1. 直接自校正控制

直接自校正控制也称为直接逆控制。顾名思义，它就是将被控对象的神经网络逆模型，直接与被控对象串联起来，以便使期望输出（即网络输入）与对象实际输出之间的传递函数等于1。从而在将此网络作为前馈控制器后，使被控对象的输出为期望输出。

显然，神经网络直接逆控制的可用性在相当程度上取决于逆模型的准确精度。由于缺乏反馈，简单连接的直接逆控制缺乏鲁棒性。为此，一般应使其具有在线学习能力，即作为逆模型的神经网络连接权能够在线调整。

图5.4给出了两种结构方案。在图5.4(a)中，NN1和NN2具有完全相同的网络结构，并采用相同的学习算法，即NN1和NN2的连接权都沿$E=\frac{1}{2}\sum_k e(k)^{\mathrm{T}}e(k)$的负梯度方向进行修正，分别实现对象的逆。上述评价函数也可以采用其他更一般的加权方式，其网络结构方案如图5.4(b)所示。

2. 间接自校正控制

间接自校正控制一般称为自校正控制，它是一种由估计器（辨识器）将对象参数进行在线估计，用自校正调节器（控制器）实现参数的自动整定相结合的自适应控制技术。自校正调节器的目的是在被控系统参数变化的情况下，自动调整控制器参数，消除扰动的影响，以

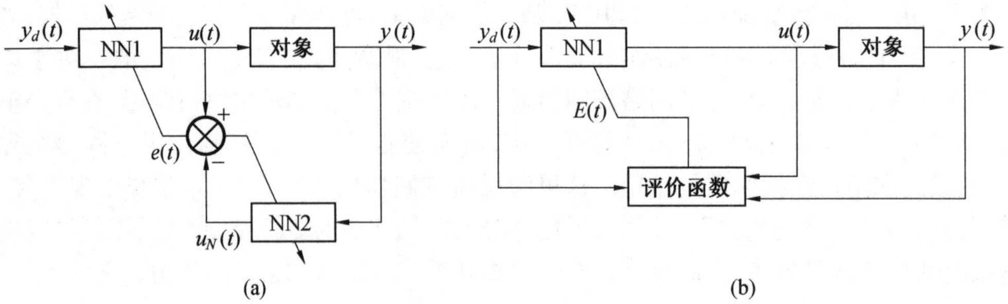

图 5.4　神经网络直接逆控制的两种方案

保证系统的性能指标。在这种控制方式中，神经网络用作过程参数或某些非线性函数的在线估计器。其结构如图 5.5 所示。

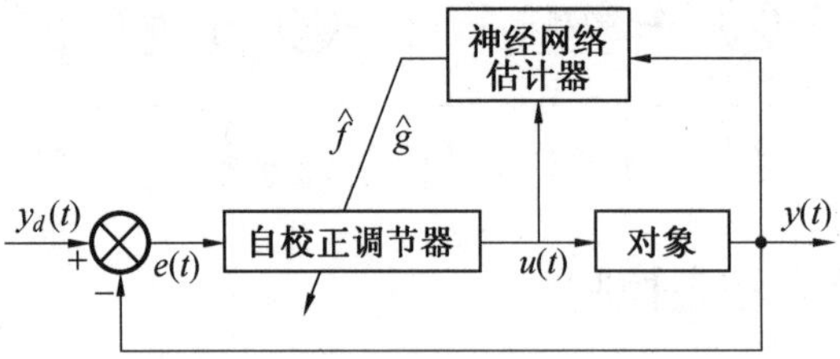

图 5.5　神经网络间接自校正控制

假设被控对象为

$$y_{k+1}=f(y_k)+g(y_k)u_k \tag{5.5}$$

若利用神经网络对非线性函数 $f(y_k)$ 和 $g(y_k)$ 进行离线辨识，得到具有足够逼近精度的估计值 $\hat{f}(y_k)$ 和 $\hat{g}(y_k)$，则常规控制规律可直接给出为

$$u_k=[y_{d,k+1}-\hat{f}(y_k)]/\hat{g}(y_k) \tag{5.6}$$

式中　$y_{d,k+1}$——$k+1$ 时刻的期望输出值。

类似地，也可以利用神经网络估计输出响应的特性参数，如上升时间 t_r、超调量 σ 或二阶系统的自然振荡频率 ω_n 及阻尼系数 ξ 等，然后用常规的极点配置方法调整控制器的参数。

5.2.3　神经网络模型参考自适应控制

与传统自适应控制相同，神经网络自适应控制也分为自校正控制（STC）与模型参考自适应控制（MRAC）两种。两者的区别是：自校正控制根据对系统正向和（或）逆模型辨识的结果，直接调节控制器内部参数，使系统满足给定的性能指标。而在模型参考控制中，闭环控制系统的期望性能由一个稳定的参考模型描述，它被定义为 $\{r(t),y^m(t)\}$（输入-输出对），控制系统的目的就是要使被控对象的输出 $y(t)$ 一致渐近地趋近于参考模型的输出，即

$$\lim_{t\to\infty}\|y(t)-y^m(t)\|\leqslant\varepsilon \tag{5.7}$$

式中　ε——一个给定的小正数。

前面已经介绍了自校正控制，下面介绍模型参考自适应控制。

神经网络模型参考自适应控制也有直接控制与间接控制之分，如图 5.6 与图 5.7 所示。

1. 直接模型参考自适应控制

由图 5.6 可知，在神经网络直接模型参考控制中，神经网络控制器的作用是使被控对象与参考模型输出之差 $e_C(t)=y(t)-y^m(t)\to 0$ 或 $e_C(t)$ 的二次型最小。与正-逆建模中的方法类似，误差 $e_C(t)$ 的反向传播必须确知被控对象的数学模型，这给 NNC 的学习修正带来了许多问题。为解决这一问题，可采用下面的间接模型参考控制。

2. 间接模型参考自适应控制

如图 5.7 所示，神经网络辨识器 NNI 首先离线辨识被控对象的正向模型，并可由 $e_I(t)$ 进行在线学习修正，显然，NNI 可为 NNC 提供误差 $e_C(t)$ 或其梯度的反向传播通道。由于参考模型输出可视为期望输出，因此在对象部分已知的情况下，若将 NNC 改为常规控制器，此方法将与前面介绍的间接自校正控制方法类同。

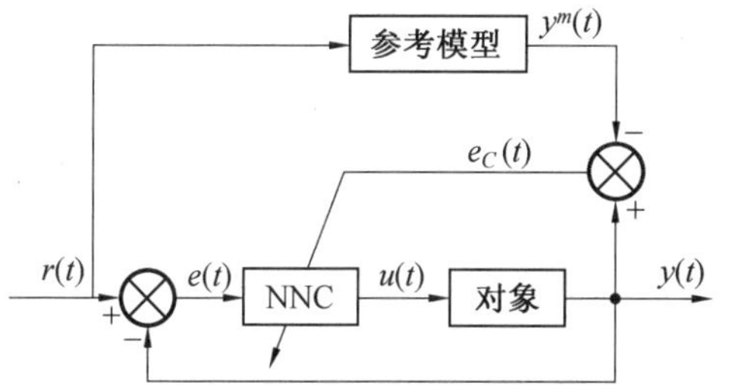

图 5.6　神经网络直接模型参考自适应控制

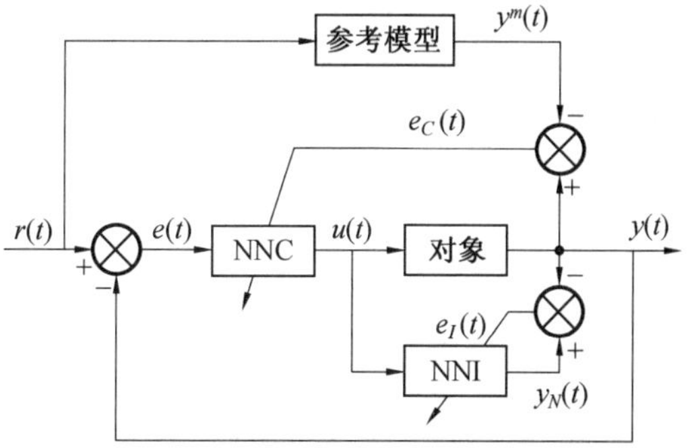

图 5.7　神经网络间接模型参考自适应控制

5.2.4　神经网络内模控制

内模控制是一种采用系统对象的内部模型和反馈修正的预测控制，有较强的鲁棒性，在线调整方便，已被发展为非线性控制的一种重要方法。神经网络、模糊控制等智能控制理论和方法的引入为非线性内模控制的研究开辟了新的途径。

1. 内模控制

图 5.8(a) 是一般的反馈控制系统，其中 $G(z)$ 和 $G_c(z)$ 是对象和调节器的脉冲传递函数，$Y_d(z)$，$Y(z)$ 和 $D(z)$ 分别是设定值、输出和不可测干扰。反馈系统将过程的输出作为反馈，其中包含了不可测的干扰，这就使其在反馈量中的影响有时会被其他因素淹没而得不到及时的补偿。图 5.8(a) 可以等效地变换成内模控制系统，如图 5.8(b) 所示。

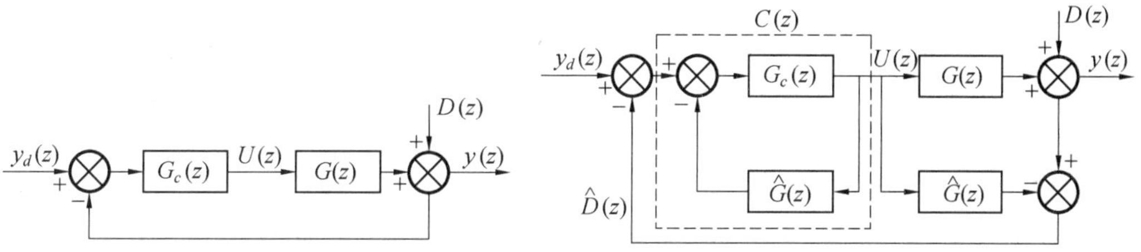

(a) 反馈控制系统　(b) 内模等效的反馈控制系统

图 5.8　内模控制系统图

图中，$\hat{G}(z)$是对象$G(z)$的数学模型，又称内部模型。若用$C(z)$表示图5.8(b)中虚线框内的闭环，则有

$$C(z)=\frac{G_c(z)}{1+\hat{G}(z)G_c(z)} \tag{5.8}$$

或

$$G_c(z)=\frac{C(z)}{1-C(z)\hat{G}(z)} \tag{5.9}$$

由图5.8可以看出，在内模控制系统中，由于引入了内部模型，反馈量已由原来的输出全反馈变为扰动估计量的反馈。在理想情况下，即内部模型准确时，$\hat{G}(z)=G(z)$，可设计成理想控制器$C(z)=\hat{G}^{-1}(z)$。在实际应用中，考虑到模型与对象失配时的影响，通常在控制器前附加一个滤波器$F(z)$，可提高系统的鲁棒性。带有滤波器的内模控制系统如图5.9所示。

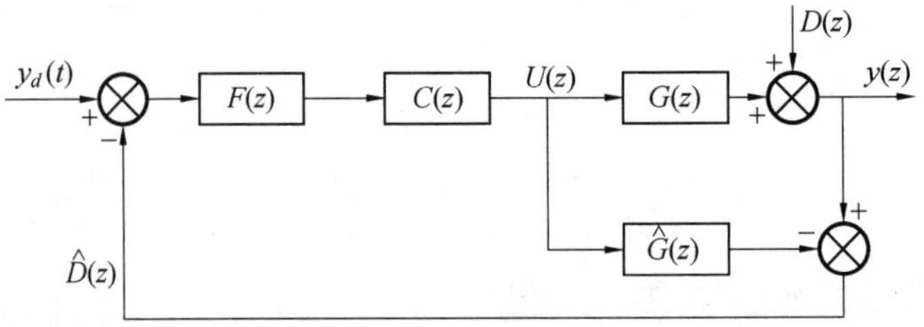

图5.9　带有滤波器的内模控制系统

系统的特征方程为

$$\frac{1}{C(z)}+F(z)\left[G(z)-\hat{G}(z)\right]=0 \tag{5.10}$$

当模型与对象失配而系统不稳定时，可以通过设计$F(z)$使上式的全部特征根位于单位圆内。

2. 神经网络内模控制

在内模控制中，系统的正向模型与实际系统并联，两者输出之差被用作反馈信号，此反馈信号又由前向通道的滤波器及控制器进行处理。由内模控制的性质可知，该控制器直接与系统的逆有关，而引入滤波器的目的则是为了获得期望的鲁棒性和跟踪响应。

图5.10给出了内模控制的神经网络实现。它是分别用两个神经网络NNC和NNI取代图5.9中的$C(z)$和$\hat{G}(z)$，NNC称为神经网络控制器，NNI称为神经网络状态估计器。图中的神经网络估计器NNI用于充分逼近被控对象的动态模型，相当于正向模型。神经网络控制器NNC不是直接学习被控对象的逆模型，而是间接地学习被控对象的逆动态特性，这样就回避了要估计$\partial y(k+1)/\partial u(k)$而造成的困难。

在神经网络内模控制系统中，NNI状态估计器作为被控对象的近似模型与实际对象并行设置，它们的差值用于反馈，同期望的给定值之差经过线性滤波器处理后，送给NNC神经网络控制器，经过多次训练，它将间接地学习对象的逆动态特性。此时，系统误差将趋于零。

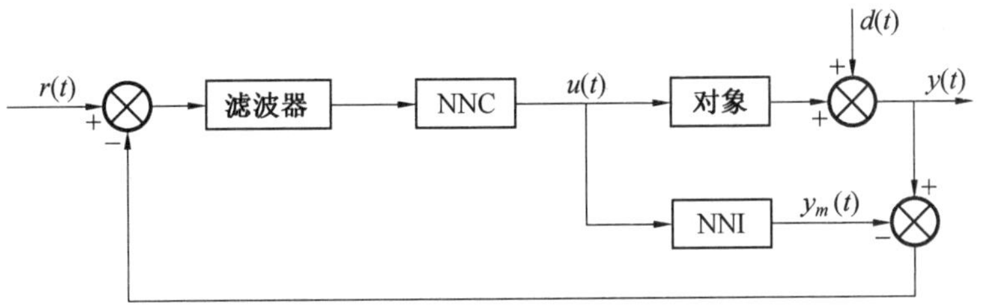

图 5.10　神经网络内模控制

5.2.5　神经网络预测控制

预测控制，又称为基于模型的控制，是 20 世纪 70 年代后期发展起来的一类计算机控制算法，它利用内部模型预测被控对象未来输出及其与给定值之差，然后据此以某种优化指标计算当前应加于被控对象的控制量，以期使未来的输出尽可能地跟踪给定参考轨线。这种控制思想符合被控过程的一个基本特征，即当前的控制作用只影响被控对象当前及其未来的状态。

这种算法的基本特征是建立预测模型方便，采用滚动优化策略和采用模型误差反馈校正，预测模型根据系统的历史信息和选定的未来输入，预测系统未来的输出。

根据预测模型的输出，控制系统采用基于优化的控制策略对被控对象进行控制。与通常的最优控制策略不同，预测控制系统采用的是滚动式的有限时域优化策略，即优化过程不是通过离线计算一次得到，而是在线反复进行，所得到的只是全局次优解，但由于滚动实时变化，对模型时变、干扰和失配等影响能及时补偿，故在复杂工业环节中更为实际且有效。

对于预测模型与被控对象实际输出之间的偏差，采用反馈校正环节进行修正，即在每一采样时刻，用实测偏差对模型预测的未来输出进行校正，并按修正后的预测输出进行滚动优化，计算控制规律。

线性系统的预测控制问题已得到解决，但对于非线性系统，由于被控对象的非线性结构未知，且不能充分描述，因此预测模型对其输出难以做出精确的预报，从而可能导致控制失败。

神经网络预测控制方法采用神经网络作为预测模型，实现对非线性系统预测控制，其结构方案如图 5.11 所示。其中神经网络预测器建立了非线性被控对象的预测模型，并可在线学习修正。

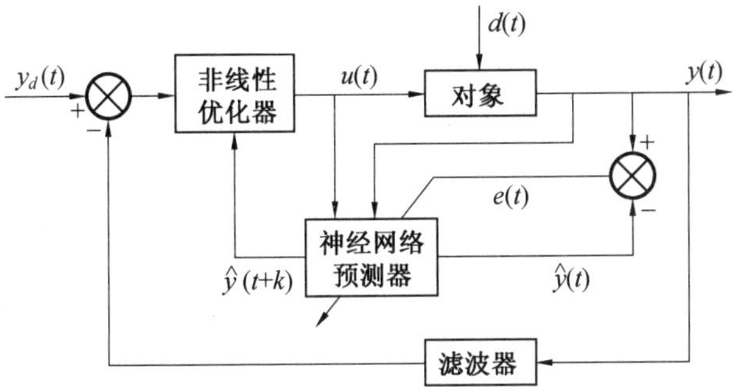

图 5.11　神经网络预测控制

利用此预测模型,就可以由目前的控制输入 $u(t)$,预报出被控系统在将来一段时间范围内的输出值

$$y(t+j|t), j=N_1, N_1+1, \cdots, N_2 \tag{5.11}$$

式中　N_1, N_2——最小与最大输出预报水平,反映了所考虑的跟踪误差和控制增量的时间范围。若 $t+j$ 时刻的预报误差定义为

$$e(t+j)=y_d(t+j)-y(t+j|t) \tag{5.12}$$

为了得到适宜的控制作用 $u(t)$,非线性优化器将使如下二次型性能指标极小:

$$J=\sum_{j=N_1}^{N_2} e^2(t+j)+\sum_{j=1}^{N_2} \lambda_j \Delta u^2(t+j-1) \tag{5.13}$$

这里,$\Delta u(t+j-1)=u(t+j-1)-u(t+j-2)$,$\lambda$ 为控制加权因子。

神经网络预测控制的算法为:

(1)计算未来的期望输出序列 $y_d(t+j), j=N_1, N_1+1, \cdots, N_2$;

(2)利用神经网络预测模型,产生预报输出 $y(t+j|t), j=N_1, N_1+1, \cdots, N_2$;

(3)计算预报误差 $e(t+j)=y_d(t+j)-y(t+j|t), j=N_1, N_1+1, \cdots, N_2$;

(4)极小化性能指标 J,获得最优控制序列 $u(t+j), j=0,1,2,\cdots,N_2$;

(5)采用第一控制量 $u(t)$,然后返回到(1)。

5.2.6　神经网络自适应评判控制

上述的各种控制方法,不管采用何种神经网络控制结构,它们有一点在本质上是相同的,即都要求提供被控对象的期望输入。

如前所述,神经网络的学习方法一般可分为 3 种,其中有导师的监督学习虽然学习效率高,但在控制系统中,监督学习的导师信号一般不易直接获得;无导师的学习虽不需导师信号,但因学习效率低而很难实际应用;再励学习是介于有导师和无导师学习之间的一种学习方式,是智能系统从环境到行为映射的学习,使强化(奖励)信号值最大。

再励学习与监督学习主要的不同点是导师信号,前者只需系统(环境)的一个标量评价值作为再励信号,它是对系统好坏的一种评价。由于外部环境提供的信息少,再励学系统必须依靠自身的经历进行学习,以在动作-评价的环境中获得知识并改进行动方案以适应环境。这对于复杂的非线性不确定系统在不确定的外部环境中工作以实现有效的控制是非常有利的。

1. 再励学习

由前面介绍的再励学习原理可知,再励信号是环境对学习及学习结果的一个评价。例如要移动机器人,可设机器人当前的位置为环境的状态,学习的目的是求解动作序列,使其以最短路径从任意位置到达目标位置,则再励信号可设为

$$r_e=\begin{cases}1 & \text{机器人到达目标位置}\\ 0 & \text{不在目标位置}\end{cases}$$

又如在移动小车上的倒立摆(倒立摆系统),可设其当前的位置为环境状态,学习的目的是求解作用于小车上的力的序列 $F(k)$,使倒立摆与垂线的夹角不大于设定的角 α_o,则再励信号可设为

$$r_e=\begin{cases}0 & \text{不大于设定的角 } \alpha_o\text{(成功)}\\ -1 & \text{大于设定的角 } \alpha_o\text{(失败)}\end{cases}$$

2. 神经网络自适应评判控制

神经网络自适应评判控制，首先由 Barto 等提出，然后由 Anderson 及 Berenji 等加以发展，特别是 Berenji 的工作，已经将神经网络自适应评判控制发展为模糊神经网络自适应评判控制，得到了所谓基于近似推理和再励学习的 ARIC 及 GARIC 系统。

神经网络自适应评判控制通常由两个网络组成，如图 5.12 所示，其中自适应评判网络在整个控制系统中，相当于一个需要进行再励学习的“教师”。其作用有二：一是通过不断的奖励、惩罚等再励学习，使自己逐渐成为一个“合格”的教师，其再励学习算法的收敛性已得到证明；二是在学习完成后，根据被控系统目前的状态及外部再励反馈信号 $r(t)$，如倒立摆成功与失败的信号，产生一个再励预测信号 $p(t)$，并进而给出内部再励信号 $\hat{r}(t)$，以期对目前控制作用的效果做出评价。控制选择网络的作用相当于一个在内部再励信号指导下进行学习的多层前馈神经网络控制器。该网络在进行上述学习后，将根据编码后的系统状态，再允许控制集中选择下一步的控制作用。控制选择网络也可以是一个模糊神经网络控制器。

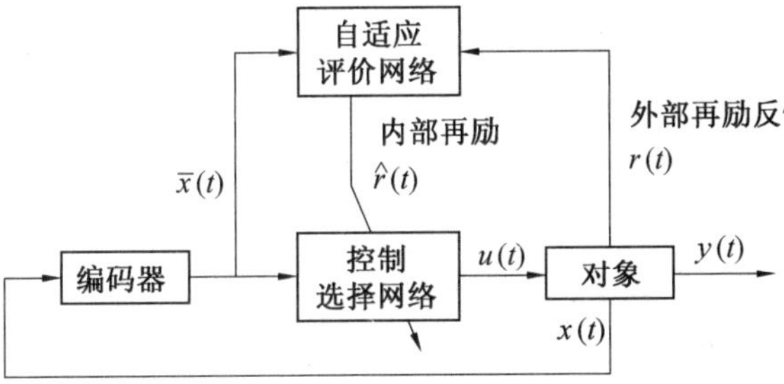

图 5.12　神经网络自适应评判控制

由这里可以看出，神经网络自适应评判控制与人脑的控制与决策过程相近，除应随时了解一些定性信息外，它完全不需要被控系统的先验定量模型，特别适合于许多具有高度非线性和严重不确定性的复杂系统的控制。

5.2.7　神经网络集成控制

智能控制面临的被控对象一般都是那些常规控制手段无法控制的对象，因此具有相当的复杂性。智能控制试图以机器模仿、延伸、扩展人的智能来解决复杂的控制问题。对于这类问题单靠一种智能控制方式已无法满足控制要求。因此，迫切需要某种综合的、集成的智能控制来解决越来越复杂的控制问题，从而可以弥补单一控制策略的不足，这也是智能控制发展的趋势。

神经网络集成控制是由神经网络技术与模糊控制或专家系统相结合而形成的一种具有很强学习能力的智能控制系统。其中，由神经网络与模糊控制相结合构成神经网络模糊控制，由神经网络与专家系统相结合构成神经网络专家系统控制。

1. 神经网络模糊控制

神经网络和模糊系统对信息的加工处理，均表现出很强的容错能力。模糊系统是模仿人的模糊逻辑思维方法设计的一类系统，这一方法本身就明确地说明了系统在工作过程中允许数值型变量的不精确性存在，另一方面，神经网络在计算处理信息的过程中所表现出的容错性来源于网络自身的结构特点。而人脑思维的容错能力，正是源于这两方面的综合。所以，将神经网络与模糊系统结合，便成为一种很自然的趋势。

神经网络与模糊系统的另一个共同特点，就是它们在处理和解决问题时，不需要对象的精确数学模型。神经网络是通过其结构的可变性，逐步适应外部环境各种因素的作用，不断挖掘出研究对象之间内在的因果联系，以达到最终解决问题的目的。这种因果关系，不是表现为一种精确的数学解析式描述，而是直接表现为一种不很精确的输入/输出值描述。模糊系统在处理和解决问题时依据的也不是精确的数学模型，它是依据一些人们总结出来的描述各种因素之间相互关系的模糊性语言经验规则，并将这些经验规则上升为简单的数值运算，以便让机器代替人在相应的问题面前具体地实现这些规则。这些经验的形成，往往不是基于对因素之间的关系做定量而严格的数学分析，而是基于对它们所进行的定性的、大致精确的观察和总结。正是因为如此，实现这些语言性经验规则的数值运算也就无需严格准确地反映出上述因素之间的精确的数学关系。

实际上，模糊神经网络作为具有一定的处理定性和定量知识的技术与方法，主要原因还是在于模糊逻辑具有较强的结构性知识表达能力，即描述系统定性知识的能力，以及神经网络强大的学习能力与定量数据的直接处理能力。

神经网络和模糊系统都有各自的长短，神经网络能够通过学习从给定的经验训练集中生成映射规则，但是在网络中映射规则是不可见并且难于理解的，而另一方面，由于模糊系统没有自学习能力和自适应能力，对用户来讲，难于确定和校正这些规则，人们很容易想到将两者结合起来，取长补短，形成模糊神经网络(FNN)系统，或神经网络模糊系统。

神经网络模糊系统基本上有两种结构。一种是神经网络作为模糊控制器的自适应机构，利用神经网络的自学习能力调整控制器的参数，改善控制系统性能；另一种是直接采用神经网络实现模糊控制器，利用神经网络的联想记忆能力形成模糊决策规则，并利用神经网络的自学习能力自动调整网络连接权重，达到调整模糊决策规则的目的，改善控制性能。下面简单介绍一下第一种结构。

基于神经网络的自适应模糊控制系统的结构如图 5.13 所示。

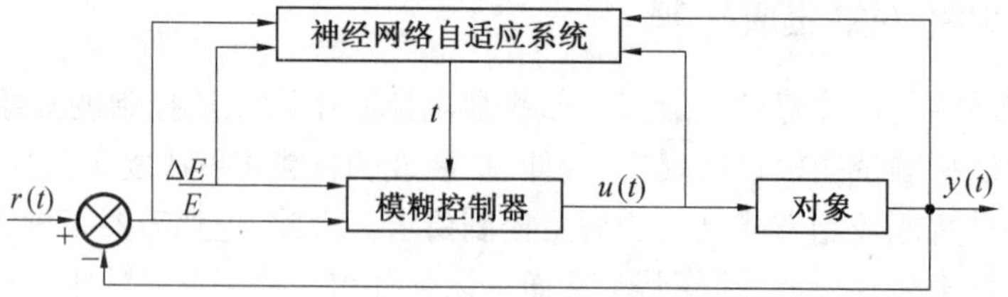

图 5.13　基于神经网络的自适应模糊控制系统

在这个结构中，模糊控制器根据模糊控制规则(或模糊控制表)完成由论域 $E\times\Delta E$ 到论域 U 的映射，实现在不确定性环境下的决策，实现对对象的控制。但是，模糊控制器本身不具有学习能力。神经网络实现修改模糊规则或修改控制器的输入、输出比例系数的功能，神经网络对控制误差 E、误差变化率 ΔE 以及控制性能进行综合后，向模糊控制器提供一个“教师”信息 t，去调整模糊控制器的参数或规则。神经网络的自学习能力起到自适应机构的作用,指导模糊控制器完成对复杂的不确定的对象的控制。这一方案用于倒立摆的平衡控制,克服了 Bang-Bang 控制的缺点,平滑了控制信号,并加快了学习速度,取得了较好的控制效果。

2. 神经网络专家系统控制

专家系统是一种智能信息处理系统,它处理现实世界中提出的需要由专家来分析和判断的复杂问题,并采用专家推理方法来解决问题。传统的人工智能专家系统一般采用产生式规则和框架式结构来表示知识,然而最大的困难是专家本人也无法用这些规则来表达它们的经验。因此,近些年来,人们开始采用神经网络作为专家系统中一种新的知识表示和知识自动获取的方法,提出了用神经网络建造专家系统的方法。神经网络专家系统与传统的专家系统在功能和结构上是一致的,也包括知识的获取、知识库、推理解释等,但其方式却是完全不同的。可以说,基于符号的传统专家系统是知识的显式表示,而基于神经网络的专家系统则是知识的隐式表示。它的知识库是分布在大量神经元以及它们之间的连接系数上的。此外,神经网络的学习功能为专家系统的知识获取提供了极大的方便,这种知识的获取只是神经网络简单的训练过程,因此是相当有效的。

图5.14所示的系统其运行状态有3种:专家系统控制器(EC)单独运行;神经网络系统(NNC)单独运行;NNC与EC同时运行,运行监控器(EM)负责进行切换。

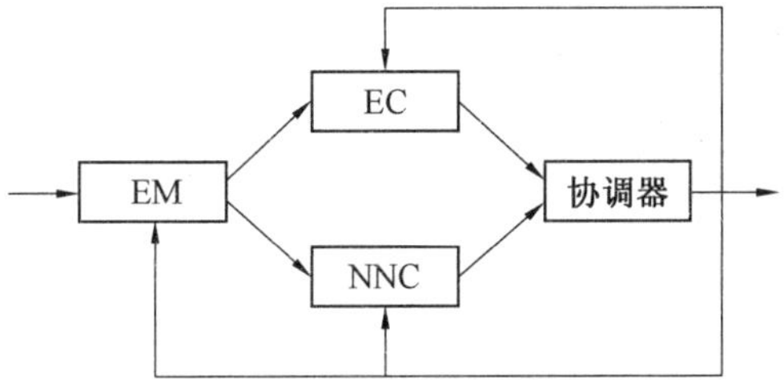

图5.14 神经网络专家系统控制器

5.3 单神经元自适应控制

前一节中介绍了基于神经网络的自适应控制方法,但无论是间接控制还是直接控制,由于神经网络都采用了 S 型激励函数,因此计算量是比较大的。对于像电机调速一类的快速过程控制,由于目前缺乏相应的实用型神经网络计算机硬件支持,将基于多层网络的神经自适应控制投入实时在线控制尚有一定困难。受到工程上应用广泛且结构简单的常规 PID 调节器的启发,利用具有自学习和自适应能力的单神经元来构成单神经元自适应智能控制器,不但结构简单,而且能够适应环境变化,具有较强的鲁棒性。

本节主要讨论单神经元自适应 PID 和 PSD 控制及其在直流调速系统中的应用。

5.3.1 单神经元自适应 PID 控制

传统的 PID 控制是一种成熟并且应用十分广泛的工程控制方法,它对于结构及参数已知的线性定常系统能够很好地发挥控制作用,并且算法简单、易于实现。但是,实际工作中很多被控对象非常复杂,尤其是对于不确定性过程和非线性时变对象,往往难以建立准确的数学模型，这就使得传统 PID 调节器难以发挥作用，甚至会失稳。现有的一些自适应 PID 控制方法，采用的是系统辨识的手段，虽在一定程度上解决了不确定性问题，但是算法复杂，运算工作量大，而且只能适应小范围内的模型不确定性因素。将神经网络应用于 PID 控制中，按 PID 控制方式选择神经元学习控制所需的状态变量，能够将自适应神经元与 PID 控制有机地结合起来，使之具有良好的适应能力，从而提高 PID 控制的鲁棒性而不增加控制算法的复杂性，并易于在工程上实现。

1. 传统 PID 调节器

图 5.15 为一个传统的 PID 控制系统，PID 调节器是针对系统偏差的一种比例、积分、微分调节规律，其方程式为

$$u(t) = K_{\mathrm{p}}e(t) + K_{\mathrm{i}}\int_0^t e(t)\,\mathrm{d}t + K_{\mathrm{d}}\frac{\mathrm{d}e(t)}{\mathrm{d}t} \tag{5.14}$$

式中 K_{p}——比例增益；

K_{i}——积分系数，$K_{\mathrm{i}}=K_{\mathrm{p}}\dfrac{T_0}{T_i}$；

K_{d}——微分系数，$K_{\mathrm{d}}=K_{\mathrm{p}}\dfrac{T_d}{T_0}$；

$e(t)$——调节器偏差输入信号；

$u(t)$——控制信号。

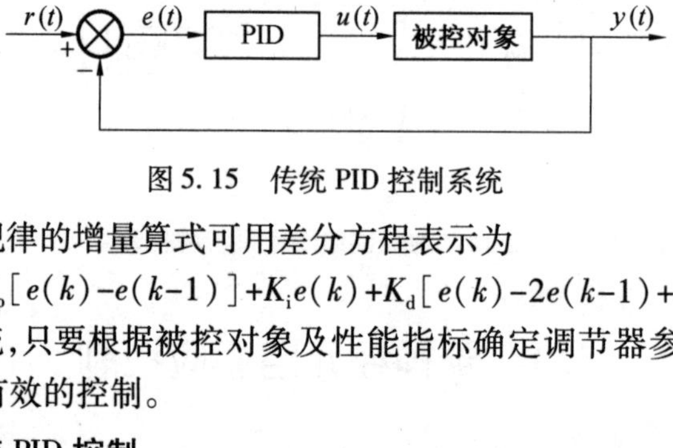

图 5.15　传统 PID 控制系统

数字式 PID 控制规律的增量算式可用差分方程表示为

$$\Delta u(k)=K_{\mathrm{p}}[e(k)-e(k-1)]+K_{\mathrm{i}}e(k)+K_{\mathrm{d}}[e(k)-2e(k-1)+e(k-2)] \tag{5.15}$$

对于线性定常系统，只要根据被控对象及性能指标确定调节器参数 $K_{\mathrm{p}}, K_{\mathrm{i}}, K_{\mathrm{d}}$，就可以按式(5.15)进行简单有效的控制。

2. 单神经元自适应 PID 控制

用单神经元实现自适应 PID 控制的结构框图如图 5.16 所示。图中转换器的输入反映被控过程及控制设定的状态。设 $y_r(k)$ 为设定值，$y(k)$ 为输出值，经转换器后转换为神经元的输入量 x_1, x_2, x_3 等，其值分别为

$$x_1(k)=e(k)$$

$$x_2(k)=e(k)-e(k-1)=\Delta e(k)$$

$$x_3(k)=e(k)-2e(k-1)+e(k-2)$$

$$z(k)=y_r(k)-y(k)=e(k)$$

设 $\omega_i(k)\ (i=1,2,3)$ 为对应于 $x_i(k)$ 输入的加权系数，K 为神经元的比例系数，$K>0$。单神经元自适应 PID 的控制算法为

$$\Delta u(k) = K\sum_{i=1}^{3}\omega_i(k)x_i(k) \tag{5.16}$$

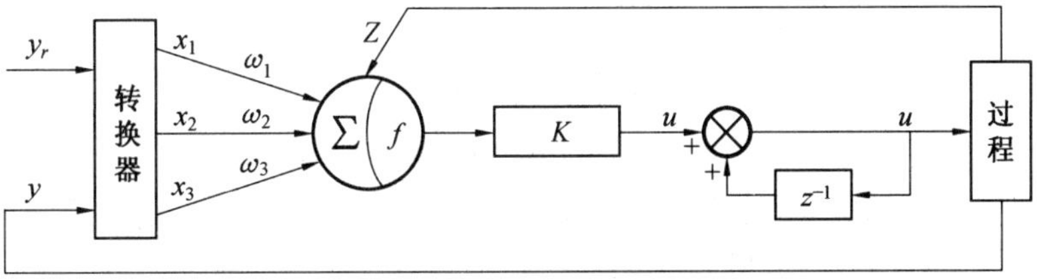

图 5.16 神经元自适应 PID 控制系统

在神经元学习过程中，权系数 $\omega_i(k)$ 正比于递进信号 $r_i(k)$，$r_i(k)$ 随过程进行缓慢衰减。权系数学习规则如下：

$$\omega_i(k+1)=(1-c)\omega_i(k)+\eta r_i(k) \tag{5.17}$$

$$r_i(k)=z(k)u(k)x_i(k) \tag{5.18}$$

式中 c——常数，$c>0$；

η——学习速率，$\eta>0$；

$z(k)$——输出误差信号，是教师信号。

$$z(k)=y_r(k)-y(k)$$

将式(5.18)代入式(5.17)中后，有

$$\Delta\omega_i(k)=-c\left[\omega_i(k)-\frac{\eta}{c}z(k)u(k)x_i(k)\right] \tag{5.19}$$

式中
$$\Delta\omega_i(k)=\omega_i(k+1)-\omega_i(k)$$

如果存在一个函数 $f_i[\omega_i(k),z(k),u(k),x_i(k)]$，使得

$$\frac{\partial f_i}{\partial \omega_i}=\omega_i(k)-\frac{\eta}{c}\gamma_i[z(k),u(k),x_i(k)]$$

则式(5.19)可写为

$$\Delta\omega_i(k)=-c\frac{\partial f_i(\cdot)}{\partial \omega_i(k)} \tag{5.20}$$

上式表明，加权系数 $\omega_i(k)$ 的修正按函数 $f(\cdot)$ 对应于 $\omega_i(k)$ 的负梯度方向进行搜索。应用随机逼近理论可以证明，当 c 充分小时，使用上述算法，$\omega_i(k)$ 可以收敛到某一稳定值 ω_i^*，并且它与期望值的偏差在允许范围内。

为保证上述单神经元自适应 PID 控制学习算法，即式(5.17)或式(5.20)的收敛性与鲁棒性，对学习算法进行规范化处理：

$$\left.\begin{aligned}
&u(k)=u(k-1)+k\sum_{i=1}^{3}\omega'_i(k)x_i(k)\\
&\omega'_i(k)=\omega_i(k)/\sum_{i=1}^{3}|\omega_i(k)|\\
&\omega_1(k+1)=\omega_1(k)+\eta_i z(k)u(k)x_1(k)\\
&\omega_2(k+1)=\omega_2(k)+\eta_p z(k)u(k)x_2(k)\\
&\omega_3(k+1)=\omega_3(k)+\eta_d z(k)u(k)x_3(k)
\end{aligned}\right\} \tag{5.21}$$

式中 η_i,η_p,η_d——积分、比例、微分的学习速率；

$$x_1(k)=e(k)$$
$$x_2(k)=e(k)-e(k-1)=\Delta e(k)$$
$$x_3(k)=e(k)-2e(k-1)+e(k-2)=\Delta^2 e(k)$$

单神经元自适应 PID 学习算法的运行效果与可调参数 K,η_i,η_p,η_d 的选取有关，在此将通过仿真与实验研究的选取规则归纳如下：

(1)对阶跃输入，若输出有大的超调，且多次出现正弦衰减现象，应减小 K，维持 η_i,η_p,η_d 不变；若上升时间长，无超调，应增大 K，保持 η_i,η_p,η_d 不变。

(2)对阶跃输入，若被控对象产生多次正弦衰减现象，应减小 η_p，其他参数不变。

(3)若被控对象响应特性出现上升时间短，超调过大现象，应减小 η_i，其他参数不变。

(4)若被控对象上升时间长，增大 η_i 又导致超调过大，可适当增加 η_p，其他参数不变。

(5)在开始调整时，η_d 选择较小值，当调整 η_i,η_p 和 K，使被控对象具有良好特性时，再逐渐增大 η_d，而其他参数不变，使系统输出基本无纹波。

(6)K 是系统最敏感的参数。K 值的变化，相当于 P,I,D 三项同时变化，应在第一步先调整 K，然后根据(2) ~ (5)项规则调整 η_i,η_p,η_d。

【例 5.1】 设被控过程模型为

$$y(k)=0.368y(k-1)+0.264y(k-2)+u(k-d)+0.362u(k-d-1)+\xi(k)$$

应用神经元自适应 PID 控制算法进行仿真研究。

解：系统启动时，先进行开环控制，$u=0.225$，待输出达到期望值的 0.95 时，神经元控制器投入运行，仿真结果如图 5.17 所示。

图 5.17(a)中，$\eta=100$，$K=0.02$，$d=10$，运行到 48 步时超调量为 1.35%；

图 5.17(b)中，$\eta_p=7\,000$，$K=0.02$，$\eta_i=20$，$d=10$，运行到 37 步时超调量为 0.27%。

仿真结果表明，采用不同的学习速率较采用相同的学习速率具有较好的快速性、较小的超调量和较强的鲁棒性。

K 值大则快速性好，但超调量大，有可能使系统不稳定。当被控过程延时增大时，K 值必须减小，以保证系统稳定。

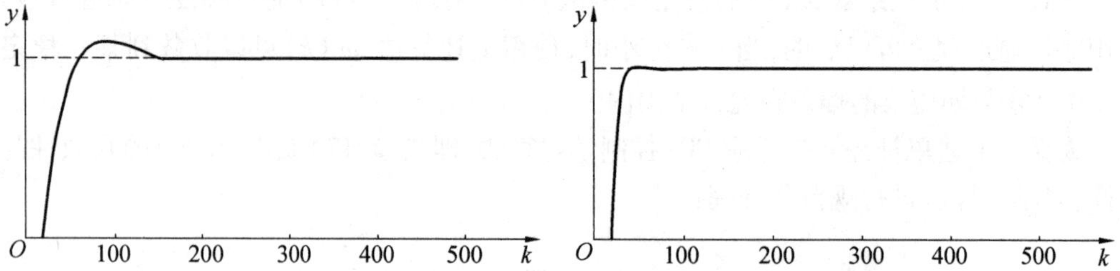

(a) 学习速率相同　　(b) 学习速率不同

图 5.17　单神经元自适应 PID 控制仿真曲线

5.3.2　单神经元自适应 PSD 控制

前面讲述的单神经元自适应 PID 控制器虽具有在线学习和自适应调整 PID 参数的功能，但当增益 K 变化时，虽可按前面提供的规则调整，但它不具备在线学习并自动调整的功能，这是其不足之处。本小节将自适应 PSD 控制器中递推计算并修正 K 的方法引入单神经元自适应 PID 控制器中，以组成具有自动调整增益 K 的单神经元自适应 PSD 智能控制器。

1. 自适应 PSD 控制算法

一般的自适应控制算法需要对过程进行辨识，然后设计自适应控制律。这样，必须在每个采样周期内进行一些复杂的数值计算，而且由辨识所得到的数学模型的准确性也很难保证，因而限制了自适应控制算法的应用。由 Marsik 和 Strejc 提出的无需辨识的自适应控制算法，根据过程误差的几何特性建立性能指标，从而形成自适应 PSD（比例、求和、微分）控制规律。该方法无需辨识过程参数，只要在线检测过程期望输出和实际输出以形成自适应控制律，因而这类自适应控制器具有明显的简单性和可实现性。

PSD 自适应控制律的增量形式为

$$\Delta u(k)=K(k)\left[e(k)+r_0(k)\Delta e(k)+r_1(k)\Delta^2 e(k)\right] \tag{5.22}$$

式中　$\Delta u(k)$——控制器的输出增益；

$K(k)$——控制器增益；

$r_0(k)$——比例系数；

$r_1(k)$——微分系数。

$$e(k)=y_r(k)-y(k)$$

$$\Delta e(k)=e(k)-e(k-1)$$

$$\Delta^2 e(k)=e(k)-2e(k-1)+e(k-2)$$

参数 r_0, r_1 可进行自动调节，使组成增量型控制律各项的绝对平均值满足如下关系

$$\overline{|e(k)|}=r_0(k)\overline{|\Delta e(k)|}=r_1(k)\overline{|\Delta^2 e(k)|} \tag{5.23}$$

通常满足式(5.23)总会获得较好的控制效果。

由式(5.22)、式(5.23)可看出，在控制律式(5.22)中求和、比例、微分 3 项所占的比例相等，使得控制量对于期望输出的变化特别敏感。

由式(5.23)可推得

$$r_0(k)=\frac{\overline{|e(k)|}}{\overline{|\Delta e(k)|}},\quad r_1(k)=\frac{\overline{|e(k)|}}{\overline{|\Delta^2 e(k)|}} \tag{5.24}$$

若设

$$T_e(k)=\frac{\overline{|e(k)|}}{\overline{|\Delta e(k)|}}$$

则有

$$r_0(k)=T_e(k)$$

$$r_1(k)=\frac{\overline{|e(k)|}}{\overline{|\Delta^2 e(k)|}}=\frac{\overline{|e(k)|}}{\overline{|\Delta e(k)|}}\frac{\overline{|\Delta e(k)|}}{\overline{|\Delta^2 e(k)|}}=T_e(k)T_v(k)$$

式中

$$T_v(k)=\frac{\overline{|\Delta e(k)|}}{\overline{|\Delta^2 e(k)|}}$$

Marsik 和 Strejc 推导出的增量 $\Delta T_e(k)$，$\Delta T_v(k)$ 的递推算式分别为

$$\Delta T_e(k)=L^*\operatorname{sgn}\left[\,|e(k)|-T_e(k-1)|\Delta e(k)|\,\right] \tag{5.25}$$

$$\Delta T_v(k)=L^*\,\mathrm{sgn}[\,|\Delta e(k)|-T_v(k-1)\,|\Delta^2 e(k)|\,]$$

其中，$0.05\leqslant L^*\leqslant 0.1$。

$T_v(k)$ 和 $T_e(k)$ 的最优比例值为 0.5，即

$$T_e(k)=2T_v(k)$$

因此，控制律变为

$$\Delta u(k)=K(k)[e(k)+2T_v(k)\Delta e(k)+2T_v^2(k)\Delta^2 e(k)] \tag{5.27}$$

Marsik 给出的 $\Delta K(k)$ 的递推算法为

$$\Delta K(k)=\frac{1}{\mathrm{T_v}(k-1)}cK(k-1) \tag{5.28}$$

式中，$0.025\leqslant c\leqslant 0.05$。这样，$\Delta K(k)$ 智能单调增加，因此当 $\mathrm{sgn}[e(k)]\neq \mathrm{sgn}[e(k-1)]$ 时取 $K(k)=0.75K(k-1)$，即 $K(k)$ 的增加速度反比于 $T_v(k)$，但当控制误差改变符号时，下降到上一时刻值的 75%。

2. 单神经元自适应 PSD 控制

将自适应 PSD 控制算法与单神经元自适应 PID 控制器结合起来，就构成了单神经元自适应 PSD 控制器，其结构如图 5.18 所示，图中符号意义同图 5.16。

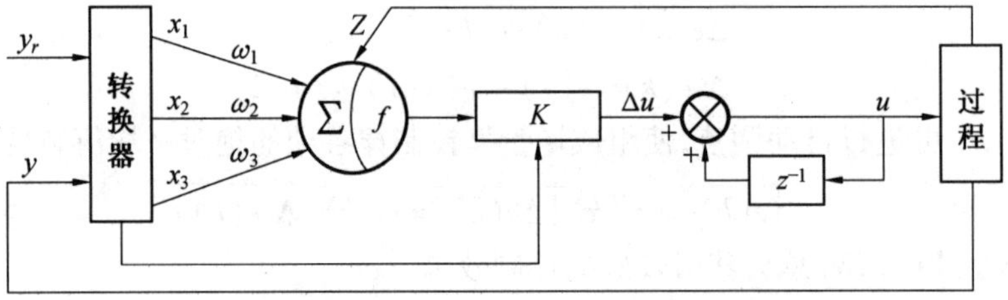

图 5.18　单神经元自适应 PSD 控制

单神经元自适应 PSD 控制算法如下：

$$\left.\begin{aligned}
&\Delta u(k)=K(k)\sum_{i=1}^{3}\omega'_i(k)x_i(k)\\
&\omega'_j(k)=\frac{\omega_i(k)}{\sum_{i=1}^{3}|\omega_i(k)|}\\
&\omega_1(k+1)=\omega_1(k)+\eta_1 z(k)u(k)[e(k)+\Delta e(k)]\\
&\omega_2(k+1)=\omega_2(k)+\eta_2 z(k)u(k)[e(k)+\Delta e(k)]\\
&\omega_3(k+1)=\omega_3(k)+\eta_3 z(k)u(k)[e(k)+\Delta e(k)]
\end{aligned}\right\} \tag{5.29}$$

若 $\mathrm{sgn}[e(k)]=\mathrm{sgn}[e(k-1)]$，则

$$K(k)=K(k-1)+c\frac{K(k-1)}{T_v(k-1)} \tag{5.30}$$

式中

$$T_v(k)=T_v(k-1)+L^*\,\mathrm{sgn}[\,|\Delta e(k)|-T_v(k-1)\,|\Delta^2 e(k)|\,]$$

否则

$$K(k)=0.75K(k-1) \tag{5.31}$$

上述几式中

$$0.025\leqslant c\leqslant 0.05$$

$$0.05\leqslant L^{*}\leqslant 0.1$$

$$x_1(k)=e(k)$$

$$x_2(k)=\Delta e(k)=e(k)-e(k-1)$$

$$x_3(k)=\Delta^2 e(k)=e(k)-2e(k-1)+e(k-2)$$

$$z(k)=y_r(k)-y(k)$$

由于在 PSD 算法中引进了增益 K 的自调整方法，因而自学习、自组织能力和鲁棒性都有了明显的提高。有关学习速率的选取规则同前。

【例 5.2】 设被控过程模型为

$$y(k)=0.368y(k-1)+0.264y(k-2)+u(k-d)+0.362u(k-d-1)+\xi(k)$$

应用神经元自适应 PSD 控制算法进行仿真研究。

解：启动时仍采用开环控制，$u=0.225$，当输出响应等于期望值的 0.95 时，PSD 算法投入运行。

有关参数为 $\eta_{\mathrm{i}}=200$，$\eta_{\mathrm{p}}=7\ 000$，$\eta_{\mathrm{d}}=20$，$K(0)=0.9$，$T_v(0)=2$，$d=10$，加入方差 $\sigma^2=0.02$的随机白噪声进行仿真。过程输出 $y(k)$和增益 $K(k)$的变化曲线如图 5.19 所示。

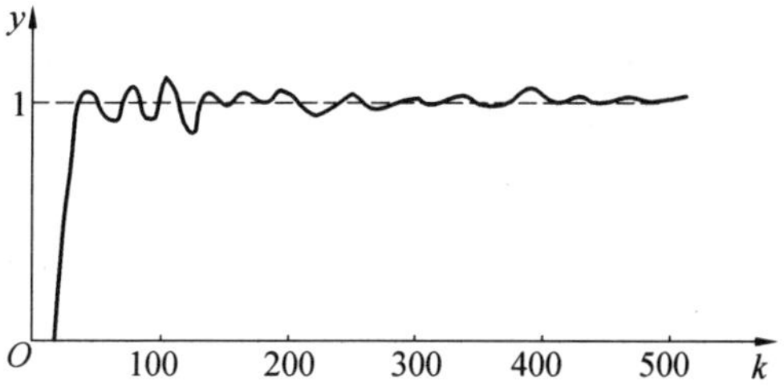

(a) 输出变化曲线

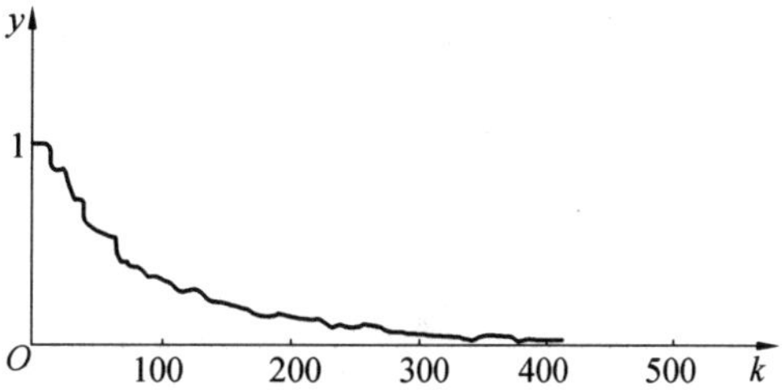

(b) 增益变化曲线

图 5.19　单神经元自适应 PSD 控制算法仿真曲线

5.3.3　单神经元控制在直流调速系统中的应用

下面介绍单神经元控制器在直流调速系统中的应用。

1. 系统组成

将神经网络理论用于直流调速系统时，为保持传统双闭环控制的优越性，仍可采用转速、电流双闭环结构。为了提高系统响应的快速性和限流的必要性，电流环仍采用传统的 PI 调节器，而转速环则采用神经元控制器以提高其鲁棒性。本系统结合传统 PID 控制机理，构成了单神经元 PID 控制器，如图 5.20 所示。

2. 单神经元控制器及其学习算法设计

在图 5.20 中，神经元的特性取为

$$x(k)=K_u\frac{\sum_{i=1}^{3}\omega_i(k)u_i(k)}{\left\|\sum_{i=1}^{3}\omega_i(k)\right\|}\tag{5.32}$$

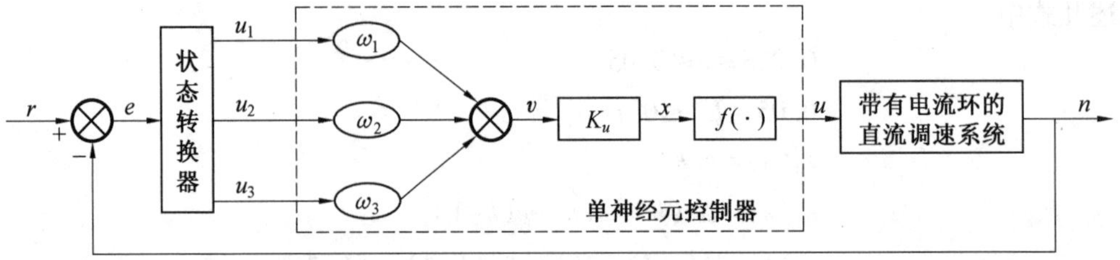

图 5.20 单神经元控制器

$$u(k)=f[x(k)]=U_{\max}\frac{1-e^{-x(k)}}{1+e^{-x(k)}} \tag{5.33}$$

式中 $U_{\max}$—— 控制量的最大限幅值,在本例中,该值为最大转矩给定值。

为了使单神经元控制器具有 PID 特性,在图 5.20 所示的系统中分别取状态量

$$\left.\begin{aligned}u_1(k)&=T\sum_{i=1}^{k}e(i)\\u_2(k)&=e(k)\\u_3(k)&=\frac{[e(k)-e(k-1)]}{T}=\Delta e(k)\end{aligned}\right\} \tag{5.34}$$

其中,$u_1(k)$反映了系统误差的积累(相当于积分项);$u_2(k)$反映了系统误差;$u_3(k)$反映了系统误差的一阶差分(相当于比例项),这说明 $u_i(k)$ $(i=1,2,3)$具有明显的物理意义。$\omega_i(k)$ $(i=1,2,3)$是分别对应于 $u_i(k)$的权值。

针对直流调速系统的特点,不难得出神经元控制器的学习算法:

$$v_i(k)=e(k)|u(k)|u_i(k) \tag{5.35}$$

$$\omega_i(k+1)=\omega_i(k)+\eta_i v_i(k) \tag{5.36}$$

这种学习规则有利于让神经元控制器在与被控对象的交互作用中不断地增加学习能力,实现实时控制。考虑到电机正转和反转两种运行状况,式(5.35)中 $u(k)$取绝对值,以保证学习规则的收敛性。

不难看出,式(5.32)和式(5.36)表明单神经元控制器按照学习信号所反映的误差与环境的变化,对相应的比例、积分、微分系数进行在线调整,产生自适应控制作用,具有很强的鲁棒性,控制器还利用了神经元的非线性特性,突破线性调节器的局限,实现转速环的饱和非线性控制。

3. 单神经元直流调速系统参数设计

采用单神经元控制器的双闭环直流调速系统的结构如图 5.21 所示。电流环采用 PI 调节器,并校正成典型 I 型系统,转速环则采用单神经元自适应 PID 控制器。

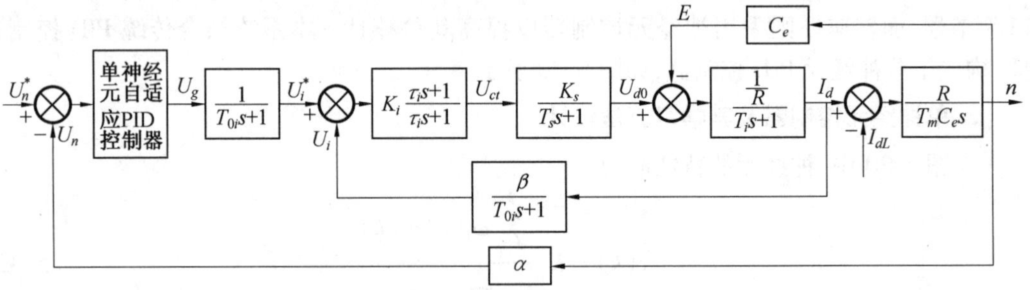

图 5.21 基于单神经元的直流调速系统结构框图

图中，T_{0i} 为电流环滤波时间常数；T_s 为变流装置滞后时间常数；T_l 为电动机电磁时间常数；T_m 为电动机机电时间常数；K_s 为晶闸管装置放大倍数；R 为电枢回路总电阻；β 为电流反馈系数；α 为转速反馈系数；C_e 为反电动势系数。

单神经元自适应 PID 控制器设计涉及控制器比例因子、学习速率、加权系数初值、采样周期等参数的取值，它们对学习和控制效果有一定影响。有关参数的调整规律与 5.3.1 节中内容相同。

用于仿真的实际参数如下。

直流电动机：220 V，136 A，1 460 r/min，$C_e=0.132\ \text{V}\cdot(\text{min/r})$，允许过载倍数 $\lambda=1.5$，$T_{0i}=2$ ms，$T_s=1.7$ ms，$T_m=180$ ms，$K_s=40$，$R=0.5\ \Omega$，$\beta=0.05$ V/A，$\alpha=0.007\ \text{V}\cdot(\text{min/r})$，$K_i=1.103$，$T_i=30$ ms。期望给定：考虑到电动机的过载能力，取 $U_{\max}=10$ V。

仿真试验曲线如图 5.22 所示，图中，曲线①是在传统的 PI 调节器下的转速曲线，曲线②是在单神经元自适应 PID 控制器下的转速曲线。

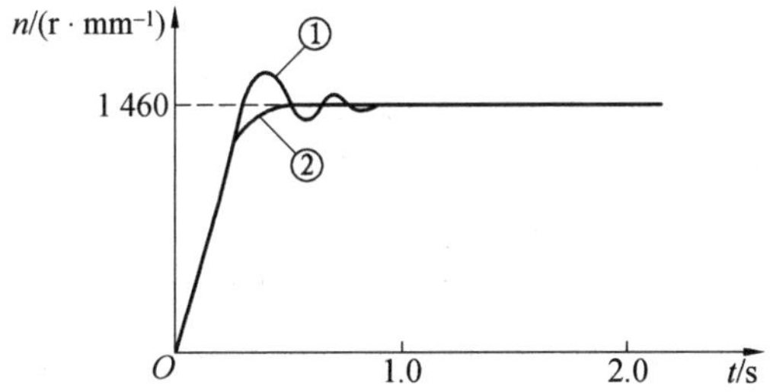

图 5.22　仿真试验曲线

仿真结果表明，基于单个神经元的自适应 PID 控制器具有很强的鲁棒性和自适应性。仿真结果还表明，基于单神经元自适应 PID 控制器直流调速系统在允许负载、电枢电阻和转动惯量变化的范围内，都能保持相应的快速性以及无静差、无超调的优良性能。

5.4　神经网络 PID 控制

PID 控制要取得较好的控制效果，就必须调整好比例、积分和微分 3 种控制作用，形成控制量中既相互配合又相互制约的关系，这种关系不一定是简单的“线性组合”，可以从变化无穷的非线性组合中找出最佳关系。神经网络所具有的任意非线性表达能力，可以通过对系统性能的学习来实现具有最佳组合的 PID 控制。

5.4.1　基于 BP 神经网络的 PID 控制器

BP 神经网络具有逼近任意非线性函数的能力，而且结构和学习算法简单明确。通过神经网络自身的学习，可以找到某一最优控制律下的 K_p，K_i，K_d 参数。基于 BP 神经网络的 PID 控制系统结构如图 5.23 所示，控制器由两部分构成：

(1)经典的 PID 控制器，直接对被控对象进行闭环控制，并且 3 个参数 K_p，K_i，K_d 为在线调整方式。

(2)神经网络，根据系统的运行状态，调节 PID 控制器的参数，以期达到某种性能指标的最优化，使输出层神经元的输出状态对应于 PID 控制的 3 个可调参数 K_p，K_i，K_d，通过神经网络的自学习、加权系数的调整，使其稳定状态对应于某种最优控制律下的 PID 控制器参数。

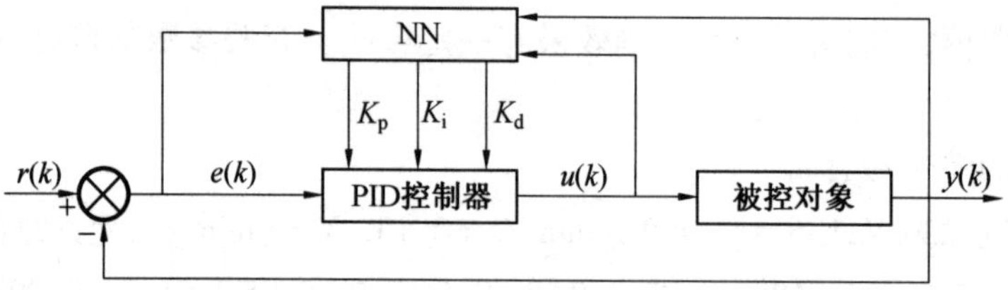

图 5.23　基于 BP 神经网络的 PID 控制系统结构

经典增量式数字 PID 的控制算法为

$$u(k)=u(k-1)+K_p[e(k)-e(k-1)]+K_ie(k)+K_d[e(k)-2e(k-1)+e(k-2)] \quad (5.37)$$

式中　K_p，K_i，K_d——比例、积分、微分系数。

将 K_p，K_i，K_d 视为依赖于系统运行状态的可调参数时，可将式(5.37)描述为

$$u(k)=f[u(k-1),K_p,K_i,K_d,e(k),e(k-1),e(k-2)] \quad (5.38)$$

式中，$f[\cdot]$是与 K_p，K_i，K_d，$u(k-1)$，$y(k)$ 等有关的非线性函数，可以用 BP 神经网络 NN 通过训练来找到这样一个最佳控制规律。

设 BP 神经网络 NN 是一个 3 层 BP 网络，其结构如图 5.24 所示，有 n 个输入节点，r 个隐层节点和 3 个输出节点。输入节点对应所选的系统运行状态量，如系统不同时刻的输入量和输出量等，必要时要进行归一化处理。输出节点分别对应 PID 控制器的 3 个可调参数 K_p，K_i，K_d。由于 K_p，K_i，K_d 不能为负值，所以输出层神经元的特性函数取非负的 S 型函数，而隐含层神经元的特性函数可取正负对称的 S 型函数。

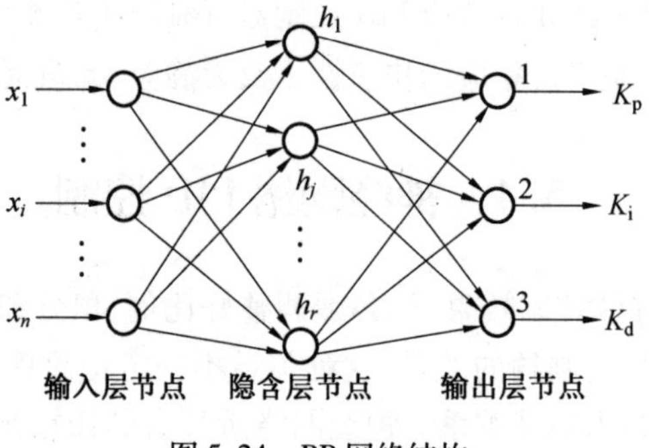

图 5.24　BP 网络结构

NN 网络的输入为

$$x_i(k)=e(k-i+1),i=1,2,\cdots,n \quad (5.39)$$

式中，输入变量的个数 n 取决于被控系统的复杂程度。

网络的隐含层输出为

$$\left.\begin{aligned}net_j^{(1)} &= \sum_{i=1}^{n}\omega_{ji}^{(1)}x_i - \theta_j^{(1)}\\ h_j = f[net_j^{(1)}] &= f[\sum_{i=1}^{n}\omega_{ji}^{(1)}x_i - \theta_j^{(1)}],j=1,2,\cdots,r\end{aligned}\right\}\tag{5.40}$$

式中　$\omega_{ji}^{(1)}$——隐含层加权系数；

$\theta_j^{(1)}$——隐含层神经元的阈值；

$f(\cdot)$——特性函数，$f(\cdot)=\tanh(x)$。

网络输出层的输出为

$$\left.\begin{aligned}net_s^{(2)}(k) &= \sum_{j=1}^{r}(\omega_{sj}^{(2)}h_j - \theta_s^{(2)})\\ t_s(k) &= g[net_s^{(2)}(k)],s=1,2,3\end{aligned}\right\}\tag{5.41}$$

式中　$t_1(k)=K_{\mathrm{p}};t_2(k)=K_{\mathrm{i}};t_3(k)=K_{\mathrm{d}}$；

$\theta_s^{(2)}$——输出层神经元的阈值函数；

$g(\cdot)$——输出层神经元的特性函数；

$g(\cdot)=\frac{1}{2}[1+\tanh(x)]$。

如果取性能指标函数为

$$J=\frac{1}{2}[r(k+1)-y(k+1)]^2=\frac{1}{2}z^2(k+1)\tag{5.42}$$

按照最速下降法修正网络的加权系数，即按 J 对加权系数的负梯度方向搜索调整，并附加一个使搜索快速收敛到全局极小的惯性项，则有

$$\Delta\omega_{sj}^{(2)}(k+1)=-\eta\frac{\partial J}{\partial\omega_{sj}^{(2)}}+\alpha\Delta\omega_{sj}^{(2)}(k)\tag{5.43}$$

式中　η——学习速率；

α 为惯性系数。而

$$\frac{\partial J}{\partial\omega_{sj}^{(2)}}=\frac{\partial J}{\partial y(k+1)}\cdot\frac{\partial y(k+1)}{\partial u(k)}\cdot\frac{\partial u(k)}{\partial t_s(k)}\cdot\frac{\partial t_s(k)}{\partial net_s^{(2)}(k)}\cdot\frac{\partial net_s^{(2)}(k)}{\partial\omega_{sj}^{(2)}}\tag{5.44}$$

式中，$\frac{\partial y(k+1)}{\partial u(k)}$未知，所以近似用符号函数 $\mathrm{sgn}\left[\frac{\partial y(k+1)}{\partial u(k)}\right]$取代，由此带来的计算不精确的影响可以通过调整学习速率 η 来补偿。由式(5.37)可以求得

$$\left.\begin{aligned}\frac{\partial u(k)}{\partial t_1(k)}&=e(k)-e(k-1)\\ \frac{\partial u(k)}{\partial t_s(k)}&=e(k)\\ \frac{\partial u(k)}{\partial t_s(k)}&=e(k)-2e(k-1)+e(k-2)\end{aligned}\right\}\tag{5.45}$$

因此由式(5.43)、式(5.44)、式(5.45)可得 BP 神经网络 NN 输出层的加权系数计算公

式为

$$\left.\begin{aligned}&\Delta\omega_{sj}^{(2)}(k+1)=\eta\delta_s^{(2)}h_j(k)+\alpha\Delta\omega_{sj}^{(2)}(k)\\&\delta_s^{(2)}=e(k+1)\operatorname{sgn}\left[\frac{\partial y(k+1)}{\partial u(k)}\right]\times\frac{\partial u(k)}{\partial t_s(k)}g'[net_s^{(2)}(k)],s=1,2,3\end{aligned}\right\}\tag{5.46}$$

根据上述推算办法,可得隐含层加权系数的计算公式为

$$\left.\begin{aligned}&\Delta\omega_{ji}^{(1)}(k+1)=\eta\delta_j^{(1)}h_j(k)+\alpha\Delta\omega_{ji}^{(1)}(k)\\&\delta_j^{(1)}=f'[net_j^{(1)}(k)]\sum_{s=1}^{3}\delta_s^{(2)}(k)\omega_{sj}^{(2)}(k),j=1,2,\cdots,r\end{aligned}\right\}\tag{5.47}$$

以上两式中

$$g'(\cdot)=g(x)[1-g(x)];f'(\cdot)=[1-f^2(x)]/2$$

根据以上推导,基于 BP 神经网络的 PID 控制算法可归纳如下:

(1)事先选定 BP 神经网络 NN 的结构,即选定输入层节点个数 n 和隐含层节点个数 r,并给出各层加权系数的初值 $\omega_{ji}^{(1)}(0)$,$\omega_{sj}^{(2)}(0)$,选定学习速率 η 和惯性系数 α,令 $k=1$。

(2)采样得到 $r(k)$ 和 $y(k)$,计算 $e(k)=z(k)=r(k)-y(k)$。

(3)对 $r(i)$,$y(i)$,$u(i-1)$,$e(i)$ $(i=k,k-1,\cdots,k-p)$ 进行归一化处理,作为 NN 的输入。

(4)根据式(5.39)、式(5.40)、式(5.41)计算 NN 的各层神经元的输入和输出,NN 输出层的输出即为 PID 控制器的 3 个可调参数 K_{p},K_{i},K_{d}。

(5)根据式(5.37),计算 PID 控制器的控制输出 $u(k)$。

(6)由式(5.46)计算修正输出层的加权系数 $\omega_{sj}^{(2)}(k)$。

(7)由式(5.47)计算修正隐含层的加权系数 $\omega_{ji}^{(1)}(k)$。

(8)令 $k=k+1$,返回(2)。

【例 5.3】 设被控对象的近似数学模型为

$$y(k)=\frac{a(k)y(k-1)}{1+y^2(k-1)}+u(k-1)$$

式中,系数 $a(k)$ 是慢时变的,$a(k)=1.2(1-0.8\mathrm{e}^{-0.1k})$,用基于 BP 网络的 PID 控制器对其进行控制。

解:神经网络的结构选 4.5.3,学习速率 $\eta=0.28$ 和惯性系数 $\alpha=0.04$,加权系数初始值取区间[-0.5,0.5]上的随机数。输入指令信号分为两种:

(1)$r(k)=1.0$;

(2)$r(k)=\sin(2\pi t)$。取 $S=1$ 时为阶跃跟踪,$S=2$ 时为正弦跟踪,初始权值取随机值,运行稳定后用稳定权值代替随机值。其跟踪结果和相应的曲线如图 5.25 至图 5.28 所示。

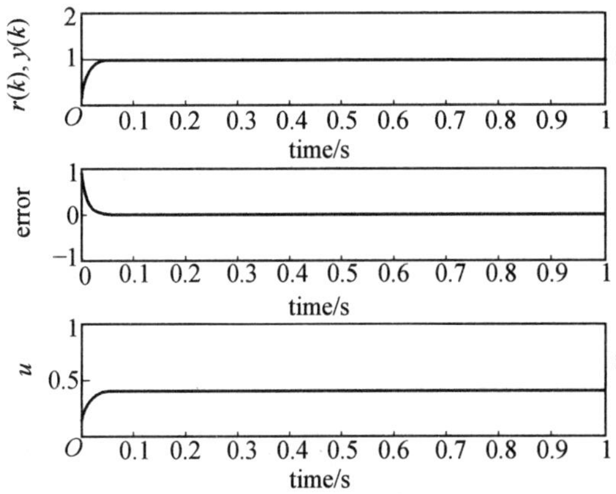

图 5.25　阶跃响应、跟踪误差及控制输出曲线($S=1$)

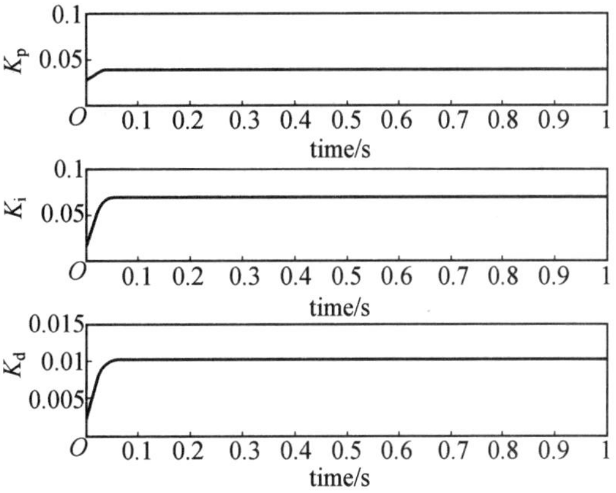

图 5.26　参数自适应整定曲线

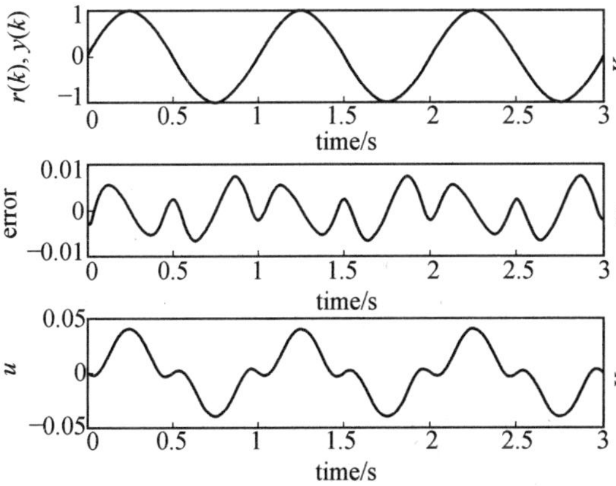

图 5.27　正弦跟踪、跟踪误差及控制输出曲线($S=2$)

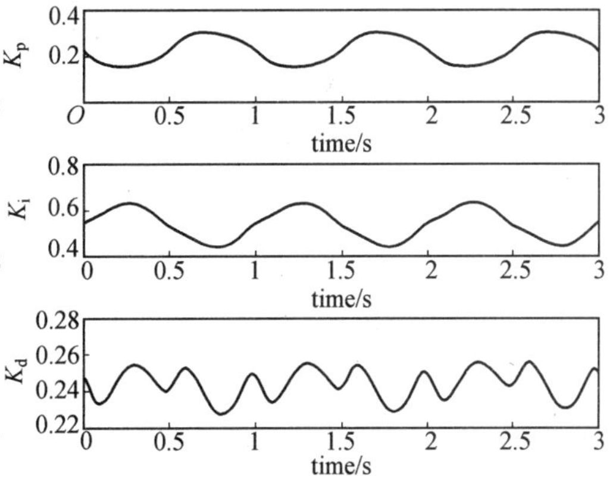

图 5.28　参数自适应整定曲线

可以看出,对于非线性且参数时变的被控对象,该算法有良好的控制效果。

5.4.2　改进型 BP 神经网络 PID 控制器

将神经网络用于控制器的设计或直接学习控制器的输出(控制量),一般都要用到系统的预测输出值或其变化量来计算权系数的修正值。但在现实中,系统的预测输出值是不容易直接测得的,通常的做法是建立被控对象的预测数学模型,用该模型所计算的预测输出来取代预测处的实测值,以提高控制效果。

在上一节的基于 BP 神经网络 PID 控制器中,式(5.44)中的$\frac{\partial y(k+1)}{\partial u(k)}$是近似用符号函数 $\mathrm{sgn}\left[\frac{\partial y(k+1)}{\partial u(k)}\right]$ 来取代的,如果能用某种意义下的最优估计值 $\hat{y}(k+1)$ 代替 $y(k+1)$,用$\frac{\partial \hat{y}(k+1)}{\partial u(k)}$来代替$\frac{\partial y(k+1)}{\partial u(k)}$,将会使控制效果得到进一步改善,根据这个思想,下面基于 BP 神经网络的 PID 控制器给出两种改进算法。

1. 采用线性预测模型的 BP 神经网络 PID 控制器

设被控对象可用下面的线性模型描述:

$$A(z^{-1})y(k)=z^{-d}B(z^{-1})u(k)+v(k) \tag{5.48}$$

式中　$y(k),u(k)$——系统的输出和控制输入信号；

$v(k)$——均值为零的独立同分布随机干扰；

d——系统滞后，$d\geqslant 1$；

$$A(z^{-1}) = 1 + \sum_{i=1}^{n_a} a_i z^{-i}$$

$$B(z^{-1}) = \sum_{i=0}^{n_b} a_i z^{-i},\quad \text{其系数为未知或慢时变}$$

由式(5.48)可得辨识方程：

$$y(k)=\boldsymbol{\varphi}^{\mathrm{T}}(k-1)\boldsymbol{\theta}+v(k) \tag{5.49}$$

式中

$$\boldsymbol{\varphi}^{\mathrm{T}}(k-1)=[-y(k-1),-y(k-2),\cdots,-y(k-n_a),u(k-d),u(k-d-1),\cdots,u(k-d-n_b)]$$

$$\boldsymbol{\theta}=[a_1,a_2,\cdots,a_{n_a},b_0,b_1,\cdots,b_{n_b}]^{\mathrm{T}}$$

用最小二乘法在线估计出参数矢量 $\boldsymbol{\theta}(k)$，这样，一步预报输出可由下式计算：

$$\left.\begin{aligned}&\hat{\boldsymbol{\theta}}(k)=\hat{\boldsymbol{\theta}}(k-1)+K(k)[y(k)-\boldsymbol{\varphi}^{\mathrm{T}}(k-1)\hat{\boldsymbol{\theta}}(k-1)]\\&K(k)=\frac{P(k-1)\boldsymbol{\varphi}(k-1)}{1+\boldsymbol{\varphi}^{\mathrm{T}}(k-1)P(k-1)\boldsymbol{\varphi}(k-1)}\\&P(k)=[I-K(k)\boldsymbol{\varphi}^{\mathrm{T}}(k-1)P(k-1)]\end{aligned}\right\} \tag{5.50}$$

下一步预报输出为

$$\hat{y}(k+1)=\boldsymbol{\varphi}^{\mathrm{T}}(k)\hat{\boldsymbol{\theta}}(k) \tag{5.51}$$

从而可实现用$\dfrac{\partial\hat{y}(k+1)}{\partial u(k)}$来代替$\dfrac{\partial y(k+1)}{\partial u(k)}$。这时，式(5.46)可改写为

$$\left.\begin{aligned}&\Delta\omega_{sj}^{(2)}(k+1)=\eta\delta_s^{(2)}h_j(k)+\alpha\Delta\omega_{sj}^{(2)}(k)\\&\delta_s^{(2)}=e(k+1)\frac{\partial\hat{y}(k+1)}{\partial u(k)}\times\frac{\partial u(k)}{\partial t_s(k)}g'[net_s^{(2)}(k)],s=1,2,3\end{aligned}\right\} \tag{5.52}$$

采用线性预测模型的 BP 神经网络 PID 控制系统结构图如图 5.29 所示，其算法可归纳如下：

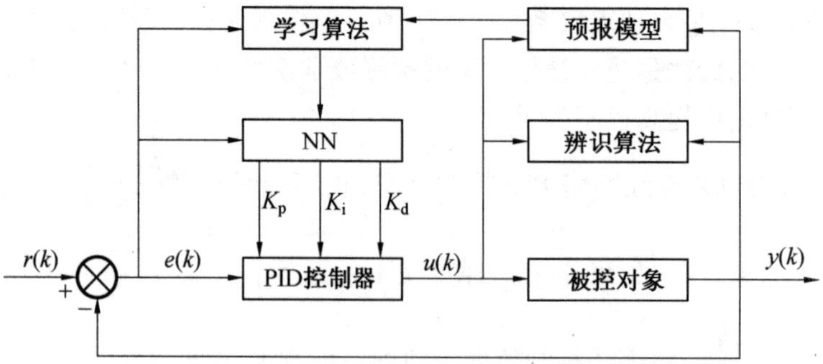

图 5.29　采用线性预报模型的 BP 网络 PID 控制系统结构

(1)事先选定 BP 神经网络 NN 的结构，即选定输入层节点个数 n 和隐含层节点个数 r，并给出各层加权系数的初值 $\omega_{ji}^{(1)}(0)$，$\omega_{sj}^{(2)}(0)$，选定学习速率 η 和惯性系数 α，令 $k=1$。

(2)用线性系统辨识法估计出参数矢量 $\hat{\theta}(k)$，从而形成一步预报模型式(5.51)。

(3)采样得到 $r(k)$ 和 $y(k)$，计算 $e(k)=z(k)=r(k)-y(k)$。

(4)对 $r(i),y(i),u(i-1),e(i)(i=k,k-1,\cdots,k-p)$ 进行归一化处理，作为 NN 的输入。

(5)根据式(5.39)、式(5.40)、式(5.41)计算 NN 的各层神经元的输入和输出，NN 输出层的输出即为 PID 控制器的 3 个可调参数 K_p,K_i,K_d。

(6)根据式(5.37)，计算 PID 控制器的控制输出 $u(k)$。

(7)由式(5.51)计算 $\hat{y}(k+1)$ 和 $\frac{\partial\hat{y}(k+1)}{\partial u(k)}$。

(8)由式(5.52)计算修正输出层的加权系数 $\omega_{sj}^{(2)}(k)$。

(9)由式(5.47)计算修正隐含层的加权系数 $\omega_{ji}^{(1)}(k)$。

(10)令 $k=k+1$，返回(2)。

【例 5.4】 设被控对象的近似数学模型为

$$y(k)=-0.368y(k-1)+0.264y(k-2)+0.688u(k-1)+0.414u(k-2)$$

式中的系数是慢时变的，变化范围在±10%之内。用线性预测模型的 BP 神经网络 PID 控制器对其进行控制。

解：取神经网络 NN 的结构为 3-8-3，学习速率 $\eta=0.3$ 和惯性系数 $\alpha=0.3$，加权系数初始值取区间[-0.5,0.5]上的随机数；采用递推最小二乘法估计预报模型，并进行一步输出预报；取输入参数信号 $r(k)$ 为+2，+1，+3，+1，间隔为 50 的方波信号。图 5.30(a)为系统的输出响应；图 5.30(b)为控制输入信号；图 5.30(c)为 PID 控制器可调参数的调整情况。

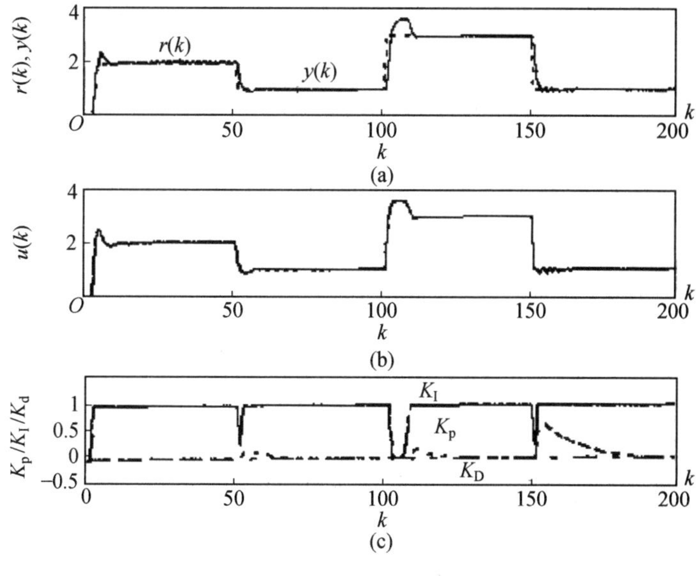

图 5.30　采用线性预测模型的 BP 神经网络 PID 控制仿真曲线

2. 采用非线性预测模型的 BP 神经网络 PID 控制器

当被控对象具有较强非线性时，就必须采用非线性模型来描述。设被控对象是一个 SISO 非线性系统：

$$y(k)=f[y(k-1),y(k-2),\cdots,y(k-n_y),u(k-1),u(k-2),\cdots,u(k-n_u)] \tag{5.53}$$

式中　$y(k),u(k)$——系统输出和输入；

n_y,n_u——$\{y\}$ 和 $\{u\}$ 的阶次；

$f[\cdot]$——非线性函数。

为了计算预报输出 $\hat{y}(k+1)$ 或 $\frac{\partial \hat{y}(k+1)}{\partial u(k)}$，这里采用一个具有 n_y+n_u+1 个输入节点，Q 个隐含层节点和 1 个输出节点的 3 层 BP 神经网络模型(NNM)作为非线性系统式(5.53)的预报模型。为了便于对非线性系统进行辨识，输出层神经元的特性函数取为线性函数，而隐含层神经元的特性函数仍取为 S 型函数。

BP 神经网络模型的前向计算过程为：以被控对象的输入输出过程量 $\{y(k)\}$ 和 $\{u(k)\}$ 作为神经网络模型的模式特征，即对于输入层有

$$x_i(k)=\begin{cases} y(k-i) & 0\leqslant i\leqslant n_y-1 \\ u(k-i+n_y) & n_y\leqslant i\leqslant n_y+n_u-1 \end{cases} \tag{5.54}$$

网络的隐含层输出为

$$\left.\begin{aligned} net_j^{(1)} &= \sum_{i=0}^{n_y+n_u} \omega_{ji}^{(1)} x_i(k) \\ h_j(k) &= f[net_j^{(1)}] = f\Big[\sum_{i=0}^{n_y+n_u} \omega_{ji}^{(1)} x_i(k)\Big],\ j=0,1,\cdots,Q-1 \end{aligned}\right\} \tag{5.55}$$

式中　$\omega_{ji}^{(1)}$—— 隐含层加权系数；

$\omega_{j(n_y+n_u)}^{(1)}$—— 隐含层神经元的阈值，$\omega_{j(n_y+n_u)}^{(1)}=\theta_j^{(1)}$；

$f(\cdot)$—— 特性函数，$f(\cdot)=\tanh(x)$。

网络输出层的输出为

$$\hat{y}(k+1)=\sum_{j=0}^{Q} \omega_j^{(2)} h_j(k) \tag{5.56}$$

式中　$\omega_j^{(2)}$——输出层权值系数；

$\omega_Q^{(2)}$——阈值($j=Q$ 时)，$\omega_Q^{(2)}=\theta_0$。输出层节点为线性节点。

BP 神经网络模型的反向学习计算过程为，利用 BP 学习算法来修正加权系数和阈值，使指标函数

$$J_y=\frac{1}{2}[y(k+1)-\hat{y}(k+1)]^2 \tag{5.57}$$

最小化，可得相应的修正公式为

$$\left.\begin{aligned} \Delta\omega_j^{(2)}(k+1) &= \eta[y(k+1)-\hat{y}(k+1)]h_j(k)+\alpha\Delta\omega_j^{(2)}(k) \qquad j=0,1,\cdots,Q \\ \Delta\omega_{ji}^{(1)}(k+1) &= \eta[y(k+1)-\hat{y}(k+1)]f'[net_j^{(1)}]\omega_j^{(2)}(k)t(k)+\alpha\Delta\omega_{ji}^{(1)}(k) \qquad j=0,1,\cdots,n_y+n_u \end{aligned}\right\} \tag{5.58}$$

式中　η——学习速率；

α——惯性系数，均在(0,1)上取值。

特性函数的导数为

$$f'(\cdot)=[1-f^2(x)]/2$$

由式(5.54)至式(5.56)，可以导出 $\frac{\partial \hat{y}(k+1)}{\partial u(k)}$ 的计算式，即

$$\frac{\partial \hat{y}(k+1)}{\partial u(k)}=\sum_{j=0}^{Q}\frac{\partial \hat{y}(k+1)}{\partial h_j(k)}\cdot\frac{\partial h_j(k)}{\partial net_j^{(1)}}\cdot\frac{\partial net_j^{(1)}}{\partial u(k)}=\sum_{j=0}^{Q}\omega_j^{(2)}f'[net_j^{(1)}(k)]\omega_{ji}^{(1)}(k) \tag{5.59}$$

采用非线性预测模型的 BP 神经网络 PID 控制系统结构如图 5.31 所示。

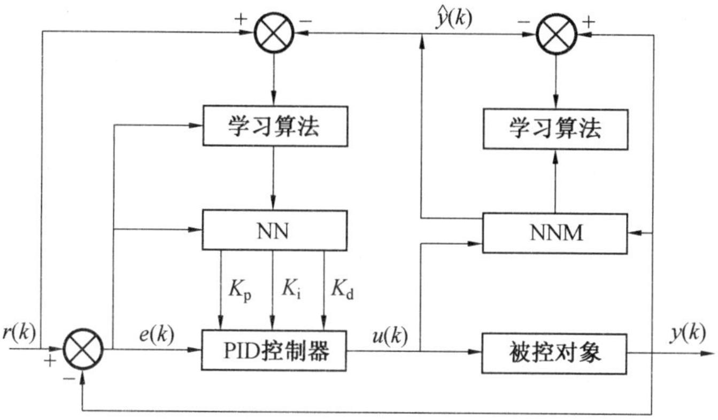

图 5.31　采用非线性预测模型的 BP 神经网络 PID 控制系统结构

根据以上推导，基于 BP 神经网络的 PID 控制算法可归纳如下：

(1) 事先选定 BP 神经网络 NN 的结构，即选定输入层节点个数 n 和隐含层节点个数 r，并给出各层加权系数的初值 $\omega_{ji}^{(1)}(0)$，$\omega_{sj}^{(2)}(0)$，选定学习速率 η 和惯性系数 α，令 $k=1$。

(2) 采样得到 $r(k)$ 和 $y(k)$，计算 $e(k)=z(k)=r(k)-y(k)$。

(3) 对 $r(i)$，$y(i)$，$u(i-1)$，$e(i)$ $(i=k,k-1,\cdots,k-p)$ 进行归一化处理，作为 NN 的输入。

(4) 根据式(5.39)、式(5.40)、式(5.41)计算 BP 网络 NN 的各层神经元的输入和输出，NN 输出层的输出即为 PID 控制器的 3 个可调参数 K_p，K_i，K_d。

(5) 根据式(5.37)，计算 PID 控制器的控制输出 $u(k)$。

(6) 根据式(5.54)至式(5.56)，前向计算 NNM 的各层神经元的输入和输出，NNM 的输出为 $\hat{y}(k+1)$，由式(5.58)计算修正隐含层和输出层的权系数。

(7) 由式(5.59)计算 $\hat{y}(k+1)$ 和 $\dfrac{\partial \hat{y}(k+1)}{\partial u(k)}$。

(8) 由式(5.52)计算修正输出层的加权系数 $\omega_{sj}^{(2)}(k)$。

(9) 由式(5.47)计算修正隐含层的加权系数 $\omega_{ji}^{(1)}(k)$。

(10) 令 $k=k+1$，返回(2)。

5.5　基于神经网络的系统辨识

系统辨识是控制理论研究的一个重要分支，它是控制系统设计的基础。随着控制过程复杂性的提高，控制理论的应用日益广泛，但是控制理论的实际应用不能脱离被控对象的数学模型。然而在大多数情况下，被控对象的数学模型是不知道的，并且在正常运行期间，模型的参数可能发生变化，因此，利用控制理论去解决实际问题时，首先必须建立被控对象的数学模型，这是控制理论能否成功地用于实际的关键之一。

多年以来，对线性、非时变和具有不确定参数的系统进行辨识的研究已取得了很大的进展，但被辨识系统模型结构的选择是建立在线性系统的理论基础之上的，对于复杂的非线性系统的辨识问题,一直未能很好地解决。由于神经网络所具有的非线性特性和学习能力在解决复杂的非线性、不确定、不确知系统与逆系统的辨识问题方面有很大的潜力,因此为非线性系统的辨识开辟了一条有效的途径。

基于神经网络的系统辨识,就是用神经网络作为被辨识系统的正与逆模型、预测模型,因此,也可称之为神经网络建模。它能够实现对线性与非线性系统、静态与动态系统进行离线或在线辨识。

5.5.1　系统辨识的基础知识

1. 系统辨识的基本原理

在系统理论中,描述系统最常用的形式是微分方程或差分方程。对于离散系统,描述系统的差分方程可表示为

$$\left.\begin{aligned} x(k+1)&=\varphi[x(k),u(k)] \\ y(k)&=\varphi[x(k)] \end{aligned}\right\} \tag{5.60}$$

式中　$x(k),u(k),y(k)$——系统的状态序列、输入序列和输出序列。

当系统为线性非时变系统时,可用下式描述系统:

$$\left.\begin{aligned} x(k+1)&=A\cdot x(k)+B\cdot u(k) \\ y(k)&=C\cdot x(k) \end{aligned}\right\} \tag{5.61}$$

式中　A,B,C——$n\times n$ 维、$n\times p$ 维、$m\times n$ 维矩阵。

设有一个离散非时变因果系统,其输入和输出分别为 $u(k)$ 和 $y(k)$,辨识问题可描述为寻求一个数学模型,使得被辨识系统的输出 $y(k)$ 与模型的输出 $\hat{y}(k)$ 之差满足规定的要求,如图 5.32 所示。

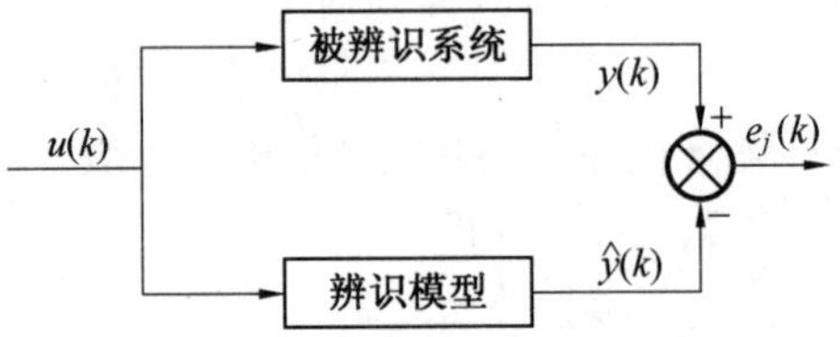

图 5.32　系统辨识原理图

从图 5.32 中可以看出,辨识系统和被辨识系统模型具有相同的输入,$y(k)$ 与 $\hat{y}(k)$ 之差为

$$e_j(k)=y(k)-\hat{y}(k)$$

对于非线性系统,虽然可以建立一组非线性差分方程,但是求解这组非线性方程是非常困难的。

L. A. Zadeh 为系统辨识做出的定义为:辨识就是在输入和输出数据的基础上,从一组给定的模型类中确定一个与所测系统等价的模型。这个定义明确了辨识的三大要素:

(1)数据:能观测到的被辨识系统的输入/输出数据,它们是辨识的基础。

(2)模型类:是要寻找的模型的范围,即所考虑的模型的结构。

(3)等价准则:是辨识的优化目标,用来衡量模型接近实际系统的标准。通常表示为一个误差的泛函,记为

$$J = \| e \| \tag{5.62}$$

其中用得最多的是 L_2 范数。

由于观测到的数据一般都含有噪声，因此辨识建模是一种实验统计方法，是系统的输入/输出特性在确定的准则下的一种近似描述。

辨识的目的是根据系统所提供的测量信息，在某种准则意义下估计出模型结构和未知参数。根据前面的定义，辨识是在变化着的可观测的输入/输出数据中确定被辨识系统的辨识模型，使得准则函数最小，即

$$J = \| y_p(k) - \hat{y}_p(k) \| = \| e \| < \varepsilon \tag{5.63}$$

式中，$\varepsilon > 0$，是预先设定的一个极小量。

上述准则函数通常是模型参数的非线性函数，因此在这种准则意义下，辨识问题可归结为复杂的非线性最优化问题。

2. 误差准则

误差准则也称为等价准则，或损失函数，是用以衡量模型接近实际系统的标准，记为

$$J(\theta) = \alpha \sum_{k=1}^{L} f[e(k)] \tag{5.64}$$

式中　α——常数系数，通常取 1 或 1/2；

θ——模型参数；$f[\cdot]$通常定义为平方函数，即

$$f[e(k)] = e^2(k)$$

$e(k)$是定义在$[1, L]$上的误差函数，广义地理解为模型与系统的“误差”，可以是输出误差、输入误差或广义误差，如图 5.33 所示。

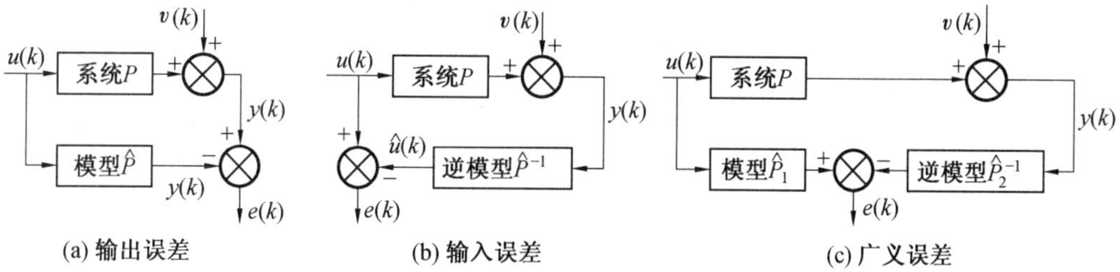

图 5.33　误差准则分类

(1)输出误差。

输出误差是指实际系统输出与模型输出之差，如图 5.33(a)所示，即

$$e(k) = y(k) - \hat{y}(k) \tag{5.65}$$

(2)输入误差。

输入误差，如图 5.33(b)所示，描述为

$$e(k) = u(k) - \hat{u}(k) = u(k) - \hat{P}^{-1}[y(k)] \tag{5.66}$$

式中　$\hat{u}(k)$——产生输出 $y(k)$ 的逆模型输入；

$\hat{P}^{-1}$——逆模型，即假定模型 $\hat{P}$ 是可逆的。

(3)广义误差。

广义误差，如图 5.37(c)所示，描述为

$$e(k) = \hat{P}_1[u(k)] - \hat{P}_2 - 1[y(k)] \tag{5.67}$$

式中，$\hat{P}_1$ 和 $\hat{P}_2-1$是广义模型，且模型 $\hat{P}_2$ 是可逆的。

3. 辨识精度

基于输入/输出数据，利用辨识方法得到的模型必定有误差。有误差也称失配，这是由于：

(1)假定的模型结构知识实际系统的一种近似。

(2)数据受到随机噪声污染。

(3)数据长度有限。

(4)给予被辨识系统的输入信号 $u(k)$ 可能没有将系统的一些动态模式充分激励起来。

因此，需要对辨识结果的精度进行评价。若精度达不到要求，应考虑改变模型结构、采样周期、辨识时间等，然后再进行辨识。

4. 辨识的主要步骤

基于上述辨识原理，可将辨识的主要步骤归纳如下：

(1)实验设计。

实验设计的目的是使采集到的输入/输出数据序列尽可能多地包含系统特性的内在信息。

实验设计需确定输入信号、采样周期、辨识时间(数据长度)、开环或闭环、离线或在线等。其中，输入信号需满足的条件为：

①在辨识时间内，系统的动态必须被充分激励，即输入信号必须激励系统的所有模态。

②激励时间必须足够长，否则来不及达到基本的匹配。

③为保证辨识精度，输入信号需有良好的质量。常用的输入信号有：白噪声序列，其中常用(0,1)均匀分布与正态分布的随机数；二进制伪随机码序列，即 M 序列与逆 M 序列。

(2)模型结构辨识。

模型结构辨识就是确定模型类，即利用已有知识进行具体分析，确定模型的结构。应该用尽可能简单的模型来描述待辨识的系统。

(3)模型参数辨识。

在结构确定的基础上进行参数辨识，使其在要求的精度下任意逼近被辨识系统，如式(5.63)所示。

(4)模型检验。

由于辨识所建立的模型是系统的近似描述，若模型特性与实际系统基本相符，则认为所建模型是可靠的。检验的标准是模型的实际应用效果。

在辨识前，掌握被辨识系统的一些先验知识是非常必要的，它对实验设计、模型结构的选择和确定起很重要的作用。

5.5.2 基于神经网络的系统辨识

基于神经网络的系统辨识，就是选择适当的神经网络作为被辨识系统 P(P 可以是线性系统，也可以是非线性系统)的模型 $\hat{P}$、逆模型 $\hat{P}^{-1}$(假定 P 是可逆的)，也就是用神经网络来逼近实际系统或其逆。其原理、方法和步骤基于上节所述。辨识过程是：当所选网络结构确定之后，在给定的被辨识系统输入/输出观测数据情况下网络通过学习(或称训练)不断地调整权系值,使得准则函数最优而得到的网络,即是被辨识系统的模型 $\hat{P}$ 或逆模型 $\hat{P}^{-1}$。

1. 利用多层静态网络的系统辨识

(1)正向模型。

所谓正向模型是指利用多层前馈神经网络,通过训练或学习,使其能够表达系统正向动力学特性的模型。图 5.34 给出了获得系统正向模型的网络结构示意图。其中神经网络与待辨识系统并联,两者的输出误差 $e(t)$ 被用作网络的训练信号。显然,这是一个典型的有监督学习问题,实际系统作为教师,向神经网络提供学习算法所需的期望输出。对于全局逼近的前馈网络结构,可根据拟辨识系统的不同而选择不同的学习算法。如当系统是被控对象或传统控制器时,一般可选择 BP 学习算法及其各种变形,这时代替被控对象的神经网络,可用来提供控制误差的反向传播通道,或直接替代传统控制器,如 PID 控制器等。而当系统为性能评价器时,则可选择再励学习算法。不过这里的网络结构并不局限于上述选择,也可选择局部逼近的神经网络等。

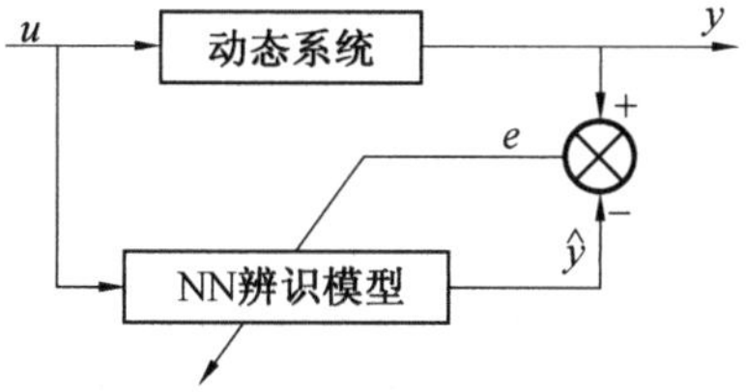

图 5.34　正向模型一般结构

由于在控制系统中,拟辨识的对象通常是动态系统,因此这里就存在一个如何进行动态建模的问题。一个办法是对网络本身引入动态环节,如下面将要介绍的动态递归网络,或者在神经元中引入动态特性。另一个办法,也就是目前通常采用的方法,即首先假定拟辨识对象为线性或非线性离散时间系统,或者人为地离散化为这样的系统,利用非线性差分方程

$$y(t+1)=f[y(t),y(t-1),\cdots,y(t-n+1);u(t),u(t-1),\cdots,u(t-m+1)] \tag{5.68}$$

以便在将 $u(t),u(t-1),\cdots,u(t-m+1),y(t),y(t-1),\cdots,y(t-n+1)$ 作为网络的增广输入,$y(t+1)$ 作为输出时,利用静态前馈网络学习上述差分方程中的未知非线性函数 $f(\cdot)$。显然,这时无法表达对象的干扰部分,除非对干扰也建立相应的差分方程模型类。

(2)逆模型。

建立动态系统的逆模型,在神经网络控制中起着关键的作用,并且得到了最为广泛的应用。下面首先讨论神经网络逆建模的输入输出结构,然后介绍两类具体的逆建模方法。

假定式(5.68)中的非线性函数 $f(\cdot)$ 可逆,容易推出

$$u(t)=f^{-1}[y(t),y(t-1),\cdots,y(t-n+1),y(t+1);u(t),u(t-1),\cdots,u(t-m+1)] \tag{5.69}$$

注意到上式中出现了 $t+1$ 时刻的输出值 $y(t+1)$,由于在 t 时刻不可能知道 $y(t+1)$,因此可用 $t+1$ 时刻的期望输出 $y_d(t+1)$ 来代替 $y(t+1)$,对于期望输出而言,其任意时刻的值总可以预先求出。此时,上式成为

$$u(t)=f^{-1}[y(t),y(t-1),\cdots,y(t-n+1),y_d(t+1);u(t),u(t-1),\cdots,u(t-m+1)] \tag{5.70}$$

同样地，$u(t)$，$u(t-1)$，…，$u(t-m+1)$，$y(t)$，$y(t-1)$，…，$y(t-n+1)$，$y_d(t+1)$作为网络的增广输入，$u(t)$可作为其输出。这样，利用静态前馈神经网络进行逆建模，也就成了学习逼近上述差分方程中的未知非线性函数$f^{1}(\cdot)$。

①直接逆建模。直接逆建模也称为广义逆学习(Generalized Inverse Learning)，如图5.35所示。从原理上来说，这是一种最简单的方法。由图5.35中可以看出，拟辨识系统的输出作为网络的输入，网络输出与系统输入比较，相应的输入误差用来进行训练，因而网络将通过学习建立系统的逆模型。不过所辨识的非线性系统有可能是不可逆的，这时利用上述方法，就将得到一个不确定的逆模型。因此，在建立系统的逆模型时，可逆性必须首先假定。

为了获得良好的逆动力学特性，网络学习时所需的样本集，一般应妥为选择，使其比未知系统的实际运行范围更大。但实际工作时的输入信号很难先验给定，因为控制目标是使系统的输出具有期望的运动，对于未知被控系统，期望输入不可能给出。另一方面，在系统辨识中为保证参数估计算法一致收敛，一个持续激励的输入信号必须提供。尽管对传统自适应控制，已经提出了许多确保持续激励的条件，但对于神经网络，这一问题仍有待进一步研究。由于实际工作范围内的系统输入$u(t)$不可能预先定义，而相应的持续激励信号又难于设计，这就使该法在应用时，有可能给出一个不可靠的逆模型，为此我们可采用以下建模方法。

②正-逆建模。正-逆建模也称狭义逆学习(Specialized Inverse Learning)。如图5.36所示，这时待辨识的网络NN位于系统前面，并与之串联。网络的输入为系统的期望输出$y_d(t)$，训练误差或者为期望输出与系统实际输出$y(t)$之差，或者为与已建模神经网络正向模型之输出$y_N(t)$之差，即

$$e(t)=y_d(t)-y(t) \tag{5.71}$$

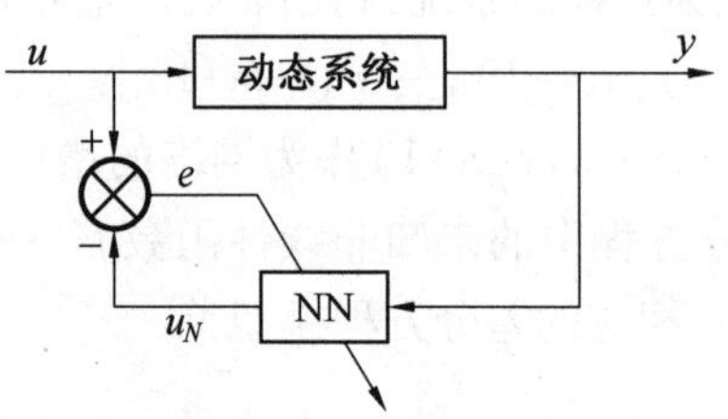

图5.35　直接逆模型

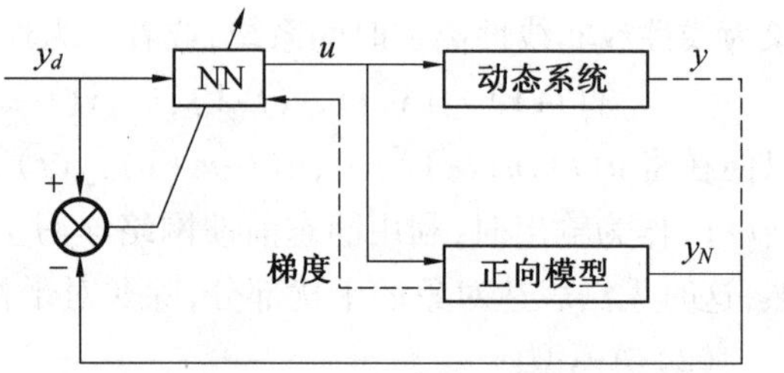

图5.36　正-逆建模

或

$$e(t)=y_d(t)-y_N(t) \tag{5.72}$$

其中神经网络正向模型可用前面讨论的方法给出。

该法的特点是：通过使用系统已知的正向动力学模型，或增加使用已建模的神经网络正向模型，以避免再次采用系统输入作为训练误差，使待辨识神经网络仍然沿期望轨迹(输出)附近进行学习。这就从根本上克服了使用系统输入作为训练误差所带来的问题。

2. 利用动态网络的系统辨识

如前所述，利用静态多层前馈网络对动态系统进行辨识，实际是将动态时间建模问题变为一个静态空间建模问题，这就必然出现诸多问题。如需要假定系统的非线性差分方程模

型类,需要对结构模型进行定阶,特别是随着系统阶次的增加或阶次未知时,迅速膨胀的网络结构,将使学习收敛速度更加缓慢。此外,较多的输入节点也将使相应的辨识系统对外部噪声特别敏感。

相比之下,动态递归网络提供了一种极具潜力的选择,代表了神经网络建模、辨识与控制的发展方向。

下面介绍一种修改的 Elman 动态递归网络,然后给出 Elman 网络在线性动态系统辨识中的应用。

(1)基本 Elman 动态递归网络。

与前馈神经网络分为全局与局部逼近网络类似,动态递归神经网络也可分为完全递归与部分递归网络,完全递归网络具有任意的前馈与反馈连接,且所有连接权都可进行修正。而在部分递归网络中,主要的网络结构是前馈,其连接权可以修正;反馈连接由一组所谓"结构"(Context)单元构成,其连接权不可以修正。这里的结构单元记忆隐层过去的状态,并且在下一时刻连同网络输入,一起作为隐层单元的输入。这一性质使部分递归网络具有动态记忆的能力。

①网络结构。在动态递归网络中,Elman 网络具有最简单的结构,它可采用标准 BP 算法或动态反向传播算法进行学习。一个基本的 Elman 网络的结构示意图如图 5.37 所示。

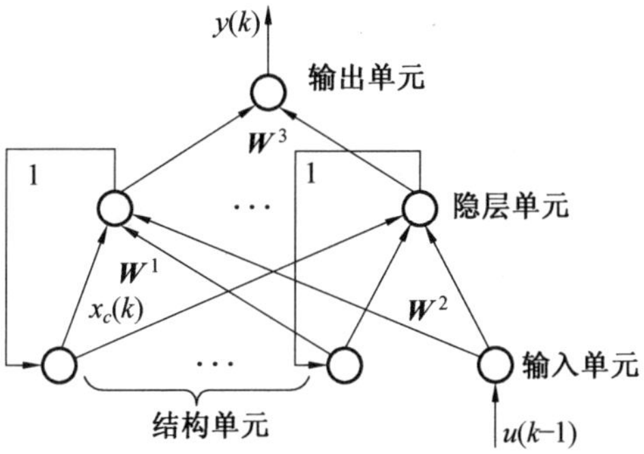

图 5.37　基本 Elman 网络的结构示意图

从图 5.37 中可以看出,Elman 网络除输入层、隐层及输出层单元外,还有一个独特的结构单元。与通常的多层前馈网络相同,输入层单元仅起信号传输作用,输出层单元起线性加权和作用,隐层单元可有线性或非线性特性函数,而结构单元则用来记忆隐层单元前一时刻的输出值,可认为是一个一步时延算子。因此这里的前馈连接部分可进行连接权修正,而递归部分则是固定的即不能进行学习修正,从而此 Elman 网络仅是部分递归的。

具体地说,网络在 k 时刻的输入,不仅包括目前的输入值 $u(k-1)$,而且还包括隐层单元前一时刻的输出值 $x_c(k)$ 即 $x(k-1)$,这时,网络仅是一个前馈网络,可由上述输入通过前向传播产生输出,标准的 BP 算法可用来进行连接权修正。在训练结束之后,k 时刻隐层的输出值将通过递归连接部分,反传回结构单元,并保留到下一个训练时刻($k+1$ 时刻)。在训练开始时,隐层的输出值可取为其最大范围的一半,例如当隐层单元取为 S 型函数时,此初始值可取为 0.5,当隐层单元为双曲正切函数时,则可取为 0。

下面对 Elman 网络所表达的数学模型进行分析。

如图 5.37 所示,设网络的外部输入为 $u(k-1)\in R^r$,输出为 $y(k)\in R^m$,若记隐层的输出

为 $x(k)\in R^n$,则有如下非线性状态空间表达式成立

$$\begin{aligned}&x(k)=f[\boldsymbol{W}^1x_c(k)+\boldsymbol{W}^2u(k-1)]\\&x_c(k)=x(k-1)\\&y(k)=g[\boldsymbol{W}^3x(k)]\end{aligned}\tag{5.73}$$

式中　$\boldsymbol{W}^1,\boldsymbol{W}^2,\boldsymbol{W}^3$——结构单元到隐层、输入层到隐层,以及隐层到输出层的连接权矩阵;

$f[\cdot]$和$g[\cdot]$——输出单元和隐层单元的特性函数所组成的非线性向量函数。

特别地,当隐层单元和输出层单元采用线性函数且令隐层及输出层的阈值为 0 时,则可得到如下的线性状态空间表达式:

$$\begin{aligned}&x(k)=\boldsymbol{W}^1x(k-1)+\boldsymbol{W}^2u(k-1)\\&y(k)=\boldsymbol{W}^3x(k)\end{aligned}\tag{5.74}$$

这里隐层单元的个数就是状态变量的个数,也就是系统的阶次。

显然,当网络用于单输入单输出系统时,只需要一个输入单元和一个输出单元。即使考虑到这时的 n 个结构单元,隐层的输入也仅有 $n+1$ 个,这与将上述状态方程化为差分方程,并利用静态网络进行辨识时,需要 $2n$ 个输入相比,无疑有较大的减少,特别是当 n 较大时。另外,由于 Elman 网络的动态特性仅由内部的连接提供,因此它无需直接使用状态作为输入或训练信号,这也是 Elman 网络相对于静态前馈网络的优越之处。

Pham 等发现,上述网络在采用标准 BP 学习算法时,仅能辨识一阶线性动态系统。原因是标准 BP 算法只有一阶梯度,从而导致基本 Elman 网络对结构单元连接权的学习稳定性较差,从而当系统阶次增加或隐层单元增加时,将直接导致相应的学习率极小(为保证学习收敛),以致不能提供可接受的逼近精度。对此可以利用下面将要介绍的动态反向传播学习算法,或对基本 Elman 网络进行扩展。

②学习算法。由式(5.73)可知

$$x_c(k)=x(k-1)=f[\boldsymbol{W}_{k-1}^1x_c(k-1)+\boldsymbol{W}_{k-1}^2u(k-2)]\tag{5.75}$$

又由于 $x_c(k-1)=x(k-2)$,上式可继续展开。这说明 $x_c(k)$ 依赖于过去不同时刻的连接权 $\boldsymbol{W}_{k-1}^1,\boldsymbol{W}_{k-1}^2,\cdots$,或者说 $x_c(k)$ 是一个动态递推过程。因此可将相应推得的反向传播算法称为动态反向传播学习算法。

考虑如下总体误差目标函数

$$E=\sum_{p=1}^{N}E_p\tag{5.76}$$

其中

$$E_p=\frac{1}{2}[y_d(k)-y(k)]^{\mathrm{T}}[y_d(k)-y(k)]$$

对隐层到输出层的连接权 $\boldsymbol{W}^3$,有

$$\frac{\partial E_p}{\partial\omega_{ij}^3}=-[y_{d,i}(k)-y_i(k)]\frac{\partial y_i(k)}{\partial\omega_{ij}^3}=-[y_{d,i}(k)-y_i(k)]g'_i(\cdot)x_j(k)\tag{5.77}$$

令 $\delta_i^0=[y_{d,i}(k)-y_i(k)]g'_i(\cdot)$,则

$$\frac{\partial E_p}{\partial\omega_{ij}^3}=-\delta_i^0x_j(k),i=1,2,\cdots,m;j=1,2,\cdots,n\tag{5.78}$$

对输入层到隐层的连接权 $\boldsymbol{W}^2$

$$\frac{\partial E_p}{\partial \omega_{jq}^2} = \frac{\partial E_p}{\partial x_j(k)} \frac{\partial x_j(k)}{\partial \omega_{jq}^2} = \sum_{i=1}^{m} (-\delta_i^0 \omega_{ij}^3) f'_j(\cdot) u_q(k-1) \tag{5.79}$$

同样令 $\delta_j^h = \sum_{i=1}^{m} (\delta_i^0 \omega_{ij}^3) f'_j(\cdot)$，则有

$$\frac{\partial E_p}{\partial \omega_{jq}^2} = -\delta_j^0 u_q(k-1), j=1,2,\cdots,n; q=1,2,\cdots,r \tag{5.80}$$

类似地，对结构单元到隐层的连接权 $\boldsymbol{W}^1$，有

$$\frac{\partial E_p}{\partial \omega_{jl}^1} = -\sum_{i=1}^{m} (\delta_i^0 \omega_{ij}^3) \frac{\partial x_j(k)}{\partial \omega_{jl}^1}, j=1,2,\cdots,n; l=1,2,\cdots,n \tag{5.81}$$

注意到上面的式子中 $x_c(k)$ 依赖于连接权 ω_{jl}^1，故

$$\begin{aligned}\frac{\partial x_j(k)}{\partial \omega_{jl}^1} &= \frac{\partial}{\partial \omega_{jl}^1}\left\{f_j\left[\sum_{i=1}^{m} \omega_{jl}^1 x_{c,i}(k) + \sum_{i=1}^{r} \omega_{ji}^2 u_i(k-1)\right]\right\} = \\ & f'_j(\cdot)\left\{x_{c,l}(k) + \sum_{i=1}^{n} \omega_{ji}^1 \frac{\partial x_{c,x}(k)}{\partial \omega_{jl}^1}\right\} = \\ & f'_j(\cdot)\left\{x_l(k-1) + \sum_{i=1}^{n} \omega_{ji}^1 \frac{\partial x_i(k-1)}{\partial \omega_{jl}^1}\right\}\end{aligned} \tag{5.82}$$

上式实际构成了梯度 $\partial x_j(k)/\partial \omega_{jl}^1$ 的动态递推关系，这与沿时间反向传播的学习算法类似，由于

$$\Delta W_{ij} = -\eta \frac{\partial E_p}{\partial \omega_{ij}} \tag{5.83}$$

故基本 Elman 网络的动态反向传播学习算法可归纳如下：

$$\begin{aligned}&\Delta \omega_{ij}^3 = \eta \delta_i^0 x_j(k), i=1,2,\cdots,m; j=1,2,\cdots,n \\ &\Delta \omega_{jq}^2 = \eta \delta_j^h u_q(k-1), j=1,2,\cdots,n; q=1,2,\cdots,r \\ &\Delta \omega_{jl}^1 = \eta \sum_{i=1}^{m} \delta_i^0 \omega_{ij}^3 \frac{\partial x_j(k)}{\partial \omega_{jl}^1}, j=1,2,\cdots,n; l=1,2,\cdots,n \\ &\frac{\partial x_j(k)}{\partial \omega_{jl}^1} = f'_j(\cdot)\left\{x_l(k-1) + \sum_{i=1}^{n} \omega_{ji}^1 \frac{\partial x_i(k-1)}{\partial \omega_{jl}^1}\right\}\end{aligned} \tag{5.84}$$

（2）修改的 Elman 网络。

①网络结构。图 5.38 给出了一种修改的 Elman 网络结构示意图。这是解决高阶系统辨识的更好方案。

比较图 5.37 及图 5.38 可以看出，两者的不同之处在于：修改的 Elman 网络在结构单元中，有一个固定增益 α 的自反馈连接。因此，结构单元在 k 时刻的输出，将等于隐层在 $k-1$ 时的输出加上结构单元在 $k-1$ 时刻输出值的 α 倍，即

$$x_{c,l}(k) = \alpha x_{c,l}(k-1) + x_l(k-1), l=1,2,\cdots,n \tag{5.85}$$

式中　$x_{c,l}(k)$ 和 $x_l(k)$——第 l 个结构单元和第 l 个隐层单元的输出；

　α 为自连接反馈增益。

显然当相同的固定增益 α 为零时，修改的 Elman 网络就退化为基本 Elman 网络。

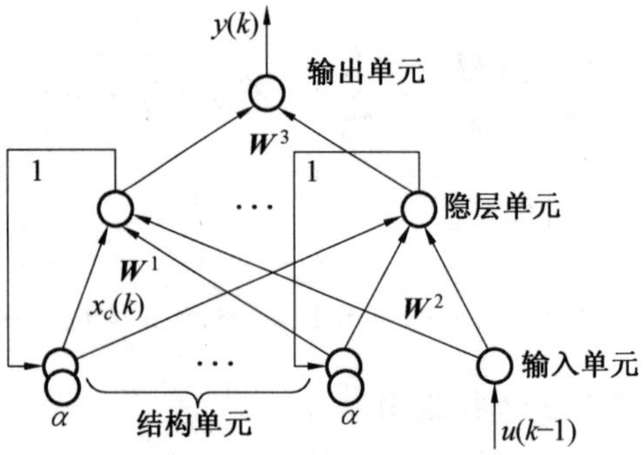

图 5.38 一种修改的 Elman 网络结构示意图

与前面的式子类似,有修改的 Elman 网络描述的非线性状态空间表达式为

$$
\begin{aligned}
&x(k)=f[\boldsymbol{W}^1 x_c(k)+\boldsymbol{W}^2 u(k-1)]\\
&x_c(k)=x(k-1)+\alpha x_c(k-1)\\
&y(k)=g[\boldsymbol{W}^3 x(k)]
\end{aligned}
\tag{5.86}
$$

②学习算法。由于对结构单元增加了自反馈连接,修改的 Elman 网络可利用标准 BP 学习算法辨识高阶动态系统。与基本 Elman 网络标准 BP 学习算法的推导完全相同,容易得到修改 Elman 网路的标准 BP 学习算法为

$$
\begin{aligned}
&\Delta\omega_{ij}^3=\eta\delta_i^0 x_j(k),i=1,2,\cdots,m;j=1,2,\cdots,n\\
&\Delta\omega_{jq}^2=\eta\delta_j^h u_q(k-1),j=1,2,\cdots,n;q=1,2,\cdots,r\\
&\Delta\omega_{jl}^1=\eta\sum_{i=1}^{m}\delta_i^0\omega_{ij}^3\frac{\partial x_j(k)}{\partial\omega_{jl}^1},j=1,2,\cdots,n;l=1,2,\cdots,n\\
&\frac{\partial x_j(k)}{\partial\omega_{jl}^1}=f'_j(\cdot)x_l(k-1)+\alpha\frac{\partial x_j(k-1)}{\partial\omega_{jl}^1}
\end{aligned}
\tag{5.87}
$$

本章小结

基于神经网络的控制或以神经网络为基础构成的神经网络控制系统是“智能控制”非常活跃的新兴分支之一,其本质是在多维空间进行非线性搜索寻优问题。

本章主要内容:

(1)介绍了神经网络控制的基本思想以及神经网络在控制系统中的作用。

(2)阐述了神经网络控制的 7 种常见结构及其神经控制的设计问题。由于系统设计(综合)问题是逆问题求解,可以有多种解法,也就是对于某一具体控制问题的解决,在满足系统性能要求的前提下,可以选择不同的控制结构,选用不同的神经网络等。

(3)PID 控制要取得较好的控制效果,就必须调整好比例、积分和微分 3 种控制作用,形成控制量中既相互配合又相互制约的关系。本章介绍了单神经元自适应 PID 和 PSD 控制系统、基于 BP 网络及其改进算法的神经网络 PID 控制,通过实例证明了利用具有自学习和自适应能力的神经网络构成自适应智能控制器,不但结构简单,而且能够适应环境变化,具有较强的鲁棒性。

(4)本章从系统辨识的目的、要求及辨识的 3 个要素等基本概念出发,给出了使用神经网络解决系统辨识的一些具体方案。需要注意的是,目前常见的几种神经网络均可用于系统辨识,它们各有各的特点和不足。针对一个被辨识对象,选用哪种网络,目前并无定论,只能依具体情况而定。

习题与思考题

1. 什么是神经网络控制？其基本思想是什么？

2. 神经网络控制系统可以分为几类？举例说明 3 种神经网络控制系统的结构。

3. 说明用神经网络进行系统辨识的基本原理和步骤。

4. 神经网络 PID 控制与基本 PID 控制有何不同？

5. PID 神经系统采用什么样的基本结构？试画出系统方框图,写出其输入、输出关系。

6. PID 神经控制器的参数如何整定？步长如何调整？

7. 为什么说神经网络控制属于智能控制？

8. 设被控对象为

$$\begin{aligned} y(k+1)=&g[y(k),\cdots,y(k-n+1);u(k),\cdots,u(k-m+1)]+\\ &f[y(k),\cdots,y(k-n+1);u(k),\cdots,u(k-m+1)]u(k)\end{aligned}$$

式中　u,y——系统的输入、输出；

$g[\cdot],f[\cdot]$——非零未知线性函数,试针对该类系统设计神经网络控制器,给出系统结构和控制器的形式。

9. PID 控制器的一般形式为

$$u(k)=k_pe(k)+k_i\sum_{j=0}^{k}e(j)+k_d[e(k)-e(k-1)]$$

可写成等价形式

$$u(k)=k_1u_1(k)+k_2u_2(k)+k_3u_3(k)$$

其中 $u_1(k)=e(k)$, $u_2(k)=\sum_{j=0}^{k}e(k)$, $u_3(k)=\Delta e(k)=e(k)-e(k-1)$, k_1, k_2 和 k_3 为 PID 控制器 k_{p}, k_{i} 和 k_{d} 3 个参数的线性表示。这一形式可以看成 $u_1(k)$, $u_2(k)$ 和 $u_3(k)$ 为输入, k_1, k_2 和 k_3 为权系数的神经网络结构,试推导自适应神经网络 PID 控制器参数调整的学习算法。

10. 一个被控对象的模型为

$$y(k+1)=g(y(k))+au(k)=0.8\sin(y(k))+u(k)$$

参考模型为

$$y_m(k+1)=0.6y_m(k)+r(k)$$

其中

$$r(k)=\begin{cases}\sin(2\pi k/25),k<75\\ 0.2\sin(2\pi k/25)+0.8\sin(2\pi k/50),k\geqslant 75\end{cases}$$

试设计一神经网络自适应控制系统,给出系统结构和设计过程。

第 6 章　专 家 控 制

专家系统(Expert System,ES)也称为基于知识的系统,是人工智能的一个最为重要的应用领域,已越来越普遍地获得应用。被誉为“专家系统和知识工程之父”的斯坦福大学 Edward Feigenbaum 教授,对专家系统的定义为:一种智能计算机程序,它运用知识和推理来解决只有专家才能解决的问题。专家控制系统是一个应用专家系统技术的控制系统,也是一个典型的和广泛应用的基于知识的控制系统。专家控制和智能控制是密切相关的,它们至少有一点是共同的,即两者都是以模仿人类智能为基础的,而且都涉及某些不确定性问题。专家控制既可包括高层控制(决策与规划),又可涉及低层控制(动作与实现)。

本章主要介绍专家系统基础知识、专家系统工作原理、专家控制系统、专家控制系统应用实例。

6.1　专家系统概述

专家系统是人工智能应用研究最活跃和最广泛的应用领域之一。自从 1965 年第一个专家系统 DENDRAL 在美国斯坦福大学问世以来,各种专家系统已遍布各个专业领域,取得了很大的成功。

专家系统实质上为一计算机程序,它能够以人类专家的水平完成特别困难的某一专业领域的任务。在设计专家系统时,知识工程师的任务就是使计算机尽可能模拟人类专家解决某些实际问题的决策和工作过程,即模仿人类专家如何运用他们的知识和经验来解决所面临问题的方法、技巧和步骤。专家系统是在产生式系统的基础上发展起来的。

6.1.1　什么是专家系统

何谓专家系统？目前对此尚无一个精确的、全面的、众所公认的定义。产生这种状况的因素很多,主要原因是 ES 的历史相当短暂;其次,是由于各个应用领域的特点不同,人们研制专家系统的出发点不同,看待问题的角度不同,追求的目标不同,造成了对专家系统定义的不同看法。此外,ES 的发展历史是各种系统不断进化的历史,人们在不同的时期对 ES 有不同的理解,也是造成专家系统有多种定义的一个因素。

尽管如此,研究者们对 ES 还是有一种比较一致的、粗略的定义,这就是:专家系统是一种设计用来对人类专家的问题求解能力建模的计算机程序。

专家系统是一个智能计算机程序系统,其内部含有大量的某个领域专家水平的知识与经验,能够利用人类专家的知识和解决问题的方法来处理该领域问题。也就是说,专家系统是一个具有大量的专门知识与经验的程序系统,它应用人工智能技术和计算机技术,根据某领域一个或多个专家提供的知识和经验,进行推理和判断,模拟人类专家的决策过程,以便解决那些需要人类专家处理的复杂问题。简而言之,专家系统是一种模拟人类解决领域问题的计算机程序系统。

ES是一门综合性很强的边缘学科,开发一个成功的专家系统需要系统设计人员与应用领域中的人类专家密切合作。一般将ES的设计人员称为知识工程师(Knowledge Engineer, KE),将参加专家系统开发的人类专家称为领域专家(Domain Expert, DE)。

6.1.2 专家系统的结构

专家系统的结构是指专家系统各组成部分的构造方法和组织形式。选择什么结构最为合适,要根据系统的应用环境和所执行任务的特点来确定。系统结构选择恰当与否,直接关系到专家系统的实用性和效率。

专家系统一般的系统结构框图如图6.1所示,其组成部分及其主要功能说明如下:

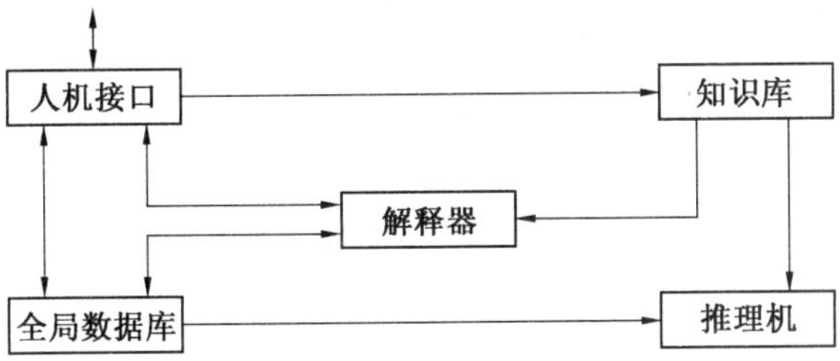

图6.1 专家系统结构框图

1. 知识库

知识库(Knowledge Base)以某种存储结构存储领域专家的知识,包括事实和可行的操作与规则等。为了建立知识库,首先要解决知识获取与知识表示的问题。知识获取是指知识工程师如何从领域专家那里获得将要纳入知识库的知识,知识表示要解决的问题是如何使用计算机能够理解的形式来表示和存储知识的问题。

2. 全局数据库

全局数据库(Global Database)亦称为总数据库,它用于存储求解问题的初始数据和推理过程中得到的中间数据。

3. 推理机

推理机(Reasoning Machine)根据全局数据库的当前内容,从知识库中选择可匹配的规则,并通过执行规则来修改数据库中的内容,再通过不断地推理导出问题的结论。推理机中包含如何从知识库中选择规则的策略和当有多个可用规则时如何消解规则冲突的策略。

4. 解释器

解释器(Expositor)用于向用户解释专家系统的行为,包括解释"系统是怎样得出这一结论的""系统为什么要提出这样的问题来询问用户"等用户需要解释的问题。

5. 人机接口

人机接口(Interface)是系统与用户进行对话的界面。用户通过人机接口输入必要的数据、提出问题和获得推理结果及系统做出的解释,系统通过人机接口要求用户回答系统的询问,回答用户的问题和解释。

由于每个专家系统所需要完成的任务不同,因此其系统结构也不尽相同。知识库和推理机是专家系统中最基本的模块。知识表示的方法不同,知识库的结构也就不同。推理机是对知识库中的知识进行操作的，推理机程序与知识表示的方法及知识库结构是紧密相关的，不同的知识表示有不同的推理机。

6.1.3 专家系统的类型

按照专家系统所求解问题的性质，可以把它分为下列几种类型。

1. 解释专家系统

解释专家系统(Expert System for Interpretation)的任务是通过对已知信息和数据的分析与解释，确定它们的含义，解释专家系统具有下列特点：

(1)系统处理的数据量很大，而且往往是不准确的、有错误的或不完全的。

(2)系统能够从不完全的信息中得出解释，并能对数据做出某种假设。

(3)系统的推理过程可能很复杂且很长，因而要求系统具有对自身的推理过程做出解释的能力。

2. 预测专家系统

预测专家系统(Expert System for Prediction)的任务是通过对过去和现在已知状况进行分析，推断未来可能发生的情况。预测专家系统具有下列特点：

(1)系统处理的数据随时间变化，而且可能是不准确和不完全的。

(2)系统需要有适应时间变化的动态模型，能够从不完全和不准确的信息中得出预报，并达到快速响应的要求。

3. 诊断专家系统

诊断专家系统(Expert System for Diagnosis)的任务是根据观察到的情况(数据)来推断出某个对象机能失常(即故障)的原因。诊断专家系统具有下列特点：

(1)能够了解被诊断对象或客体各组成部分的特性以及它们之间的联系。

(2)能够区分一种现象及其所掩盖的另一种现象。

(3)能够向用户提出测量的数据，并从不确切信息中得出尽可能正确的诊断。

4. 设计专家系统

设计专家系统(Expert System for Design)的任务是根据设计要求，求出满足设计问题约束的目标配置。设计专家系统具有下列特点：

(1)善于从多方面的约束中得到符合要求的设计结果。

(2)系统需要检索较大的可能解空间。

(3)善于分析各种子问题，并处理好子问题间的相互作用。

(4)能够试验性地构造出可能设计，并易于对所得设计方案进行修改。

(5)能够使用已被证明是正确的设计来解释当前的(新的)设计。

5. 规划专家系统

规划专家系统(Expert System for Planning)的任务在于寻找某个能够达到给定目标的动作序列或步骤。规划专家系统具有下列特点：

(1)所要规划的目标可能是动态的或静态的，因而需要对未来动作做出预测。

(2)所涉及的问题可能很复杂，要求系统能抓住重点，处理好各子目标间的关系和不确定的数据信息，并通过试验性动作得出可行规划。

6. 监视专家系统

监视专家系统(Expert System for Monitoring)的任务在于对系统、对象或过程的行为进行不断观察，并把观察到的行为与其应当具有的行为进行比较，以发现异常情况，发出警报。监视专家系统具有下列特点：

(1)系统应具有快速反应能力，在造成事故之前及时发出警报。

(2)系统发出的警报要有很高的准确性。在需要发出警报时发警报，在不需要发出警报时不得轻易发警报(假警报)。

(3)系统能够随时间和条件的变化而动态地处理其输入信息。

7. 控制专家系统

控制专家系统(Expert System for Control)的任务是适应地管理一个受控对象或客体的全面行为，使之满足预期要求。

控制专家系统的特点为：能够解释当前情况，预测未来可能发生的情况、诊断可能发生的问题及其原因，不断修正计划，并控制计划的执行。也就是说，控制专家系统具有解释、预报、诊断、规划和执行等多种功能。

8. 调试专家系统

调试专家系统(Expert System for Dcbugging)的任务是对失灵的对象给出处理意见和方法。

调试专家系统的特点是同时具有规划、设计、预报和诊断等专家系统的功能。

9. 教学专家系统

教学专家系统(Expert System for Instruction)的任务是根据学生的特点、弱点和基础知识，以最适当的教案和教学方法对学生进行教学和辅导。教学专家系统的特点为：

(1)同时具有诊断和调试等功能。

(2)具有良好的人机界面。

10. 修理专家系统

修理专家系统(Expert System for Repair)的任务是对发生故障的对象(系统或设备)进行处理，使其恢复正常工作。

修理专家系统具有诊断、调试、计划和执行等功能。

此外，还有决策专家系统和咨询专家系统等。

6.2 专家系统工作原理

专家系统是人工智能应用研究最活跃的领域之一，已获得日益广泛的应用。专家系统是具有大量专门知识，并能运用这些知识解决特定领域中实际问题的计算机程序系统。它运用人工智能技术，根据专家提供的知识和经验进行推理和判断，解决需要专家决定的复杂问题。

6.2.1 专家系统的特点

专家系统需要大量的知识，这些知识属于规律性知识，它可以用来解决千变万化的实际问题，专家系统的核心是强有力的知识体。知识是显示表示的、有组织的，从而简化了决策过程，专家系统有如下的特点：

1. 知识的结构化表示

知识是人们在社会实践中对事物的认识，通常采用规则来表达知识，例如，"如果温度太高，则供电电压降低。"除此之外，采集外界事物的状态，或由用户输入的数据作为知识的范畴，称为事实。在专家系统中知识包括规则和事实。知识在计算机内的存储采用结构化方式，以便于知识推理。

2. 符号推理

当人类专家求解问题时，通常选择用符号表示问题的概念，并且采用各种不同的策略来处理这些概念。专家系统也用符号来表示知识，即用一组符号来表示问题概念。专家系统对符号进行处理，通过符号处理寻找问题的解。

3. 推理的过程是不固定的

专家系统中的推理过程是启发式的，所谓启发式是指根据当前问题所提供的信息来确定下一步搜索(或称知识处理)。因此，其推理过程是不固定的，即随着问题的不同，推理过程也不一样。

4. 能获得未知的事实

对于传统的数据库系统，如果检索数据库中的某条记录，若该记录不存在，则检索不到。然而在专家系统中，可以根据已知事实和规则库，经过推理产生新的事实。

6.2.2 知识工程基础

1. 什么是知识

人类的智能活动过程主要是获得并运用知识的过程，知识是智能的基础。为了让计算机具有智能，使它能模拟人的智能活动，就必须使它有知识。但是知识只有用适当的模式表示出来，才能存储到计算机中去。

知识，是人们日常生活及活动中常用的一个术语，如"知识就是力量"。它是人们在改造世界的实践中所获得的认识和经验的总和。即，知识是人们在长期生活、社会实践、科学研究和实验中积累起来的对客观世界的认识和总结，然后将实践中获得的信息关联在一起，也就构成了知识。或者说，把有关信息关联在一起所形成的信息结构称为知识，应用最多的关联形式是"IF-THEN"(如果-则)的形式，它反映了信息间的某种因果关系。

在人工智能中，把这种关联起来的知识称为"规则"，把不与其他信息关联的信息称为事实。信息需要用一定的形式表示出来才能被记载和传递，尤其用计算机来做信息存储与处理时，必须用一组符号及其组合来表示信息。用一组符号及其组合表示的信息称为数据。

数据泛指对客观事物的数量、属性、位置及其相互关系的抽象表示。它可以是一个数，如整数、小数、正数或负数，也可以是由一组符号组成的字符串，如一个人的姓名、地址、性别、职业、特长等，或者是一个消息，等等。

数据与信息是两个密切相关的概念。数据是信息的载体和表示，信息是数据在特定场合下的具体含义，或者说信息是数据的语义，只有把两者密切结合起来，才能实现对某一特定事物做具体的描述；数据与信息又是两个不同的概念，即同一个数据在不同的场合可能代表不同的信息，或同一个信息在不同的场合也可以用不同的数据表示。

在一定的条件及环境下，知识一般说来是正确的、可信的，而在另一种条件下有可能是不确定的。任何知识都有真与假的区别。另外，由于客观与主观两方面的因素会引起知识的模糊性和不确定性，因此可以说，知识具有真理性、相对性、相容性、不完全性、模糊性、可表达性、可存储性、可传递性和可处理性等方面的基本属性。

世界上的知识有很多种，从不同的角度进行划分，可得到不同的分类方法，常见的分类方法如下。

(1)按知识的使用范围分类。

按知识的使用范围不同，可分为共性知识和个性知识两大类，又称常识性知识和领域性知识。

常识性知识是通用性知识，适用于所有领域。领域性知识是面向某个具体领域的知识，是专业性知识，只有相应的专业人员才能掌握并且用来求解有关的问题。

(2)按知识的功能分类。

按知识的功能不同，可分为事实性知识、过程性知识和控制性知识。

事实性知识用于描述领域内的有关概念、事实，实物的属性、状态等。过程性知识用于描述做某件事的过程，由问题领域内的规则、定理、定律及经验构成。控制性知识又称为深层知识或者元知识，它是关于如何有效地使用和协调管理领域知识的知识，即“关于知识的知识”，在复杂问题的求解过程中，元知识起到集成、协调、控制和有效使用领域知识的作用。

(3)按知识的确定性分类。

按知识的确定性不同，可分为确定性知识和不确定性知识两大类。

确定性知识是指可指出其“真”或“假”的知识。不确定性知识是泛指不完全、不精确即模糊性的知识。

(4)按知识结构及表现形式分类。

按知识结构及表现形式不同，可分为逻辑型知识和形象型知识两大类。

逻辑型知识是反映人类逻辑思维过程的知识，如人类的经验性知识，这种知识一般具有因果关系即难以精确描述的特点。形象型知识是一种形象思维，通过事物的形象建立起来的知识。

2. 知识的表示

知识就是力量。这个短语常用来强调知识对专家系统的重要性。专家系统的性能直接与专家系统对给定问题具备的知识的质量相关，这一点已得到共识。

人工智能问题的求解是以知识和知识表示为基础的。要使计算机具有智能，就必须使它具有知识，而要使计算机具有知识，首先必须解决知识的表示问题。因为智能活动过程主要是一个获得并应用知识的过程，而知识必须有适当的表示才便于在计算机中存储、检索、使用和修改。

为了使专家控制系统像人类控制专家那样解决和处理问题,必须从控制领域专家那里吸取足够的专门知识,并应用这些知识进行推理。专家控制系统是基于控制专家(在这里,控制专家不但指那些学者、工程师、技术人员,还包括经验丰富的技术工人、现场操作人员等)的专业知识和实践经验的总结和利用。再有,工业过程控制一般采取闭环控制,因而也可以从系统反馈信息中获取有用的知识,或者通过系统自学习进行知识获取。获取了大量的知识后,必须用适当的形式把这些知识表示出来才便于在计算机中储存、检索、使用和修改。目前使用较多的知识表示方法主要有:一阶谓词逻辑表示法、产生式表示法、框架表示法、语义网络表示法、面向对象表示法等。下面介绍几种知识表示的方法。

(1)一阶谓词逻辑表示方法。

谓词逻辑是一种形式语言,也是目前能够表达人类思维活动的一种最精确的语言,它与人类的自然语言比较接近,又可以方便地存储到计算机中,并被计算机进行精确处理。虽然命题逻辑能够把客观世界的各种事实表示为逻辑命题,但是它具有较大的局限性,即它不适合于表示比较复杂的问题。谓词逻辑是在命题逻辑的基础上发展起来的,谓词逻辑允许表达那些无法用命题逻辑表达的事情,对知识的形式化表示,特别是在定理的自动证明中发挥了重要作用,在人工智能发展史占有重要地位。逻辑是最早也是最广泛用于知识表示的模式。逻辑表示法是利用命题演算、谓词演算等方法来描述一些事实,并根据现有事实推出新事实的方法。一个命题通常由主语和谓词两部分组成,主语一般是可以独立存在的具体的或抽象的实体,用以刻画实体的性质或关系的即为谓词,用谓词表达的命题必须包括实体和谓词两个部分。用大写字母表示谓词,用小写字母表示实体名称。谓词的一般形式是:

$$P(x_1, x_2, \cdots, x_n)$$

其中 P 是谓词,有 n 个个体 $x_i(i=1,2,\cdots,n)$,称之为 n 元谓词。

例如,谓词 P 表示“是正常的”,实体 x 表示“压力”,则 $P(x)$ 表示“压力是正常的”。这里,称 $P(x)$ 为一元谓词,它表示“x 是 P”。一元谓词通常表达了实体的性质。如果表示两个实体关系的命题,如“a 大于 b”,可表达为 $Q(a,b)$,这里,Q 表示大于关系,$Q(a,b)$ 称为二元谓词。多元谓词表达了多个实体之间的关系,如 $P(x_1,x_2,\cdots,x_n)$ 称为多元谓词。

个体可以是常量、变元或函数,统称为项。若 x_i 全部都是个体常变元或函数,称 P 为一阶谓词;若某个 x_i 本身又是一个一阶谓词,称 P 为二阶谓词。

因为谓词逻辑是命题逻辑的推广,命题逻辑中的许多符号、概念、规则在谓词逻辑中仍可沿用。下面这些仍可沿用的符号称联接词:

$\neg$:否定词(非)

$\wedge$:合取词(与)

$\vee$:析取词(或)

$\rightarrow$:蕴涵词(条件)

$\leftrightarrow$:双蕴涵词(等价)

由联接词构成的谓词称复合谓词公式,联接词的优先级别是$\neg$,$\wedge$,$\vee$,$\rightarrow$,$\leftrightarrow$。

谓词逻辑中特有的逻辑符号是量词,分全称量词和存在量词,是刻画谓词与个体关系的词。

$\forall$:全称量词,表示所有个体中的全体。例如,对于个体域中所有个体 x,其谓词 $P(x)$ 均成立时,可使用全称量词 $\forall$ 表示为

$$\forall x(P(x))$$

∃:存在量词,表示存在某一些。例如,若存在某些个体 x,使谓词 $P(x)$ 均成立,可表示为

$$\exists x(P(x))$$

位于量词后面的单个谓词或复合谓词称为量词的辖域,辖域内与量词同名的变元称为约束变元,不受约束的变元称为自由变元,例如在 $\exists x[P(x,y)\to Q(x,y)]\vee R(x,y)$ 中,$[P(x,y)\to Q(x,y)]$ 是 $\exists x$ 的辖域,其中的 x 是约束变元,$R(x,y)$ 中的 x 是自由变元,公式中所有的 y 是自由变元。

例:用一阶谓词逻辑方法描述下列语句:

自然数都是大于零的整数。

所有整数不是偶数就是奇数。

偶数除以 2 是整数。

定义谓词

$N(x)$——x 是自然数

$I(x)$——x 是整数

$E(x)$——x 是偶数

$O(x)$——x 是奇数

$ZG(x)$——x 大于零

$S(x)$——x 除以 2

则得:

$$\forall x(N(x)\to GZ(x)\wedge I(x))$$
$$\forall x(I(x)\to E(x)\vee O(x))$$
$$\forall x(I(x)\to E(S(x)))$$

知识的逻辑表示模式具有公理系统和演绎结构,前者说明什么关系可以形式化,后者即是推理规则的集合,因此,保证了逻辑表示演绎结果的正确性,可以较精确地表达知识;谓词逻辑是一种接近于自然语言的形式语言,知识表达方式非常自然;再有,谓词逻辑表达便于用计算机实现逻辑推理的机械化、自动化,程序可以从现有的陈述句中自动确定知识库中某一新语句的有效性。但是,形式逻辑系统本身表示范围的有限性限制了它表达知识的能力。此外,由于其表达内容和推理过程截然分开,导致处理过程过长,因而工作效率较低。另外,对于一些高层次的知识,原则上可以用逻辑表示,但实现起来存在很多困难。

(2)时序逻辑表示法。

专家控制系统的一个显著特点是它的实时性,实时控制系统是以时间为基础,以系统对输入的实时响应——输出为基本特性。因此,可以用系统的输入输出关系来描述动态系统的特征。如果将时间及其次序关系引入谓词表达式之中,利用谓词逻辑的概念和方法,便构成了时序逻辑知识模型。这种模型可以描述智能控制系统的动态行为及其结构性质等。如何以适当的方式表达随时间变化的动态系统的数据,是时序逻辑表示知识所要研究的重要问题。用时序逻辑表示知识的形式有:形式时序表示法、状态空间表示法、数据库法等。

例如设一个系统的输入变量为 U,输出变量 Y,时序逻辑知识模型为

$$Holds(u_1,t_1)\wedge Holds(u_2,t_2)\wedge After(t_2,t_1)\wedge After(t_3,t_2)\to Holds(y,t_3)$$

上式表明，若在时间域 t_1 上，系统输入变量 U 的取值范围的描述函数为 u_1，在时间域 t_2 上，系统输入变量 U 的取值范围的描述函数为 u_2，且 t_2 在 t_1 之后，t_3 在 t_2 之后，则系统在时间域 t_3 上的输出变量 Y 的取值范围的描述函数为 y，上式中 $Holds(x,t)$ 表示描述函数 x 在谓词指定的值域 t 上有定义且成立，$After(t_i,t_j)$ 表示时间域 t_i 在 t_f 之后。

关于系统结构性质的一些概念，也可以用时序逻辑模型给出定义。例如，设变量 x_0,x_n，u 分别代表系统状态向量 $\boldsymbol{X}_0,\boldsymbol{X}_n$ 和控制向量 $\boldsymbol{U}$ 的动态行为，则在 $t-(t_0,t_n)$ 上关于状态 x_n 表达的概念可表示为

$$(\forall x_0)(\exists u)Holds(u,t)\wedge Holds(x_0,t_0)\rightarrow Holds(x_n,t_n)$$

(3)产生式表示法。

在专家控制系统中，其规则比专家系统少得多，因而多数采用简单易行的产生式知识表示。“产生式”最早是 1943 年由 Post 根据串替换规则提出的一种计算模型，其中每一条规则称为一个产生式。基于规则的产生式方法是目前专家系统和智能控制系统中最为普遍的一种知识表示方法。产生式知识表示适用于规则和策略。在专家控制系统中，将专家知识利用规则集合表示，每一条产生式就对应一个知识模块的一条规则，一般写成：“如果……则……”的形式，用机器语言表示为：IF A THEN B 或者 A→B。其中，a 称为前提，b 称为结论。当前提由若干个条件的逻辑积表示时，产生式规则形式为：IF $A_1,A_2,\cdots,A_n$ THEN $B_1,B_2,\cdots,B_n$。这种产生式表示法与用一组模糊条件语句描述的规则形式是相同的。

例如：if 动物会飞 and 会下蛋 then 该动物是鸟。

知识的产生式表示法与人的思维接近，人们易于理解其内容，便于人机交换信息。此外，由于产生式表示知识的每条规则都有相同的格式，所以规则的修改、扩充或删除都比较容易，且对其余部分影响小。但这种表示方法的缺点是求解复杂问题时控制流不够明确，难以有效匹配而导致效率降低。知识的产生式表示方法在专家控制、模糊控制以及专家系统中都有广泛的应用。

(4)语义网络知识表示法。

语义网络是通过概念及其语义关系来表达知识的一种网络图，由节点和连接节点的弧构成，其基础是一种三元组结构（节点 1，弧，节点 2）。

节点：表示各种事物、概念、情况、属性、动作、状态、地点等。

弧：表示各种语义联系，指明所连接节点的某种关系。弧是带标注的有向弧，箭头的首端代表上层概念，箭尾节点代表下层概念或者一个具体的事物。

例如：对于“猎狗是一种狗”这一事实，其语义网络如图 6.2 所示。

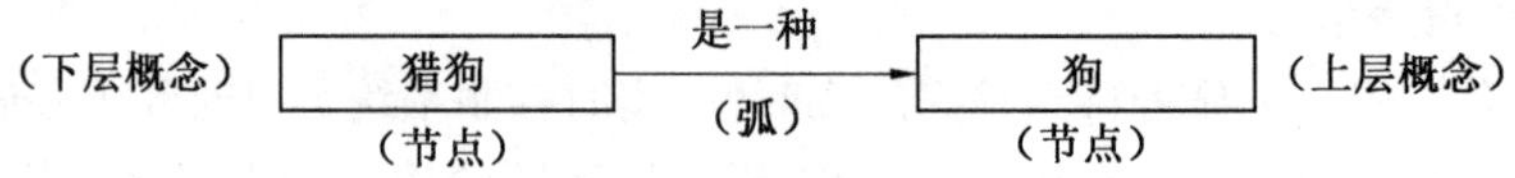

图 6.2　一种语义网络

当多个三元组综合在一起表达时，就可得到一个语义网络，如图 6.3 所示。

语义网络除了可表达事实外，还可表达规则，一条产生式规则：R_f：IF A THEN B，可用图 6.4 所示形式表示。

对专家控制系统进行知识表示的方法，除以上介绍的外，还有框架表示法、过程表示法和神经网络产生规则表示法等。

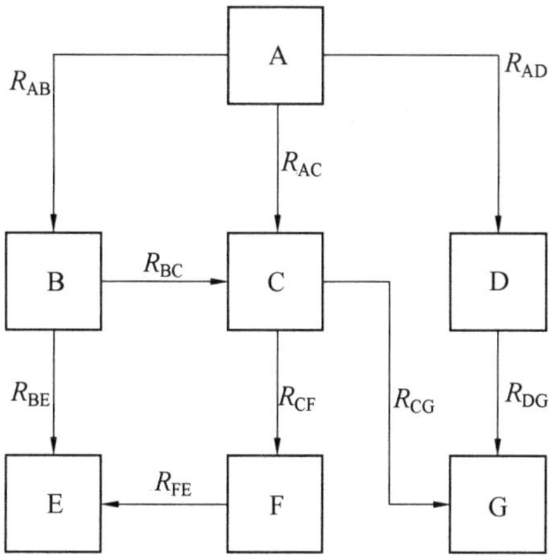

图6.3 语义网络示意图

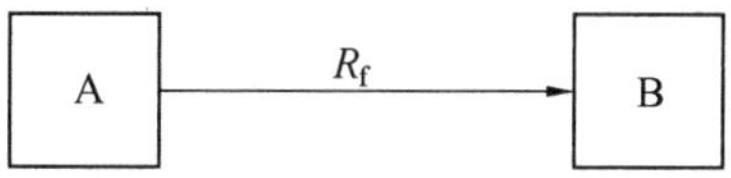

图6.4 语义网络规则表示

3. 知识的获取

拥有知识、利用知识是专家系统区别于其他计算机软件系统的重要标志,而知识的质量和数据量又是决定专家系统性能的关键因素。知识获取就是要解决如何使专家系统获得高质量的知识。知识获取是一个与领域专家、知识工程师以及专家系统自身都密切相关的复杂问题,是建造专家系统的关键一步,也是较为困难的一步,被称为建造专家系统的"瓶颈"。

知识获取的基本任务是为专家系统获取知识,建立起完善、有效的知识库,以满足求解领域问题的需要。

(1)知识获取的任务。

知识获取需要做以下几项工作。

①抽取知识。抽取知识是指把蕴含于知识源(领域专家、书本、相关论文及系统的运行实践等)中的知识经过识别、理解、筛选、归纳等抽取出来,以用于建立知识库。

②知识转换。知识转换是指把知识由一种表示形式转换为另一种表示形式。

人类专家或科技文献中的知识通常是由自然语言、图形、表格等形式表示的,而知识库中的知识是用计算机能够识别、运用的形式表示的,两者之间有较大的差别。为了把从专家及有关文献中抽取出来的知识送入知识库供求解问题使用,需要进行知识表示形式的转换。

③知识输入。知识输入是指把用适当的知识表示模式表示的知识经过编辑、编译送入知识库的过程。目前,知识的输入一般通过两种途径实现:一种是利用计算机系统提供的编辑软件;另一种是专门编制的知识编辑系统,称之为知识编辑器。前一种的优点是简单,可直接拿来使用,减少了编制专门的知识编辑器的工作。后一种的优点是专门的知识编辑器可根据实际需要实现相应的功能,使其具有更强的针对性和适应性,更加符合知识输入的需要。

④知识检测。知识库的建立是通过知识进行抽取、转换、输入等环节实现的,任何环节上的失误都会造成知识错误,直接影响到专家系统的性能。因此,必须对知识库中的知识进行检测,以便尽早发现并纠正错误。另外,经过抽取转换后的知识可能存在知识的不一致和不完整等问题,也需要通过知识检测环节来发现是否有知识的不一致和不完整,并采取相应的修正措施,使专家系统的知识具有一致性和完整性。

(2)知识获取方式。

①非自动知识获取。在非自动知识获取方式中,知识获取一般分为两步进行,首先由知识工程师从领域专家和有关技术文献获取知识,然后由知识工程师用某种知识编辑软件输入到知识库中。

领域专家一般不熟悉知识处理,不能强求他们把自己的知识按专家系统的要求进行知识抽取和转换。另外,专家系统的设计和建造者虽然熟悉专家系统的建造技术,却不掌握专家知识。因此,需要在这两者之间有一个中介专家,他既懂得如何与领域专家打交道,能从领域专家及有关文献中抽取专家系统所需的知识,又熟悉知识处理,能把获得的知识用合适的知识表示模式或语言表示出来,这样的中介专家称为知识工程师。实际上,知识工程师的工作大多是由专家系统的设计与建造者担任。知识工程师的主要任务是:

a. 与领域专家进行交谈,阅读有关文献,获取专家系统所需要的原始知识。这是一件很费力费时的工作,知识工程师往往需要从头学习一门新的专业知识。

b. 对获得的原始知识进行分析、整理、归纳,形成用自然语言表述的知识条款,然后交给领域专家审查。知识工程师与领域专家可能需要进行多次交流,直至有关的知识条款能完全确定下来。

c. 把最后确定的知识条款用知识表示语言表示出来,通过知识编辑器进行编辑输入。

知识编辑器是一种用于知识输入的软件,通常是在建造专家系统时根据需要编制的。目前,知识编辑器应具有以下主要功能:

a. 把用某种知识表示模式或语言所表示的知识转换成计算机可表示的内部形式,并输入到知识库中。

b. 检测输入知识中的语法错误,并报告错误性质与位置,以便进行修正。

c. 检测知识的一致性等,报告非一致性的原因,以便知识工程师征询领域专家意见并进行修正。

非自动方式是使用较普遍的一种知识获取方式。专家系统 MYCIN 就是其中最具代表性的,它对非自动知识获取方法的研究和发展起到了重要作用。

②自动知识获取。自动知识获取是指系统自身具有获取知识的能力,它不仅可以直接与领域专家对话,从专家提供的原始信息中“学习”到专家系统所需要的知识,而且还能从系统自身的运行实践中总结、归纳出新的知识,发现知识中可能存在的错误,不断自我完善,建立起性能优良、知识完善的知识库。为达到这一目的,自动知识获取至少应具备以下能力:

a. 具备识别语音、文字、图像的能力。专家系统中的知识主要来源于领域专家以及有关的多媒体文献资料等。为了实现知识的自动获取,就必须使系统能与领域专家直接对话,能够阅读和理解相关的多媒体文献资料,这就要求系统应具有识别语音、文字与图像处理的能力。只有这样,它才能直接获得专家系统所需要的原始知识。

b. 具有理解、分析、归纳的能力。领域专家提供的知识通常是处理具体问题的实例,不能直接用于知识库。为了把这些实例转变为知识库中的知识,必须对实例进行分析、归纳、综合,从中抽取专家系统所需的知识送入知识库。在非自动知识获取方式中,这一工作是由知识工程师完成的,而在自动知识获取方式中则由系统自动完成。

c. 具有从运行实践中学习的能力。在知识库初步建成投入使用后,随着应用的发展,知识库的不完备性就会逐渐暴露出来。知识的自动获取系统应能在运行实践中学习,产生新知识,纠正可能存在的错误,不断地对知识库进行更新和完善。

在自动知识获取系统中,原来需要知识工程师做的工作都由系统来完成,并且还应做更多的工作。自动知识获取是一种理想的知识获取方式,它的实现涉及人工智能的多个研究领域,例如模式识别、自然语言理解、机器学习等,而且对硬件也有更高的要求。

4. 知识的处理

运用知识的过程是一个思维过程,即推理过程。所谓推理,是指一定的规则从已有的事实推出结论的过程,其中所依据的规则就是推理的核心,称为控制策略。在人类思维活动中包含了大量的推理过程,有各种各样的推理形式,如常识推理、统计推理、基于知识的推理等。专家系统是以知识为基础的系统,它根据已有的知识和事实去求解当前的问题,我们把这种选择和应用处理知识的过程叫作基于知识的推理。在专家系统中,推理是由程序实现的,称为推理机。推理机作为专家系统的核心,其主要任务就是在问题求解过程中适时地决定知识的选择和运用。推理机的控制策略确定知识的选择,推理机的推理方式确定具体知识的运用。

推理是根据一定的原则(公理或规则),从已知的事实(或判断)推出新的事实(或另外的判断)的思维过程,其中推理所依据的事实叫作前提(或条件),由前提所推出的新事实叫作结论。推理方式可以分为演绎推理和归纳推理。

(1)演绎推理。

演绎推理时,总是匹配规则的前提,然后得到结论。演绎推理的三要素为:

a. 一组初始条件(初始事实或初始目标)和终止条件。

b. 一组产生式规则(知识)。

c. 一种推理方法。

初始条件为初始事实或初始目标时,推理的起点是不一样的,因此推理方法也不同。下面介绍与演绎推理有关的推理方法。

①正向演绎推理。正向演绎推理是相对于推理网络而言的,即推理总是从叶结点(证据结点)向根结点(目标结点)推理,因此又称为面向事实的推理。正向推理适用于初始条件为初始事实时的推理。

正向推理的3个条件为:

a. 一组初始事实和终止条件。

b. 一组正向规则。

c. 正向推理机。

终止条件有两种可能:

a. 给出一组目标。相当于求证目标,这些目标必然不是推理网络的目标结点,否则没有必要给出。

b. 不给出终止条件。当没有终止条件时,正向推理在两种情况下可能自动终止:

当推理达到推理网络的目标结点时。

当没有新的可供使用的规则时。

第二种情况下终止可得出两种结论:

把当前已推出的事实作为目标输出。

认为没有解。

在后面要介绍的推理机中将采用第二个结论。

正向规则就是可以按照从前提得到的结论来匹配、使用的产生式规则。

正向推理的基本步骤是:

a. 把给定的初始事实放入动态数据库;

b. 从 $i=1,2,\cdots,nrule$;

取出规则 i。

利用动态数据库的事实匹配规则前提。

若前提匹配,则把规则 i 的结论加入动态数据库,否则转向 c. 。

判断是否达到目标结果,若是则返回,并输出目标。

c. $i=i+1$,转向 b. 。

正向推理中,若某条规则不可匹配则被抛弃,但推理到一定程度这条规则可能又可以匹配,由于该规则已被抛弃,不可能再用,导致推理终止。这种无解是由于取规则的顺序造成的。为了避免这种现象,必须每一次都在所有规则中搜索可以匹配的规则,把匹配过的规则抛弃。当规则组很大时这样做将非常费时。

解决这个问题的另一个办法是,当某条规则不能匹配时暂时不抛弃;而是调用逆向推理来求证,若该规则还不能满足,则以后也不可能满足,这时可以抛弃,否则该规则就被匹配。

②逆向演绎推理。从推理网络上看,逆向推理就是从根向叶结点推理,因此也被称为面向目标的推理。逆向推理适合于初始条件为初始目标的推理。

逆向推理的条件为:

a. 一组初始目标。

b. 一组逆向规则。

c. 逆向推理机。

逆向推理相当于求证目标,不需要终止条件,当目标被求证时自动终止或者目标不能证明而终止。

逆向推理的步骤为:

a. 给出当前要求证的目标。

b. 该目标若在动态数据库已有,则返回 TRUE。

c. 找出结论含目标的一条规则。

d. 把规则前提作为子目标,转向 a. 求证。

e. 若前提为真,则把结论部分加入动态数据库,把该规则抛弃。

f. 若还有其他目标则返回 a. 继续求证;否则返回 TRUE。

逆向规则就是可以反向使用(即从结论到前提)的产生式规则。

③双向混合推理。双向混合推理就是从推理网络的根结点和叶结点同时进行正向推理

和逆向推理,直到推理汇合,则目标得到证实。

在实际使用时,要做到两个方向的子目标汇合往往是很困难的。双向混合推理常是在前述正向推理中结合逆向推理时应用,一般情况下并不使用。

(2)归纳推理。

归纳推理就是从若干特殊事实出发,经过比较、总结、概括而得出带有某种规律性结论的推理方式。根据逻辑学的定义,归纳推理为"主观不充分置信推理,它能从一个具有一定置信度的前提推出一个比前提的置信度低的结论"。可见,在归纳推理中,置信度是变化的。它只把前提所具有的置信度部分地转移到结论上去了,所以结论的置信度要小于前提的置信度。但归纳推理可由个别的事物或现象推导出该类事物或现象的普遍性规律。常用的归纳推理方法有简单枚举法和类比法等,简单枚举法是以从某类事物观察到的子类中发现的属性为基础,在没有发现相反事例时就可推得该类事物都具有这一属性的结论。写成蕴涵形式即为

$$[P(x_1),P(x_2),\cdots,P(x_n)]\rightarrow(\forall x)P(x)$$

简单枚举法只根据一个个事例的枚举来进行推理,缺乏深层次分析,故可靠性较差。

类比推理法的基础是相似原理,在两个或两类事物许多属性都相同的条件下,可推出它们在其他属性上也相同的结论。若用 A 和 B 分别表示两类不同的事物,用 $a_1,a_2,\cdots,a_n,b$ 分别表示不同的属性,则类比归纳法可用下面的格式表示:

A 和 B 都具有属性 $a_1,a_2,\cdots,a_n$

若 A 有属性 b

则可推得,B 也有属性 b。

类比归纳法的可靠程度取决于两类事物的相同属性与所推导出的属性之间的相关程度,相关程度越高,类比归纳法的可靠性就越高。

实践已经表明,许多科学发明和发现都是通过类比推理而实现的,由此可见,类比归纳推理法在知识处理中是很实用的方法之一。

6.3 专家控制系统

1983 年,著名自动控制理论专家,瑞典学者 K. J. Astrom 明确提出将专家系统技术引入自动控制领域,1986 年正式提出了专家控制系统的概念。在实际应用中,特别是对一些复杂的生产过程控制,专家控制技术取得了令人瞩目的成绩,受到了社会各方面的认可。

6.3.1 专家控制系统工作原理

1. 专家控制系统介绍

自从美国数学家维纳 19 世纪 40 年代创立了控制理论以来,自动控制理论经历了经典控制理论和现代控制理论两个重要的阶段,而传统的自动控制技术就是以经典控制理论或现代控制理论,以及大系统理论等控制理论为基础,完成对工业生产过程的自动控制,在生产实际中广泛地应用,取得了巨大的社会效益和经济效益。但随着科学技术的迅速发展,现代化生产过程的复杂性日益增加,对控制性能要求也越来越高,一些传统的控制方式不能很好地满足生产过程的控制要求。主要原因在于,这些传统的控制技术一般是以生产过程中

受控对象的数学模型为基础,首先是通过某种机理方式建立受控对象的数学模型,然后根据其数学模型进行控制系统设计,确定控制器的结构和控制算法,实现自动控制的目的和要求。但是当受控对象具有时变性或非线性,而且受控对象结构或结构参数受一些不确定的因素影响而改变时,传统的控制器的缺点被暴露出来,不能随受控对象的数学模型改变而改变,达不到生产过程的控制要求。甚至在一些复杂的控制系统中,我们对受控对象机理知之甚少,根本无法建立受控对象的准确数学模型。传统对复杂的生产过程的控制方法是对复杂系统进行简化,但又由于数学模型的过于简化,达不到实际的控制要求。

人们发现领域专家,甚至是一些有经验的操作人员,能够仅凭自己的直觉就可以很好地处理一些计算机都无法解决的控制问题。为了解决上述问题,人们不断地探索智能控制技术来取代人的行为。而智能控制技术是通过计算机模拟人类思维过程,将其应用于自动控制领域之中。由于智能控制可以抛开控制对象的数学模型,能够很好地解决传统的控制技术所面临的难题。而专家控制技术是智能控制机的一个重要的组成部分。包括自动控制理论与人工智能以及计算机技术等多学科、多专业的相结合的产物。专家控制实质是基于控制对象和控制规律各种知识,并以智能方式应用这些知识,使控制系统和受控过程尽可能优化的过程。

2. 专家控制系统的类型

专家控制系统因为其本身没有一套完整的控制理论体系结构,而且应用的工业控制背景和应用环境的不同,系统设计开发人员可以很灵活地进行控制系统设计,选择合理的控制方案,从而导致专家控制系统的结构类型多种多样,目前没有严格而准确的类型分类方法。一般来说,可以从若干角度对专家控制系统进行分类,从专家控制器在系统中所起的作用可以分为控制型专家控制系统和监控型专家控制系统;从专家控制器输出信号作用于受控对象的形式分为直接专家控制系统和间接专家控制系统;从专家控制系统控制器的组成形式还可以分为一般专家控制系统、模糊专家控制系统和神经网络专家控制系统等。从专家控制系统的复杂程度出发,将专家控制分为专家控制系统和专家控制器系统。

3. 专家控制器的组成

专家控制器是构成专家控制系统的核心单元,这里讲的专家控制器指的是狭义的专家控制器,是构成直接专家系统的控制器或间接专家控制系统的控制器的专家控制部分。专家控制器主要包括数据获取环节、知识库、推理机、数据库、学习机以及解释环节等,如图6.5所示。

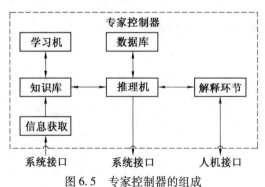

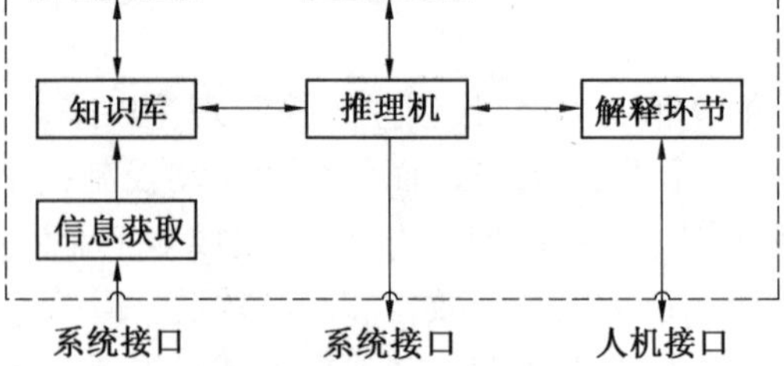

图 6.5　专家控制器的组成

(1)数据库。

由事实、经验数据、经验公式等构成,事实包括被控对象的有关知识,如结构、类型以及特征等,经验数据包括被控对象的参数变化范围、传感元件的特征数据、执行机构的参数、报警阈值,以及控制系统的静态、动态性能指标。

(2)知识库。

知识库是专家控制器的重要组成部分,基于产生式规则的控制系统,知识库可以称为控制规则库。控制专家根据对控制对象的特点及其控制调试的经验,用产生式规则、模糊关系式及解析形式等多种方法来描述被控对象的特征,形成若干行之有效的控制规则集。

(3)推理机。

推理机是专家控制器的核心环节,用来指挥、调度、协调专家控制器的各个环节工作,并根据当前系统的数据信息,采用一定的搜索策略算法,基于知识库中的事实,或规则,推理得到专家确定的控制方案和控制结果。推理机的程序编写、推理机的推理方式和搜索策略效率直接影响专家控制系统的实时性和控制领域专家的控制思想的体现。

(4)解释机制。

解释机制环节是专家控制系统的辅助环节,是为了实现控制系统与用户的对话,使用户了解推理过程,或者进行系统控制的方式设定或系统初值设定以及在系统运行过程中加入离线式的控制专家干预,通常解释环节中只保留初始设定部分。

(5)接口部分。

接口部分包括系统与专家控制器的信息交换的输入输出通道和运行系统时控制器与用户交互对话的接口,以及更新知识库时,进行编辑和修改应用程序的接口。

(6)信息获取环节。

信息获取环节是通过传感器元件,采集现场的工业生产中的某些可以识别系统状态的控制量或者状态量,作为推理环节的输入信息,其实质是触发知识库中控制规则前件。也是学习机对知识库进行修正和补充的主要依据。

(7)学习机。

学习机更能体现专家控制器的智能化环节,在系统运行过程中,可能出现控制专家经验范围之外的情况,超出了知识库规则的限制,这时控制系统需要进行干涉或对知识库中的规则进行修正和补充,此过程称为自学习过程。

6.3.2 专家控制系统的类型

1. 直接专家控制系统

直接专家控制系统,是由专家控制器代替原来的传统控制器而构成的专家控制系统。在直接专家控制系统中,专家控制器的输出信号直接作为受控对象的输入量,实现控制作用。控制专家的控制经验与控制思想是通过专家控制器来实现的。直接专家控制系统的组成结构如图6.6所示。

2. 间接专家控制系统

间接专家控制系统与直接专家控制系统有着本质的区别,其系统组成结构如图6.7所示。间接专家控制系统的控制器由专家控制器和其他控制器两部分构成,专家控制器的作

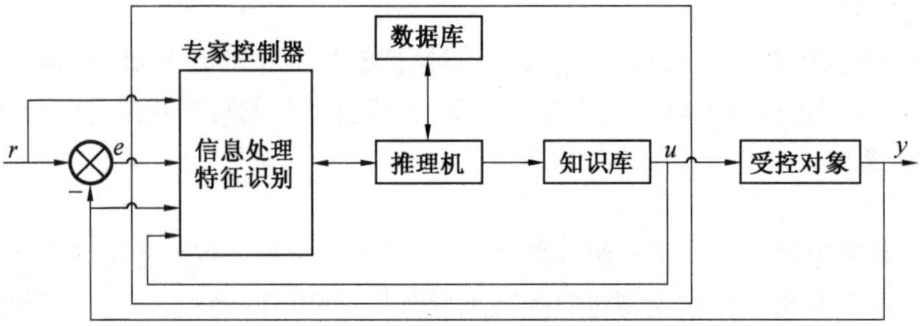

图 6.6　直接专家控制系统组成

用是监控系统的控制过程、动态调整其他控制器的结构或控制参数，然后由其他控制器完成对受控对象的直接控制作用。因此间接专家控制系统又称为监控式专家控制系统或参数自适应控制系统。间接专家控制方法是专家系统技术和其他控制技术紧密结合，二者密切合作，取长补短共同完成系统的优化控制。其他控制器可以是传统的 PID 控制器、模糊控制器、神经网络控制器等。

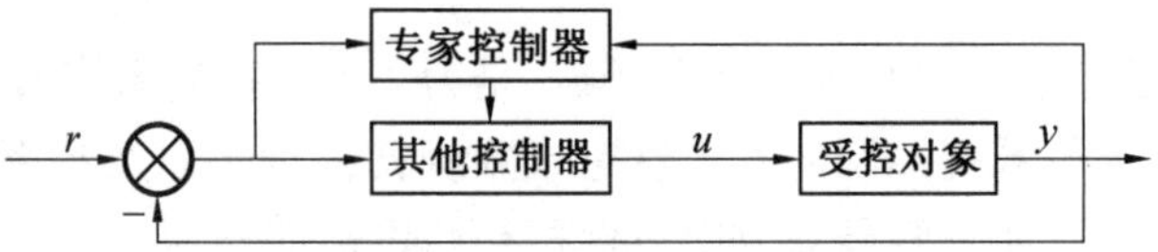

图 6.7　间接专家控制系统结构图

3. 实时专家控制系统

实时专家控制系统是增加了实时功能的专家控制系统，它一方面满足专家控制系统功能的要求，另一方面还必须接受时间条件的约束，即满足实时性的要求。所谓实时性是指系统在所要求的时间内及时做出响应的能力以及在给定的时间内完成规定的任务的能力。因此，实时专家控制系统工作的正确性不仅依赖于推理结果的逻辑正确性，而且还依赖于得出结果的时间。在专家控制系统所要求的时间期限内，能够完成相应的推理过程的能力。

6.3.3　基于专家控制的 PID 控制系统设计

在自动控制领域中，PID 控制技术的应用极其广泛。PID 控制具有结构简单、参数调整容易的特点，适合多数系统的控制要求，最初是模拟 PID 控制，计算机控制技术出现之后，数字 PID 广泛应用，提高了系统的控制精度和控制速度。而后还出现了一些新型的 PID 控制系统，基于专家控制的 PID 控制就是应用比较广泛的一种。

1. 传统 PID 控制的介绍

PID 控制由比例（P）、积分（I）、微分（D）3 个环节构成，其模拟解析表达式为

$$u(t) = K_p\left[e(t) + \frac{1}{T_i}\int_0^t e(t) + T_d\frac{de(t)}{dt}\right] \tag{6.1}$$

数字 PID 控制器算法：

$$u(n) = K_p\left[e(n) + \frac{T}{T_i}\sum_{k=0}^{n} e(k) + \frac{T_d}{T}(e(n) - e(n-1))\right] \tag{6.2}$$

式中　K_p, T_i, T_d——P，I，D 的控制参数；

$u(t),u(n)$——控制器的输出量；

T——控制系统的采样周期；

$e(t),e(k)$——控制系统的误差。

PID 对系统的性能有着重要的作用。

(1)比例控制(P)的作用。当系统存在误差时,可以使控制量朝减少误差的方向变化,控制作用强弱取决于比例控制系数 K_p,缺点是对于具有平衡性的受控对象存在静差,加大 K_p,可以减少静差,但 K_p 过大,导致动态性能变坏,甚至使系统振荡发散。

(2)积分控制(I)的作用。对误差进行记忆并积分,有利于消除静差,缺点是积分具有滞后作用,积分作用太大会使控制系统的动态性能变坏,破坏系统的稳定性能。

(3)微分作用(D)的作用。对误差进行微分运算,对误差的变化趋势敏感,增大微分控制作用可加快系统的响应,缺点是对于干扰信号敏感,使系统的抗干扰能力降低。

为了获得满意的控制系统性能,采用单独的 P,I,D 控制都是不够的,而且对于一些非线性、时变控制系统来说,在控制过程中要根据系统的动态特征而采用智能化控制方式,例如,采用变增益、智能积分、智能微分和变采样周期等多种途径,实现模拟专家控制经验的间接专家控制系统,引入专家整定 PID 控制技术。

2. 基于专家控制 PID 控制系统

(1)专家整定 PID 控制系统结构。

专家整定 PID 控制系统仍然是以闭环负反馈控制理论为基础,将 PID 控制与专家系统结合在一起,完成专家经验对 PID 整定,完成动态参数的 PID 整定。系统结构如图 6.8 所示。

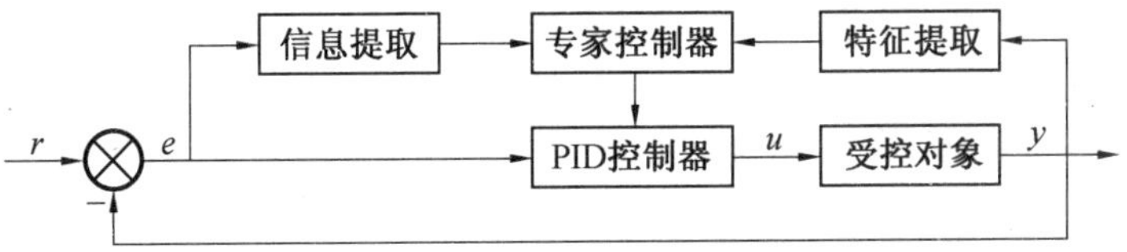

图 6.8 专家整定 PID 控制系统结构图

系统工作原理:首先根据生产过程的要求确定控制系统的性能指标要求,专家控制系统的性能指标的识别是以误差信号为基础,并作为推理机的产生式规则的前件条件进行推理,推理产生的产生式后件,确定 PID 的参数调整方向和调整量,专家控制器指导 PID 控制器参数调整,完成控制作用。

(2)性能指标。

在对 PID 控制器参数进行调整时,我们可以根据受控对象或工业生产过程对控制系统的要求,采用不同的性能指标,完成控制系统的目的。专家系统则根据确定的性能指标来确定 PID 参数调整的方案。

常用的系统性能指标有以下几种:

① 误差平方积分函数。

$$J = \int_0^{\infty} e^2(t)\,\mathrm{d}t \tag{6.3}$$

性能特点:系统响应速度快,有振荡,超调量大,稳定性较差。

② 时间与误差方的积分函数。

$$J=\int_{0}^{\infty} te^{2}(t)\,\mathrm{d}t \tag{6.4}$$

性能特点:有利于消除动态响应的后期偏差,系统的快速性和精确性好。

③ 绝对误差的积分函数。

$$J=\int_{0}^{\infty} |e(t)|\,\mathrm{d}t \tag{6.5}$$

性能特点:最为常用的性能指标,系统的响应快,超调量较大。

④ 时间与绝对误差的积分函数。

$$J=\int_{0}^{\infty} t|e(t)|\,\mathrm{d}t \tag{6.6}$$

性能特点:系统的动态响应超调量小,阻尼较大,响应较慢。

用以上的某个函数的极大值或极小值作为目标函数,作为专家控制器指导 PID 参数调整的评价函数。

(3)特征识别。

当系统出现扰动时,控制系统的输出量将会有不同程度的波动,例如衰减振荡、等幅振荡、振荡发散等情形,专家控制器通过特征识别环节,提取输出信号的输出响应曲线的特征信息,可以是超调量、峰值时间、衰减比、振荡次数、上升时间等,根据这些特征信息,专家控制器对 PID 参数进行调整。

(4)规则的获取。

专家控制系统根据控制专家的经验从特征识别得到的系统状态特征和性能特征出发,总结出调试控制规律或规程,使用专家语言描述的整定 PID 控制参数的整定规则,这些规则存入知识库中,构成知识库。

在此系统中,知识的获取有两种途径:一种途径是可以从控制领域专家那里获取调试规程,制定控制规程。目前,针对十几种的控制系统的响应曲线控制专家总结出了调试规程有 100 多条。另外一种获取方法通过系统仿真的方法间接获取。现在流行的 MATLAB 语言的 Simulink 工具箱提供了极大的便利。具体过程:首先建立逼近受控对象的数学模型,建立闭环负反馈控制系统,控制器选择 PID 控制,通过任意给定的 PID 控制参数,在阶跃给定信号下,对系统的性能评价;然后试探地改变 PID 参数,并对系统进行评价,若性能较先前有所改善,则说明 PID 参数调整的方向可能是对的,因为控制器有 3 个可变的参数,他们之间有一定的约束性,所以调试需要很多次的反复过程,不断地总结归纳调试规律;最后确定具有代表性的控制规律,构成知识库。

(5)推理过程。

一般都使用前向推理方式,推理过程可以分为动态过程和静态过程,动态过程包括控制系统的启动、扰动作用过程以及制动过程等,专家控制器通过采集控制对象的输出量或误差及误差变化量,提取特征参数,在知识库搜索调试规则,给出相应的 PID 控制参数的修正量的大小,完成对控制器的参数整定过程。静态过程是控制系统接近系统的稳定状态时,专家控制系统通过性能识别环节得到期望的性能指标为依据,在知识库中搜索 PID 整定参数的过程。

当然特征识别和性能识别,所对应的环节特征提取和信息提取的作用和结构,可以根据产生实际应用情况而进行简化和改变，如图6.9所示。此控制系统可以实现间接专家控制的目的，而且结构简单易于实现。

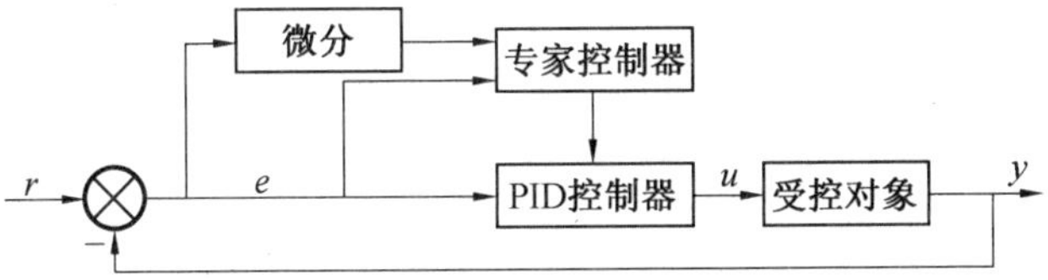

图6.9 简化结构的间接专家控制系统

6.4 专家控制系统应用实例

6.4.1 孵化控制系统的专家模糊控制

1. 引言

家禽孵化是一个复杂的生物学过程，其中孵化温度是孵化过程的首要条件，只有在适宜的温度下，才能保证鸡胚的正常生长发育和物质代谢；空气中的湿度对鸡胚胎发育有很大作用，若湿度过高会妨碍蛋内水分蒸发，使胚胎发育所产生的大量代谢水不能及时排出。若湿度过低，易引起胚胎和壳膜粘连；通风换气的主要目的是帮助胚蛋中的胚胎与外界进行气体交换和热能交换，由于胚胎发育过程中需要不断地吸入氧气，排出二氧化碳和水分，除胚胎发育初期外，胚胎的气体交换都是由通风换气解决。因此适当地控制孵化温度、湿度、通风等，不仅能提高出雏率，而且还能提高雏禽质量。

孵化控制系统是一个多变量、多干扰、大滞后的复杂动态系统，由于室内的温度、湿度和通风不能用数学模型精确描述，采用常规控制方法难以达到理想的控制效果。模糊控制具有超调小、鲁棒性强和适应性好等优点，适用于数学模型未知的控制对象，但是由于其简单的模糊信息处理，使控制系统的精度较低，要提高精度就必须提高量化程度，因而会增大系统的搜索范围。专家控制是将人的感性经验和定理算法结合的一种传统的智能控制方法，能够根据对象的不确定性以及干扰的随机性，采用不同形式的控制策略，调整其他控制方法所带来的不足。前馈控制则能快速补偿扰动作用对被控变量的影响。通过模糊控制、专家系统和前馈控制3种技术的集成，构建一种新的控制系统——专家模糊控制系统，能够较好地实现对孵化系统的控制。

2. 孵化工艺分析

孵化设备对温度、湿度和通风要求严格，只有适当的温度、湿度和通风才能提高孵化率和健雏率，获得很好的经济效益。

(1)温度要求：孵化开始时为38.2 ℃，随着时间的延长，要求温度逐渐降低，最低为37 ℃左右。如果温度低于设定值时，用加热管加热；如果温度高于设定值时，则启动排风扇，降低室内温度；如果温度高于警戒温度时，则采取强迫降温。为了使每枚蛋的受热均匀，孵化室内配置风扇用于搅拌空气。

(2)湿度要求：开始为53% RH，随着时间的推移，湿度要逐渐增加。到了最后两天，湿度要达到70% RH。如果湿度低于设定值时，则增湿器启动。这样，不仅能防止雏鸡的羽毛乱飞,保持清洁卫生,还能提高健雏率。

(3)通风换气:孵化初期,胚胎需要少量氧气可通过酶的作用从蛋黄中获得,之后利用气室的空气,再后则利用尿囊循环与蛋壳上的气孔同外界进行气体交换,19 天后胚胎开始用肺呼吸。随着胚龄的增加,胚胎的气体交换量也不断增加。因此除胚胎发育初期外,胚胎的气体交换必须由通风换气解决。此外通风换气会造成温度、湿度的变化。分析孵化控制系统的动态特性,系统是一个多输入多输出系统,其温度、湿度和含氧量控制要求精度高,加温主要控制孵化温度,加湿主要控制孵化湿度,通风换气不仅影响含氧量,而且对温度和湿度也有很大影响,从而造成系统的不稳定。因此孵化控制系统具有多干扰以及明显的不确定性,而且无法求得控制对象的数学模型,若采用单一的、传统的控制方法很难达到理想的控制特性。

3. 控制系统结构及工作原理

由于孵化机控制系统是一个多变量、多干扰、大滞后的复杂动态系统,难以求得其精确的数学模型,采用常规控制方法效果不好,因而选择专家模糊控制的方法。根据孵化工艺分析,可以将整个系统分解成风门模糊控制系统、加温专家模糊控制系统和加湿专家模糊控制系统,并由此设计孵化过程协调专家控制器、风门模糊控制器、加温专家模糊控制器和加湿专家模糊控制器。孵化机控制系统的总体结构图如图 6.10 所示。

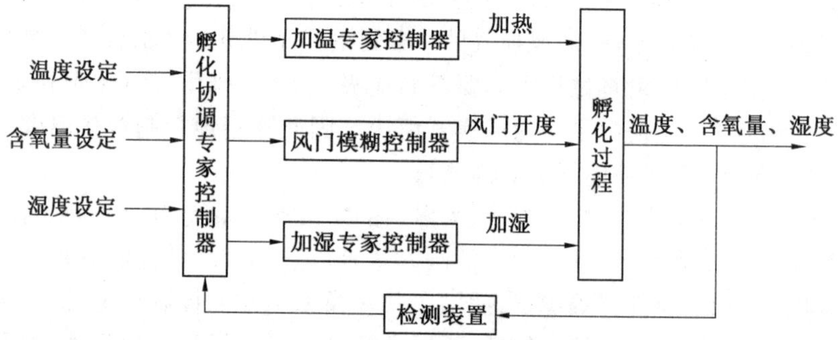

图 6.10　孵化机控制系统的总体结构

4. 系统控制器的设计

温度、含氧量和湿度设定值以及检测值输入到协调专家控制器,协调处理参数检测量,选择相应的子控制器,各子控制器通过计算得出目标执行值,分别对温度、含氧量和湿度进行实时控制。下面主要介绍协调专家控制器、风门模糊控制器、加温专家模糊控制器和加湿专家模糊控制器的设计。

(1)协调专家控制器。

为了协调控制系统中孵化过程的 3 个重要参数(温度、含氧量和湿度),使用专家系统选择相应的子控制器,使得温度、含氧量和湿度稳定在孵化工艺范围内。

(2)加温专家模糊控制器。

温度是孵化过程最重要的条件。生物学研究结果表明,胚胎发育的不同时期对温度的要求有一定差异,根据孵化中的具体情况来调节供温标准,是提高孵化效果的关键。本系统根据前高、中平、后低的控温原则,自动实现变温孵化,并具有很高的精度。由于孵化器中温度具有非线性、大滞后、大惯性等特点,难以求得其精确的数学模型。通过现场调试可知,采用专家模糊控制方法能够较好地实现对系统温度的控制，达到良好的控制效果。加温专家模糊控制系统的结构框图如图6.11所示。

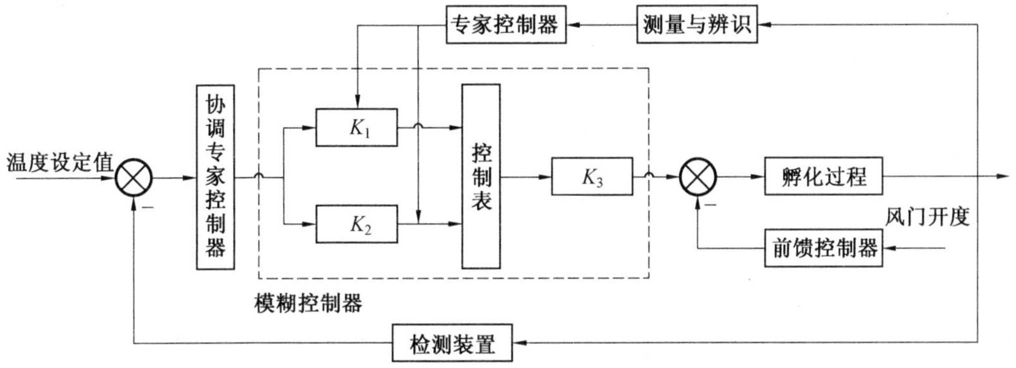

图6.11　温度专家模糊控制系统结构框图

①模糊控制器：模糊控制理论通过新的知识表示法，把专家或熟练操作工的经验变成计算机可以接受的控制模型，从而实现有效的控制。输入变量是温度偏差 E 和偏差变化率 EC，输出的加热控制量 U 为加热能级，风门开度 U_d 作为干扰。为了实现高精度控制，输入变量根据温度偏差和偏差的变化率定出其论域，其次给出模糊量级，偏差具体划分为7级：温度正大（PB）、温度正中（PM）、温度正小（PS）、零（ZO）、温度负小（NS）、温度负中（NM）、温度负大（NB）；偏差变化率划分为5级：变化正大（PB）、变化正中（PM）、变化正小（PS）、零（ZO）、变化负小（NS）、变化负中（NM）、变化负大（NB），它们都是论域上的模糊集。加热能级输出划分为5级：不加热（A）、较小加热（B）、中等加热（C）、较大加热（D）、大加热（E）。其中 E 的论域为：$\{-8,-7,-6,-5,-4,-3,-2,-1,0,1,2,3,4,5,6,7,8\}$；$EC$ 的论域为：$\{-6,-5,-4,-3,-2,-1,0,1,2,3,4,5,6\}$；$U$ 的论域为：$\{0,1,2,3,4,5,6,7\}$。根据该孵化生产过程和操作经验以及孵化温度的特性，使温度稳定到一定范围内，达到较高的控制精度，E，EC，U 的隶属度函数均采用了三角形隶属函数，并建立模糊控制规则表6.1，在线整定模糊控制参数，并经过模糊推理、解模糊并最后计算出模糊控制查询表。计算机通过该模糊控制器在线计算，可得到输出的加热控制量 U。

表6.1　模糊控制规则表

	EC						
E	*NB*	*NM*	*NS*	*ZO*	*PS*	*PM*	*PB*
NB	*E*	*E*	*E*	*D*	*D*	*C*	*C*
NM	*E*	*E*	*D*	*D*	*C*	*C*	*B*
NS	*D*	*D*	*C*	*C*	*B*	*B*	*A*
ZO	*C*	*B*	*B*	*A*	*A*	*A*	*A*
PS	*A*	*A*	*A*	*A*	*A*	*A*	*A*
PM	*A*	*A*	*A*	*A*	*A*	*A*	*A*
PB	*A*	*A*	*A*	*A*	*A*	*A*	*A*

②专家控制器：为保证温度的高精度控制，在控制系统运行中，孵化过程的动态输出性能由性能辨识模块连续监控，并把处理过的参数送至专家控制器。根据知识库系统动态特性的当前知识，专家控制器进行推理和决策，修改模糊控制器的系数 K_1，K_2，K_3，直至获得满

意的动态控制特性为止,从而保证孵化温度的稳定控制。

③前馈控制器:当风门有开度时就会引进外界冷空气,产生较大的干扰,降低机内温度,为消除这一干扰的影响,引入风门开度前馈控制。

$$u_1(k)=u_1(k-1)+\Delta u_1(k)+\alpha \tag{6.7}$$

$$\alpha=\frac{U_d}{b_i} \tag{6.8}$$

式中　α——风门开度对温度的补偿控制量;

U_d——风门开度;

b_i——经验设定量,其值随着 U_d 的变化而相应取值。

由于对象模型参数的不确定性,对扰动只是实现了部分补偿,把前馈控制与反馈控制结合起来,前馈克服主要扰动的影响,反馈克服其余扰动。这样,系统即使在频繁的较大扰动下,仍然可以获得优良的品质。

(3)加湿专家模糊控制器。

用专家模糊控制方法来实现加湿过程的控制,基本原理是根据当前湿度和当前是否正在加湿进行加湿控制,其控制原理图和加温专家模糊控制器原理图相同。考虑当前是否正在加湿,避免了加湿电机频繁启动,并且间接地考虑了湿度的变化趋势。孵化机加湿模糊控制器的输入变量分别是湿度偏差及偏差的变化率,输出变量分别是加湿电机启停。

通过现场观察将孵化专家经验知识总结为下列 7 条湿度控制规则:

规则 1:如果湿度很大或较大,那么不加湿。

规则 2:如果湿度稍大,并且原来不加湿,那么加湿。

规则 3:如果湿度稍大,并且原来加湿,那么不加湿。

规则 4:如果湿度适宜,那么不加湿。

规则 5:如果湿度稍干,并且原来加湿,那么不加湿。

规则 6:如果湿度稍干,并且原来不加湿,那么加湿。

规则 7:如果湿度很干或较干,那么加湿。

考虑到风门开度对湿度也存在着干扰,此时也采用前馈专家控制器对控制输出进行补偿校正,消除外界干扰所带来的影响。

(4)风门模糊控制器。

为了提高控制精度和速度,同时考虑到氧气浓度的生产工艺,氧气浓度控制只采用模糊控制器。氧气浓度偏差语言变量 E 为{NL,NB,NM,NS,ZO},分别表示{负大大,负大,负中,负小,适合},氧气浓度偏差变化率语言变量 EC 分为{NB,NS,ZO,PS,PB},分别表示{负大, 负小,适合,正小,正大},风门开度语言变量 U 选择为{A,B,C,D,E},表示{全关,小半开,半开,大半开,全开}。其中 E 和 EC 的论域均为:{-3,-2,-1,0,1,2,3};U 为:{0,1,2,3,4,5,6,7}。根据实际运行情况,归纳总结了风门模糊控制规则如表 6.2 所示。通过 MATLAB 离线计算,得出模糊控制查询表存入计算机,计算机在控制过程中在线计算输入变量,查询控制表后,得到控制决策,从而实现控制含氧量浓度的实时控制。

表6.2 风门模糊控制规则

	EC				
E	*NB*	*NS*	*ZO*	*PS*	*PB*
NL	*E*	*E*	*E*	*D*	*D*
NB	*E*	*E*	*D*	*C*	*C*
NM	*D*	*D*	*C*	*C*	*B*
NS	*D*	*C*	*C*	*B*	*A*
ZO	*C*	*B*	*A*	*A*	*A*

5. 系统运行情况

系统投入运行后,根据孵化专家经验设定期望的供温标准为:入孵0~4天供温标准38.2 ℃;入孵5~7天供温标准38.0 ℃;入孵8~12天供温标准37.8 ℃;入孵13~15天供温标准37.6 ℃;入孵16~19天供温标准37.4 ℃;入孵20~21天供温标准37.2 ℃。其孵化温度运行曲线如图6.12所示。而根据孵化专家经验设定期望的湿度为:入孵1~3天相对湿度53%;入孵4~6天相对湿度58%;入孵7~18天相对湿度55%;入孵19天相对湿度65 %;入孵20天相对湿度70%;入孵21天相对湿度65%。其孵化相对湿度运行曲线如图6.13所示。

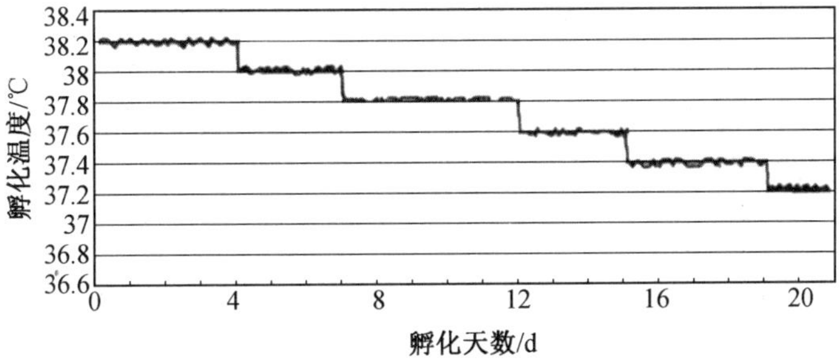

图6.12 孵化温度运行曲线

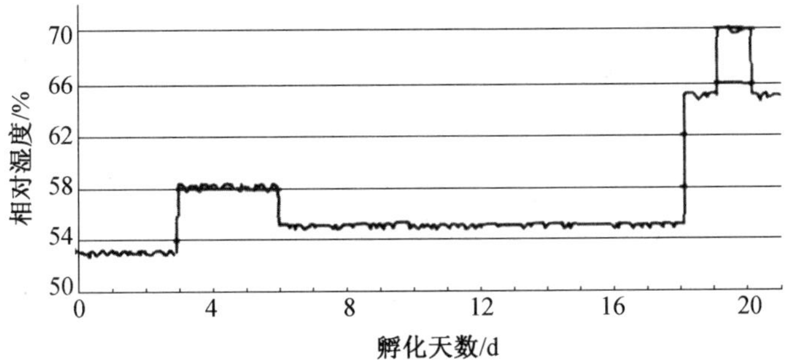

图6.13 孵化相对湿度运行曲线

系统能准确跟踪设定值,克服了因照蛋、换盘等操作引起的温度和湿度较大的波动。通过对比试验,采用孵化机专家模糊控制后,系统升温速度加快,工人操作时间缩短,减少了劳动量。同时,电能利用率提高5.26%,降低了能耗。系统运行稳定可靠,其测量精度小于0.29%,控制精度小于0.58%,超调量小于0.5%,明显地提高了孵化率,减少了弱雏数量。

6.4.2　专家系统在铁水脱硫中的应用

1. 引言

随着工业生产和科学技术的迅速发展，在制造业领域中对钢的含硫量提出了十分严格的要求。降低铁水中的含硫量其目的在于减小脆性，提高转炉炼钢的产品质量，增加钢材的附加值。但由于在转炉内脱硫具有局限性，且难以操作和实现。这就促成了将高炉送来的铁水进行脱硫预处理，从而降低铁水中的含硫量，再送往转炉中冶炼，以达到铁水脱硫的目的。

在铁水脱硫预处理过程中发生了很复杂的化学物理各个方面的反应，且过程是非线性的，有很多不确定性和模糊性，在很多情况下还需要依靠有经验的操作工来控制，这样很难保证脱硫的质量。传统的控制方法不适合复杂的铁水预处理过程控制，而专家系统却提供了很好的控制方法，来实现对这一非线性过程的控制。

2. 铁水脱硫工艺简介

（1）系统组成及作用。

脱硫站主要由倒罐站、脱硫本体、除尘和水处理这四大部分组成。当铁水包从高炉送过来时，在倒罐站中将不一样重量的铁水包全部通过称重装置将其倒罐，变成重量一致的铁水包，方便脱硫料的加入。然后铁水罐小车将其拖入脱硫本体。这时把喷枪插入铁水中，吹入氮气和颗粒镁，使铁水沸腾。在高温的作用下颗粒镁和铁水中的硫发生剧烈的化学反应生成硫化镁完成铁水脱硫的目的。其生产过程如图 6.14 所示。

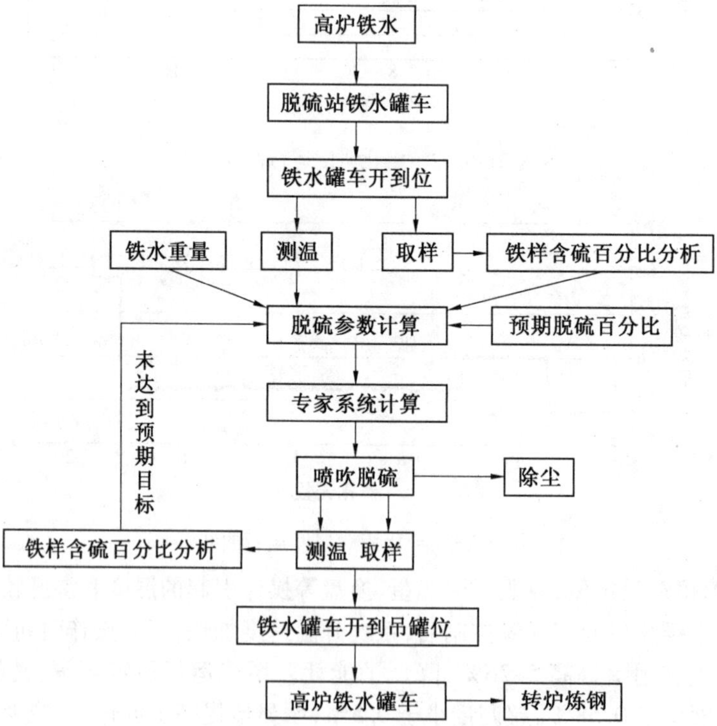

图 6.14　生产过程流程图

(2)颗粒镁铁水脱硫工艺的技术特点和影响因素。

建立工艺模型的目的是使喷吹过程工艺顺行,在达到预期脱硫百分比的前提下用最少的镁质脱硫剂。根据实际经验,达到预定脱硫效果要受众多因素的影响,只有对各个条件有了定性和定量的了解掌握,才能编制出工艺模型。但在实际工业操作中要对所有的因素有定性和定量的了解掌握是十分困难的,而且需要操作工在长时间的工作中积累经验,这就为专家系统的引入提出了需要。本系统主要对铁水原始硫 V_{FS}、铁水原始温度 V_T、所处理的铁水量 V_M、预期脱硫百分比 V_{LS}、颗粒镁含金属镁百分比 $V_{Mg\%}$ 这5个主要的因素做出考虑。

3. 专家系统

专家系统是一种基于知识或基于规则库的模糊控制方法。它通过采样获取被控量的值,然后将此量与给定值比较得到误差信号,把误差信号的精确量模糊化变成模糊量,将得到的模糊量与模糊控制规则 R(模糊关系)进行对比,再根据推理合成规则进行决策,最后得到模糊控制量,将模糊控制量进行解模糊,最后通过模块的输出来控制系统的运行。

设 U 为论域或全集,我们可以定义论域 U 上的模糊集合是用隶属度函数 $\mu_A(x)$ 来表征的,U 上的模糊集合 A 可以表示为一组元素与其隶属度值的有序对的集合,即

$$A=\{(x,\mu_A(x))x\in U\} \tag{6.9}$$

当 U 连续时,A 可以表示为

$$A=\int_U \mu_A(x)/x \tag{6.10}$$

当 U 取离散值时,A 一般可以表示为

$$A=\sum_U \mu_A(x)/x \tag{6.11}$$

而对铁水脱硫这种具有大时滞、非线性、难以建立精确数学模型的系统,进行精确控制是比较困难的,而模糊控制是一种对于存在滞后和随机干扰的系统有较好控制效果的控制方法,可以很好地解决脱硫时遇到的问题。专家系统是根据输入量隶属程度不同,即影响程度的不同来与知识库中的规则进行对比、推理和判断,模拟专家的决策过程,最后通过模块控制输出。控制系统将脱硫过程中的各种输入模糊化得到模糊集合 A,再将得到的模糊集合与规则库中的规则相比较得出结果,进行控制输出。

模糊控制器从控制规则库中取出适用的控制规则,依据它们与控制器的输入做模糊推理运算。推理的结果经处理后即成为模糊控制器的输出,用以对控制对象进行控制。其过程又分为模糊化、模糊推理、解模糊这几部分。其中模糊化是将输入的精确量变成模糊量,并用相应的模糊集合来表示。模糊推理是模糊控制的核心,它具有模糊概念推理的能力,可以将输入与事先的专家知识库规则来进行判断运算,从而得出结论。由于控制量必须为精确的数字量,解模糊就是将输出的模糊量还原为精确的数字控制量,来控制输出。控制系统结构图如图6.15所示。

4. 模糊控制器的实现

控制系统对5个主要变量因素做出考虑,即铁水原始硫、铁水原始温度、所处理的铁水量、预期脱硫百分比、颗粒镁含金属镁量。通过这5个主要因素来制定模糊控制器,计算出炉体不同时段的喷镁速度、炉体不同时段的载气量大小、总的喷镁时间、镁质脱硫剂消耗总量。计算结果靠计算机的输出来控制转子给料器变频电机的转速和流量调节阀的开度。

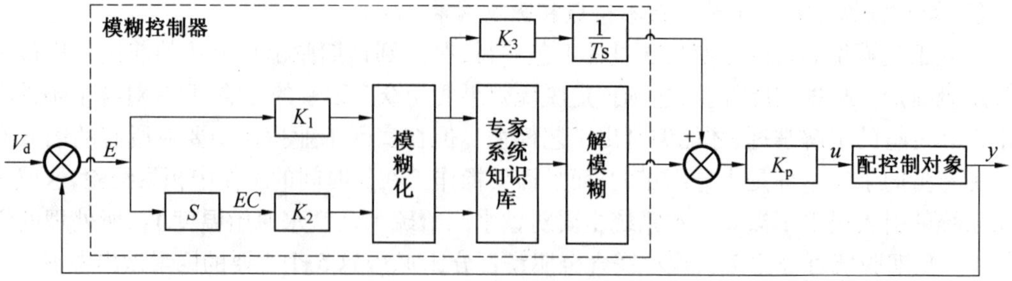

图 6.15　控制系统结构图

(1)建立模糊控制器。

控制规则的设计是设计模糊控制器的关键,一般包括描述输入输出变量的词集,定义模糊变量的模糊子集以及模糊控制器的控制规则。

①语言变量的选择。

在脱硫过程中常用的语言变量值是:{负大,负中,负小,零,正小,正中,正大},即{NL,NM,NS,NZ,PS,PM,PL}。

将铁水原始硫、铁水原始温度、所处理的铁水量、预期脱硫百分比、颗粒镁含金属镁量,这些变量因素的误差通过语言变量转换为计算机可以识别的变量。

$$V_{\mathrm{FS}} \in \{NL, NM, NS, NZ, PS, PM, PL\}$$
$$V_T \in \{NL, NM, NS, NZ, PS, PM, PL\}$$
$$V_{\mathrm{M}} \in \{NL, NM, NS, NZ, PS, PM, PL\}$$
$$V_{\mathrm{LS}} \in \{NL, NM, NS, NZ, PS, PM, PL\}$$
$$V_{\mathrm{Mg\%}} \in \{NL, NM, NS, NZ, PS, PM, PL\}$$

②隶属度函数的确定。

要确定模糊子集隶属度函数就是将其离散化,就得到了有限个点上的隶属度,便构成了相应的模糊子集。

③模糊控制规则表。

根据模糊条件及模糊关系的合成可以得到模糊控制规则表。表中包括的各种规则,可以通过"IF…AND…THEN…"语句将输入量与输出量相互匹配,得到模糊逻辑控制器,如下:

R_1:IF　$V_{\mathrm{FS}}=NL$　AND $V_T=NL$　AND　$V_M=NL$　AND
$V_{\mathrm{LS}}=NL$　AND　$V_{\mathrm{Mg\%}}=NL$　THEN　$U_M=PL$　$U_{FM1}=PL$　$U_{\mathrm{FM2}}=PL$
R_2:IF　$V_{\mathrm{FS}}=NM$　AND　$V_T=NL$　AND　$V_M=NL$　AND
$V_{\mathrm{LS}}=NL$　AND　$V_{\mathrm{Mg\%}}=NL$　THEN　$U_M=PL$　$U_{\mathrm{FM1}}=PM$　$U_{\mathrm{FM2}}=NZ$
R_3:IF　$V_{\mathrm{FS}}=NS$　AND $V_T=NL$　AND　$V_M=NL$　AND
$V_{\mathrm{LS}}=NL$　AND　$V_{\mathrm{Mg\%}}=NL$　THEN　$U_M=PM$　$U_{\mathrm{FM1}}=NM$　$U_{\mathrm{FM2}}=NS$

…　…　…　…

总的模糊关系可以记为:

$$R=R_1\cup R_2\cup R_3\cup\cdots\cup R_n=\bigcup_{i=1}^{n}R_i \tag{6.12}$$

在这里取脱硫过程中的5个主要影响因素V_{FS}(原始硫)、V_T(铁水原始温度)、V_M(铁水量)、V_{LS}(预期脱硫百分比)、$V_{Mg\%}$(颗粒镁含金属镁量)作为输入,即可得出模糊控制器输出B为:

$$B=R(V_{FS}\times V_T\times V_M\times V_{LS}\times V_{Mg\%}) \tag{6.13}$$

这样可以根据关系集R和输入V得出控制输出B。再将控制输出B解模糊,还原成模拟量和数字量,通过模块输出来控制转子给料器变频电机的转速和流量调节阀的开度。将模糊控制加入到先前的控制系统中去,把精确推理变为近似推理,在相当程度上增强了控制系统的容错性。

5. 应用效果及结论

在铁水脱硫中应用模糊控制方法后得到相当好的效果,与以前的控制效果相比更加稳定,易于操作。且在加入模糊控制脱硫后含硫百分比可达到小于0.010%,镁单耗变化范围为0.40~0.80 kg/t,温降比以前有所降低。表6.3为模糊控制与经验控制方法脱硫过程中的各项重要参数比较。由表中可以看出,控制系统中加入了模糊控制后,其系统性能有很大的提高,特别是Mg粉的消耗减少了一半。

表6.3 控制参数对比表

	模糊控制	经验控制
Mg粉/($kg\cdot t^{-1}$)	0.58	1.36
其他试剂/($kg\cdot t^{-1}$)	0.65	1.83
成渣数量/($kg\cdot t^{-1}$)	2.25	3.26
铁损/($kg\cdot t^{-1}$)	0.88	1.35
温降/℃	5~7	10~12

本章小结

本章介绍了专家系统的基本知识,讨论了专家系统的定义、类型、结构。专家系统是一个具有大量的专门知识与经验的程序系统,它应用人工智能技术和计算机技术,根据某领域一个或多个专家提供的知识和经验,进行推理和判断,模拟人类专家的决策过程,以便解决那些需要人类专家处理的复杂问题。介绍了专家系统工作原理,讨论了专家系统的特点、知识的基本概念、知识表示、获取和处理。知识表示主要研究用什么样的方法将求解问题所需的知识存储在计算机中,开发灵活操作这些知识的推理过程,使知识的表示和运用知识的推理控制相融合,便于计算机处理。介绍了专家控制系统的工作原理、类型及基于专家控制的PID控制系统设计,应用专家系统概念和技术,模拟人类专家的控制知识与经验而建造的控制系统即为专家控制系统。通过两个专家控制系统应用实例,即孵化控制系统的专家模糊控制和专家系统在铁水脱硫中的应用,可以对专家控制系统的结构、设计方法与实现有更好的了解,应用结果表明,专家控制系统具有优良的性能,具有广泛的应用领域。

习题与思考题

1. 什么是专家系统？它具有哪些特点和优点？
2. 根据专家系统的一般结构，描述其大致的工作过程。
3. 专家控制系统有哪几种类型？它们有何区别？
4. 在设计专家系统时，应考虑哪些技术？
5. 列举 3 个例子适合于用专家系统求解。
6. 叙述知识的属性和知识表示的要求。
7. 一阶谓词逻辑表示法适合于表示哪种类型的知识？它有哪些主要特点？
8. 试用一阶谓词逻辑描述下列自然语言：
(1)公民有受教育和劳动的权利。
(2)种瓜得瓜，种豆得豆。
(3)每个人都有父母。
(4)我将在适当的时候到贵校访问。
9. 你是如何理解知识获取是专家系统的一个“瓶颈”问题的？
10. 解释机制在专家系统中的地位。

第7章　智能优化算法

本章将从最优化问题的基本概念开始，引出函数优化问题与组合优化问题。进而，在分析智能优化算法基本思想的基础之上，介绍优化算法与控制系统，以及智能优化算法与智能控制系统之间的联系。随后，本章将依次介绍模拟退火算法、遗传算法、粒子群算法以及蚁群算法的基本原理与具体实现步骤，并通过实际算例说明智能优化算法在最优化问题以及控制中的应用。

7.1 引　言

7.1.1 最优化问题及其分类

长久以来，寻找解决问题的方法一直是人类生产生活中追求的主要目标之一，当所要解决的问题有非唯一的可行解时，就需要通过优化来获得符合某种性能指标的最优解。从问题求解的角度看，我们通常希望所付出的“代价”最小，或者希望所获得“回报”最大。也就是说，获得所求解问题最优解决方案的过程是一个寻找“最好”或“最差”的过程。无论是“最好”还是“最差”，在合适的问题背景下都可被称作“最优”，相应的问题也被称为“最优化问题”，而研究最优化问题的理论被称为“优化理论”，用于解决最优化问题的方法则被称为优化方法。

优化方法涉及的领域很广，问题的种类与性质也很多，从优化对象的角度来说，可以将其分为两类，其中一类是解空间为连续变量的函数优化问题（或称为连续优化问题），而另一类是解空间为离散变量的组合优化问题（或称为离散优化问题）。

1. 函数优化问题

例如，令 f 表示工厂生产某种产品的成本，而可以影响产品成本的参数包括时间、原料、人员费用以及生产线的损耗等，这些参数用 n 维连续变量 $x_1, x_2, \cdots, x_n$ 表示。为了寻找产品生产所耗费的最小成本，从函数优化的角度考虑，即是寻找参数为 $x_1, x_2, \cdots, x_n$ 的目标函数 f 的一个最小值 F，使其满足

$$F = \min f(x_1, x_2, \cdots, x_n) \tag{7.1}$$

从这个例子我们可以看出，为了寻找优化问题的最优解，首先需要根据具体的问题定义一个性能指标（或称为目标函数），随后通过调整影响性能指标的参数来获得最好的结果。

遵循上述思路，可以将函数优化问题形式化地描述为：令 E 为 $\mathbf{R}^n$ 上的有界子集且有 n 维连续向量 $\boldsymbol{x} \in E$，$\boldsymbol{x}^{\mathrm{T}} = [x_1, x_2, \cdots, x_n]$，$f: E \to \mathbf{R}$ 为 n 维实值函数。寻找 f 在 E 上的全局最小即寻找 $x_{\min} \in E$，使得 $f(x_{\min})$ 满足

$$f(x_{\min}) \leqslant f(x), \forall x \in E \tag{7.2}$$

当优化问题为寻找目标函数 f 的最大值时，由于

$$\max[f(x)] = -\min[-f(x)] \tag{7.3}$$

即可以通过改变目标函数的符号将其转化为寻找最小值。

进一步考虑上述例子中的产品成本优化问题,我们注意到,目标函数的参数 x 只是令其属于有界实数域而未做更多的限制,在实际中这种情况往往比较少见。对于许多优化问题来说,目标函数的参数往往需要满足一定的条件,例如对于物理系统来说,其必须满足能量守恒定律,再比如对于某个电路系统来说,在满足基本的基尔霍夫电流/电压定律的同时,由于功耗的要求,其输入电流或者电压不能超过某个界限。此类参数需要满足的条件可以表示为等式或不等式的形式,即

$$a_i(x)=0, x \in E \tag{7.4}$$

$$c_i(x) \geqslant 0, x \in E \tag{7.5}$$

当优化问题需要满足某种等式或不等式条件时,其常被称为约束优化问题,相应的,不需要满足等式或不等式条件的优化问题则被称为无约束优化问题。需要说明的是,从求解的角度考虑,约束优化的难度要高于无约束优化问题。

2. 组合优化问题

与函数优化问题相类似,组合优化问题也是针对描述问题的目标函数寻找最优的解,但不同的是,组合优化问题的解空间是离散的。

例如,假设某个公司有给印刷电路板钻孔的机器。为了获得更多的利润,需要尽可能多的生产印刷电路板,从而希望钻孔机器在单个电路板上钻孔的时间最少。对于钻孔机来说,钻一个孔的时间是固定的,因此只能通过减少钻头在不同的孔之间所移动的距离来减少钻孔时间。也就是说,为了获得最少的钻孔时间,需要寻找最短的钻孔路径。假设一块电路板上需要钻 n 个孔,孔的位置分别表示为 $p_1, p_2, \cdots, p_n$,则最短的钻孔路径即为 $\sum_{i=1}^{n-1} d(P_{\pi^*(i)}, P_{\pi^*(i+1)})$ 的最小值,其中 $d(p_{\pi(i)}, p_{\pi(i+1)})$ 表示两个孔 p_i 和 p_{i+1} 之间的距离,π^* 为最小钻孔路径对应的钻孔位置排列顺序,$\pi:\{1,\cdots,n\} \rightarrow \{1,\cdots,n\}$ 表示钻孔位置的某个排列顺序。

通过上述钻孔问题的例子,可以将组合优化问题形式化地描述为:令 $\Theta=\{\theta_1, \theta_2, \cdots, \theta_n\}$ 为所有可行解构成的解空间,$f(\theta_i)$ 为某个可行解 θ_i 对应的目标函数值,优化的目的是寻找最优解 θ^*,使得针对目标函数有下式成立

$$f(\theta^*)=\min f(\theta_i), \forall \theta_i \in \Theta \tag{7.6}$$

典型的组合优化问题有旅行商问题(Traveling Salesman Problem)、加工调度问题(Job Assignment Problem)以及图着色问题(Graph Coloring Problem)等,上述电路板钻孔的例子即可以归为旅行商问题。尽管此类组合优化问题描述起来比较简单,但是对于实际问题来说,随着问题规模的扩大,解空间中可行解的个数随之急剧增加,即出现“组合爆炸”现象,从而即便在计算机处理速度非常高的条件下,验证所有的可行解所需要的时间也会超过解决问题所允许的时间范围。

以上述例子为代表的函数优化与组合优化问题,对于大规模的实际应用来说,使用传统优化算法如线性/非线性规划法、梯度法等往往难以处理,而近年来新出现的,以进化计算、群智能为代表的智能优化算法则为处理此类优化问题提供了新的解决思路。

7.1.2　智能优化算法与智能控制系统

1. 智能优化算法

智能优化算法是一大类算法的通称，是计算智能的重要组成部分，其中包括以达尔文进化原理为基础的进化计算方法，以生物的群体性行为研究为基础的群智能算法，以物理过程模拟为基础的随机搜索算法等。除了这 3 类智能优化算法之外，近年来还出现了模仿人类免疫机制的免疫优化算法，模拟化学反应过程的人工化学反应优化算法等。

进化计算方法主要包括 1966 年由 Owens 等人提出的进化规划(Evolutionary Programming)，1973 年由 Rechenberg 等人提出的进化策略(Evolution Strategies)以及 1975 年由 Holland 提出的遗传算法(Genetic Algorithm)。尽管在具体实现方式上各有不同，但这几类方法都是以达尔文进化原理为基础的，基于种群的随机搜索算法。从算法层面上看，在进化算法中，多个体组成的种群 $P(t)=\{x_i(t)\mid 1\leqslant n\}$ 首先在优化问题的可行解空间 S 中进行初始化，对应于具体的进化计算实现方法，这个可行解空间 S 可以使用不同的编码方式表示。随后对于每个个体，使用适应函数 $f(x_i(t))$ 评价其适应度，此处的适应函数即为根据优化问题抽象得到的目标函数。在算法的搜索过程中，可以对个体进行交叉、变异以及繁殖等操作从而产生新的后代个体，在此过程中可以通过相应的参数控制实施交叉、变异以及繁殖操作的概率。

与进化计算的基本思想不同，群智能算法的基本思想源于 1987 年 Reynolds 建立的分布式行为模型，这种模型被称为 Boid 群体模型，目的是为了在计算机中模拟鸟群的行为。模型中含有多个 Boid 个体，其可以根据动态环境依据自身的感知来做出相应的行为。每个 Boid 个体都必须遵循如下原则：

(1) 规避原则，Boid 个体与 Boid 群体之间不能距离过近，从而减小在空中撞击的可能性。

(2) 复制原则，Boid 个体的飞行方向与速度必须与 Boid 群体的平均飞行方向与速度相一致。

(3) 中心原则，Boid 个体在飞行中应尽量贴近群体的中心，减小暴露在群体外围的可能性。

依据上述基本原则，被仿真个体相对简单行为之间的密集交互作用即可以呈现出复杂的群智能行为，从而可以用于解决优化问题。群智能算法的典型代表是粒子群优化算法(Particle Swarm Optimization Algorithm)与蚁群算法(Ant Colony Optimization Algorithm)。1991 年，Dorigo 在研究自然界中蚂蚁群体觅食行为过程中提出了蚁群算法，算法中利用信息素作为算法后继行为的依据，同时通过多只蚂蚁的协同来完成寻优过程。与蚁群算法类似，粒子群算法基于自然界中鱼群以及鸟群的群体行为，由 Kennedy 与 Eberhart 在 1995 年提出。算法通过调整单个个体(称为粒子)的搜寻路径，以近似随机的方式搜寻目标函数的解空间。

与上述两类算法不同，基于物理系统模拟的优化算法的思路是寻找物理系统变化过程与优化问题之间的相似之处，进而模仿物理系统的变化过程来解决优化问题，其典型算法为模拟退火算法(Simulated Annealing Algorithm)。模拟退火算法的思想最早由 Metropolis 于 1953 提出，进而在 1983 年和 1985 年分别被 Kirkpatrick 和 Cerny 用于解决图分割以及大规模集成电路设计中的组合优化问题。在组合优化问题中,其解空间与退火过程所包含的所有粒子状态类似,而目标函数则代表物理系统的能量。由于物理系统倾向于达到能量较低的状态,因此优化问题的最优解对应能量的最低态。算法由某一较高的初始温度开始,利用 Metropolis 提出的概率抽样策略在解空间中随机搜索,随着温度的不断下降重复抽样过程,最终得到优化问题的最优解。

2. 智能控制系统与智能优化算法

在解释智能优化算法与智能控制系统的关系之前,首先通过一个例子说明优化算法与控制器设计之间的关系。

【例 7.1】 考虑图 7.1 中所示的二阶倒立摆系统,设其小信号线性模型为

$$\dot{\boldsymbol{x}}(t)=\boldsymbol{A}\boldsymbol{x}(t)+\boldsymbol{f}\boldsymbol{u}(t) \tag{7.7}$$

其中

$$\boldsymbol{x}(t)=\begin{bmatrix}\theta_1(t)\\ \dot{\theta}_1(t)\\ \theta_2(t)\\ \dot{\theta}_2(t)\end{bmatrix},\boldsymbol{A}=\begin{bmatrix}0&1&0&0\\ \alpha&0&-\beta&0\\ 0&0&0&1\\ -\alpha&0&\alpha&0\end{bmatrix},\boldsymbol{f}=\begin{bmatrix}0\\ -1\\ 0\\ 0\end{bmatrix} \tag{7.8}$$

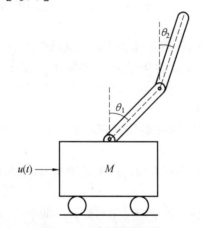

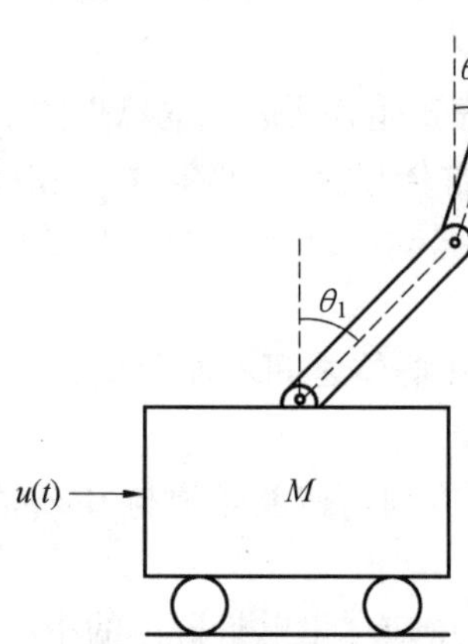

图 7.1 二阶倒立摆系统

$\theta_1(t)$ 与 $\theta_2(t)$ 分别为倒立摆的偏角,$\boldsymbol{u}(t)$ 为外部施加的控制力,$\boldsymbol{A}$ 为系统参数矩阵。系统的控制目标为对小车 M 施加合适的控制力,从而补偿偏角使得倒立摆垂直,即满足 $\theta_1(t)=0$ 与 $\theta_2(t)=0$。

假设在 $t=0$ 时,倒立摆出现偏角即 $\boldsymbol{x}(t)\neq 0$,从而需要确定控制力 $\boldsymbol{u}(t)$,使得系统能够在 $t=T_0$ 时返回平衡态 $\boldsymbol{x}(t)=0$。为了设计控制器,首先将公式(7.7)离散化,可以得到

$$\boldsymbol{x}(k+1)=\boldsymbol{\Phi}\boldsymbol{x}(k)+\boldsymbol{g}\boldsymbol{u}(k) \tag{7.9}$$

其中 $\boldsymbol{\Phi}=\boldsymbol{I}+\Delta t\boldsymbol{A}$,$\boldsymbol{g}=\Delta t\boldsymbol{f}$,$\Delta t$ 为采样时间,$\boldsymbol{I}$ 为单位矩阵。假设 T_0 为采样时间的整数倍,即 $T_0=K\Delta t$,则控制器的设计目标可以表示为寻找控制量序列 $\boldsymbol{u}(k)$,$k=0,1,\cdots,K-1$,使得系统在 $t=T_0$ 时有 $\boldsymbol{x}(T_0)=0$。将控制量序列所消耗的能量表示为

$$J=\sum_{k=0}^{K-1}\boldsymbol{u}^2(k) \tag{7.10}$$

从而上述控制器的设计问题可用如下公式描述

$$\min J = \sum_{k=0}^{K-1} \boldsymbol{u}^2(k), \text{且满足约束条件 } \boldsymbol{x}(K) = 0 \tag{7.11}$$

由公式(7.9) 可以得到

$$\boldsymbol{x}(K) = \boldsymbol{\Phi}^K \boldsymbol{x}(0) + \sum_{k=0}^{K-1} \boldsymbol{\Phi}^{K-k-1} \boldsymbol{g}\boldsymbol{u}(k) = -\boldsymbol{h} + \sum_{k=0}^{K-1} g_k \boldsymbol{u}(k) \tag{7.12}$$

其中 $\boldsymbol{h} = -\boldsymbol{\Phi}^K \boldsymbol{x}(0)$ 且 $\boldsymbol{g}_k = \boldsymbol{\Phi}^{K-k-1}\boldsymbol{g}$,从而式(7.11) 中的约束条件 $\boldsymbol{x}(K) = 0$ 与下式等价

$$\sum_{k=0}^{K-1} \boldsymbol{g}_k \boldsymbol{u}(k) = \boldsymbol{h} \tag{7.13}$$

令 $\boldsymbol{u} = [u(0)u(1)\cdots u(K-1)]^{\mathrm{T}}$,$\boldsymbol{G} = [g_0 \quad g_1 \quad \cdots \quad g_{K-1}]$,则可以进一步将(7.13) 表示为

$$\boldsymbol{G}\boldsymbol{u} = \boldsymbol{h} \tag{7.14}$$

通过上述变换,式(7.11)可以用下式描述

$$\min \boldsymbol{u}^{\mathrm{T}}\boldsymbol{u}, \text{且满足约束 } \boldsymbol{a}(\boldsymbol{u}) = 0 \tag{7.15}$$

其中 $\boldsymbol{a}(\boldsymbol{u}) = \boldsymbol{G}\boldsymbol{u} - \boldsymbol{h}$。考虑到实际应用中,控制量 $\boldsymbol{u}(i)$ 不可能无限大,从而其需要满足额外的约束条件 $|\boldsymbol{u}(i)| \leqslant m, i = 0, 1, \cdots, K-1$,令

$$\boldsymbol{c}(\boldsymbol{u}) = \begin{bmatrix} m+u(0) \\ m-u(0) \\ \vdots \\ m+u(K-1) \\ m-u(K-1) \end{bmatrix} \geqslant 0 \tag{7.16}$$

综合式(7.15)与(7.16),式(7.11)中的控制器设计问题最终可以表示为

$$\min \boldsymbol{u}^{\mathrm{T}}\boldsymbol{u}, \text{且满足约束 } \boldsymbol{a}(\boldsymbol{u}) = 0, \boldsymbol{c}(\boldsymbol{u}) \geqslant 0 \tag{7.17}$$

从上式可以看出,例 7.1 中的控制器的设计问题被转化为简单的优化问题,而且具有明确的数学模型,经由传统的优化算法(如动态规划方法)计算后即可完成控制器的设计。

对于智能控制系统的设计问题,也可以通过类似的例 7.1 原理解决,但是不能简单地应用传统的优化方法。究其原因,首先,相较于智能优化算法,传统的优化算法存在多方面的不足,如:

(1)需要被优化的问题有精确的数学模型,易于陷入局部最优解。

(2)解的质量依赖于被选定的初始解。

(3)一种优化方法难以应用到多种优化问题。

(4)难以并行实现,执行速度慢。

其次,从智能控制系统的角度看,其对优化算法也有要求。

(1)智能控制系统中被控对象的动态特性具有非线性、时变性、不确定性等复杂特性,控制对象往往没有精确数学模型,因而控制器设计问题也无法转化为有精确数学模型的优化问题。

(2)即便能够转化为具有精确数学模型的优化问题,其解空间通常也具有多个局部最优解,从而无法简单地应用传统的优化算法解决。

(3)智能优化算法在提出时,并不是针对某个类型的优化问题的,因而具有普适性,可以满足不同类型优化问题的需要。

(4)许多智能优化算法(如遗传算法、粒子群算法)天然的具有并行处理的特点,从而可

以提高算法执行的效率。

此外，由于智能优化算法还具有初始值不敏感、参数自适应等特点，使其更适用于调整智能控制器的控制参数乃至结构参数，从而可以根据被控对象动态特性的需要不断对控制器做出调整。

综合上述理由，智能控制系统在设计中需要与智能优化算法结合起来，使得智能控制器不仅要有好的控制策略，还包括必要的智能优化算法，在控制过程中优化必要的控制参数，从而使其对于复杂的被控对象能够获得良好的控制效果。

7.2　模拟退火算法

模拟退火算法(Simulated Annealing Algorithm)是一种启发式搜索算法，由 Krikpatrick 与 Cerny 于 1983 年和 1985 年分别提出，用于解决图分割以及大规模集成电路设计中的组合优化问题。随后，模拟退火算法又被用于解决连续优化问题。由于模拟退火算法具有简单有效的特点，因而不仅在 20 世纪 80 年代给整个启发式搜索研究领域带来了重大的影响，同时也在工程中得到了广泛的应用。

7.2.1　模拟退火算法的基本原理

由于物理系统中固体的退火过程与组合优化问题之间存在很强的相似性，因此在介绍模拟退火算法之前，作为背景知识，首先简单地介绍一下物理退火过程。

1. 物理退火过程与 Metropolis 准则

在凝聚态物理学中，退火过程被看作是热槽中的固体获得低能量状态的一个热过程，这个过程包括下述两个步骤：

(1)升高热槽温度至可使固体融化的最大值。

(2)缓慢地降低热槽的温度直至粒子的排列达到固体的基态。

基于凝聚态物理理论可知，在液相时，粒子的排列是随机的，而到达固体基态时，粒子的排列将呈现为高度结构化的晶格状，相应的能量达到最小。但是，只有在升温到足够高且降温足够慢时，固体才能达到其基态；反之，固体将会凝结到一个亚稳态而不是真正的基态。若固体凝结到亚稳态，则其在降温过程中的每个温度都不是热平衡状态；若降温过程足够缓慢，则固体在每个温度都能够达到热平衡状态。

为了模拟上述固体热平衡的演化过程，Metropolis 等人在 1953 年提出了一种基于 Monte Carlo 原理的重要性采样算法。在此算法中，令固体当前状态为 i，其能量为 E_i，随后通过摄动原理(例如替换单个粒子)将当前状态变换为后继状态 j，其能量为 E_j。若两个状态的能量之差不大于 0，即 $E_j-E_i\leqslant 0$，则接受后继状态 j 为当前状态。若能量差大于 0，即 $E_j-E_i>0$，则以概率 P_a 接受后继状态 j 为当前状态，P_a 用下式表示

$$P_a=\exp\left(-\frac{E_j-E_i}{k_B T}\right) \tag{7.18}$$

式中　T——热槽温度；

k_B——Boltzmann 常数，而上述接受后继状态的准则称为 Metropolis 准则。

在固体热平衡演化过程的模拟算法中，由于多次重复 Metropolis 准则，即经过大量迁移

后，最终使系统趋于能量较低的平衡态，因此模拟算法也被称为 Metropolis 算法。在 Metropolis 算法中，使用 Boltzmann 分布来表征温度为 T 时，热平衡固体处于能量为 E_i 的状态 i 的概率，即有

$$P_T\{X=i\}=\frac{\exp(-E_i/k_B T)}{\sum_j \exp(-E_j/k_B T)} \tag{7.19}$$

式中　X——表示当前状态的随机变量，求和则针对所有可能的状态。

从 Metropolis 准则可以看出，重要性采样过程在高温下可接受与当前状态能量差别较大的新状态，而在低温下基本只接受与当前能量差较小的新状态，这与不同温度下热运动的影响完全一致，而且当温度趋于零时，就不能接受比当前状态能量高的新状态，这就使得模拟退火算法的搜索过程可以避免陷入局部最优点，并最终趋向全局最优，如图 7.2 所示。

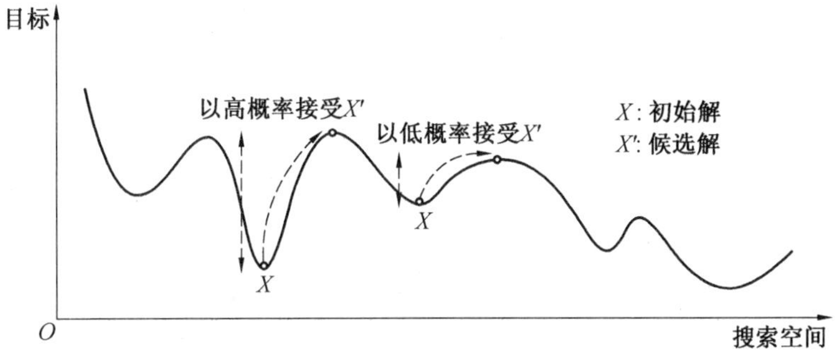

图 7.2　模拟退火算法脱离局部最小的示意图

2. 物理退火过程与组合优化问题的相似性

在引言中我们提到，组合优化的目标是在问题的解空间 $\Theta=\{\theta_1,\theta_2,\cdots,\theta_n\}$ 中寻找最优解 θ^*，使其对应的目标函数 $f(\theta^*)$ 值最小（假设最小值优化问题）。如果将优化问题的目标函数对应为系统的能量状态，而将系统的所有状态与优化问题的解空间相对应，则物理退火过程与组合优化问题在某些方面具有相似性，见表 7.1。

表 7.1　物理系统退火过程与组合优化问题的相似性

物理退火过程	优化问题
系统状态	解空间
粒子位置	决策变量
能量	目标函数
基态	全局最优解
亚稳态	局部最优解
温度	控制参数

7.2.2　模拟退火算法的基本步骤与参数选择

模拟退火算法可以看作是由一系列的 Metropolis 算法组成，由较高初始温度开始，在温度的下降过程中不断地重复抽样过程，从而在可行解空间中进行随机搜索，最终得到问题的最优解。

1. **基本步骤**

标准模拟退火算法的基本步骤可以描述为：

【算法 7.1】 标准模拟退火算法：

(1)输入：降温方案(包括初始解、初始温度、平衡条件，以及停止准则等)。

① 生成初始解 $s=s_0$；

② 初始温度 $T=T_{\max}$；

(2)重复如下步骤：

① 针对第 i 个温度 T_i，重复如下步骤。

a. 生成随机候选解 s'，当前解为 s，令 $\Delta E=f(s')-f(s)$；

b. 若 $\Delta E\leqslant 0$，则令 $s'=s$；否则以概率 $\exp(-\Delta E/k_{\mathrm{B}}T_i)$ 接受候选解 s'；

c. 满足平衡态条件时，结束(例如对于 T_i，重复 n 次)；

② 更新温度，即 $T_i=g(T)$；

③ 满足停止准则时(例如 $T_i<T_{\min}$)，则结束。

(3)输出得到的最优解。

算法中，针对不同类型的问题，需要应用不同的编码方式来表示解空间中的可行解。例如对于组合优化问题，通常使用二进制编码表示可行解；反之对于函数优化问题，则使用实数编码来表示可行解。确定了编码方式之后，需要针对要解决的问题进一步选择降温方案中的各种参数。

2. **降温方案中的参数选择**

我们从算法 7.1 描述的模拟退火过程中可以注意到，在整个算法过程中，降温方案的确定是最为基本且重要的。实际上，模拟退火算法的性能对于不同的降温方案非常敏感。在降温方案中，需要确定的参数为算法的初始温度、候选解的生成、某个温度的平衡态、降温函数，以及与停止准则相关的最终温度等。

(1)首先，考虑算法中初始温度选择的基本原则。由 Metropolis 准则可知，如果初始温度非常高，则搜索过程将成为随机搜索；而若初始温度非常低，则搜索过程则会成为局部搜索。因此，为了对这两种情况进行折中，一方面初始温度不能太高，否则算法初始运行的一段时间内的搜索过程都是随机的，另一方面温度又高到可以使得产生的候选解能够覆盖当前解的邻近区域。综合来说，选择初始温度可以遵循下述 3 种策略。

①全部接受策略：将初始温度设定很高，使得算法在初始化时接受所有生成的候选解，这种策略的不足在于将使计算量变得很大。

②标准差接受策略：通过初步实验将起始温度设定为 k_σ，其中 σ 表示目标函数值的标准差，而 $k=-3/\ln(p)$，其中 p 为比 3σ 大的接受概率。

③比例接受策略：设定起始温度，使得候选解的接受比例大于预先确定的值 a_0，即

$$T_0=\frac{\Delta^+}{\ln[m_1(a_0-1)/m_2+a_0]} \tag{7.20}$$

式中　m_1, m_2——在初步实验中减少或增加的解的数量；

　　Δ^+——目标函数值增加量的平均值。

例如，可以将初始温度设定在接受比例在区间[40%，50%]之内。

(2)其次,考虑算法达到平衡状态所需迁移的次数。在每个温度下,平衡态都需要通过许多次迁移(即迭代计算足够数量的候选解)才能达到。从理论上说,每个温度下迁移的次数应该与问题规模成指数关系,但在应用中这个要求很难满足。在实际应用中,设解空间为 S,当前解 s 的近邻子集为 $N(s) \subset S$,$|N(s)|$ 表示 $N(s)$ 中候选解的数量,则迁移次数可以根据问题的规模来设定且与之成比例。根据这个基本思想,需要经历的迁移次数可以依据下述两种策略确定。

①静态策略:在静态策略中,迁移的数量在搜索开始之前确定。例如,预先设定搜索的范围与近邻子集成比例 r,从而由当前解生成的候选解的数量为 $r \cdot |N(s)|$,比例 r 越大,则计算量越大,同时结果越好。

②自适应策略:在此策略下,生成候选解的数量依赖于每个温度下搜索的结果。令 f_l 与 f_h 分别表示上一个温度下得到最小和最大的适应函数值,则可以使用下式计算下一个温度下生成候选解的数量 L:

$$L = L_B + \lfloor L_B \cdot F\_ \rfloor \tag{7.21}$$

式中　$\lfloor x \rfloor$——不大于 x 的最大整数;

$F\_ = 1 - \exp[-(f_h - f_l)/f_h]$;

L_B——生成候选解的数量的初始值。

为了能够达到平衡态,除了候选解数量之外,候选解的质量也尤为重要,需要尽可能地保证候选解遍布全部解空间。候选解通常在当前解的领域结构内以一定概率方式产生,领域结构与概率产生方式和具体问题相关。

(3)再次,考虑温度更新策略。对于温度更新来说,算法的计算量与温度下降速度二者之间是折中的关系。如果温度下降缓慢,则可以得到更好的优化解,但是同时会显著增加计算量。可以应用如下几种方式实现温度的更新。

①线性更新:令 β 为常数,$T_0 = T_{max}$ 为初始温度,则第 i 个温度的计算公式为

$$T_i = T_0 - i \times \beta \tag{7.22}$$

②几何更新:令 α 为常数,且满足 $\alpha \in [0,1]$,则第 i 个温度的计算公式为

$$T_i = \alpha T_{i-1} \tag{7.23}$$

α 的经验值通常选在 0.5 至 0.99 之间。

③对数更新:温度更新的公式为

$$T_i = \frac{T_0}{\log(i)} \tag{7.24}$$

实际应用中这种温度更新方式很慢,但是从理论上可以证明其能够收敛至全局最优。

除了上述几种温度更新方式以外,还可以根据在搜索中获取的相关信息设计自适应温度更新准则,从而在高温时生成较少的候选解而在低温时生成较多的候选解。

(4)最后,考虑算法的停止准则。对于模拟退火算法,理论上算法应在温度 $T=0$ 时停止,在实际应用中,可以使用下述几种停止准则。

①温度很低时则停止搜索,例如令 $T_{min} = 0.001$。

②搜索过程的迭代次数达到预先设定的值,则停止搜索。

③搜索到的最优值连续若次保持不变,则停止搜索。

模拟退火算法在针对具体问题的实现时,降温方案中参数选择的依据是一些启发式准

则和待求问题的性质,无法通过理论进行分析得到"最佳"的算法参数,但与局部搜索方法相比,模拟退火算法的通用性强,算法易于实现,在解决实际问题过程中取得了良好的效果。

7.2.3 模拟退火算法应用实例

1. 函数优化实例

模拟退火算法既可以用于解决组合优化问题,也可以用于解决函数优化问题,解决这两类问题,算法上的主要区别在于编码与候选解产生方式的不同。与组合优化中常用的二进制编码不同,为了避免精度受限以及存储空间大的缺点,函数优化中常用实数编码。候选解产生方法,函数优化中最常用的方案为

$$s'=s+\eta\zeta$$

式中 η——扰动幅度参数;

ζ——随机扰动变量,可以服从高斯分布、均匀分布以及柯西分布等。

以 Rosenbrock 函数为例,其表达式为

$$f(x,y)=(1-x)^2+100\,(y-x^2)^2 \tag{7.25}$$

其在三维空间中的分布如图 7.3 所示,优化搜索的目标是求其全局最小,图 7.4 是其在笛卡儿坐标系下的投影,图中的"□"表示其全局最小值 0,对应坐标为(1,1)。

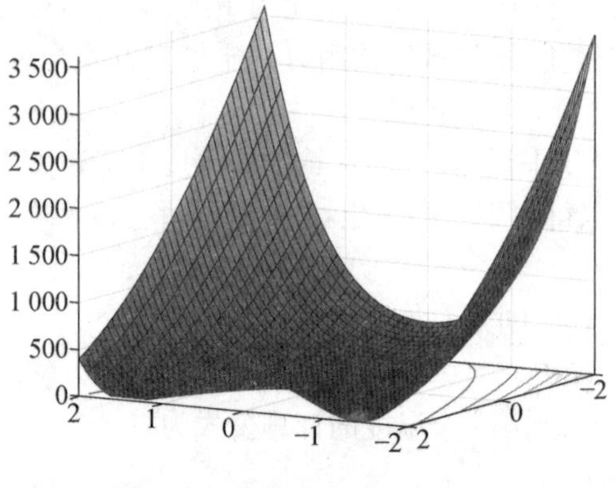

图 7.3 三维空间 Rosenbrock 函数分布图

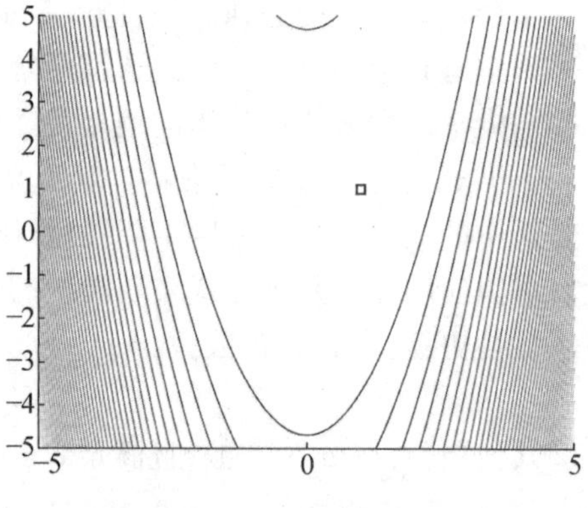

图 7.4 Rosenbrock 函数投影图

应用模拟退火算法解决这个优化问题,首先令候选解生成函数为 $s'=s+\eta\zeta$,其中 ζ 服从高斯分布。令初始温度为 1,温度更新使用几何方法,参数 $\alpha=0.95$,算法停止温度为 $T_{\min}=10^{-8}$,候选解最大接受数量为 250,初始解为(−1,−1)。图 7.5 为模拟退火算法的搜索过程中候选解的分布图,其中". "表示生成的候选解,"∘"处为最优解,从图中可以看出,在搜索过程中,已经有候选解在最优解处出现。

2. 基于模拟退火算法的模糊控制器参数的组合优化

图 7.6 表示具有多个参数可调整的模糊控制器。其中 K_e,K_{ce} 分别为误差和误差变化的量化因子;K_{u1},K_{u2} 分别为模糊控制器输出的比例和积分系数,模糊控制器使用解析模糊控制规则,可表示为

$$U=\langle \alpha E+(1-\alpha)EC\rangle,\alpha\in[0,1] \tag{7.26}$$

式中 α——时变修正函数,用于动态调整解析模糊控制规则,其表达式为

$$\alpha(e,\gamma)=\sqrt{1-\exp(-\gamma|e|)} \tag{7.27}$$

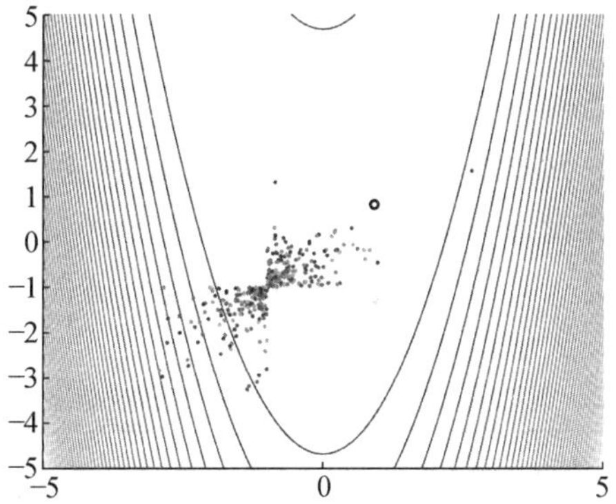

图 7.5　模拟退火算法搜索过程中候选解分布图

式中　e——误差；

γ——正的加权系数；

exp(·)——指数函数。

对于不同被控对象的动态特性，通过调整加权系数 γ 的大小可以改变 α 随时间变化的规律，从而调整了控制量的大小。上式中取平方根的原因是：$|\delta|$ 的值变化很小时，α 的变化更小，为了放大这种变化量，式(7.26)给出了不同大小的控制量 u。

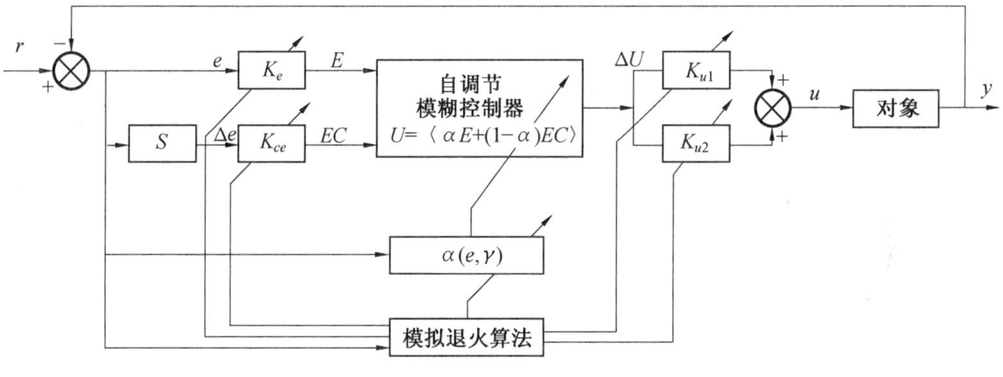

图 7.6　具有时变修正函数的模糊控制器

图 7.6 所示的模糊控制器中，参数 K_e，K_{ce}，K_{u1}，K_{u2} 和 γ 的不同取值都会影响系统的性能。这一点不难理解，因为 K_e，K_{ce} 为输入变量的量化因子，对于相同的输入量，取不同的输入量化因子时，得到的输入量的模糊量也不相同，同时，改变了输入量化因子，也起到了改变模糊控制规则的作用。加权系数 γ 的大小决定了 α 随时间变化的规律，进而决定了模糊控制规则随时间变化的规律，因此改变了模糊控制器的输出量的变化规律。模糊控制器的控制量经过比例和积分系数 K_{u1} 和 K_{u2} 的变换，最终输出到被控对象上，因而其取值的变化也会影响控制性能。

在这里必须指出的是，由于上述的这 5 个参数都能影响控制器的性能，而改变不同的参数可能获得相同的效果，为了获得较好的控制性能，仅仅调节其中的某一个或者某几个参数，都不可能得到令人满意的控制效果。在这里，我们将模糊控制器的参数设计作为组合优化问题来处理，通过对控制器的 5 个参数同时进行优化，以期得到较好的控制性能。

使用模拟退火算法对上述这 5 个参数同时进行寻优，给定其目标函数为

$$J=\int_{-\infty}^{+\infty} t\,|\,e\,|\,\mathrm{d}t+\lambda\cdot\delta \tag{7.28}$$

指标函数中加入 $\lambda\cdot\delta$ 这一项是为了限制系统的超调，λ 为权值，δ 为超调量。优化算法的最终目标是求取使 $J(K_e,K_{ce},K_{u1},K_{u2},\gamma)=\min J$ 的一组 K_e,K_{ce},K_{u1},K_{u2} 和 γ 的值。

为了验证这种组合优化设计方法的有效性，分别针对不同的对象，应用具有时变修正函数的模糊控制器结合模拟退火算法优化控制器参数进行仿真。表 7.2 中给出了仿真结果，所有仿真对象稳态误差的最大值均在 0.08% 以内。

表 7.2　模拟退火算法优化的解析模糊控制器仿真结果

对　　象	上升时间/超调量
$\dfrac{20\cdot e^{-2T_cS}}{2\cdot s+1}$，采样时间 $T_c=0.05$ s	$t_s=3.4$ s/$\sigma_p=0$
$\dfrac{1}{s(0.001s+1)}$，采样时间 $T_c=0.05$ ms	$t_s=1$ ms/$\sigma_p=0$
$\dfrac{e^{-200T_cS}}{(10s+1)(6s+1)}$，采样时间 $T_c=0.05$ s	$t_s=42.7$ s/$\sigma_p=0$
$\dfrac{k\cdot(1-\rho s)}{(Ts+1)^2}$，$k=1,\rho=1.2$，采样时间 $T_c=0.05$ s	$t_s=5$ s/$\sigma_p=0$
$\dfrac{k}{(s+1)(ps-1)}$，采样时间 $T_c=0.05$ s	$t_s=5$ s/$\sigma_p=0$
$\begin{cases}y(k)=0.8y(k-1)-0.6y(k-2)+\\ \quad 0.4x(k-1)+0.2x(k-1)\\ x(k-1)=u(k-1)+0.3u^2(k-1)\end{cases}$，采样时间 $T_c=1$ s	$t_s=19$ s/$\sigma_p=2.2\%$

表中的仿真结果表明，使用模拟退火算法优化设计得到的模糊控制器具有响应快、超调小（无超调）、稳态精度高等优点。

7.3　遗传算法

7.3.1　进化计算与遗传算法

进化计算是模拟自然界进化过程的一类计算方法，起源于达尔文提出的生物进化理论。由于自然界的进化过程可以通过不同的计算模型进行描述，从而在进化计算中也存在不同类型的进化算法，其主要包括进化规划（Evolutionary Programming，EP）、进化策略（Evolutionary Strategies，ES）与遗传算法（Genetic Algorithms，GA）3 类。

在进化算法中，假设 P 为个体组成的种群，种群 P 中的个体可以不是所要解决问题的解，其可以是部分解或者解的集合，还可以是能够转化为问题解的不同类型的对象。所有可能个体的集合称为基因型（Genotype）空间，用符号 G 表示；优化问题的搜索空间称为表现型（Phenotype）空间，用符号 S 表示；种群中个体的结构称为解的编码。G 和 S 分别为生长函数 g 的域（Domain）与上域（Codomain）。在某些情况下，G 和 S 是等价的，此时生长函数 g 为恒等函数（Identity Function）。事实上，g 所要满足的唯一要求是满射，即对于每一个 $s\in S$，必须存在一个 $i\in G$，使得 $g(i)=s$。此外，在冗余表示时，对于 G 中的某些元素，g 可能是未定义的或者根本就不是单射的。

在进化算法初始化时，需要在基因型空间 G 上使用函数 ι 生成初始种群，函数 ι 表示随机生成个体的一个随机过程。随后，在算法的每一代（每一次迭代）中进行 3 种主要的操作。首先，使用函数 σ 在当前种群 P 中选择个体集合 P'，选择依据是个体的适应度。适应度与目标函数紧密相关，是个体所代表的优化问题解的优良程度的度量值。其次，在 P' 上使用函数 ω_r 生成后代种群 P''。最后，在当前种群 P 和后代种群 P''中的个体上使用置换函数 ψ，从而生成下一代种群 P。进化算法执行过程中，上述操作重复迭代直至满足终止条件（例如达到最大迭代数量）。多数情况下，进化算法的种群规模是固定的，但种群规模可以在运行中变化。依据上述过程，算法 7.2 给出了进化算法的基本结构。

【算法 7.2】　进化算法：

（1）初始化，在基因型空间 G 上使用函数 ι 生成 μ 个个体组成种群 P；

（2）未满足停止条件时，重复如下操作过程：

①选择操作，对 P 使用函数 σ 生成 P'；

②繁殖操作，对 P'使用函数 ω_r 生成 P''；

③置换操作，对 P 和 P''使用函数 ψ 生成 P。

无论哪种类型的进化算法，其基本结构都与算法 7.2 相符，而不同之处则在于具体的实现方式。

进化规划的重点在于个体的自适应性而不是遗传信息的进化，这就意味着需要抽象地应用进化过程，也即直接去操作个体的行为而不是个体的基因，对个体的行为进行建模则常使用有限自动机或图等复杂数据结构。在进化规划中，繁殖操作通过对已有解进行小幅调整（如变异操作）来实现，而选择操作则通过个体之间的直接竞争实现。

进化策略技术在刚提出时，其目标是解决工程问题，从而其特点在于对浮点数组的操作。尽管最近也出现了离散形式的进化策略方法，但其主要用途还是用于解决连续优化问题。进化策略的最重要的特征是应用自适应机制来控制变异操作，这种自适应机制使得在优化搜索过程中，个体进化的同时变异操作的参数也在进化。

遗传算法是进化算法的主要方法之一，由 John Holland 于 1975 年提出，并在其专著中首次提出了遗传算法的理论基础——模式理论。David Goldberg 在其 1989 年的博士论文中应用遗传算法解决了天然气管道输送中的复杂控制问题，从而使得遗传算法在离散优化领域被广泛应用。对于解决优化问题来说，遗传算法具有如下优点：

- 既可以实现连续优化，也可以实现离散优化；
- 不需要优化问题的导数信息；
- 可以在解空间同时搜索多个可行解；
- 可以同时处理多个变量；
- 算法本质上是并行的，易于并行实现；
- 能够避开局部极小，从而可以解决复杂的优化问题；
- 可以在给出最优解的同时给出相关的最优参数；
- 由于通过编码方式解决优化问题，从而算法不仅可以处理离散数据与解析函数，甚至能够处理以符号数据表示的优化问题。

7.3.2　二进制遗传算法原理与关键步骤

如前所述,遗传算法模拟了基因重组与自然选择的过程,既可以完成离散优化问题也可以完成连续优化问题,不同之处在于前者使用二进制串来表示变量并最小化适应函数,而后者则使用连续变量来最小化适应函数。由于遗传算法在出现时使用二进制串表示变量,因此本节首先介绍二进制遗传算法。

图 7.7 中给出了二进制遗传算法的基本步骤以及各步骤之间的先后关系,在规定的终止条件被满足后,算法终止并输出结果。

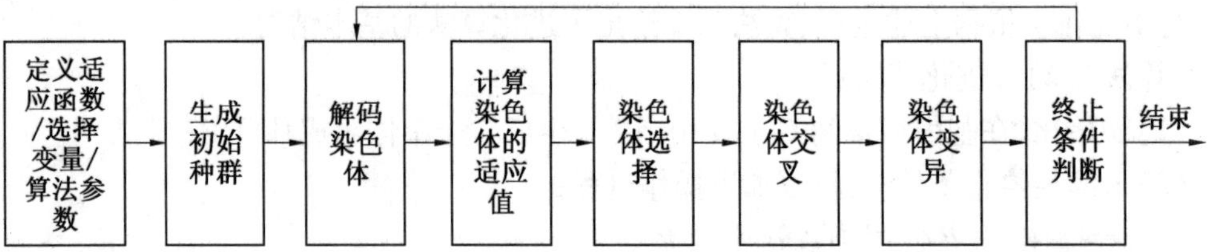

图 7.7　二进制遗传算法的基本步骤组成

1. 变量选择与适应函数

为了应用遗传算法解决优化问题,首先需要根据问题定义被优化的变量集合即染色体(chromosome)。若染色体包含 N_{pop} 个变量 $p_1, p_2, \cdots, p_{N_{\mathrm{pop}}}$,则其可看作是具有 N_{pop} 个元素的行向量,即

$$chromosome = [p_1, p_2, p_3, \cdots, p_{N_{\mathrm{pop}}}] \tag{7.29}$$

对于每个染色体,通过适应函数 f 计算其适应度,即

$$f(chromesome) = f(p_1, p_2, \cdots, p_{N_{\mathrm{pop}}}) \tag{7.30}$$

通常适应函数都比较复杂,包含很多的优化变量。在实际应用中,如果遗传算法中的变量太多,会使得解空间过于复杂,从而难以找到最优解。因此对于实际问题,被优化变量的选择以及数量往往依赖于经验或通过试凑法确定。例如,需要优化一辆汽车的耗油量,则汽车的尺寸、重量以及引擎质量等对于优化问题来说是重要的变量,而前车灯质量或者车漆的颜色则与耗油量无关。

2. 变量的编码与解码

在二进制遗传算法中,使用二进制串表示变量值,从而对于连续值来说需要有相应的方法将其转化为二进制,且在完成优化后将结果转换为连续值。此类转换通常使用量化采样的方式实现,也就是将一个连续值域分为互不相交的子域,随后给每个子域指定唯一的离散值,实际的数值与其量化等级之间的差被称为量化误差。

对于第 n 个变量 p_n,其二进制编码与解码的公式如下。

编码公式

$$p_{\mathrm{norm}} = \frac{p_n - p_{\mathrm{lo}}}{p_{\mathrm{hi}} - p_{\mathrm{lo}}} \tag{7.31}$$

$$gene[m] = round\left\{p_{\mathrm{norm}} - 2^{-m} - \sum_{p=1}^{m-1} gene[p_n] 2^{-p_n}\right\} \tag{7.32}$$

解码公式
$$p_{\text{quant}} = \sum_{m=1}^{N_{\text{gene}}} gene[m]2^{-m} + 2^{-(m+1)} \tag{7.33}$$
$$q_n = p_{\text{quant}}(p_{\text{hi}} - p_{\text{lo}}) + p_{\text{lo}} \tag{7.34}$$
其中 $0 \leqslant p_{\text{norm}} \leqslant 1$ 为规范化变量，p_{lo} 为最小变量值，p_{hi} 为最大变量值，$gene[m]$ 为二进制串表示的 p_n，称为基因。$round\{\cdot\}$ 为取整函数，p_{quant} 为量化的 p_{norm}，q_n 为 p_n 量化值。

依据上述公式，假设使用 8 位二进制串基因表示每个变量 p_i，则对于包含 N_{pop} 个变量的染色体，其可以应用公式(7.32)将其编码为
$$chromosome = [\underbrace{01010111}_{gene_1}\underbrace{10111000}_{gene_2}\cdots\underbrace{00010101}_{gene_{N_{\text{pop}}}}] \tag{7.35}$$
相应的，依据公式(7.34)将其解码后可以得到 $p_1, p_2, \cdots, p_{N_{\text{pop}}}$ 的量化值 $q_1, q_2, \cdots, q_{N_{\text{pop}}}$。

3. 种群与染色体的自然选择

在遗传算法的迭代过程中，每一代都需要进行自然选择操作。设二进制遗传算法的种群包含 N_{pop} 个染色体，且染色体长度为 N_{bit}，则自然选择原理可以通过如下方式实现。首先，根据适应函数计算 N_{pop} 个染色体的适应度，并将其从小到大排列。其次，设定比例参数 X_{rate}，表示 N_{pop} 个染色体在自然选择后能够参与交叉操作的比例。依据 X_{rate} 与 N_{pop} 计算每一代能够保留的染色体数量为
$$N_{\text{keep}} = X_{\text{rate}} N_{\text{pop}} \tag{7.36}$$
在实际应用中，确定保留以及舍弃染色体的数量是个折中的过程。由于依据染色体适应度大小选择保留的染色体，从而若保留的染色体数量太少，则能够遗传到后代的好基因就少；相应的，如果保留染色体数量太多，则遗传到后代的坏基因就多。

除了上述使用比例参数实现自然选择的方法之外，还可以针对适应度函数设定阈值实现自然选择。也就是说，对于所有的染色体，只有在其适应度超过阈值时，其基因才能遗传到下一代个体中。

上述步骤完成后，对于规模为 N_{pop} 的种群，除保留的 N_{keep} 个染色体外，还需要生成 $N_{\text{pop}} - N_{\text{keep}}$ 个染色体用于替换舍弃的染色体，从而使得下一代种群的规模不变。为了生成新的染色体，就需要从保留的 N_{keep} 个染色体中挑选进行配对的染色体，配对选择方法有如下几种：

①顺序配对，将依照适应度大小排序编号的 N_{keep} 个染色体按奇偶顺序进行配对，尽管这种方法与自然界配对的情况不太相符，但是其优点在于容易编程实现。

②随机配对，对于依据适应度大小排序编号的染色体，在 $[1, N_{\text{keep}}]$ 范围内生成服从均匀分布的两个随机数，选择对应编号的染色体进行配对。

③加权随机配对，每个参与配对的染色体都被分配一个配对的概率值，概率值大小与其适应度成反比。也就是说，适应度高的染色体被分配以较低的概率值，反之适应度低的染色体分配以较高的概率值，这种配对的方法常被称为轮盘赌法，可通过两种方式实现。

第一种实现方式称为等级加权。首先根据染色体适应度将其由小到大排列等级（设排列后适应度最小的染色体等级为 1，适应度最大的染色体等级为 N_{keep}），随后使用下式计算分配给等级 i 染色体的概率，
$$P_i = \frac{N_{\text{keep}} - i + 1}{\sum_{i=1}^{N_{\text{keep}}} i} \tag{7.37}$$

以及等级 i 的累计概率 $P_i^c=\sum_{k=1}^{i}P_k$。最后,生成0与1区间的一个随机数 P_r,按等级大小排列的染色体中累计概率 P_i^c 大于 P_r 的第一个染色体即为选中配对的染色体。

第二种实现方式称为适应度加权。此时,配对概率的计算不是依据染色体等级,而是依据染色体的适应度大小。首先将保留的染色体依据适应度从小到大排列并编号,随后计算第 i 个染色体的规范化适应度,即

$$F_i=f_i-f_{\mathrm{keep}+1} \tag{7.38}$$

式中 $f_{\mathrm{keep}+1}$—— 舍弃的 $N_{\mathrm{pop}}-N_{\mathrm{keep}}$ 个染色体适应度的最小值。

其次,依据规范化适应度计算分配给第 i 个染色体的概率,计算公式为

$$P_i=\left|\frac{F_i}{\sum_{k=1}^{N_{\mathrm{keep}}}F_k}\right| \tag{7.39}$$

继而计算累积概率 P_i^c,最后通过生成0与1区间的一个随机数 P_r 选择配对的染色体。

④ 竞争配对,在保留的 N_{keep} 个染色体中随机选择一个子集(由2~3个染色体组成)。在这个染色体子集中,选择适应度最小的染色体进行配对。

需要指出的是,不同的配对选择方法生成的参与配对的染色体也不相同,从而由这些染色体作为父代产生的子代染色体也不同,不同配对选择方法的差异在于侧重点不同,但对于算法的结果来说并没有优劣之分。

4. 染色体交叉

染色体的交叉操作又称为杂交操作,其目的是基于配对选择出的父代染色体生成新的子代染色体。以单点交叉方式为例,在两个父代染色体(C_1 与 C_2)的交叉过程中,首先在染色体的二进制串中随机选择一个交叉点,随后以交叉点为界交换 C_1 与 C_2 两个染色体中的基因。表7.3中给出了应用上述方式生成子代染色体的例子,其中父代 C_1 与 C_2 染色体的交叉点为二进制串的第5位与第6位之间,父代 C_3 与 C_4 染色体的交叉点为二进制串的第10位与第11位之间。

表7.3 单点交叉方式由父代染色体生成子代染色体

染色体父代/子代	二进制串
C_1	00101111001000
C_2	11101100000001
O_1	00101100000001
O_2	11101111001000
C_3	00101111001000
C_4	00101111000110
O_3	00101111000110
O_4	00101111001000

为了保证种群中染色体个数不变,在交叉过程中需要生成 $N_{\mathrm{pop}}-N_{\mathrm{keep}}$ 个子代染色体,从而子代染色体种群规模依旧为 N_{pop}。

5. 染色体变异

遗传算法中,变异操作被用于改变染色体二进制串中的某些位。通过变异操作,可以将

原始种群中不存在的基因引入染色体中,从而使得染色体能够覆盖解空间中更多的解。在二进制遗传算法中,单点变异方法将二进制串中的某个位由 0 变 1 或者由 1 变 0,而多点变异方法则是将二进制串中的某几位由 0 变 1 或者由 1 变 0。

对于包含 N_{pop} 个染色体,且染色体长度为 N_{bit} 的种群,变异位可以在 $N_{pop}\times N_{bit}$ 中随机选择。需要指出的是,进行变异操作的二进制位的总数不能过大,也不能过小,需要折中选择。当变异位总数过大时,会使得算法收敛过慢;而当变异位总数过小时,则会使得搜索范围无法跳出局部最优。

6. 终止条件

对于遗传算法来说,当满足某种终止条件时,则算法的进化过程结束。终止条件有多种形式,如优化解的结果在可接受范围内,或者算法达到预先规定的最大迭代次数,再或者是当前种群中所有染色体的适应度都相同等。

7.3.3　连续遗传算法原理与关键步骤

在上节的二进制遗传算法中,对于优化问题中的连续变量,需要对其进行量化采样转换为二进制串进行处理。在对连续值的二进制编码与解码过程中,不可避免地会出现量化误差。为了减小量化误差,通常的解决方法是增加二进制串的位数,但这种解决方式的最大问题在于量化精度的提高会伴随着二进制串位数的急剧增大。因此,当变量为连续时,更合乎逻辑的染色体表示方法是使用浮点数进行编码。

使用浮点数编码的遗传算法常称为连续遗传算法,也称为实值遗传算法。从算法的基本步骤组成看,其于二进制编码的遗传算法基本相同,如图 7.8 所示。与二进制数编码的遗传算法相比较,浮点数编码的遗传算法最大的差别在于优化变量不再用 0 或 1 表示,而是使用适当区间内的连续浮点数表示。同时,这也使得算法的每个步骤都需要细微的改变以适应编码方式的改变。

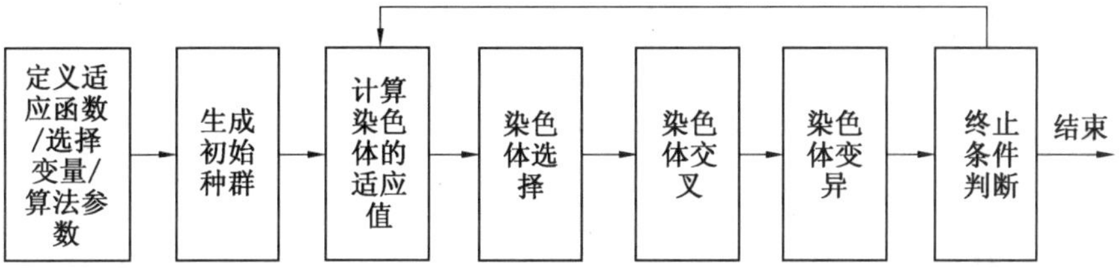

图 7.8　浮点数编码连续遗传算法的基本步骤组成

1. 适应度函数与变量

首先设染色体包含 N_{var} 个基因变量 $p_1,p_2,\cdots,p_{N_{var}}$,从而其可表示为具有 N_{var} 个元素的一维数组

$$chromosome=[p_1,p_2,\cdots,p_{N_{var}}] \tag{7.40}$$

其中,每个元素都用浮点数表示。对于染色体,可以依据适应度函数 $f(\cdot)$ 计算其适应度

$$fitness=f(chromosome)=f(p_1,p_2,\cdots,p_{N_{var}}) \tag{7.41}$$

例如,考虑适应度函数

$$f(x,y)=x\sin(4x)+1.1y\sin(2y),0\leqslant x\leqslant 10,0\leqslant y\leqslant 10 \tag{7.42}$$

其优化目标为寻找其全局最小值。对于上述适应度函数,染色体包含 $N_{var}=2$ 个基因变量,可以表示为

$$chromosome=[x,y] \tag{7.43}$$

2. **变量编码以及精度与范围**

由于应用浮点数编码,因此对于变量 x 和 y,我们不需要再将其转换为二进制串。此外,计算的精度也不再受编码的长度影响,而仅仅只是受限于所使用的计算机的精度。由于遗传算法是一类搜索算法,因此其搜索区域需要限定在一定范围内,同时对于初始种群来说,其数量与分布应该保证充分的多样性,使得算法的搜索范围能够尽可能多地覆盖搜索区域。

3. **初始种群**

在开始搜索优化问题的解之前,首先生成染色体数量为 N_{pop} 的初始种群。对于包含 N_{var} 个基因变量的染色体,可以首先生成服从[0,1]区间均匀分布的 $N_{pop}\times N_{var}$ 个随机数,每 N_{var} 个随机数表示一个染色体,称所有生成的染色体为规范化种群。随后,将规范化种群变换为未规范化种群后代入适应度函数计算 N_{pop} 个染色体的适应度。

设 $[p_1^{norm},p_2^{norm},\cdots,p_{N_{var}}^{norm}]$ 为规范化种群中的一个染色体,其对应的未规范化染色体为 $[p_1,p_2,\cdots,p_{N_{var}}]$,二者对应变量之间的转换公式为

$$p_i=(p_{i_{hi}}-p_{i_{lo}})p_i^{norm}+p_{i_{lo}} \tag{7.44}$$

式中 $p_{i_{hi}},p_{i_{lo}}$——变量 p_i 的最大值和最小值。

以式(7.42)的为例,变量 x 和 y 的最小值和最大值都分别为 0 和 10。

4. **染色体选择**

在进行染色体的选择操作之前,需要计算染色体的适应度作为挑选产生后代染色体的依据。与二进制遗传算法中的选择方法类似,将 N_{pop} 个染色体依适应度大小顺序排列,随后选择保留到下一代种群的 N_{keep} 个染色体,并以其为基础进行配对选择,随后通过交叉操作产生下一代种群的 $N_{pop}-N_{keep}$ 个染色体,从而使得下一代种群中染色体总数不变。

5. **染色体交叉**

对于连续遗传算法来说,染色体的交叉操作可以应用如下几种方式实现。

最为简单直接的交叉操作是在染色体中随机选择一个或多个交叉点,随后父代染色体的基因变量在这些交叉点之间进行互换。例如,对于两个父代染色体

$$prarent_1=[p_{m1},p_{m2},p_{m3},p_{m4},p_{m5},p_{m6},\cdots,p_{mN_{var}}] \tag{7.45}$$

$$prarent_2=[p_{d1},p_{d2},p_{d3},p_{d4},p_{d5},p_{d6},\cdots,p_{dN_{var}}] \tag{7.46}$$

设选择交叉点为 2 和 4,则交叉操作完成后产生的子代染色体为

$$offspring_1=[p_{m1},p_{m2},\uparrow p_{d3},p_{d4},\uparrow p_{m5},p_{m6}\cdots,p_{mN_{var}}] \tag{7.47}$$

$$prarent_2=[p_{d1},p_{d2},\uparrow p_{m3},p_{m4},\uparrow p_{d5},p_{d6}\cdots,p_{dN_{var}}] \tag{7.48}$$

在极端情况下,此种交叉操作中,父代染色体中的每个基因变量都可以依据概率参与交叉,也就是说对于两个父代染色体,从第一个基因变量开始依概率确定是否交换二者的基因变量。

对于连续遗传算法来说,上述交叉操作的缺点在于,由父代染色体生成的子代染色体中

没有包含新的基因变量,子代染色体只是父代染色体中包含的基因变量的重新组合,从而在新染色体中引入新基因变量的任务只能由后继的变异操作完成。

为了解决上述的问题,对应于式(7.45)与(7.46)两个父代染色体,可以使用下式表示的融合交叉方式来计算子代染色体的基因变量。

$$p_{\mathrm{new}}=\beta p_{mi}+(1-\beta)p_{di} \tag{7.49}$$

式中　β——[0,1]区间的随机数;

p_{mi}, p_{di}——父代染色体第 i 位进行交叉操作的基因变量。

使用这种交叉方法时,交叉点的数量可以任意,产生的子代染色体中的基因变量为父代染色体基因变量的线性组合。此外,对于不同的交叉点的基因变量,β 可以相同也可以不同。

此外,还可以将上述两种方法相结合进行交叉操作。例如,首先在$[1, N_{\mathrm{var}}]$范围内生成一个随机数 α,并在染色体中选择相应的基因变量进行交叉操作,即令

$$prarent_1=[p_{m1}, p_{m2}, \cdots, p_{m\alpha}, \cdots, p_{mN_{\mathrm{var}}}] \tag{7.50}$$

$$prarent_2=[p_{d1}, p_{d2}, \cdots, p_{d\alpha}, \cdots, p_{dN_{\mathrm{var}}}] \tag{7.51}$$

新基因变量的计算公式为

$$p_{\mathrm{new1}}=p_{m\alpha}-\beta(p_{m\alpha}-p_{d\alpha}) \tag{7.52}$$

$$p_{\mathrm{new2}}=p_{d\alpha}+\beta(p_{m\alpha}-p_{d\alpha}) \tag{7.53}$$

其中 β 为为[0,1]区间的随机数。从而,得到的子代染色体为

$$offspring_1=[p_{m1}, p_{m2}, \cdots, p_{\mathrm{new1}}, \cdots, p_{mN_{\mathrm{var}}}] \tag{7.54}$$

$$offspring_2=[p_{d1}, p_{d2}, \cdots, p_{\mathrm{new2}}, \cdots, p_{dN_{\mathrm{var}}}] \tag{7.55}$$

6. 染色体变异

与二进制遗传算法类似,如果连续遗传算法的收敛速度过早,则得到的解可能是解空间的局部最优而不是全局最优。为了使算法不至于过早收敛,需要对染色体进行变异操作,从而令算法可以跳出局部最优。

对于连续遗传算法来说,变异操作方式与二进制遗传算法类似,可以进行单点变异,也可以进行多点变异。但二者的不同之处在于,对于连续遗传算法中的染色体,变异操作的对象是基因变量而不是二进制位。对于被选择进行变异操作的基因变量 p_i,可以简单在基因变量 $p_i \in [p_{\mathrm{lo}}, p_{\mathrm{hi}}]$ 的允许范围$[p_{\mathrm{lo}}, p_{\mathrm{hi}}]$内随机生成一个基因变量 p_i^{new} 进行替换,也可以使用如下变异操作公式实现

$$p_i^{\mathrm{new}}=p_i+N_i(0,\sigma) \tag{7.56}$$

式中　$N_i(0,\sigma)$——方差为 σ 的正态分布。

7. 终止条件

从连续遗传算法来说,其终止条件的满足与二进制遗传算法相类似,即可以是优化解的结果在可接受范围内,或者算法达到预先规定的最大迭代次数,再或者是当前种群中所有染色体的适应度都相等。

7.3.4 遗传算法应用实例

1. 函数优化实例

设需要优化的函数表达式如下：

$$f(x,y)=x\sin(\sqrt{|x-(y+9)|})-(y+9)\sin(\sqrt{|y+0.5x+9|}),-20\leqslant x,y\leqslant 20 \quad (7.57)$$

其在三维空间中的分布如图7.9所示，优化搜索的目标是求其全局最小，图7.10是其在笛卡儿坐标系下的投影，图中的“□”表示其全局最小值-23.806，对应坐标为(-14.58，-20)。

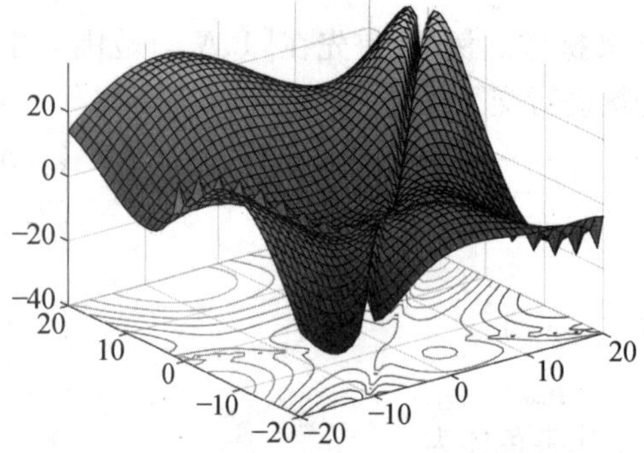

图7.9　三维空间函数分布图

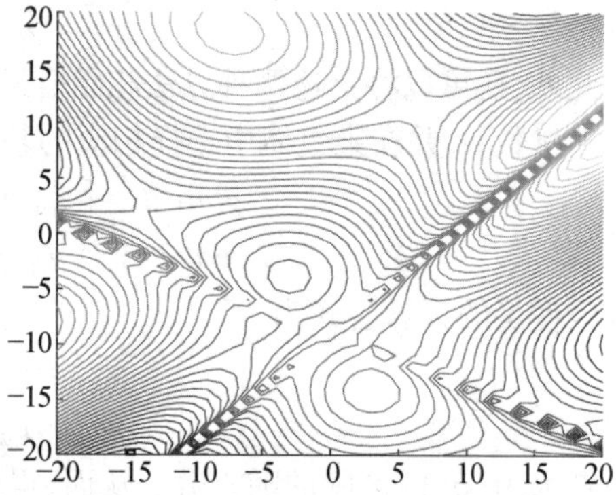

图7.10　笛卡儿坐标系下的函数投影图

对于上述的函数优化问题，可以应用二进制遗传算法解决，也可以使用连续遗传算法解决。

对于二进制遗传算法，设置最大迭代次数为100，种群规模为2 000，种群中染色体二进制串的长度为8位，染色体选择比例为0.5，染色体配对时使用加权随机配对中等级加权方法，交叉操作方式为单点交叉。在变异操作中，选择参与变异的二进制位与种群二进制位总数的比率为0.2。应用上述参数的二进制遗传算法的搜索结果如图7.11所示，图中的实线表示进化中每一代种群的平均适应度，虚线表示每一代种群中的最小适应度。经过100代搜索后，得到的最小适应值为-23.778，对应的最优解为(-14.823 5，-20)。

对于连续遗传算法，其参数设置与二进制遗传算法相同，最大迭代次数为100，种群规模为2 000。不同之处在于连续遗传算法中不需要对被优化的变量进行编码与解码。染色体选择比例为0.5，交叉操作使用公式(7.52)与(7.53)完成。在变异操作中，选择参与变异的基因变量与种群中基因变量总数的比率为0.2，基因变量的变异通过生成随机数实现。经过100代搜索后，得到的最小适应值为-23.805 5，对应的最优解为(-14.582，-19.999 7)。

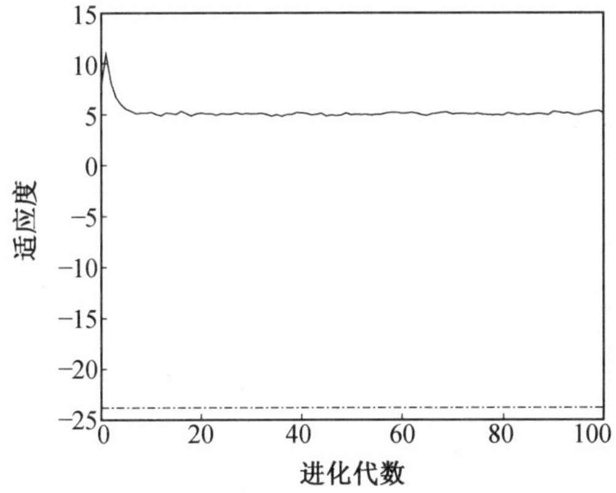

图 7.11　二进制遗传算法优化结果

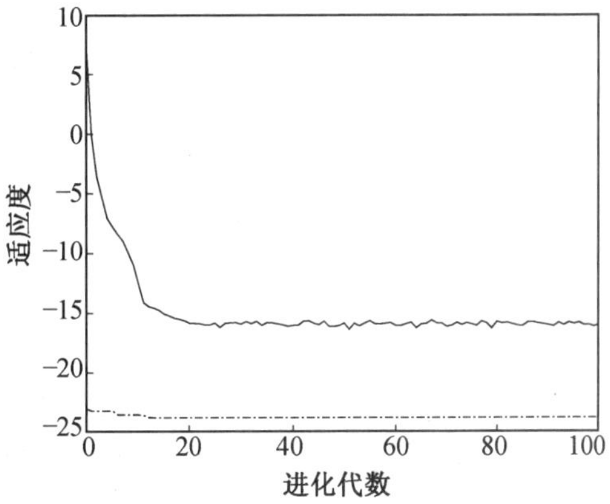

图 7.12　连续遗传算法优化结果

2. 基于遗传算法的扩展卡尔曼滤波器参数优化设计

在感应电机驱动控制系统中,为了降低成本与提高可靠性,可以不用传感器而是用估计方法通过计算得到电机转子速度,扩展卡尔曼滤波器(Extended Kalman Filter,EKF)即是一种在系统含有模型不确定性与测量噪声条件下的估计方法。从理论上角度考虑,最优扩展卡尔曼滤波器需要系统的噪声矩阵已知,而实际计算中,系统噪声矩阵则是通过试凑法得到,这也意味着相应的扩展卡尔曼滤波器估计得到的结果并不是最优的。本节使用连续遗传算法对扩展卡尔曼滤波器的噪声矩阵进行优化设计,从而提高算法的估计性能。

设三相感应电机的状态空间模型为

$$\begin{aligned}\dot{\boldsymbol{x}}&=\boldsymbol{A}\boldsymbol{x}+\boldsymbol{B}\boldsymbol{u}+\boldsymbol{G}(t)w(t)\\ \boldsymbol{y}&=\boldsymbol{C}\boldsymbol{x}+v(t)\end{aligned}\tag{7.58}$$

式中　$\boldsymbol{x}=[i_{ds}\quad i_{qs}\quad \lambda_{dr}\quad \lambda_{qr}\quad \omega_o]^{\mathrm{T}}$——系统扩展状态;

$i_{\mathrm{ds}},i_{\mathrm{qs}}$——定子电流;

$\boldsymbol{\lambda}_{\mathrm{dr}},\boldsymbol{\lambda}_{\mathrm{qr}}$——转子磁通量;

ω_{o}——转子速度;

$\boldsymbol{u}=[V_{\mathrm{ds}}\quad V_{\mathrm{qs}}]^{\mathrm{T}}$——定子电压;

$\boldsymbol{y}=[i_{\mathrm{ds}}\quad i_{\mathrm{qs}}]^{\mathrm{T}}$——测量值;

$\boldsymbol{A},\boldsymbol{B}$——系统模型的参数矩阵;

$\boldsymbol{C}$——测量矩阵;

$\boldsymbol{G}(t)$——系统噪声加权矩阵;

$w(t)$——系统噪声;

$v(t)$——测量噪声,从而有协方差矩阵

$$\begin{aligned}\boldsymbol{Q}&=\mathrm{cov}(w)=E\{ww'\}\\ \boldsymbol{R}&=\mathrm{cov}(v)=E\{vv'\}\end{aligned}\tag{7.59}$$

令 $\boldsymbol{x}_n=[i_{\mathrm{ds}}^{(n)}\quad i_{\mathrm{qs}}^{(n)}\quad \lambda_{\mathrm{dr}}^{(n)}\quad \lambda_{\mathrm{qr}}^{(n)}\quad \omega_{\mathrm{o}}^{(n)}]^{\mathrm{T}}$,$\boldsymbol{y}_n=[i_{\mathrm{ds}}^{(n)}\quad i_{\mathrm{qs}}^{(n)}]^{\mathrm{T}}$,$\boldsymbol{u}_n=[V_{\mathrm{ds}}^{(n)}\quad V_{\mathrm{qs}}^{(n)}]^{\mathrm{T}}$,$A_n=A$,$B_n=B$,$C_n=C$,则可以依据如下扩展卡尔曼公式计算系统状态估计量

$$x_{n+1,n}=\boldsymbol{\Phi}(n+1,n,x_{n,n-1},u_n)\tag{7.60}$$

$$\boldsymbol{\Phi}(n+1,n,x_{n,n-1},u_n)=\boldsymbol{A}_n(x_{n,n})x_{n,n}+\boldsymbol{B}_n(x_{n,n})u_n\tag{7.61}$$

$$\boldsymbol{P}_{n+1,n}=\frac{\partial\boldsymbol{\Phi}}{\partial x}\bigg|_{x=x_{n,n}}\boldsymbol{P}_{n,n}\frac{\partial\boldsymbol{\Phi}^{\mathrm{T}}}{\partial x}\bigg|_{x=x_{n,n}}+\boldsymbol{\Gamma}_n\boldsymbol{Q}\boldsymbol{\Gamma}_n^{\mathrm{T}} \tag{7.62}$$

$$\boldsymbol{\Gamma}=\int_n^{n+1}\boldsymbol{\Phi}(t_{n+1},\tau)\boldsymbol{G}(\tau)\mathrm{d}\tau \tag{7.63}$$

$$K_n=P_{n,n-1}\frac{\partial\boldsymbol{H}^{\mathrm{T}}}{\partial x}\bigg|_{x=x_{n,n-1}}\left(\frac{\partial\boldsymbol{H}}{\partial x}\bigg|_{x=x_{n,n-1}}P_{n,n-1}\frac{\partial\boldsymbol{H}^{\mathrm{T}}}{\partial x}\bigg|_{x=x_{n,n-1}}+\boldsymbol{R}\right)-1 \tag{7.64}$$

$$\boldsymbol{H}(x_{n,n-1},n)=\boldsymbol{C}_n(x_{n,n-1})x_{n,n-1} \tag{7.65}$$

$$x_{n,n}=x_{n,n-1}+K_n(y_n-\boldsymbol{H}(x_{n,n-1},k)) \tag{7.66}$$

$$\boldsymbol{P}_{n,n}=\boldsymbol{P}_{n,n-1}-K_n\frac{\partial\boldsymbol{H}}{\partial x}\bigg|_{x=x_{n,n-1}}\boldsymbol{P}_{n,n-1} \tag{7.67}$$

对于实际系统来说，扩展卡尔曼滤波器的误差协方差矩阵 $\boldsymbol{P}$ 的初始值可以认为已知，设其为单位对角阵。对于实际系统来说，测量噪声的协方差矩阵、系统噪声的加权矩阵 $\boldsymbol{G}$ 与协方差矩阵 $\boldsymbol{Q}$ 无法确切已知，因此通过连续遗传算法搜索其最优值，算法步骤如下：

(1)优化变量与染色体表示。将矩阵 $\boldsymbol{G}$ 中的 5 个对角元素，矩阵 $\boldsymbol{Q}$ 中的 5 个对角元素以及矩阵 $\boldsymbol{R}$ 中的 2 个对角元素作为基因变量构成染色体。例如，假设

$$\boldsymbol{G}=[0.0637,0.0769,0.0054,0.0115,0.0846]$$

$$\boldsymbol{Q}=[0.0172,0.0037,0.0313,0.0817,0.0235]$$

$$\boldsymbol{R}=[0.0587,0.0924]$$

则对应的染色体为

$$chromosome=[\boldsymbol{G},\boldsymbol{Q},\boldsymbol{R}]=[0.0637,0.0769,0.0054,0.0115,0.0846,0.0172,0.0037,0.0313,0.0817,0.0235,0.0587,0.0924]$$

(2)初始种群。依据染色体所包含基因变量的数量随机生成初始种群。

(3)适应度计算。为了计算适应度，首先需要将染色体中的基因变量解码为矩阵 $\boldsymbol{G}$, $\boldsymbol{Q}$ 与 $\boldsymbol{R}$ 中的元素。随后，将这些矩阵应用到扩展卡尔曼滤波器中，计算出转子速度的估计值与实际值之间的均方误差作为适应度。

(4)选择操作。将适应度从小到大排列后，确定参与交叉的染色体数量。

(5)交叉操作。采用单点交叉方式。

(6)变异操作。通过变异概率，确定进行变异操作的基因变量。

(7)迭代。重复步骤(3)～(6)直至满足算法结束条件，如种群收敛，或达到最大进化代数等。

在算法实现过程中，初始种群数量为 100，最大进化代数为 20，交叉概率为 0.8，变异概率为 0.01，染色体中基因变量的初始范围为[0.000 1,0.1]。表 7.4 为连续遗传算法的种群迭代结果。在第 20 代，转子速度的估计值与实际值之间的均方误差降低到 0.154 3，对应的最优矩阵为 $\boldsymbol{G}=\mathrm{diag}([0.0020,0.0050,0.0010,0.0246,0.1000])$，$\boldsymbol{Q}=\mathrm{diag}([0.0024,0.0875,0.0527,0.0001,0.0978])$，$\boldsymbol{R}=\mathrm{diag}([0.0524,0.0094])$。表中 s 表示实际速度，e 表示估计速度，n 为采样点数(n=45 000)，E 为均方误差。

表7.4 连续遗传算法的迭代过程

种群代数	$E=\sum_{i=1}^{n}(s_i-e_i)^2$	种群代数	$E=\sum_{i=1}^{n}(s_i-e_i)^2$
0	8.313 7		
1	5.231 1	11	0.571 3
2	3.821 2	12	0.524 7
3	2.957 0	13	0.394 3
4	2.395 1	14	0.330 6
5	1.564 8	15	0.242 5
6	0.914 2	16	0.179 4
7	0.885 3	17	0.173 1
8	0.727 1	18	0.161 8
9	0.637 0	19	0.166 2
10	0.628 6	20	0.154 3

7.4 粒子群算法

7.4.1 群智能与粒子群算法的基本原理

群智能(Swarm Intelligence)是自然或人工分布式自组织系统的群体行为,其概念源自人工智能研究领域,首先由 Beni 和 Wang 于 1989 年在研究机器人系统时提出。

在群智能中,群体或组织中的多个个体通过其行为协调地去实现一个特定的目标,群体中个体的行为只由简单的局部规则控制,群体特定目标的实现取决于个体之间以及个体与环境之间的交互。在实现目标的过程中,某种类型的自组织行为会在群体中涌现,也就是说,群体中没有全局规划或者领导者来控制所有的个体。以鸟群的运动为例,鸟群中的鸟通过与其邻近的鸟相协调来调整自身的运动,从而实现与鸟群运动方向一致且不会与鸟群中的其他鸟相撞。鸟群中没有领头鸟来协调每一只鸟的运动,而鸟群中所有的鸟都可以在鸟群的前面、中间以及后面飞行,所有这些运动方式都是通过相互协调实现的。鸟群的集体运动方式可使鸟在躲避捕食以及寻找食物时,相较于单只鸟更为安全高效。

通过上述鸟群的例子可知,尽管没有应用集中式的方式来控制群体中的个体,个体间的局部相互作用可以使得群体呈现出一种全局的模式。自然界中,与鸟群类似的群体系统还有很多,如蚁群、蜂群以及微生物群等。群体智能代表了一种元启发式的方法,可用于解决不同类型的问题。以群智能为基础的群算法,如粒子群优化算法(Particle Swarm Optimization)与蚁群优化算法(Ant Colony Optimization)等已经被成功地用于解决通信系统、电力网络、机器人以及交通系统规划等领域的优化问题。

1. 群智能系统的特点

对于由个体组成的群智能系统来说,个体基于简单的规则相互作用使得群体呈现出智能的行为,典型的群智能系统通常具有如下特点:

(1) 个体具有一致性:一个群体是多个个体的一个组合。

(2) 群体具有容错性:群体的智能过程不依赖于集中式控制机制,因而少部分个体故障不会使得群体出现灾难性故障,但是个体的故障可能会使得群体的性能出现下降。

(3) 个体行为具有规则性:群体中的个体行为都遵循特定的规则,个体之间或个体与外部环境进行交互的同时获得局部信息。

(4) 自主性:群体系统的整体行为是自组织的,其不依赖于外部的指令或监督行为。

(5) 可扩展性:群体系统的规模可随问题规模大小调整,从而促进分布式个体之间的交互行为。

(6) 自适应性:群体中的个体可随着整个系统的变化产生、改变与消亡。

(7) 快速性:群体中个体可以能够跟随其相邻个体迅速变化,从而使得系统可以迅速适应环境。

(8) 模块性:群体中的个体行为相对于其他个体是独立的。

(9) 并行性:群体中的个体行为本质上就是并行的。

2. 粒子群算法的基本原理

粒子群算法最初是从鸟群觅食及人类决策的行为受到启示,当整个群体搜寻某个目标时,对于其中的单个个体,总是参照群体中目前处于最优位置的个体和自身曾经达到的最优位置来调整下一步的搜寻方向。基于模拟群体觅食行为和决策行为的模型,Kennedy 和 Eberhart 设计了解决复杂优化问题的粒子群算法。

粒子群算法是一种以种群为基础的随机优化方法,在初始种群的随机解生成以及后继步骤的全局最优搜索原理方面,其与遗传算法类似。但与遗传算法不同的是,粒子群算法中没有使用交叉操作与变异操作,而是通过群体粒子的随机搜索与全局通信来寻找最优解。

在粒子群算法中,通过调整单个粒子的运动来搜索目标函数的解空间。粒子的运动方向由两个部分组成,分别为随机部分与确定部分。换言之,每个粒子 $\boldsymbol{x}_i$ 的可能运动方向除指向当前的全局最优 $\boldsymbol{g}^*$ 以及粒子自身在运动过程中的最优 $\boldsymbol{x}_i^*$ 外,还可能随机运动。当一个粒子的当前位置为最优时,则将更新最优 $\boldsymbol{x}_i^*$ 为当前位置。图 7.13 中给出了粒子群算法中确定粒子运动方向的原理,其中 $\boldsymbol{x}_i^*$ 为粒子 $\boldsymbol{x}_i$ 的当前最优,$\boldsymbol{g}^*=\min\{f(\boldsymbol{x}_i)\}$ 为针对所有粒子的全局最优,其中 $f(\cdot)$ 为目标函数。

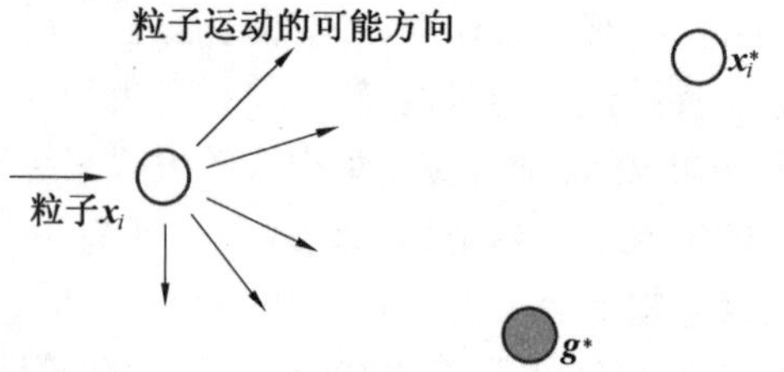

图 7.13 粒子群算法中确定粒子运动方向的原理

7.4.2 粒子群算法的基本步骤与改进方法

粒子群算法与遗传算法的不同之处在于不对个体使用进化算子,算法将每个个体看作搜索空间中一个没有重量和体积的微粒,并在搜索空间中以一定的速度运动,个体的运动依据个体的历史运动轨迹以及群体的历史运动轨迹进行动态的调整。

1. 基本步骤

令 $\boldsymbol{x}_i$ 与 $\boldsymbol{v}_i$ 分别表示粒子 i 的位置与速度向量,则粒子速度向量的更新公式为

$$\boldsymbol{v}_i^{t+1}=\boldsymbol{v}_i^t+\alpha\varepsilon_1\odot[\boldsymbol{g}^*-\boldsymbol{x}_i^t]+\beta\varepsilon_2\odot[\boldsymbol{x}_i^*-\boldsymbol{x}_i^t] \tag{7.68}$$

其中 ε_1 与 ε_2 为两个随机向量,向量所包含的每一个元素值都在 0 和 1 之间。$\odot$ 为 Hadamard 乘积,其定义为对于两个矩阵 $\boldsymbol{u}$ 与 $\boldsymbol{s}$,有 $[\boldsymbol{u}\odot\boldsymbol{s}]_{ij}=u_{ij}s_{ij}$。参数 α 与 β 被称为学习参数或加速常量,典型值为 $\alpha\approx\beta\approx2$。

对于粒子群算法来说,其包含全体粒子的初始位置通常应该在解空间中相对均匀地分布,从而可以使得粒子能够探索更多的区域,这对于多模态问题(即解空间可能存在多个极值点的情况)尤为重要。粒子的初始速度可以取 0,即 $\boldsymbol{v}_i^{t=0}$,而粒子的位置向量更新公式为

$$\boldsymbol{x}_i^{t+1}=\boldsymbol{x}_i^t+\boldsymbol{v}_i^{t+1} \tag{7.69}$$

需要说明的是,尽管速度 $\boldsymbol{v}_i$ 可以取任意值,但对于实际问题来说其通常是有界的,即有 $\boldsymbol{v}_i\in[0,v_{\max}]$。

依据上述参数定义,标准的粒子群算法的基本步骤可以描述如下。

【算法 7.3】　粒子群算法基本步骤为

(1)定义目标函数 $f(\boldsymbol{x})$,$\boldsymbol{x}=(x_1,x_2,x_p)^{\mathrm{T}}$;

(2)初始化 n 个粒子的位置 $\boldsymbol{x}$ 与速度 $\boldsymbol{v}$;

(3)$t=0$ 时,搜索 $\boldsymbol{g}^*$,即 $\min\{f(x_1),f(x_2),\cdots,f(x_n)\}$;

(4)算法迭代直至满足终止条件;

(a)$t=t+1$;

(b)对包含 p 个元素的 n 个粒子进行循环操作;

(b.1)使用式(7.68)生成新的速度向量 $\boldsymbol{v}_i^{t+1}$;

(b.2)计算新的位置向量 $\boldsymbol{x}_i^{t+1}=\boldsymbol{x}_i^t+\boldsymbol{v}_i^{t+1}$;

(b.3)基于新的位置向量 $\boldsymbol{x}_i^{t+1}$ 计算目标函数值;

(b.4)搜索每个粒子的当前最优 $\boldsymbol{x}_i^*$;

(c) 搜索当前全局最优 $\boldsymbol{g}^*$;

(5)输出搜索结果 $\boldsymbol{x}_i^*$ 与 $\boldsymbol{g}^*$。

2. 加快粒子群算法收敛速度的改进方法

对于算法 7.3 中的标准粒子群算法,可以有多种方式对其进行改进。在不同的改进方法中,最行之有效的方法是使用惯性函数 $\theta(t)$。在公式(7.68)中将 $\boldsymbol{v}_i^t$ 替换为 $\theta(t)\boldsymbol{v}_i^t$,从而有如下的速度向量更新公式

$$v_i^{t+1}=\theta(t)v_i^t+\alpha\varepsilon_1\odot[\boldsymbol{g}^*-\boldsymbol{x}_i^t]+\beta\varepsilon_2\odot[\boldsymbol{x}_i^*-\boldsymbol{x}_i^t] \tag{7.70}$$

其中 $\theta(t)$ 在 0 与 1 之间取值。最简单的情况下,可以令惯性函数 $\theta(t)$ 为常量,典型值可以取为 $\theta(t)=\theta\approx0.5\sim0.9$。惯性函数相当于引入虚拟质量以期稳定粒子的运动,从而可以使得算法能够更快地收敛。

在标准的粒子群优化算法中,同时使用当前全局最优 $\boldsymbol{g}^*$ 与单个粒子的最优 $\boldsymbol{x}_i^*$,使用单个粒子最优 $\boldsymbol{x}_i^*$ 的主要目的是为了增加高质量解的多样性。然而,这种解的多样性也可以通过随机性来进行模拟。因此在优化问题不是高度非线性与多模态时,粒子群优化算法通常并不是必须使用单个粒子最优 $\boldsymbol{x}_i^*$。

另一种加速算法收敛速度的简单方法是只使用全局最优，此时粒子速度向量的更新公式为

$$\boldsymbol{v}_i^{t+1}=\boldsymbol{v}_i^t+\alpha(\varepsilon-1/2)+\beta(\boldsymbol{g}^*-\boldsymbol{x}_i) \tag{7.71}$$

其中 ε 在 0 到 1 之间取值，此处的偏移量 1/2 只是为了处理方便，也可以使用服从正态分布的随机数 $\alpha\varepsilon_n$ 来替换上式右边的第二项，其中 $\varepsilon_n \sim N(0,1)$ 服从标准正态分布。相应的，为了进一步加速算法的收敛，可以将位置向量更新公式

$$\boldsymbol{x}_i^{t+1}=\boldsymbol{x}_i^t+\boldsymbol{v}_i^{t+1} \tag{7.72}$$

与速度向量更新公式相结合，即将位置向量更新公式改写为

$$\boldsymbol{x}_i^{t+1}=(1-\beta)\boldsymbol{x}_i^t+\beta\boldsymbol{g}^*+\alpha(\varepsilon-0.5) \tag{7.73}$$

式中参数的典型值为 $\alpha\approx0.1\sim0.4$ 与 $\beta\approx0.1\sim0.7$。对于多数单模态优化问题（即优化问题只有一个极值）可以取初始值参数为 $\alpha\approx0.2$ 与 $\beta\approx0.5$。

为了进一步加快粒子群算法的搜索速度，可以在算法的迭代过程中减小算法的随机性。也就是说，可以使用如下的单调减函数

$$\alpha=\alpha_0\mathrm{e}^{-\gamma t} \tag{7.74}$$

或者

$$\alpha=\alpha_0\gamma^t,0<\gamma<1 \tag{7.75}$$

在算法迭代过程中动态调整参数 α 的值。其中 $\alpha_0\approx0.5\sim1$ 为随机参数的初始值，$0<\gamma<1$ 为控制参数。

很多研究结果表明，在解决优化问题时，粒子群算法相较于遗传算法等传统优化算法更为迅速有效，这种有效性很大程度上来源于粒子群算法的当前最优解具有扩散能力，可以更快更好地向全局最优解收敛。由于粒子群算法在搜索过程中并不记录每个粒子的搜索路径，从而本质上是一种无记忆算法。近年来，有研究者尝试在粒子群算法中加入短期记忆效应，以期能够进一步提高算法的性能。

7.4.3　粒子群算法应用举例

1. 函数优化实例

设需要优化的函数表达式如下，文献中常称其为 Michaelewicz 函数，取 $m=10$。

$$f(x,y)=-\left\{\sin(x)\left[\sin(\frac{x^2}{\pi})\right]^{2m}+\sin(y)\left[\sin(\frac{2y^2}{\pi})\right]^{2m}\right\} \tag{7.76}$$

其在三维空间中的分布如图 7.14 所示，优化搜索的目标是求其全局最小，图 7.15 是其在笛卡儿坐标系下的投影，图中的“□”表示其全局最小值 -1.801，对应坐标为（2.203 19，1.570 49）。

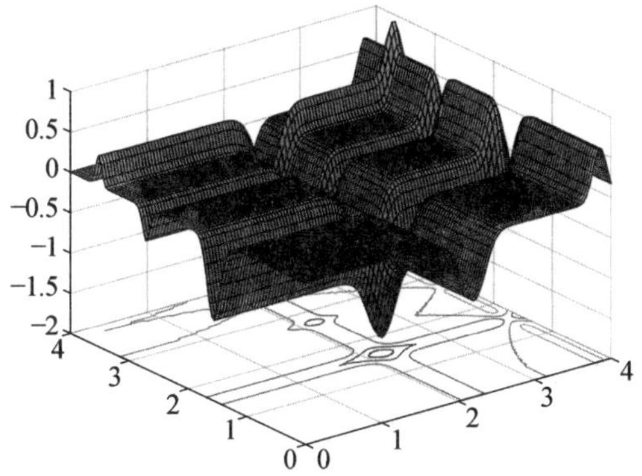

图 7.14　三维空间函数分布图

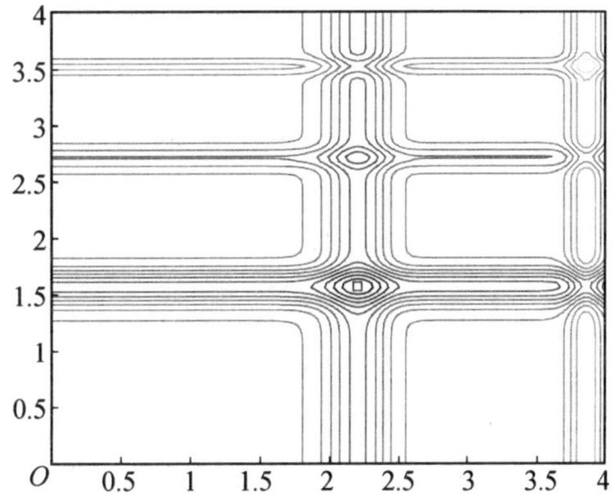

图 7.15　笛卡儿坐标系下的函数投影图

应用粒子群算法解决此函数优化问题,令群体包含粒子数为 20,算法迭代次数为 15,粒子的初始值为(0,0)。参数 $\alpha=0.2$,$\beta=0.5$,使用位置向量更新公式(7.73)完成粒子位置的更新。图 7.16 中的(a),(b),(c)与(d)分别为算法初始化、迭代 5 次、迭代 10 次,以及迭代 15 次时,当前群体中的粒子与最优粒子的分布。其中“.”表示当前群体中的粒子,“ * ”表示当前群体中最优的粒子。

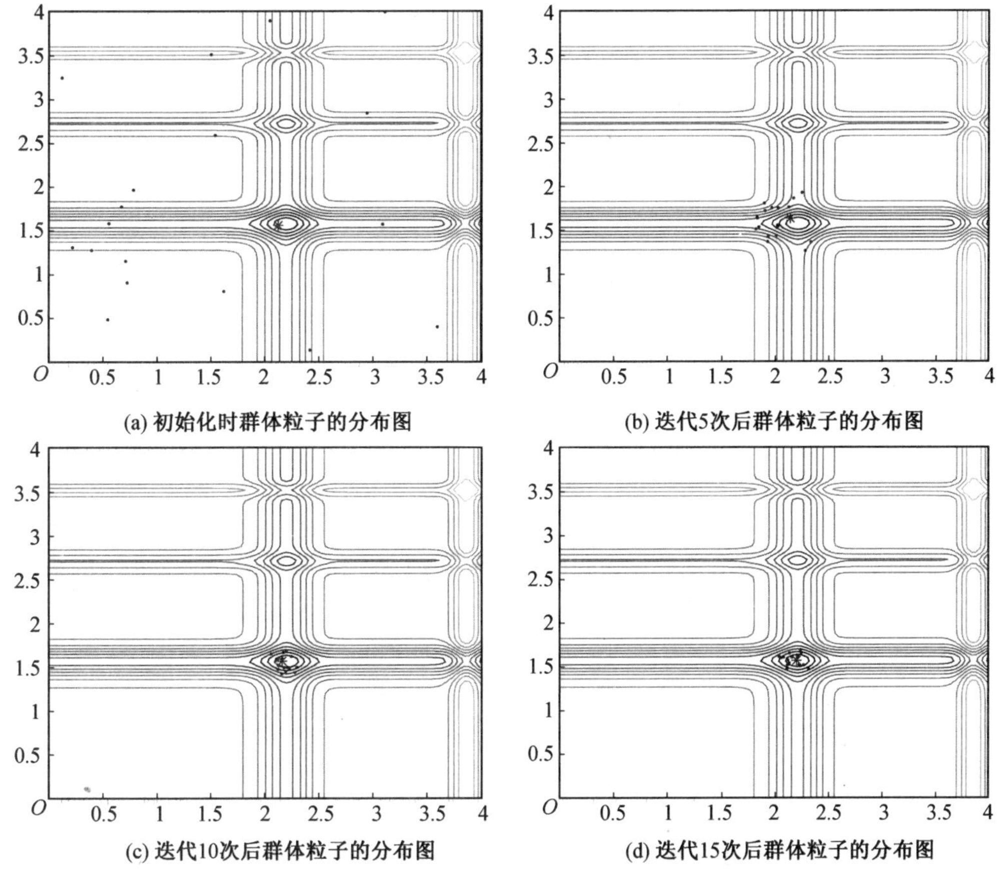

(a) 初始化时群体粒子的分布图

(b) 迭代5次后群体粒子的分布图

(c) 迭代10次后群体粒子的分布图

(d) 迭代15次后群体粒子的分布图

图 7.16　粒子群算法计算过程中粒子的收敛过程

从图 7.16 可以明显看出，初始化后群体的粒子均匀地分布在解的搜索空间中，随着算法的迭代计算，粒子位置逐渐向最优解处收敛，经过 15 迭代后得到的最优解为-1.795 7，对应粒子位置为(2.184 5,1.572 3)。

2. 自动调压系统中最优 PID 控制器设计的粒子群优化方法

发电机励磁系统中使用自动调压器来保持发电机电压以及控制无功潮流，自动调压器的作用就是将同步发电机的电压幅值维持在一个特定水平上，因此，自动调压系统的稳定性对于电力系统安全来说尤为重要。为了得到自动调压系统中 PID 控制器的最优参数，本节使用粒子群优化算法来寻找控制器的最优参数。

具有 PID 控制器的自动调压系统的框图如图 7.17 所示，其通常包含 PID 控制器、放大器、励磁器、发生器以及传感器这 5 个主要部分。

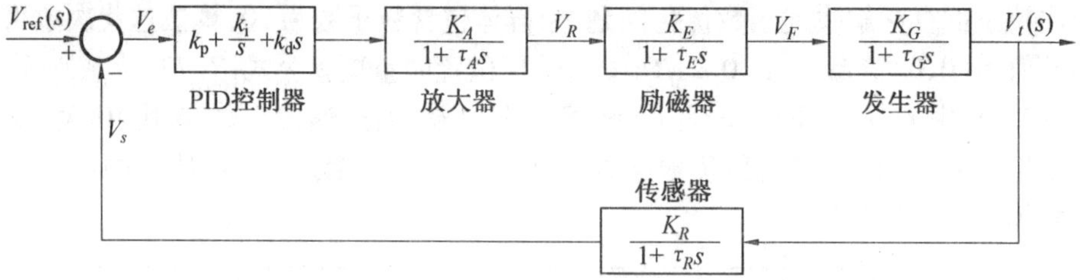

图 7.17　含有 PID 控制器的自动调压系统框图

为了评价 PID 控制器的性能，使用下述公式计算系统稳定时的性能指标 $W(\boldsymbol{K})$

$$\min_{K:\text{stabilizing}} W(\boldsymbol{K})=(1-e^{-\sigma})(M_p+E_{ss})+e^{-\delta}(t_s-t_r) \tag{7.77}$$

式中　$\boldsymbol{K}=[K_p,K_i,K_d]$；

M_p——超调量；

E_{ss}——稳态误差；

t_s——过渡时间；

t_r——上升时间。

为了获得最优的 PID 控制器参数，首先定义粒子群算法中的粒子为 PID 控制器的参数，即令算法中的粒子中的元素为 PID 控制器的参数

$$\boldsymbol{K}=[K_p,K_i,K_d] \tag{7.78}$$

其次，令粒子群算法的目标函数为系统性能指标 $W(\boldsymbol{K})$ 的倒数，即 $f=1/W(\boldsymbol{K})$，从而系统的性能指标越好，目标函数值越大。需要说明的是，为了使得单个粒子对应的系统性能指标在每次计算时都在合理范围内，在计算之前首先需要应用 Routh-Hurwitz 条件判断系统稳定性。基于上述设定，PID 控制器参数的粒子群算法优化可描述如下：

(1)设定控制器 3 个参数的范围，初始化粒子群算法中的个体以及算法参数；

(2)对于群体中的每个粒子，使用 Routh-Hurwitz 判据确定对应闭环系统的稳定性，计算时域中的 4 个控制器性能指标，即 M_p, E_{ss}, t_s 与 t_r；

(3)对于群体中的每个粒子，计算对应的目标函数值 f；

(4)对于每个粒子，确定其当前最优 p_{best}；对于所有粒子，确定当前全局最优 g_{best}；

(5)依据带有惯性函数的公式(7.70)更新粒子的速度向量；

(6)依据公式(7.72)更新粒子的位置向量；

(7)若达到最大迭代次数,转步骤(8),否则转步骤(2);

(8)生成全局最优 g_{best} 的粒子中所包含的元素为控制器的最优参数。

为了验证上述算法的有效性,针对一个高阶的自动调压系统进行仿真验证。系统的框图如图7.17所示,其中放大器的参数为 $K_A=10$ 与 $\tau_A=0.1$,励磁器参数为 $K_E=1$ 与 $\tau_E=0.4$,发生器参数为 $K_G=1$ 与 $\tau_G=1$,传感器参数为 $K_R=1$ 与 $\tau_R=0.01$。PID 控制器参数的范围分别是:$K_p\in[0,1.5]$,$K_i\in[0,1.5]$,$K_d\in[0,1.5]$。

仿真验证的粒子群算法中,群体规模为50个粒子,粒子速度向量更新公式中的惯性函数计算公式为

$$\theta(t)=\theta_{\max}-\frac{\theta_{\max}-\theta_{\min}}{iter_{\max}}iter \tag{7.79}$$

其中 $\theta_{\max}=0.9$,$\theta_{\min}=0.4$,$iter$ 为当前迭代次数,$iter_{\max}$ 为最大迭代次数。加速常量 α 与 β 都取值2。依据上述参数设置实施粒子群算法,对于 σ 的两个不同取值,优化得到的 PID 控制器参数以及相应的性能指标见表7.5。依据表7.5中优化后 PID 控制器的性能指标量,可以看出基于粒子群算法优化得到的 PID 控制器能够取得非常好的控制效果。

表7.5　取不同的 β 值时由粒子群算法优化得到的 PID 控制器的性能指标值

σ	最大迭代	K_p	K_i	K_d	$M_p(\%)$	E_{ss}	t_s	t_r	目标值 f
1.0	200	0.657 0	0.538 9	0.245 8	1.16	0	0.402 5	0.276 7	1.458 3
1.5	200	0.625 4	0.457 7	0.218 7	0.44	0	0.452 8	0.307 0	1.230 3

7.5　蚁群算法

7.5.1　蚁群算法的基本原理

蚁群优化算法是另一种被广泛应用的群智能优化方法,其算法思想来源于对自然界蚂蚁行为的观察。意大利学者 Marco Dorigo 于1991年最早提出了蚁群算法的基本模型,并成功将其应用于解决旅行商问题。

蚂蚁是一种群居的昆虫,其群体规模可以多达200万到2 000万。蚁群在外出觅食时,首先会派出由有多只蚂蚁组成的蚁群,群体中的每只蚂蚁都会释放信息素,同时每只蚂蚁都能够沿着由其他蚂蚁所释放信息素标定的路径前行,也就是说蚂蚁之间的信息交互通过信息素的交换得以实现。在觅食开始时,不同蚂蚁觅食的路径是随机的,当它们碰到一个还没有走过的路口时,就随机地挑选一条路径前行,蚁群中的蚂蚁在沿着路径前行的同时释放一定量的信息素,由于信息素会挥发,从而路径越长则信息素越少。当后来的蚂蚁再次碰到这个路口的时候,选择信息素较大路径的概率相对较大,这样便形成了一个正反馈机制,越来越多的蚂蚁将选择同一条路径,从而使得蚁群找到通向食物的最短路径。

模拟蚂蚁群体觅食行为的蚁群算法是作为一种新的计算模式引入的,该算法基于如下基本假设:

(1)蚂蚁之间通过信息素和环境进行通信。每只蚂蚁仅根据其周围的局部环境做出反应,也只对其周围的局部环境产生影响。

(2)蚂蚁对环境的反应由其内部模式决定。因为蚂蚁是基因生物，蚂蚁的行为实际上是其基因的适应性表现，即蚂蚁是反应型适应性主体。

(3)在个体水平上，每只蚂蚁仅根据环境做出独立选择；在群体水平上，单只蚂蚁的行为是随机的，但蚁群可通过自组织过程形成高度有序的群体行为。

7.5.2 蚁群算法的基本步骤

自 Marco Dorigo 提出蚁群算法的基本模型以来，近年来研究者们在基本蚁群算法的基础上发展出了多种不同类型的蚁群算法。基于上节中介绍的蚁群觅食过程中蚂蚁的行为特点，本节对基本蚁群算法进行简单介绍。

1. 基本蚁群算法

在蚁群觅食过程中，除蚁群的规模之外，我们可以发现有两个因素会影响觅食路径的确定，这两个因素分别是路径选择的概率以及信息素的挥发量。

首先讨论如何确定路径选择的概率。对于确定觅食路径这类规划问题，不同的节点(可以看作通向不同路径的路口)由路径连接起来。在 n_d 个节点中，处于节点 i 的蚂蚁选择由节点 i 到节点 j 的路径的概率 p_{ij} 可以使用下式计算：

$$p_{ij}=\frac{\phi_{ij}^{\alpha}d_{ij}^{\beta}}{\sum_{i,j=1}^{n_d}\phi_{ij}^{\alpha}d_{ij}^{\beta}} \tag{7.80}$$

其中分母为规范化因子，目的在于使概率 p_{ij} 的值在 0 与 1 之间。$\alpha>0$ 与 $\beta>0$ 为影响因子，其典型值为 $\alpha\approx\beta\approx2$。$\phi_{ij}$ 表示连接节点 i 与 j 路径上信息素的集中程度。d_{ij} 为蚂蚁选择此路径的启发值，通常与路径长度成反比，即令 s_{ij} 表示节点 i 到 j 的路径长度，则有 $d_{ij}\propto1/s_{ij}$。由于信息素的挥发率与时间有关，因此参数 d_{ij} 所表示的意思是路径越短使得蚂蚁沿此路径前行所需时间越短，从而信息素在此路径的集中程度也越高，进而此路径被蚂蚁选择的可能性越高。因此，上述概率计算公式表明，蚂蚁通常会沿着信息素高的路径前行，当取 $\alpha=\beta=1$ 时，蚂蚁选择路径的概率将与路径上信息素的集中程度成正比。

由于信息素挥发，其集中程度将会随着时间而变化。从路径选择的角度看，信息素的挥发效应可以使得蚂蚁在路径搜索过程中不会陷入一个局部范围，如果信息素没有挥发，则由于信息素的吸引作用，第一只蚂蚁选择的路径将成为其他蚂蚁在后继的搜索过程中的首选路径。从优化的角度看，通过设置信息素的挥发率，可以避免搜索过程陷入局部极小值。对于以常数比率 γ 挥发的信息素，其集中程度 $\phi(t)$ 将随时间成指数变化。

$$\phi(t)=\phi_0\mathrm{e}^{-\gamma t} \tag{7.81}$$

式中 t——时间；

ϕ_0——初始时信息素的集中程度。

若 $\gamma t\ll1$，则上式可以简化为

$$\phi(t)=(1-\gamma t)\phi_0 \tag{7.82}$$

对于单位时间增量 $\Delta t=1$，信息素的挥发量可以近似为 $\phi^{t+1}=(1-\gamma t)\phi^t$，从而可以得到简化的信息素更新公式

$$\phi_{ij}^{t+1}=(1-\gamma)\phi_{ij}^{t}+\delta\phi_{ij}^{t} \tag{7.83}$$

式中　γ——信息素挥发率，增量 $\delta\phi_{ij}^{t}$ 为一只蚂蚁在节点 i 到 j 的路径上释放的信息素，通常取其与此蚂蚁经过的路径总长度 L 成反比，即 $\delta\phi_{ij}^{t}\propto Q/L$，$Q$ 为常数。若路径上没有蚂蚁经过，则释放的信息素为 0。

基于上述两个重要因素，基本的蚁群算法的基本步骤可以描述为

【算法 7.4】　蚁群算法基本步骤：

(1) 定义目标函数、蚁群规模 m、信息素挥发率 γ 等初始参数；

(2) 算法迭代至满足终止条件；

①针对 n 个节点进行循环；

a. 依据概率 p_{ij} 生成新的可行解；

b. 基于目标函数评价可行解；

c. 根据增量 $\delta\phi_{ij}$ 标记更好的位置与路径；

d. 更新信息素 $\phi_{ij}\leftarrow(1-\gamma)\phi_{ij}+\delta\phi_{ij}$；

②搜索当前群体最优解；

(3) 输出最优解/信息素分布。

2. 信息素更新的其他方法

在蚁群算法的信息素更新公式(7.83)中，增量 $\delta\phi_{ij}$ 与路径总长度 L 成反比，即有

$$\delta\phi_{ij}\propto Q/L \tag{7.84}$$

除这种方法外，增量 $\delta\phi_{ij}$ 还可以有如下两种确定方法：

$$\delta\phi_{ij}\propto Qd_{ij}=\frac{Q}{s_{ij}} \tag{7.85}$$

$$\delta\phi_{ij}\propto Q \tag{7.86}$$

上述这 3 种确定增量 $\delta\phi_{ij}$ 的方式，其所代表的意义并不相同。式(7.84)根据一个蚂蚁完成的路径循环而更新所有的信息素，其利用的是整体信息；式(7.85)与式(7.86)在蚂蚁由节点 i 到 j 之后即更新信息素，其使用的是局部信息。

7.5.3　算法应用举例

1. 应用蚁群算法解决旅行商问题

旅行商问题的简单描述是：给定 n 个城市，有一个旅行商从某一城市出发，访问各个城市一次且仅有一次后再回到原出发城市，要求找出一条最短的巡回路径。旅行商问题是一个经典的组合优化问题，蚁群算法在提出伊始，即被成功地用于解决旅行商问题。

设 $C=\{c_1,c_2,\cdots,c_n\}$ 表示给定的 n 个城市集合，$L=\{l_{ij}\mid c_i,c_j\subset C\}$ 是 C 中城市两两连接的集合，d_{ij} 是 l_{ij} 的欧式距离。图 7.18 中给出了一个包含 14 个城市的旅行商问题，城市 1 ~ 14 的坐标值分别为 {(8,2), (0,4), (−1,6), (2,−1), (4,−2), (6,0.5), (3,0), (10,3.7), (2.5,1.8), (−5,1), (7,0), (9,4), (11,3), (13,2)}，要求应用蚁群算法找出巡回这 14 个城市的最短路径。

依据蚁群算法的基本步骤，设置蚁群规模为 200，迭代次数为 100。信息素挥发率 $\gamma=0.1$，影响因子 $\alpha=1$，$\beta=5$，信息素更新公式为(7.83)，路径选择概率为式(7.80)。仿真实验结果如图 7.19、图 7.20 所示。图 7.19 中，横坐标表示算法迭代次数，纵坐标表示每一次迭代

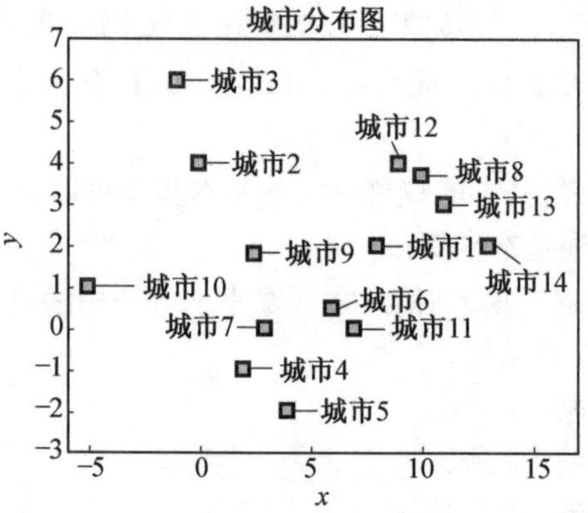

图 7.18　包含 14 个城市的旅行商问题

过程中蚂蚁所巡回路径的平均长度。图 7.20 为迭代结束时，蚁群算法所寻找到的 14 个城市间的最短巡回路径及相应的最短路径长度。

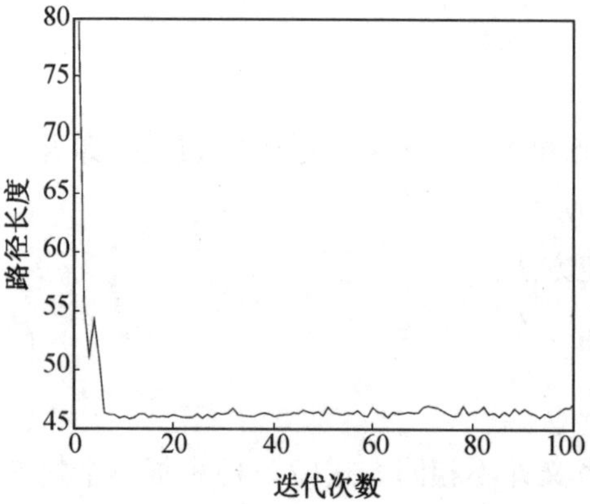

图 7.19　算法迭代过程中平均路径变化

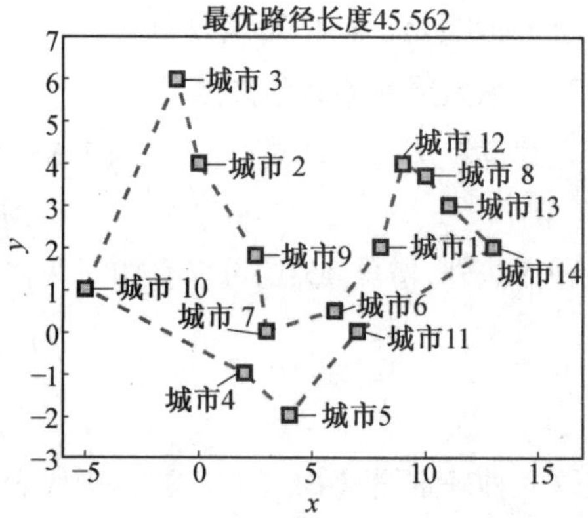

图 7.20　14 个城市间的最短巡回路径

2. 基于蚁群算法的配电网网络规划

配电网是电力系统的重要组成部分，其投资及运行费用在整个电力系统费用中所占的比例十分可观。好的配电网规划方案可以为电力公司节约大量的资金。长期以来，各国学者对这一问题进行了大量的研究。

配电网中每一段线路的建设费用可以表示为

$$C_k = l_k f(D_k) \tag{7.87}$$

式中　C_k——线路 k 的投资费用；

D_k——线路 k 的线径；

$f(D_k)$——线径为 D_k 时，单位长度线路的投资费用；

l_k——线路 k 的长度。

配电网中每一段线路的网损可以表示为

$$R_k = \alpha_1 \left(\frac{P_k}{U}\right)^2 g(D_k) l_k \tau \tag{7.88}$$

式中　P_k——线路 k 的通过功率；

α_1——电价；

U——电压；

τ——年损耗小时数；

$g(D_k)$——线径为 D_k 时线路的电阻率。

在变电站供电范围已知条件下，配电网规划问题的数学模型可以表示为

$$\min C = \sum_{k \in N_k} (\omega C_k X_k + R_k)$$

$$s.t.\begin{cases} I(l_k) \leqslant I_{\max}(l_k) \\ V_{\min} \leqslant V_s \leqslant V_{\max} \quad s = 1,2,\cdots,S \\ K_{\max} = S - 1 \end{cases} \tag{7.89}$$

式中　ω—— 年等值系数；

k—— 线路编号；

N_k—— 可能构成配电网的线路编号的集合；

X_k—— 线路 k 为新修线路时取 1，线路 k 为已有资源时取 0 到 1 之间小数；

$I(l_k)$—— 线路 l_k 的电流；

$I_{\max}(l_k)$—— 线路 l_k 的最大允许电流；

s—— 需供电的负荷点编号；

S—— 节点个数；

$V_{\max}$—— 节点电压上限；

$V_{\min}$—— 节点电压下限；

$K_{\max}$—— 规划后线路的条数。

分析式(7.89)可以发现，C_k 的值与 l_k 成正比，R_k 的值与 $P_k^2 l_k$ 成正比。若线径 D_k 为导线单位长度，电阻率为一平均值，则式(7.89)可近似等效为

$$\min C = \sum_{k \in N_k} (a l_k X_k + b P_k^2 l_k) \tag{7.90}$$

其中 a 与 b 为常数，进一步上式可以等效为

$$\min C = \sum_{k \in N_k} (l_k X_k + \beta P_k^2 l_k) \tag{7.91}$$

其中
$$\beta = b/a$$

对于配电网规划的优化问题，考虑使用蚁群算法进行解决。首先，算法中的信息素处理公式为

$$\tau(l_k, t_{\text{new}}) = [1 - \rho(l_k, t_{\text{new}})] + (t_{\text{new}} - t_{\text{old}})Q \tag{7.92}$$

$$\rho(l_k, t_{\text{new}}) = \frac{\tau(l_k, t_{\text{new}})}{1 - t_{\text{new}} - t_{\text{old}}} \tag{7.93}$$

式中　t_{new}—— 当前时间；

t_{old}—— 前一时间；

$\tau(l_k, t_{\text{new}})$—— 当前时间街道 l_k 的信息量；

$\rho(l_k, t_{\text{new}})$—— 当前时间街道 l_k 的信息素挥发系数；

Q—— 单只蚂蚁在单位时间段内所遗留的信息素。

由于配电网网络结构规划是一个复杂的组合优化问题，城市中街道众多，若仅对“信息素”进行处理，则将致使收敛速度很慢。这里将需供电的负荷点作为“食物”，给城市中各条

可能的街道赋予"味道",通过对"信息素"和"味道"的处理来模拟蚂蚁觅食的过程,以求得配电网规划问题的最优解或次优解。在给出整条街道"味道"的求解公式之前,先定义地理信息系统上任意一点的"味道"。地理信息上任意一点(x, y)的"味道"可表示为

$$S_{xy} = \sum_{i \in N} \frac{\beta W_i^2}{1 + d_i} \tag{7.94}$$

式中　W_i—— 第 i 号负荷点的大小;

d_i—— 第 i 号负荷点到(x, y)的距离;

N—— 所有需要供电的负荷点编号的集合,式中负荷值取平方是考虑到网损同负荷值的平方成正比。

为了使各条街道的"味道"确实体现出差异,应对距离值做处理,尽可能使

$$0.5 < d_i < 10 \tag{7.95}$$

在配电网规划中,由于规划线路只能沿街道行进,因此"味道"也只能沿街道分布。以图 7.21 为例,负荷点 W_i 造成 C 的"味道"为

$$S_C = \frac{\beta W_i^2}{(1 + l_A + l_B + l_C)} \tag{7.96}$$

实际计算中,为了简化编程,可用直线距离乘以地理复杂系数作为两点之间的街道长度。

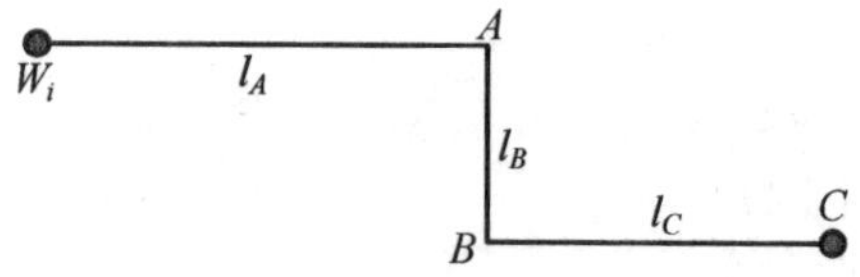

图 7.21　某街道示意图

仍以图 7.21 中点 C 的"味道"为例,有

$$S_C = \frac{\beta W_i^2}{1 + d_k \zeta} \tag{7.97}$$

式中　d_k—— 负荷点 W_i 到点 C 的直线距离;

ζ—— 地理复杂系数。

由此可得整条街道为

$$S_{l_C} = \frac{S_B + S_C}{l_C} + \theta_{l_C} l_C \tag{7.98}$$

式中　l_C—— 街道长度;

S_B, S_C——l_C 两端味道;

θ_{l_c}—— 系数,若街道 l_C 已有资源,如电缆沟、电杆,则 θ_{l_c} 为一正数,否则为 0。

在明确了"信息素"和"味道"的定义后,这里所确定的规划策略为:在街道有"信息素"时,蚂蚁选择哪条街道的概率由该条街道的"信息素"决定;在所有街道都没有"信息素"时,蚂蚁选择哪条街道的概率由该街道的"味道"决定。通过大批蚂蚁反复从电源点出发寻找负荷点,最终决定配电网规划问题的最优或近似最优网架结构。蚂蚁走过街道后留下的"信息素"可以通过公式(7.92)求得。

在实际计算中,由于网架的机构未知,公式(7.90)与(7.91)中系数 a, b 的值难以确定,β 值也难以确定。因此,这里通过迭代计算同时确定网架结构及 a, b 和 β。为了保证计

算结果的可行性，这里约定所有蚂蚁在觅食过程中不能走自己已经走过的街道。蚂蚁在点 r 时沿街道 l 前行的概率 $P(l_k)$ 的计算公式为

$$P(l_k)\begin{cases}\dfrac{\tau(l_k,t_{\text{new}})}{\sum_{l_m\in L_r}(l_m,t_{\text{new}})} & \sum_{l_m\in L_r}(l_m,t_{\text{new}})>0\\[2ex] \dfrac{S_{l_k}}{\sum_{l_m\in L_r}S_{l_m}} & \sum_{l_m\in L_r}(l_m,t_{\text{new}})=0\end{cases}\tag{7.99}$$

式中　L_r——与点 r 相连接的街道所构成的集合，但不包括蚂蚁到达点 r 所经过的街道；

S_{l_k}——街道 l_k 的“味道”。

图 7.22 是某城市一区域的实际街道情况，该区域有 33 条街道、21 个负荷点，各条街道上均无已有线路，变电站位置位于点 6，图中数字为节点编号。根据各个负荷点的大小及坐标，以及可选的导线型号 LGJ-25/4，LGJ-5018，LGJ-120/25，应用上述蚁群算法计算后，规划处的网架结构如图 7.23 所示，各条线路的编号也在图中给出。

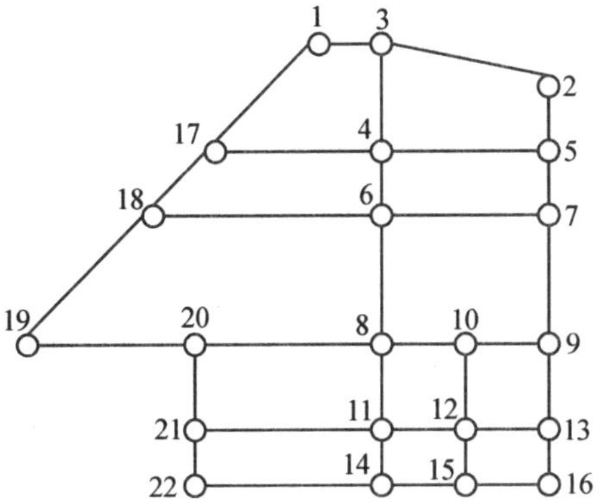

图 7.22　某城市街道图

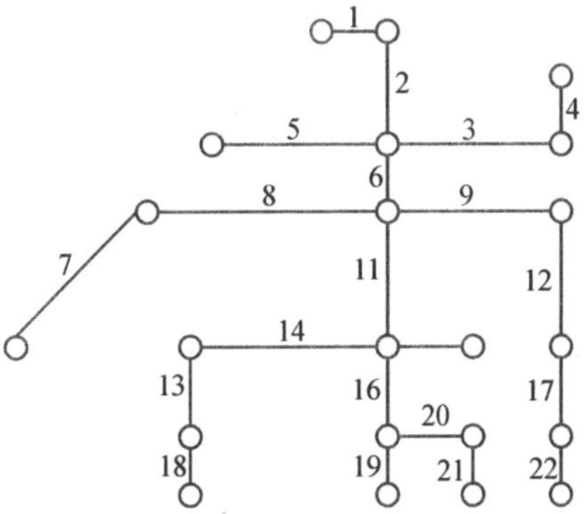

图 7.23　规划结果图

本章小结

本章首先介绍了最优化问题的基本概念，随后从变量离散/连续的角度将优化问题分为函数优化问题与组合优化问题两类。紧接着，本章介绍了智能优化算法的基本原理及其与智能控制系统之间的联系。在本章的余下部分，依次研究了模拟退火算法、遗传算法、粒子群算法以及蚁群算法，对于上述的每一类算法，在分析其基本原理的基础上，对算法的实现步骤进行了介绍，并通过实例仿真进行验证。本章可为智能算法在智能控制系统中的应用提供一些有益的思路。

习题与思考题

1. 什么是最优化问题？从优化对象的角度如何对其进行区分？
2. 与智能优化算法相比，传统优化方法有哪些不足之处？
3. 智能控制系统在设计中，对所使用的优化方法有何要求？

4. 物理系统退火过程与组合优化问题有何相似之处?
5. 简述标准模拟退火算法的基本步骤。
6. 简述模拟退火算法中初始温度的选择策略与温度更新策略。
7. 遗传算法对于解决优化问题具有哪些优点?
8. 试比较连续遗传算法与二进制遗传算法的异同之处。
9. 典型群智能系统有哪些特点?
10. 简述标准粒子群算法的基本步骤。
11. 为了加快粒子群算法的收敛速度,可以使用哪些方法?
12. 简述蚁群算法的基本步骤。

参考文献

[1] 刘金琨.智能控制[M].北京：电子工业出版社,2005.
[2] 曹承志,王楠.智能技术[M].北京:清华大学出版社,2004.
[3] 易继锴,侯媛彬.智能控制技术[M].北京:北京工业大学出版社,1999.
[4] 孙增圻,邓志东.智能控制理论与技术[M].北京:清华大学出版社,1997.
[5] 徐丽娜.神经网络控制[M].北京:电子工业出版社,2003.
[6] 王永骥,涂健.神经元网络控制[M].北京:机械工业出版社,1999.
[7] 韩力群.人工神经网络理论、设计及应用[M].北京:化学工业出版社,2002.
[8] 张化光,孟祥萍.智能控制基础理论及应用[M].北京:机械工业出版社,2005.
[9] 王俊普.智能控制[M].合肥:中国科学技术大学出版社,1996.
[10] 张建民.智能控制原理及应用[M].北京:冶金工业出版社,2003.
[11] 王顺晃,舒迪前.智能控制系统及其应用[M].北京:机械工业出版社,1995.
[12] 王耀南.智能控制系统[M].长沙:湖南大学出版社,1996.
[13] 陶永华.新型 PID 控制及其应用[M].北京:机械工业出版社,1998.
[14] 高隽.人工神经网络原理及仿真实例[M].北京:机械工业出版社,2003.
[15] 杨建刚.人工神经网络实用教程[M].杭州:浙江大学出版社,2001.
[16] 张立明.人工神经网络的模型及其应用[M].上海:复旦大学出版社,1993.
[17] 刘金琨.先进 PID 控制及其 MATLAB 仿真[M].北京：电子工业出版社,2003.
[18] 徐秉铮.神经网络理论与应用[M].广州:华南理工大学出版社,1994.
[19] 董长虹.神经网络与应用[M].北京:国防工业出版社,2005.
[20] 飞思科技产品研发中心.MATLAB 6.5 辅助神经网络分析与设计[M].北京:电子工业出版社,2003.
[21] 飞思科技产品研发中心.神经网络理论与 MATLAB 7 实现[M].北京:电子工业出版社,2006.
[22] 蔡自兴,德尔金,龚涛.高级专家系统:原理、设计及应用[M].北京:科学出版社,2006.
[23] 尹朝庆,尹皓.人工智能与专家系统[M].北京:中国水利水电出版社,2001.
[24] 黄可鸣.专家系统导论[M].南京:东南大学出版社,1988.
[25] 王树林,袁志宏.专家系统设计原理[M].北京:科学出版社,1991.
[26] 高炜欣,罗先觉.基于蚂蚁算法的配电网网络规划[J].中国电机工程学报,2004,24(9):110-114.
[27] 张建民,王涛,王忠礼.智能控制原理及应用[M].北京:冶金工业出版社,2003.
[28] 敖志刚.人工智能与专家系统导论[M].合肥:中国科学技术大学出版社,2004.
[29] 蔡自兴,徐光祐.人工智能及其应用[M].3 版.北京:清华大学出版社,2003.
[30] 王俊普.智能控制[M].合肥:中国科学技术大学出版社,1996.
[31] 李桂青,罗持久.工程设计专家系统的原理与程序设计方法[M].北京:气象出版社,1991.
[32] 周国雄,蒋辉平,肖会芹.孵化控制系统的专家模糊控制方法及其应用[J].计算机测

量与控制,2007,15(11):1547-1549.

[33] 陈炜,程耕国. 专家系统在铁水脱硫中的应用[J]. 微计算机信息(测控自动化),2007,23(8-1):46-48.

[34] 王凌. 智能优化算法及其应用[M]. 北京:清华大学出版社,2004.

[35] KIRKPATRICK S, GELATT C D, VECCHI M P. Optimization by simulated annealing[J]. Science,1983,220(4598):61-680.

[36] CERNY V. A thermodynamical approach to the traveling salesman problem: An efficient simulation algorithm[J]. Journal of Optimization Theory and Applications,1985,45:41-51.

[37] TALBI EI G. Metaheuristics from design to implementation[M]. New Jersey: John Wiley & Sons, 2009.

[38] 张筱磊,李士勇. 实时修正函数模糊控制器组合优化设计[J]. 哈尔滨工业大学学报,2003,35(1):8-12.

[39] GONZALEI T F. Haadbook of approximation algorithms and metaheuristics[M]. Florida: Chapman & Hall/CRC Press,2007.

[40] HAUPT R L, HAUPT S E. Practical Genetic algorithms[M]. 2nd. Hoboken: Wiley-Interscience Press, 2004.

[41] SHI K L, CHAN T F, WONG Y K. Speed estimation of an induction motor drive using an optimized extended Kalman fiter[J]. IEEE Transactions on Industrial Electronics,2002,49(1): 124-133.

[42] YANG X S. Engineering optimization an Introduction with metaheuristic applications[M]. New Jersey: John Wiley & Sons, 2010.

[43] 段海滨,张祥银,徐春芳. 仿生智能计算[M]. 北京:科学出版社,2011.

[44] GAING Z L. A particle swarm optimization approach for optimum design of PID controller in AVR system[J]. IEEE Transactions on Energy Conversion, 2004, 19(2):384-391.